住房和城乡建设部"十四五"规划教材

高等学校给排水科学与工程学科专业指导委员会规划推荐教材

水质工程学（第四版）

（下册）

马军　任南琪　彭永臻　梁恒　编
李圭白　主审

中国建筑工业出版社

图书在版编目（CIP）数据

水质工程学. 下册 / 马军等编. -- 4 版. -- 北京：
中国建筑工业出版社，2024. 12. --（住房和城乡建设部
"十四五"规划教材）（高等学校给排水科学与工程学科
专业指导委员会规划推荐教材）. -- ISBN 978-7-112
-30558-2

Ⅰ. TU991.21

中国国家版本馆 CIP 数据核字第 2024N6Q017 号

本教材在《水质工程学》（第三版）的基础上进行修订，在各章节前端增加思维导图，提高学生对各章节的整体理解；融入课程思政元素，强调绿色低碳、低碳运行、环境友好等理念，通过工程案例与人物介绍，增强学生的使命感与责任感；采用二维码附加数字资源（如课程录像、工艺案例等），丰富教学形式。全书全面覆盖给水与排水两大领域，并在后续章节中强化单元过程原理的集成应用，培养学生形成水源、厂、网、河一体化的综合解决城市水问题的能力。此外，引入新工艺、新技术及未来发展方向的扩展内容，保持教材新颖性，激发学生的探索欲与求知欲，为培养适应未来水行业发展需求的高素质人才奠定坚实基础。

全书全共分 21 章，上册为 1～12 章，下册为 13～21 章。本教材可作为给排水科学与工程、城市水系统工程、环境工程等专业教材，还可用作有关专业工程技术人员和决策、管理人员的参考书。

为便于教学，作者制作了教学课件，如有需要，可扫码下载。

教材 PPT

责任编辑：王美玲
责任校对：李美娜

住房和城乡建设部"十四五"规划教材
高等学校给排水科学与工程学科专业指导委员会规划推荐教材

水质工程学（第四版）

（下册）

马军　任南琪　彭永臻　梁恒　编

李圭白　主审

*

中国建筑工业出版社出版、发行（北京海淀三里河路 9 号）
各地新华书店、建筑书店经销
北京科地亚盟排版公司制版
鸿博睿特（天津）印刷科技有限公司印刷

*

开本：787 毫米×1092 毫米　1/16　印张：20¼　字数：502 千字
2025 年 6 月第四版　2025 年 6 月第一次印刷
定价：**56.00** 元（赠教师课件，数字资源）
ISBN 978-7-112-30558-2
（43804）

出 版 说 明

党和国家高度重视教材建设。2016 年，中共中央办公厅、国务院办公厅联合印发了《关于加强和改进新形势下大中小学教材建设的意见》，提出要健全国家教材制度。2019 年 12 月，教育部牵头制定了《普通高等学校教材管理办法》和《职业院校教材管理办法》，旨在全面加强党的领导，切实提高教材建设的科学化水平，打造精品教材。住房和城乡建设部历来重视土建类学科专业教材建设，从"九五"开始组织部级规划教材立项工作，经过近 30 年的不断建设，规划教材提升了住房和城乡建设行业教材质量和认可度，出版了一系列精品教材，有效促进了行业部门引导专业教育，推动了行业高质量发展。

为进一步加强高等教育、职业教育住房和城乡建设领域学科专业教材建设工作，提高住房和城乡建设行业人才培养质量，2020 年 12 月，住房和城乡建设部办公厅印发《关于申报高等教育职业教育住房和城乡建设领域学科专业"十四五"规划教材的通知》（建办人函〔2020〕656 号），开展了住房和城乡建设部"十四五"规划教材选题的申报工作。经过专家评审和部人事司审核，512 项选题列入住房和城乡建设领域学科专业"十四五"规划教材（简称规划教材）。2021 年 9 月，住房和城乡建设部印发了《高等教育职业教育住房和城乡建设领域学科专业"十四五"规划教材选题的通知》（建人函〔2021〕36 号）（简称《通知》）。为做好规划教材的编写、审核、出版等工作，《通知》要求：（1）规划教材的编著者应依据《住房和城乡建设领域学科专业"十四五"规划教材申请书》（简称《申请书》）中的立项目标、申报依据、工作安排及进度，按时编写出高质量的教材；（2）规划教材编著者所在单位应履行《申请书》中的学校保证计划实施的主要条件，支持编著者按计划完成书稿编写工作；（3）高等学校土建类专业课程教材与教学资源专家委员会、全国住房和城乡建设职业教育教学指导委员会、住房和城乡建设部中等职业教育专业指导委员会应做好规划教材的指导、协调和审稿等工作，保证编写质量；（4）规划教材出版单位应积极配合，做好编辑、出版、发行等工作；（5）规划教材封面和书脊应标注"住房和城乡建设部'十四五'规划教材"字样和统一标识；（6）规划教材应在"十四五"期间完成出版，逾期不能完成的，不再作为《住房和城乡建设领域学科专业"十四五"规划教材》。

住房和城乡建设领域学科专业"十四五"规划教材的特点，一是重点以修订教育部、住房和城乡建设部"十二五""十三五"规划教材为主；二是严格按照专业标准规范要求编写，体现新发展理念；三是系列教材具有明显特点，满足不同层次和类型的学校专业教学要求；四是配备了数字资源，适应现代化教学的要求。规划教材的出版凝聚了作者、主审及编辑的心血，得到了有关院校、出版单位的大力支持，教材建设管理过程有严格保障。希望广大院校及各专业师生在选用、使用过程中，对规划教材的编写、出版质量进行反馈，以促进规划教材建设质量不断提高。

住房和城乡建设部"十四五"规划教材办公室
2021 年 11 月

第四版前言

随着全球经济的飞速发展和城市化进程的加速推进，水资源作为生命之源与城市发展的命脉，其重要性日益凸显。《水质工程学》作为给排水科学与工程及环境工程领域的重要教材，旨在全面而深入地探讨水质保障与管理的科学原理、技术方法与实践策略，以应对城市化进程中日益严峻的水污染、水资源短缺及水再生利用的挑战。

面对我国城镇化率持续攀升背景下水资源供需矛盾的加剧，以及气候变化和新兴污染物带来的复杂水质风险，水质工程学不再仅是传统意义上的水处理技术集合，而是发展成为一门集水源保护、水质安全保障、水生态修复、水资源高效利用及水循环管理于一体的综合性学科。保障城市水系统的健康运行，不仅关乎居民生活质量的提升，更是实现经济社会可持续发展和生态文明建设的关键所在。我们希望通过本书的学习，能够培养出一批既具备扎实专业知识，又富有创新思维和实践能力的水质工程人才，他们将在未来的城市水系统建设中发挥关键作用，推动水质工程学向更加经济、高效、低碳、智能的方向发展，为实现水资源的可持续利用和城市的绿色转型贡献力量。

《水质工程学》（第四版）教材在再版修订过程中，吸取了多方提出的宝贵意见，着重在下列方面作了修改：

1. 在绪论中除了水的良性社会循环有关内容之外，还增加了未来绿色低碳城市水系统的理念与展望，简述了水源保护、水生态、水环境、海绵城市及未来城市水系统等理念。建立这门课在专业体系中的位置关系及实际应用情况，加深学生对本专业整体了解。

2. 贯穿全书内容，适量增加了课程思政元素，使学生从全生命周期角度关注绿色低碳工艺系统、低碳运行、系统优化、环境友好、健康生态等方面的技术发展对策与技术进展。通过一些工程案例或者人物介绍，增强学生的使命感、荣誉感及责任感。

3. 各个章节中通过扫描二维码的方式，可以动态地查阅电子数据库如相关课程录像、典型工艺案例等，以便于学生理解。

4. 各个章节中增加了数字化的相关内容，在讲述工艺过程原理的基础上，加强了过程模拟、控制和优化的思想。

5. 本版突出介绍了碳中和愿景下科学进展和技术创新对工艺技术发展的推动作用，让学生了解技术的动态发展过程，以增强学生的创新意识。

6. 以本科教学要求为准绳，对书中的理论进行筛选，既要加强基础知识传授，也动态地反映水工程领域科学前沿和工程技术最新进展。过深的内容和新技术进展通过标注 * 号部分内容和扫描二维码电子版等方式进行介绍，既保证课程教学要求，又能扩大学生专业知识面。

7. 适当增加例题的数量，特别是在重点部分增加习题的内容。习题参考工程界设计计算书的格式编写，这样既能联系实际，又使学生在学习过程中就能熟悉工程设计中习用的一些格式，使之更有参考价值。

8. 适当增加介绍新工艺、新技术以及工艺技术发展方向的内容，使之保持新颖性，激发学生的探索热情，培养学生的求知欲。在教材中增加若干扩展内容，通过扫描二维码的方式阅读电子版扩展内容，以供学生参考。

本书前三版由李圭白、张杰主编，马军、任南琪、彭永臻、崔福义、于水利、陈忠林等专家执笔完成。

第四版在前三版的基础上修编完成，绪论和第1、2、3、6、7、10、11章由马军修编；第4、5、8、9、18、19章由梁恒修编；第15、16、17、21章由任南琪修编；第12、13、14、20章由彭永臻修编。全书由马军、任南琪、彭永臻、梁恒统稿，李圭白任主审。

由于作者水平有限，望广大读者批评指正。

第三版前言

近几十年来，我国随着社会经济的快速发展，同时出现了以水资源短缺和水环境污染为标志的水危机，现已成为制约我国社会经济发展的重要因素。水危机的出现，是人类社会无节制地用水和将污、废水肆意排入天然水体，即水的不良社会循环造成的。解决水危机，使人类社会逐渐步入水的良性社会循环的历史重任，将落在给水排水工程从业者的肩上。中华人民共和国成立初期以城市基础设施为对象的给水排水工程已不适应现在的社会需求，经多年教育改革，已建立起以水的社会循环为服务对象的新的学科和专业——给排水科学与工程。以水的社会循环的理念为指导，给水和排水不过是水的社会循环中的两个环节，所以应该将给水和排水有机地结合在一起。《水质工程学》就是将给水处理与污、废水处理结合在一起形成的一部新教材。

通过实现水的良性社会循环解决水危机的理念，也逐渐取得社会的共识。在工业企业，因涉及节水、水的循环利用、水的重复利用、甚至零排放等的要求，不论从工程技术层面还是技术管理层面，大多已经实现了给水和排水（废水）的统一。在城市中，也开始将给水和排水统一在一个水业公司（或水务部门）进行规划和管理。

人才是社会经济发展的基础。全体从业人员都认识到只有通过实现水的良性社会循环才能解决水危机，并主动承担起解决我国水危机的历史重任，才能使我国的水危机更快更好地得到解决。

扩大水的良性社会循环理念的社会影响，最有效的途径是通过教育，如果每一个在校学生都能建立起实现水的良性社会循环的理念，并愿承担起解决我国水危机的重大历史使命，若干年后新的理念将会取代旧的观念而成为主流。

教师是向学生传播新理念的关键。如果教师缺乏实现水的良性社会循环的理念，不去教导学生勇于承担解决我国水危机的历史使命，就不可能培养出具有新理念和新抱负的学生。所以，希望给排水科学与工程专业的教师都能尽快接受本专业教育改革提出的新理念，在教学工作中不断宣传新理念，鼓励学生勇于承担解决我国水危机的雄心壮志，不断培养出高质量的、具有新理念和新抱负的学生，为社会经济发展作出更大贡献。

《水质工程学》（第三版）教材在再版修订过程中，吸取了多方提出的宝贵意见，着重在下列方面作了修改：

（1）在各章节增加了与水的良性社会循环有关的内容。

（2）创新已成为我国今后社会经济发展的动力。本版突出介绍了技术创新对工艺技术发展的推动作用，以增强学生的创新意识及对创新意义和价值的认识。

（3）以本科教学要求为准绳，对书中的理论进行筛选，删除过深的内容，使全书的理论水平和深度与对本科教学的要求相适应，其中 * 标出内容为选修内容。

（4）各章节都更全面地反映给水与排水（污水）两方面的内容。

（5）适当增加例题的数量，特别是在重点部分增加大习题的内容。大习题参考工程界设计计算书的格式编写，这样既能联系实际，又使学生在学习过程中就能熟悉工程设计中习用的一些格式，使之更有参考价值。

（6）适当增加介绍新工艺、新技术以及工艺技术发展方向的内容，使之保持新颖性。

现在已进入信息时代，过去因缺乏参考书，故提倡在教材中增加若干扩展内容以供学生参考。现在，学生可以通过网络搜索查询大量需要了解的各种专业知识。而教科书篇幅有限，不可能满足学生的业务扩展的要求，所以信息时代教材的定位应较过去有所改变，即教材不应以量取胜，不应堆砌大量专业知识，而应加以精炼，首先以加深专业基本知识为主，为学生利用网络扩展业务知识提供坚实基础；其次要扩大信息面，扩大新技术新知识的介绍，使学生利用网络在扩大新技术新知识内容时，有一定的查询方向。本次修订，就是以教材新的定位为目标进行的尝试和努力。

第三版教材的执笔人以及主编和主审人皆与第一版相同。

第二版前言

《水质工程学》的出版是给排水科学与工程(给水排水工程)专业教学改革的一项成果，它体现了给水排水工程学科从以城市基础设施为研究对象转变为以水的社会循环为研究对象的理念，给水和排水是水的社会循环过程中的两个环节，即从水的社会循环的角度将给水与排水有机地结合在一起，将给水处理与污、废水处理结合在一起，形成一部新的教材——《水质工程学》。

按照水的社会循环理念，现在部分学校"给水排水工程"专业的名称已改为"给排水科学与工程"专业，其中给排水是一个词组，即给水和排水是不可分割的，所以"水质工程学"教材也进一步与专业的内涵取得一致。

《水质工程学》(第二版)教材在再版修订过程中，吸收了各方提出的宝贵意见，着重在下列方面作了修改。

(1) 吸收近年水质工程学领域在理论、原理、工艺和技术等方面的新发展和新成果，更新教材内容，使之保持新颖性。

(2) 为适应各学校不同的教学要求，将内容分为基本的和扩展的两部分，基本部分按对专业最低要求编写，其他部分为扩展部分。基本部分内容采用大字体，扩展部分内容采用小字体。

(3) 在书中增加例题内容，以加深学生对理论的理解，并加强理论与实际联系。

再版教材的执笔人以及主编和主审人皆与第一版相同。

第一版前言

我国"给水排水工程"专业建立于20世纪50年代初，由于专业面较窄，已不适应我国当前社会主义市场经济的特点，不能满足我国新兴产业——水工业以及水危机对人才培养的要求，所以需要进行改革。

我国已经进入社会主义市场经济时代，水作为一种特殊商品正在进入市场，采集、生产、加工商品水的产业，称为"水工业"。

水的循环可区分为水的自然循环和水的社会循环。从天然水体采集水，经过加工处理，以满足工业、农业以及人们生活对水质水量的需求，用过的水经适当处理再排回天然水体，这就是水的社会循环。水工业正是服务于水的社会循环全过程的一种产业。它与服务于水的自然循环及其调控的"水利工程"，构成了水工程的两个方面。

我国的水危机形势严峻，我国人均水资源量只有世界平均量的1/4，加上时空分布不均使水资源短缺造成的损害不亚于洪涝灾害。我国目前水环境污染也很严重，造成的损失达GDP的1.5%～3%。水资源短缺和水环境污染已成为我国社会经济发展的重要制约因素，现正为缓解水危机筹集和投入大量资金，这必将促进水工业产业的大发展。

解决我国水危机的方针，应是以水资源的可持续利用支持我国社会经济的可持续发展。中华人民共和国成立以来，我国国民经济有了长足发展，但水污染治理相对落后，致使水环境污染严重。此外，水环境污染与人们对饮用水水质不断提高的要求的矛盾也日益增大。这样，在水工业的水量和水质两个方面，就使水质矛盾日益突出而上升为主要矛盾。

我国现在的工农业及城市用水量，正在向我国水资源的极限量逼近，所以节约用水势在必行，必须向建设节水型工农业、节水型城市、节水型社会的方向发展。为节水，需要投入巨资，而其产出效益更大，所以一个节水产业正在兴起，它是水工业的重要组成部分。

水的循环利用是节水的最重要的方面。水的最大特点是在使用过程中水量并不减少，而只是混入了各种废弃物，使水质发生了变化（受到污染）从而丧失或部分丧失了使用功能。如果将水中污染物加以去除（对水进行处理），使水恢复或部分恢复其使用功能，就能被循环利用。水的循环利用不仅能减少向天然水体取水的数量，缓解水资源短缺，并且也减少了向天然水体排放污水的数量，减少对水环境的污染。

我国正在进入高新技术时代。以生物工程、电子信息、新材料等为代表的高新技术，不断为水工业所采用。高新技术正推动水工业向现代化方向发展。

每一种产业都需要有相应学科和专业的支持才能得到发展。改革后的"给水排水工程"即为水工业的主干学科，它以水的社会循环为研究对象，在水量和水质两个方面以水质为核心，加强化学和生物学基础，保持工程传统，向水资源水环境、市政水工程、建筑水工程、工业水工程、农业水工程、节水产业等方向全面拓宽，以适应市场经济和满足水工业发展的需求。

　　将改革后的"给水排水工程"专业与 50 年前成立的"给水排水工程"相比,其研究对象从作为"城市基础设施"扩展为"水的社会循环";学科的主要内涵从"水量"转变为"水质与水量";把被区分的给水和排水统一到水的社会循环及水的循环利用这一整体之中,并大量吸收高新技术,使"给水排水工程"面容一新。

　　"给水排水工程"专业的改革,需要建立新的学科体系和教材体系。"水质工程学"就是新编的教材之一,供大学本科学生使用。

　　本书绪论、第 4 章、第 5 章、第 18.1、18.2、18.3、18.4、18.5、19.1、19.2、19.3、19.5 由李圭白执笔;第 1 章、第 2 章由崔福义执笔;第 3 章由陈忠林执笔;第 6 章、第 7 章、第 8 章、第 9 章由马军执笔;第 10 章、第 11 章、第 18.6、18.7、19.4 由于水利执笔;第 12 章、第 13 章、第 14 章由彭永臻执笔;第 15 章、第 16 章、第 17 章由任南琪执笔;第 20 章、第 21 章由张杰执笔。全书由李圭白、张杰任主编,蒋展鹏任主审。

　　本书为教科书,书后只列出少数参考书目供学生课外选读。书中引用了大量文献资料,文献名未一一列出,特作声明,并向这些文献作者表示感谢。

　　由于作者水平所限,望广大读者批评指正。

主编

目　　录

第3篇　生物处理理论与技术 ……………………………………………… 1

第13章　活性污泥法 ……………………………………………………… 2

13.1　活性污泥法的理论基础 ………………………………………… 4

13.2　活性污泥的性能指标及其有关参数 …………………………… 12

13.3　活性污泥反应动力学及其应用 ………………………………… 17

13.4　活性污泥法的氧传质理论 ……………………………………… 23

13.5　活性污泥法的发展及演变 ……………………………………… 30

13.6　活性污泥法的脱氮除磷原理及应用 …………………………… 43

13.7　活性污泥法污水处理系统的过程控制与运行管理 …………… 58

第14章　生物膜法 ………………………………………………………… 64

14.1　生物膜法的基本概念 …………………………………………… 65

14.2　生物滤池 ………………………………………………………… 72

14.3　生物转盘 ………………………………………………………… 80

14.4　生物接触氧化法 ………………………………………………… 82

14.5　曝气生物滤池 …………………………………………………… 86

14.6　生物流化床 ……………………………………………………… 91

14.7　新型生物膜反应器和联合处理工艺* …………………………… 93

14.8　生物膜法的运行管理 …………………………………………… 97

第15章　厌氧生物处理 …………………………………………………… 99

15.1　厌氧生物处理的概念 …………………………………………… 100

15.2　厌氧生物处理的基本原理 ……………………………………… 100

15.3　厌氧生物处理微生物生态学 …………………………………… 108

15.4　厌氧颗粒污泥的形成及其微生物生理生态特性 ……………… 119

15.5　厌氧生物处理工程技术 ………………………………………… 123

15.6　发展与展望* ……………………………………………………… 139

第16章　自然生物处理系统 ……………………………………………… 142

16.1　氧化塘 …………………………………………………………… 143

16.2　污水的土地处理系统 …………………………………………… 150

第17章　污泥处理、处置与利用 ………………………………………… 163

17.1　概述 ……………………………………………………………… 166

17.2　污泥的分类、性质及计算 ……………………………………… 168
17.3　污泥浓缩 ……………………………………………………… 175
17.4　污泥的厌氧消化 ……………………………………………… 181
17.5　污泥的其他稳定措施 ………………………………………… 193
17.6　污泥的调理 …………………………………………………… 196
17.7　污泥的干化与脱水 …………………………………………… 197
17.8　污泥的干燥与焚化 …………………………………………… 206
17.9　污泥的有效利用与最终处置 ………………………………… 209
17.10　污泥减量化新技术* …………………………………………… 211

第4篇　水处理工艺系统 ………………………………………… 215
　第18章　典型给水处理系统 …………………………………… 215
　　18.1　给水处理工艺系统的选择原则 …………………………… 215
　　18.2　以地表水为水源的城市饮用水处理工艺 ………………… 217
　　18.3　水的除藻* ………………………………………………… 225
　　18.4　水的除臭除味* …………………………………………… 226
　　18.5　水源水质突发污染及净水技术对策* ……………………… 226
　　18.6　给水厂生产废水的回收与利用 …………………………… 228
　　18.7　给水厂污泥的处理与处置 ………………………………… 230

　第19章　特种水源水处理工艺系统* ………………………… 235
　　19.1　天然水的除铁除锰 ………………………………………… 235
　　19.2　高浊度水处理工艺系统 …………………………………… 247
　　19.3　水的除氟和除砷 …………………………………………… 250
　　19.4　软化、除盐及锅炉水处理工艺系统 ……………………… 253
　　19.5　游泳池水处理工艺系统* ………………………………… 257

　第20章　城市污水处理系统 …………………………………… 261
　　20.1　城市污水处理工艺系统选择的基本思想与原则 ………… 261
　　20.2　城市污水处理工艺系统 …………………………………… 263
　　20.3　污水深度处理系统与再生水有效利用 …………………… 267
　　20.4　污泥处理与利用工艺系统 ………………………………… 270

　第21章　工业废水处理的工艺系统 …………………………… 278
　　21.1　概述 ………………………………………………………… 278
　　21.2　常用工业废水处理工艺系统 ……………………………… 284

主要参考文献 ……………………………………………………… 309

第3篇　生物处理理论与技术

　　自然界中存在着大量的微生物，它们通过自身新陈代谢的生理功能，氧化分解环境中的有机物并将其转化为稳定的无机物。水的生物处理技术就是在利用微生物的这一生理功能的基础上，采取相应的人工措施，创造有利于微生物生长、繁殖的良好环境，进一步增强微生物的新陈代谢功能，从而使水中(主要是溶解状态和胶体状态)的有机污染物和植物性营养物得以降解、去除。生物处理技术主要应用于污水处理过程，但近年来饮用水水源受有机污染物污染日益严重，因此生物处理技术在给水处理过程中也有应用。本篇主要介绍污水生物处理理论与技术。

　　污水的生物处理技术主要分为好氧法、厌氧法两大类。根据微生物在反应器中存在的形式，好氧生物处理工艺又可以分为悬浮生长型的活性污泥法和附着生长型的生物膜法。本篇将分别对活性污泥法、生物膜法和厌氧生物处理技术，以及氧化塘等自然处理法进行介绍。

第 13 章　活性污泥法

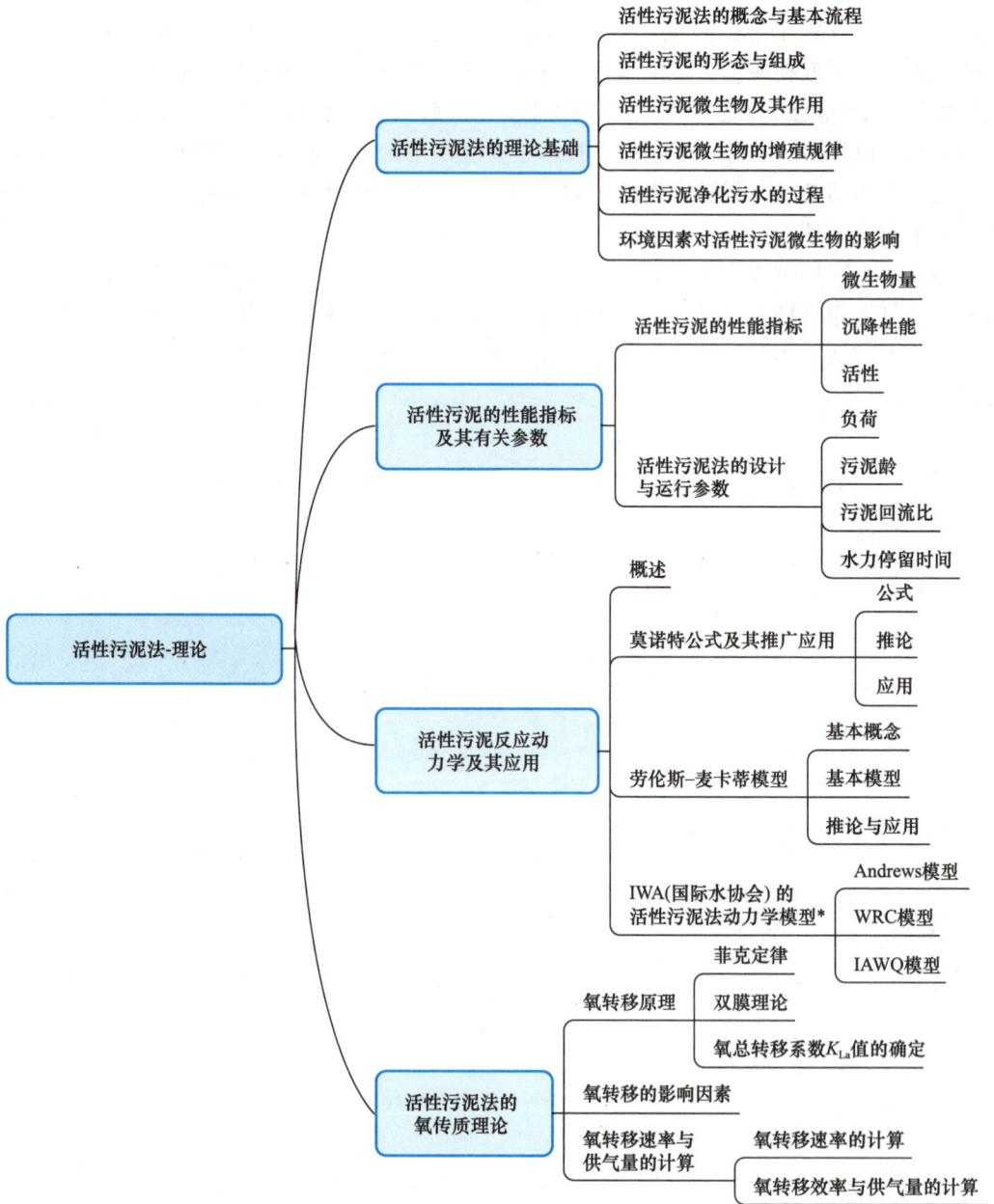

活性污泥法-理论

- 活性污泥法的理论基础
  - 活性污泥法的概念与基本流程
  - 活性污泥的形态与组成
  - 活性污泥微生物及其作用
  - 活性污泥微生物的增殖规律
  - 活性污泥净化污水的过程
  - 环境因素对活性污泥微生物的影响

- 活性污泥的性能指标及其有关参数
  - 活性污泥的性能指标
    - 微生物量
    - 沉降性能
    - 活性
  - 活性污泥法的设计与运行参数
    - 负荷
    - 污泥龄
    - 污泥回流比
    - 水力停留时间

- 活性污泥反应动力学及其应用
  - 概述
  - 莫诺特公式及其推广应用
    - 公式
    - 推论
    - 应用
  - 劳伦斯–麦卡蒂模型
    - 基本概念
    - 基本模型
    - 推论与应用
  - IWA(国际水协会) 的活性污泥法动力学模型*
    - Andrews模型
    - WRC模型
    - IAWQ模型

- 活性污泥法的氧传质理论
  - 氧转移原理
    - 菲克定律
    - 双膜理论
    - 氧总转移系数K_{La}值的确定
  - 氧转移的影响因素
  - 氧转移速率与供气量的计算
    - 氧转移速率的计算
    - 氧转移效率与供气量的计算

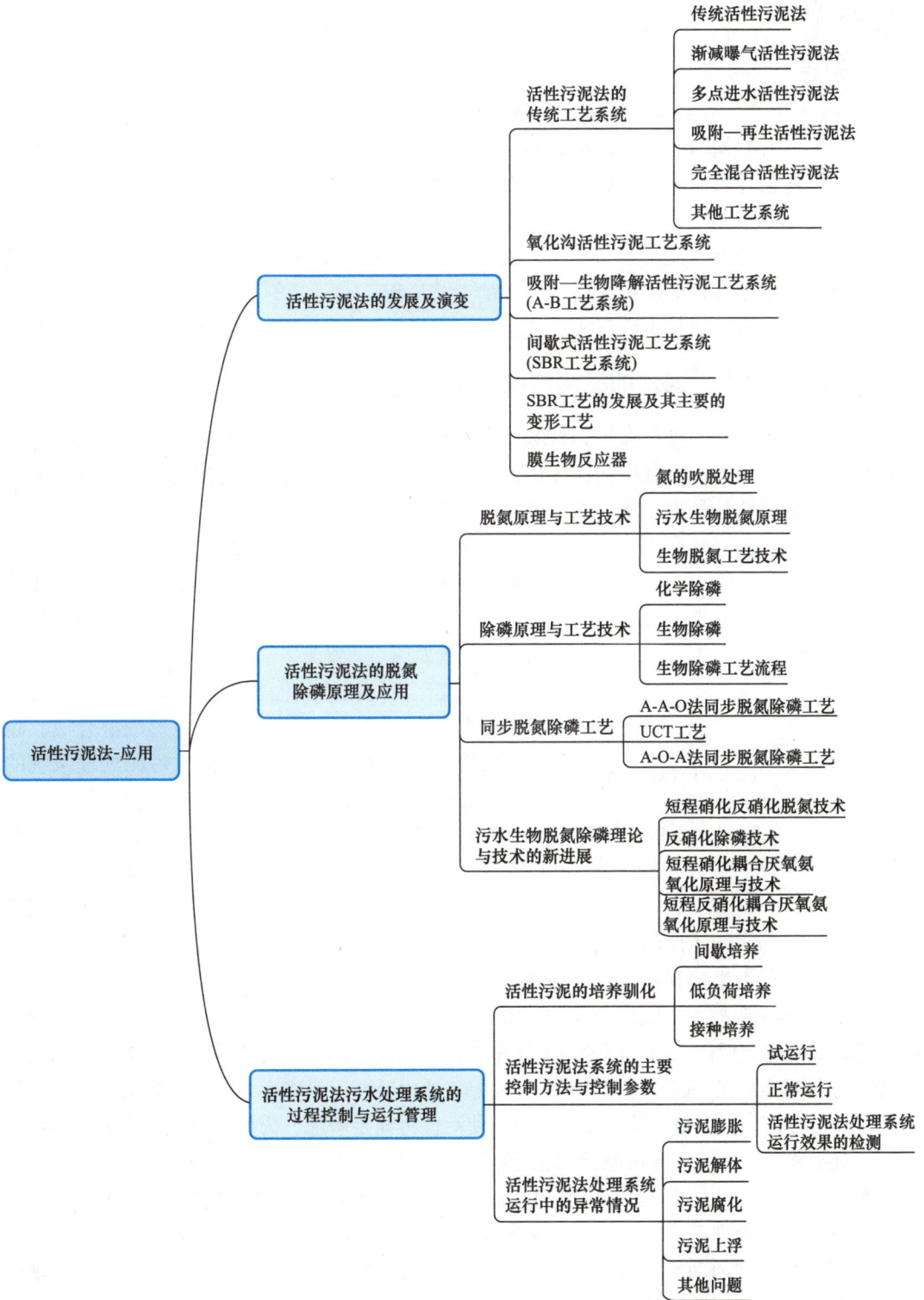

活性污泥法-应用

活性污泥法的发展及演变
　活性污泥法的传统工艺系统
　　传统活性污泥法
　　渐减曝气活性污泥法
　　多点进水活性污泥法
　　吸附—再生活性污泥法
　　完全混合活性污泥法
　　其他工艺系统
　氧化沟活性污泥工艺系统
　吸附—生物降解活性污泥工艺系统(A-B工艺系统)
　间歇式活性污泥工艺系统(SBR工艺系统)
　SBR工艺的发展及其主要的变形工艺
　膜生物反应器

活性污泥法的脱氮除磷原理及应用
　脱氮原理与工艺技术
　　氮的吹脱处理
　　污水生物脱氮原理
　　生物脱氮工艺技术
　除磷原理与工艺技术
　　化学除磷
　　生物除磷
　　生物除磷工艺流程
　同步脱氮除磷工艺
　　A-A-O法同步脱氮除磷工艺
　　UCT工艺
　　A-O-A法同步脱氮除磷工艺
　污水生物脱氮除磷理论与技术的新进展
　　短程硝化反硝化脱氮技术
　　反硝化除磷技术
　　短程硝化耦合厌氧氨氧化原理与技术
　　短程反硝化耦合厌氧氨氧化原理与技术

活性污泥法污水处理系统的过程控制与运行管理
　活性污泥的培养驯化
　　间歇培养
　　低负荷培养
　　接种培养
　活性污泥法系统的主要控制方法与控制参数
　　试运行
　　正常运行
　　活性污泥法处理系统运行效果的检测
　活性污泥法处理系统运行中的异常情况
　　污泥膨胀
　　污泥解体
　　污泥腐化
　　污泥上浮
　　其他问题

13.1　活性污泥法的理论基础

第13.1节内容
视频讲解

1912年～1913年英国人发明了活性污泥法(Activated Sludge Process)，1914年由 Ardern 和 Lockett 在英国曼彻斯特建成试验厂，1916年美国正式建成了第一座活性污泥法污水处理厂。在100多年的历史中，随着实际生产上的广泛应用和技术上的不断革新改进，特别是近几十年来，在对其生物反应和净化机理进行深入研究探讨的基础上，活性污泥法在生物学、反应动力学的理论方面以及在工艺方面都得到了长足的发展，出现了多种能够适应各种条件的工艺流程。

目前，活性污泥法是生活污水、城市污水以及有机性工业废水处理中最常用的工艺。

13.1.1　活性污泥法的概念与基本流程

往污水中通入空气进行曝气，持续一段时间以后，污水中即生成一种褐色絮凝体。该絮凝体主要由繁殖的大量微生物群体所构成，可氧化分解污水中的有机物，并易于沉淀分离，从而得到澄清的处理出水，这种絮凝体就是"活性污泥"。

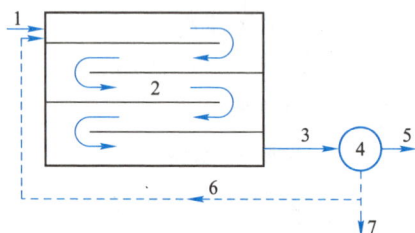

图 13-1　传统推流式活性污泥法系统
1—预处理后的污水；2—活性污泥反应池—
推流式曝气池；3—从曝气池流出的混合液；
4—二次沉淀池；5—出水；6—回流污泥；
7—剩余污泥

活性污泥法的形式有多种，但其基本流程大致相同，如图 13-1 所示。活性污泥法处理系统主要包括曝气池、二次沉淀池、污泥回流系统、剩余污泥排放系统及曝气系统。

经初次沉淀池或其他预处理装置处理后的污水和回流的活性污泥一起进入曝气池形成混合液。曝气池是一个生物反应器，也是活性污泥处理系统的核心处理单元。通过曝气系统向曝气池充入空气，一方面通过曝气向活性污泥混合液供氧，保持好氧条件，保证活性污泥中微生物的正常代谢反应；另一方面，使混合液得到足够的搅拌，使活性污泥处于悬浮状态，污水与活性污泥充分接触。污水中的有机物在曝气池内被活性污泥吸附，并被存活在其中的微生物利用而得到降解，从而使污水得到净化。

随后混合液流入二次沉淀池(简称二沉池)，进行固液分离，混合液中的活性污泥沉淀下来与水分离，净化后出水由二沉池溢流堰排出。二沉池底部的沉淀浓缩污泥一部分回流至曝气池，称为回流污泥。回流污泥的目的是使曝气池内活性污泥浓度维持在一定范围内。曝气池中的生化反应引起微生物的增殖，也就是使活性污泥量增加。为保持曝气池内恒定的污泥浓度，还要将另一部分沉淀污泥(污泥增殖部分)排出污水处理系统，该部分污泥称为剩余污泥。剩余污泥因含有大量有毒有害物质，而需要妥善处理，否则将造成二次污染。

活性污泥法处理系统有效运行的基本条件是：污水中含有足够的可溶解性易降解有机物作为微生物生理活动所必需的营养物质；混合液中含有足够的溶解氧；活性污泥在曝气池中呈悬浮状态，能够与污水充分接触；活性污泥连续回流，同时，还要及时地排出剩余污泥，使曝气池中保持恒定的活性污泥浓度；进入生物处理系统的有毒有害物质，在微生物允许毒阈范围内。

活性污泥法处理系统，实质上是自然界水体自净的人工强化模拟。

13.1.2　活性污泥的形态与组成

活性污泥是活性污泥法处理系统中的主体作用物质。它不是一般的污泥，其上栖息着具有强大生命活力的微生物群体。在微生物群体新陈代谢功能的作用下，活性污泥具有将有机物转化为稳定的无机物的活力，故将此称之为"活性污泥"。

活性污泥在外观上呈絮绒颗粒状，又称之为"生物絮凝体"。静置时，活性污泥立即凝聚成较大的绒粒而下沉。活性污泥略带土壤的气味，其颜色根据污水水质不同而不同，一般为黄色或褐色。活性污泥含水率很高，一般都在 99% 以上，其相对密度则因含水率不同而异，为 1.002~1.006。活性污泥具有较大的表面积，每毫升活性污泥的表面积为 20~100cm²。

活性污泥中的固体物质仅占 1% 以下，这 1% 的固体物质是由有机与无机两部分所组成，其组成比例则因原污水类型不同而异，如城市污水的活性污泥，其中有机成分占 75%~85%。活性污泥中固体物质的有机成分，主要是由栖息在活性污泥上的微生物群体（M_a）所组成；此外，在活性污泥上还夹杂着由入流污水挟入的有机固体物质，其中包括某些惰性的难为细菌摄取、利用的所谓"难降解有机物质"（M_i）。微生物菌体经过自身氧化的残留物（M_e），如细胞膜、细胞壁等，也属于难降解有机物质范畴。活性污泥的无机组成部分（M_{ii}），则全部是由污水挟入的。至于微生物体内存在的无机盐类，由于数量极少，可忽略不计。

13.1.3　活性污泥微生物及其作用

活性污泥中的微生物群体主要由细菌所组成，其数量可占污泥中微生物总质量的 90%~95%，在某些处理工业废水的活性污泥中，甚至可达 100%。此外，在活性污泥上还存活着真菌以及原生动物和后生动物等微型动物。活性污泥中的有机物、细菌、原生动物与后生动物组成了一个小型的相对稳定的生态系统和食物链，如图 13-2 所示。

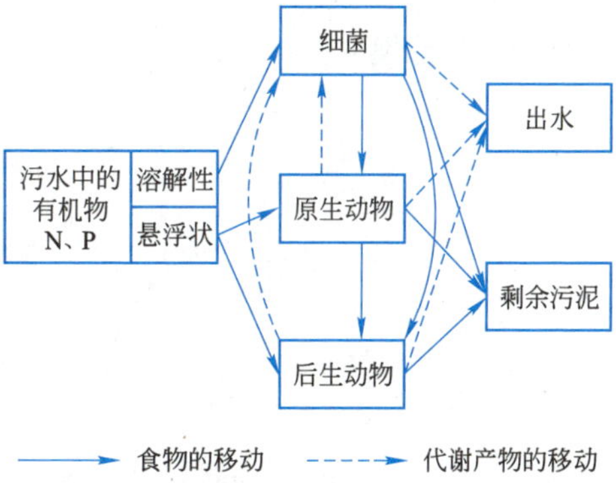

活性污泥微生物中的细菌以异养型的原核细菌为主，在成熟的正常活性污泥中的细菌数量为 10^7~10^8 个/mL。现已基本判明，可能在活性污泥上形成优势的细菌主要有：产碱杆菌属（*Alcaligenes*）、芽孢杆菌属（*Bacillus*）、黄杆菌属（*Flavobacterium*）、动胶杆菌属（*Zoogloea*）、假单胞菌属（*Pseudomonas*）和大肠埃

图 13-2　活性污泥微生物群体的食物链

希氏杆菌（*Escherichia Coli*）等。此外，还可能出现的细菌有：无色杆菌属（*Achromobacter*）、微球菌属（*Microbaccus*）、诺卡氏菌属（*Nocardia*）和八叠球菌属（*Sarcina*）等。至于哪些种属的细菌在活性污泥中占优势，则又取决于原污水中有机物的性质。如含蛋白质多的污水有利于产碱杆菌的生长繁殖，而含大量糖类和烃类的污水，则将使假单胞菌得到迅速增殖。

上述种属的细菌在适宜的环境条件下，都具有较高的增殖速率，世代时间仅为 20~

30min。这些细菌具有较强的分解有机物并将其转化为稳定的无机物的能力。另外，如动胶杆菌属（*Zoogloea*）、假单胞菌属（*Pseudomonas*）、黄杆菌属（*Flavobacterium*）等能够形成絮凝体状团粒（即"菌胶团"）的细菌被称为菌胶团细菌。菌胶团细菌是构成活性污泥絮凝体的主要成分，有很强的吸附、氧化分解有机物的能力。细菌形成菌胶团后可防止被微型动物所吞噬，并在一定程度上可免受毒物的影响。菌胶团有很好的沉降性能，使混合液在二沉池中迅速完成泥水分离。

　　活性污泥中真菌的出现一般与水质有关，如一些霉菌常出现于 pH 较低的污水中。通常，丝状菌在活性污泥中可交叉穿织在菌胶团之间，是形成活性污泥絮凝体的骨架，使污泥具有良好的沉淀性能。丝状菌还可保持高的净化效率、低的出水污染物浓度和出水悬浮物浓度。但若大量异常的增殖则会引发污泥膨胀现象。

　　在活性污泥中存活的原生动物主要有肉足虫、鞭毛虫和纤毛虫等三类。原生动物的主要摄食对象是细菌，因此，出现在活性污泥中的原生动物，在种属上和数量上是随处理水的水质和细菌的存活状态变化而改变的。

　　在活性污泥系统启动的初期，活性污泥絮凝体尚未很好的形成，混合液中游离细菌居多，出水水质欠佳，此时出现的原生动物，最初为肉足虫类（如变形虫）占优势，继之出现的则是游泳型的纤毛虫，如豆形虫、肾形虫和草履虫等。而当活性污泥培育成熟，生物絮凝体结构良好，混合液中的细菌多已"聚居"在活性污泥上，游离细菌为数很少，出水水质良好，此时出现的原生动物则将以带柄固着（着生）型的纤毛虫，如钟虫、累枝虫、独缩虫、聚缩虫和盖纤虫等为主。

　　此外，原生动物还不断地摄食水中的游离细菌，起到了进一步净化水质的作用。

　　活性污泥系统中较常见的后生动物有轮虫、线虫和瓢体虫。轮虫在系统正常运行时期、有机物含量低、出水水质良好时才会出现，故轮虫的存在是处理效果较好的标志。

　　图 13-3 所示是活性污泥法处理系统中活性污泥微生物随驯化进程和污水中有机物浓度改变的演替规律。

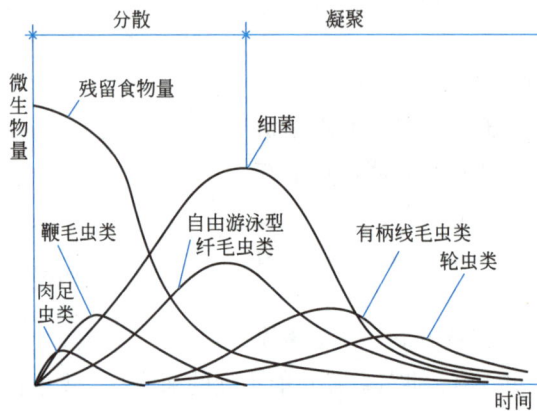

图 13-3　活性污泥微生物随驯化进程和污水中有机物浓度改变的演替规律

　　在活性污泥法处理系统中，细菌是净化污水的第一承担者，也是主要承担者；原生动物是污水净化的第二承担者，摄食处理水中游离细菌，使污水进一步净化。

　　通过显微镜的镜检，能够观察到出现在活性污泥中的原生动物，并辨别认定其种属，据此能够判断出水水质的优劣。因此，将原生动物称之为活性污泥系统中的指示性生物。

13.1.4　活性污泥微生物的增殖规律

在曝气池内，活性污泥微生物对污水中有机物的降解，必然结果之一是微生物的增殖，而微生物的增殖实际上就是活性污泥量的增长。微生物在曝气池内的增殖规律，是污水生物处理工程技术人员应予以充分考虑和掌握的。

纯菌种的增殖规律已有大量的研究结果，并可以用增殖曲线来表示。活性污泥中微生物种类繁多，其增殖规律比较复杂，但仍可用增殖曲线表示其规律。

将活性污泥微生物在污水中接种，并在温度适宜、溶解氧充足的条件下进行培养，按时取样计量，即可得出微生物数量与培养时间之间具有一定规律性的增殖曲线(图 13-4)。

在温度适宜、溶解氧充足，而且不存在抑制物质的条件下，活性污泥微生物的增殖速率主要取决于有机物量(F)与微生物量(M)的比值(F/M)。它也是有机物降解速率、氧利用速率和活性污泥的凝聚、吸附性能的重要影响因素。

活性污泥微生物增殖分为以下四个阶段(期)。

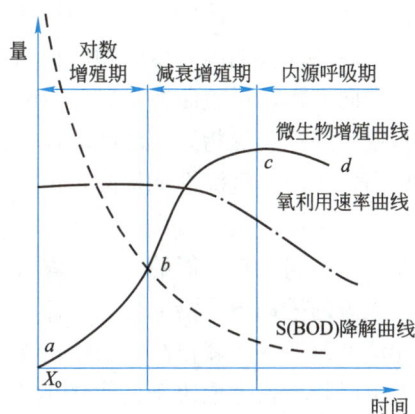

图 13-4　活性污泥微生物增殖曲线及其和有机底物降解、氧利用速率的关系（间歇培养、底物一次性投加）

1. 适应期

适应期又称延迟期或调整期。这是微生物培养的最初阶段，是微生物细胞内各种酶系统对新培养基环境的适应过程。在本阶段初期微生物不增殖，但在质的方面却开始出现变化，如个体增大，酶系统逐渐适应新的环境。在本阶段后期，酶系统对新环境已基本适应，微生物个体发育也达到了一定的程度，细胞开始分裂、微生物开始增殖。

适应期延续时间的长短，主要取决于培养基(污水)的主要成分和微生物对它的适应性。在图 13-4 中没有表示出适应期，但在一般情况下，本阶段是存在的，特别是对新投入运行的曝气池。

2. 对数增殖期

对数增殖期又称增殖旺盛期。出现本期的环境条件是 F/M 比值很高，有机物非常充分，营养物质不是微生物增殖的限制因素。微生物以最大速率摄取有机物，也以最大速率增殖，合成新细胞。

对数增殖期内(图 13-4)，增殖速率与有机物浓度无关，呈零级反应，而与微生物量有关，呈一级反应关系。同时，有机物降解与氧的消耗(利用)以最大速率进行。此阶段，活性污泥微生物具有很高的能量水平，因而不能形成良好的污泥絮凝体。

3. 减衰增殖期

减衰增殖期又称稳定期和平衡期。随着微生物不断增殖，有机物浓度不断下降，F/M 比值继续下降，有机物逐步成为微生物增殖的限制因素，此时微生物的增殖过渡到减衰增殖期。在此期间，虽然微生物仍然在增殖，但其增殖速率和有机物的降解速率已大为降低，并与残存的有机物浓度有关，呈一级反应。在后期，增殖速率几乎和细胞衰亡速率相等，微生物活体数达到最高水平。

减衰增殖期内，有机物已不甚丰富，微生物的活动能力降低，菌胶团细菌之间易于相互黏附，活性污泥絮凝体开始形成，凝聚、吸附及沉降性能都有所提高。

4. 内源呼吸期

内源呼吸期又称衰亡期。污水中有机物持续下降，达到近乎耗尽的程度，F/M 比值随之降至很低的程度。微生物由于得不到充足的营养物质，而开始大量地利用自身体内贮存的物质或衰亡菌体，进行内源代谢以维持生命活动。微生物进入内源呼吸期。

内源呼吸期内，微生物的增殖速率低于自身氧化的速率，致使微生物总量逐渐减少，并走向衰亡，增殖曲线呈显著下降趋势。实际上由于内源呼吸的残留物多是难于降解的细胞壁和细胞膜等物质，因此活性污泥不可能完全消失。在本期初始阶段，絮凝体形成速率提高，吸附、沉淀性能提高，但污泥活性降低。

在活性污泥法转入正常运行后，由于曝气池内混合液的流态不同，所对应的污泥增殖曲线也不同。在一般的推流式曝气池中，污水与回流污泥的混合液从池的一端流入，在后续水流的推动下，沿池长方向流动，并从池的另一端流出池外(图 13-1)。由于在曝气池首端活性污泥浓度就很高，活性污泥的生长可能处于增殖速率上升阶段，也可能处于增殖速率下降阶段，这取决于污水中的有机物浓度和回流污泥的浓度，而曝气池末端活性污泥的生长状态，则取决于曝气时间。因此，推流式曝气池中活性污泥增殖状态在曲线上是某一个区段(图 13-5)，即池首到池尾的 F/M 值和微生物量都是不断变化的。有机物与微生物之间的相对数量决定了其在曲线上所处的位置。在进水流量和底物浓度不断变化的非稳定状态下，该增殖曲线区段是沿着整个增殖曲线移动的。

完全混合式曝气池，即混合液在池内充分混合循环流动，污水与回流污泥进入曝气池后立即与池内原有混合液充分混合。池内各点水质比较均匀，微生物群体性质和数量基本相同，池中各处的状态几乎完全一致。微生物增殖状态在活性污泥增殖曲线上只是一个点(图 13-6)，其在曲线上的位置则取决于每日进入曝气池的有机物和微生物之间的相对量，即有机物污泥负荷。在进水流量和底物浓度不断变化的非稳定状态下，该点的位置是沿着整个增殖曲线移动的。

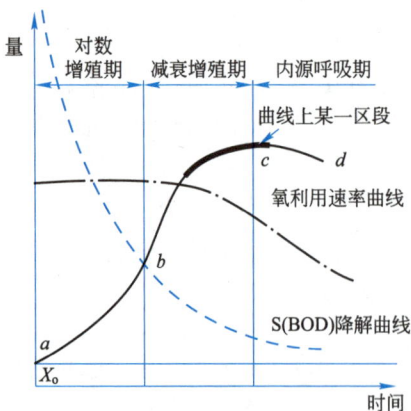

图 13-5　推流式曝气池中活性污泥
增殖状态

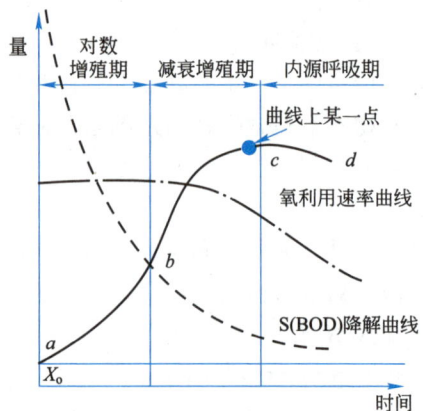

图 13-6　完全混合式曝气池中活性污泥
增殖状态

13.1.5　活性污泥净化污水的过程

在活性污泥法处理系统中，有机物从污水中去除过程的实质就是有机物作为营养物质被活性污泥微生物摄取、代谢与利用的过程。这一过程的结果是污水得到净化，微生物获得能量并合成新的细胞，使活性污泥的量得到增加。

这一过程是比较复杂的，它由物理、化学、物理化学以及生物化学等反应过程所组成。该过程大致上由下列几个净化阶段所组成。

1. 初期吸附去除

活性污泥系统内，在污水与活性污泥接触后的较短时间（5～10min）内，污水中的有机物即被大量去除，出现很高的 BOD_5 去除率。这种初期高速去除现象是由物理吸附和生物吸附交织在一起的吸附作用所产生的。

如前所述，活性污泥有着很大的比表面积，表面上富集着大量的微生物，在其外部覆盖着多糖类的黏质层。当其与污水接触时，污水中呈悬浮和胶体状态的有机物即被活性污泥所凝聚和吸附而得到去除，这一现象就是"初期吸附去除"。

该过程进行较快，污水 BOD_5 的去除率可达 20%～70%，吸附速率与程度取决于微生物的活性程度、有机物的组成和物理形态。前者决定活性污泥微生物的吸附、凝聚能力；后者则决定有机物被吸附的难易程度。活性强的活性污泥，除应具有较大的比表面积外，其所处的增殖期也起着重要作用，一般处在"饥饿"状态的内源呼吸期的微生物，其"活性最强"，吸附能力也强。

被吸附在微生物细胞表面的有机物，需经过数小时的曝气后，才能够相继地被摄入微生物细胞内，因此，被"初期吸附去除"的有机物的数量是有一定限度的。对此，回流污泥应进行足够的曝气，将贮存在微生物细胞表面和体内的有机物充分地加以代谢，使活性污泥微生物进入内源呼吸期，从而恢复其吸附活性。

2. 微生物的代谢

污水中的有机物，首先被吸附在有大量微生物栖息的活性污泥表面，并与微生物细胞表面接触，小分子的有机物能够直接透过细胞壁进入微生物体内，而如淀粉、蛋白质等大分子有机物，则必须在胞外酶——水解酶的作用下，被水解为小分子后再被微生物摄入细胞体内。

被摄入细胞体内的有机物，在各种胞内酶，如脱氢酶、氧化酶等的催化作用下，微生物对其进行代谢反应。

微生物对一部分有机物进行氧化分解，即分解代谢，最终形成 CO_2 和 H_2O 等稳定的无机物，并提供合成新细胞物质所需要的能量，这一过程可用下列化学方程式表示：

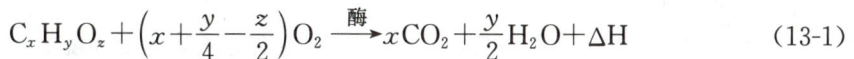

$$C_xH_yO_z+\left(x+\frac{y}{4}-\frac{z}{2}\right)O_2 \xrightarrow{\text{酶}} xCO_2+\frac{y}{2}H_2O+\Delta H \tag{13-1}$$

式中　$C_xH_yO_z$——近似地表示有机物的分子式。

另一部分有机物被微生物用于合成新细胞，即合成代谢，所需能量取自分解代谢。这一反应过程可用下列方程式表示：

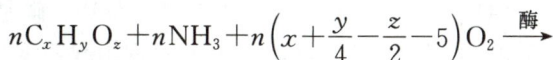

$$nC_xH_yO_z+nNH_3+n\left(x+\frac{y}{4}-\frac{z}{2}-5\right)O_2 \xrightarrow{\text{酶}}$$

$$(C_5H_7NO_2)_n + n(x-5)CO_2 + \frac{n}{2}(y-4)H_2O - \Delta H \tag{13-2}$$

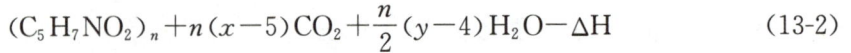

式中 $C_5H_7NO_2$——表示微生物细胞组织的化学式。

微生物对自身的细胞物质进行氧化分解，并提供能量，即内源呼吸或自身氧化。当有机物充足时，大量合成新的细胞物质，内源呼吸作用并不明显，但当有机物消耗殆尽时，内源呼吸就成为提供能量的主要方式了，其过程可用下列化学式(13-3)表示。图 13-7 表示微生物分解代谢与合成代谢及其产物的模式。

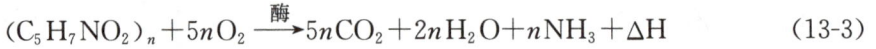

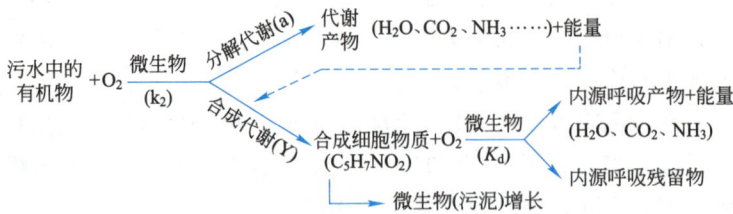

$$(C_5H_7NO_2)_n + 5nO_2 \xrightarrow{\text{酶}} 5nCO_2 + 2nH_2O + nNH_3 + \Delta H \tag{13-3}$$

图 13-7　微生物分解代谢与合成代谢及其产物的模式

3. 活性污泥的沉淀分离

活性污泥系统净化污水的最后程序是泥水分离，这一过程是在二沉池或沉淀区内进行的。

污水中有机物在活性污泥的代谢作用下无机化后，出水往往排至自然水体中，这就要求排放前必须经过泥水分离。经过泥水分离，处理后的澄清水排走，污泥沉淀至池底，这是污水生化处理必须经过的步骤，也是非常重要的步骤。泥水分离的好坏，直接影响到出水水质以至整个系统的正常运行。若泥水不经分离或分离效果不好，由于活性污泥本身是有机体，进入自然水体后将造成二次污染，同时回流至生物反应池的剩余污泥浓度的降低又会影响系统的处理效果。另外，对从沉淀池排出的活性污泥要进行妥善处理，否则会造成二次污染。

13.1.6　环境因素对活性污泥微生物的影响

和所有的生物相同，活性污泥微生物只有在适宜的环境条件下才能存活，它的生理活动才能正常地进行，活性污泥法处理技术就是人为地为微生物创造良好的生存环境，使微生物以对有机物降解为主体的生理功能得到强化。

能够影响微生物生理活动的因素较多，其中主要的有：

1. 营养物质

活性污泥微生物，在其生命活动中，必须不断地从其周围环境的污水中摄取所需要的一定比例的营养物质，包括：碳、氮、磷、无机盐类及某些生长素等。

碳是构成微生物细胞的重要物质，参与活性污泥处理的微生物对碳源的需求量较大。氮是组成微生物细胞内蛋白质和核酸的重要元素，氮源可来自 N_2、NH_3、NO_3^- 等无机含氮化合物，也可以来自蛋白质、胨及氨基酸等有机含氮化合物。磷是合成核蛋白、卵磷脂及其他磷化合物的重要元素，在微生物代谢和物质转化过程中起着重要作用。此外，微生物还需要硫、钠、钾、钙、镁、铁等元素作为营养，但需要量甚微，一般污水皆能满足需要。

对活性污泥微生物来说，污水中营养物质的平衡一般以 BOD_5：N：P 的关系来表示。对于生活污水，微生物对氮和磷的需求量可按 BOD_5：N：P＝100：5：1 考虑，其具体数量还与污泥负荷和污泥龄有关。

一般来说，生活污水和城市污水含有足够的各种营养物质，但工业废水却不然，对含碳量低的工业废水，用活性污泥法处理时，应补充投加碳源，如生活污水、甲醇以及淀粉等。对含氮量低的工业废水，应补充投加尿素、硫酸铵等。对缺少磷的工业废水，需另行投加磷酸钾、磷酸钠、过磷酸钙以及磷酸等。

2. 溶解氧（DO）

活性污泥法是需氧的代谢过程，供氧多少一般用混合液中溶解氧的浓度控制。

对混合液中的游离细菌来说，溶解氧保持在 0.3mg/L 的浓度，即可满足要求。但是，活性污泥是微生物群体"聚居"的絮凝体，溶解氧必须扩散到活性污泥絮凝体的内部深处。根据活性污泥法大量的运行经验数据，若使曝气池内的微生物保持正常的生理活动，曝气池混合液的溶解氧浓度一般宜保持在不低于 2mg/L 的程度（以曝气池出口处为准）。在曝气池内的局部区域，如在进口区，有机物相对集中，浓度高，耗氧速率高，溶解氧浓度很难保持在 2mg/L，会有所降低，但不宜低于 1mg/L。还应当指出，在曝气池内溶解氧也不宜过高，溶解氧过高，过量耗能，在经济上是不适宜的。

3. pH

微生物的生理活动与环境的酸碱度（氢离子浓度）密切相关，只有在适宜的酸碱度条件下，微生物才能进行正常的生理活动。

pH 对微生物的生命活动影响很大，主要作用在于：引起细胞膜电荷的变化，从而影响微生物对营养物质的吸收；影响代谢过程中酶的活性与营养物质的摄取。pH 的变化还能改变有害物质的毒性。高浓度的氢离子还可导致菌体表面蛋白质和核酸水解而变性。

不同种属的微生物生理活动适宜的 pH，都有一定的范围。实践经验表明，活性污泥微生物最适宜的 pH 范围是 6.5～8.5。但活性污泥微生物经驯化后，对酸碱度的适应范围可进一步扩大。当污水（特别是工业废水）的 pH 过高或过低时，应考虑设调节池，使污水的 pH 调节到适宜范围后再进入曝气池。

4. 温度

温度是影响微生物正常生理活动的重要因素之一。温度适宜，能够促进、强化微生物的生理活动，温度不适宜，能够减弱甚至破坏微生物的生理活动。温度不适宜还能导致微生物形态和生理特性的改变，甚至可能使微生物死亡。

微生物的最适温度是指在这一温度条件下，微生物的生理活动强劲、旺盛，表现在增殖方面则是裂殖速率快，世代时间短。

活性污泥微生物多属嗜温菌，其适宜温度为 15～30℃。为安全计，一般认为活性污泥处理工艺能运行的最高与最低的温度值分别在 35℃ 和 10℃。水温过高的工业废水在进入生物处理系统以前，应考虑降温措施。

在寒冷地区，小型的工业污水处理厂应考虑将曝气池建于室内，大中型的城市污水活性污泥法处理系统可在露天建设，但必须考虑采取适当的保温措施。同时，还可考虑采取提高活性污泥浓度、降低 BOD 负荷及延长曝气时间等措施，以缓解由于低温带来的不良影响。

5. 有毒物质(抑制物质)

对微生物有毒害作用或抑制作用的物质很多，如重金属、氰化物、H_2S 等无机物和酚、醇、醛、染料等有机化合物。

重金属离子(铅、镉、铬、铁、铜、锌等)对微生物都产生毒害作用，它们能够和细胞的蛋白质相结合，而使其变性或沉淀。酚类化合物对菌体细胞膜有损害作用，并能够促使菌体蛋白凝固。此外，酚又能对某些酶系统，如脱氨酶和氧化酶产生抑制作用，破坏细胞的正常代谢作用。酚的许多衍生物如对位、偏位、邻位甲酚、丙基酚、丁基酚都有很强的杀菌功能。甲醛能够与蛋白质的氨基相结合，而使蛋白质变性。

有毒物质的毒害作用还与 pH、水温、溶解氧、有无其他有毒物质、微生物的数量以及是否经过驯化等因素有关。总之，有毒物质对微生物生理功能毒害作用的原因、效果都比较复杂，取决于较多的因素，应慎重对待。

13.2　活性污泥的性能指标及其有关参数

第 13.2 节内容
视频讲解

13.2.1　活性污泥的性能指标

这些活性污泥的物化和生物特性评价指标，同时也是在工程上活性污泥法处理系统的设计与运行参数。

1. 混合液中活性污泥微生物量的指标

活性污泥微生物是活性污泥法处理系统的核心。在混合液内保持一定数量的活性污泥微生物是保证活性污泥法处理系统正常运行的必要条件。活性污泥微生物高度集中在活性污泥上，活性污泥是以活性污泥微生物为主体形成的。因此，以活性污泥在混合液中的浓度表示活性污泥微生物量是适宜的。

在混合液中保持一定浓度的活性污泥，是通过活性污泥在曝气池内的增长以及从二沉池适量的回流和排放而实现的。就此，使用下列两项指标表示及控制混合液中的活性污泥浓度(量)。

(1) 混合液悬浮固体浓度(Mixed Liquor Suspended Solids，简写为 MLSS)

混合液悬浮固体浓度又称混合液污泥浓度，它表示的是在曝气池单位容积混合液内所含有的活性污泥固体物的总质量，即：

$$MLSS = M_a + M_e + M_i + M_{ii} \tag{13-4}$$

式中　MLSS——混合液悬浮固体浓度，mg/L。

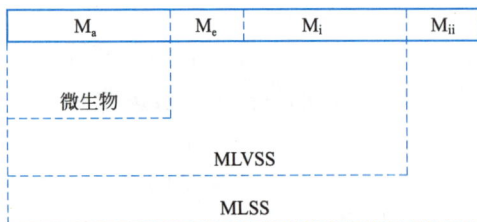

图 13-8　活性污泥的组成示意图

由于检测方法比较简便易行，此项指标应用较为普遍，但其中既包含 M_e、M_i 二项非活性物质，也包括 M_{ii} 无机物质(图 13-8)，因此，这项指标不能精确地表示具有活性的活性污泥量，而表示的是活性污泥量的相对值，但它仍是活性污泥法处理系统重要的设计和运行参数。

（2）混合液挥发性悬浮固体浓度（Mixed Liquor Volatile Suspended Solids，简写为 MLVSS）

本项指标所表示的是混合液中活性污泥有机性固体物质的浓度，即：

$$MLVSS = M_a + M_e + M_i \tag{13-5}$$

在表示活性污泥活性部分数量上，本项指标在精确度方面是进了一步，但只是相对于 MLSS 而言，在本项指标中还包含 M_e、M_i 等惰性有机物质。因此，也不能精确地表示活性污泥微生物量，仍然是活性污泥量的相对值。

MLVSS 与 MLSS 的比值以 f 表示，即：

$$f = \frac{MLVSS}{MLSS} \tag{13-6}$$

一般情况下，f 值比较固定，对生活污水和以生活污水为主体的城市污水，f 值一般为 $0.6 \sim 0.75$。

MLSS 及 MLVSS 两项指标，虽然在表示混合液生物量方面，仍不够精确，但由于检测方法简单易行，且能够在一定程度上表示相对的生物量，因此广泛地用于活性污泥法处理系统的设计与运行。

2. 活性污泥的沉降性能及其评价指标

活性污泥的沉降要经历絮凝沉淀、成层沉淀和压缩等全部过程，最后能够形成浓度很高的浓缩污泥层。

正常的活性污泥在 30min 内即可完成絮凝沉淀和成层沉淀过程，并进入压缩过程。压缩（浓缩）的进程比较缓慢，需时较长。

根据活性污泥在沉降—浓缩方面所具有的上述特性，建立了以活性污泥静置沉淀 30min 为基础的两项指标以表示其沉降—浓缩性能。

（1）污泥沉降比（Settling Velocity，简写为 SV）

污泥沉降比又称 30min 沉降率。混合液在量筒内静置 30min 后所形成沉淀污泥的容积占原混合液容积的百分率，以"％"表示。如图 13-9 所示污泥沉降比是 25％。

污泥沉降比在一定条件下能够反映曝气池中的活性污泥量，可用以控制、调节剩余污泥的排放量，还能通过它及时地发现污泥膨胀等异常现象。污泥沉降比的检测方法简单易行，是评定活性污泥数量和质量的重要指标，也是活性污泥法处理系统重要的运行参数。

（2）污泥容积指数（Sludge Volume Index，简写为 SVI）

图 13-9　SV 和 SVI 的检测

污泥容积指数简称污泥指数。本项指标的物理意义是从曝气池出口处取出的混合液，经过 30min 静沉后，每克干污泥形成的沉淀污泥所占有的容积，以"mL"计。其计算式为：

$$SVI = \frac{混合液（1L）30min 静沉形成的活性污泥容积（mL）}{混合液（1L）中悬浮固体干重（g）} = \frac{SV(mL/L)}{MLSS(g/L)} \tag{13-7}$$

式中　SVI——污泥指数，mL/g，习惯上，只称数字，而把单位略去。

SVI 值能够反映活性污泥的凝聚、沉降性能，对生活污水及城市污水，此值以 70~

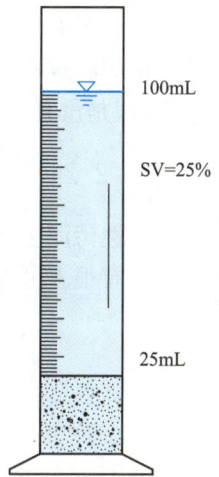

100 为宜。SVI 值过低，说明泥粒细小，无机质含量高，缺乏活性；过高，说明污泥的沉降性能不好，并且已有产生污泥膨胀的可能。由于 SVI 值的检测受所用容器直径、污泥初始浓度和搅拌等情况的影响。有人建议采用稀释污泥指数作为检测指标，用 DSVI 表示。DSVI 是指将污泥稀释至 1500mg/L 测得的污泥指数。

【例 13-1】 用 100mL 量筒从活性污泥法曝气池中取污泥混合液 100mL，经 30min 沉降后，沉淀的污泥体积为 25mL，经检测曝气池污泥混合液浓度 MLSS 为 3000mg/L，求活性污泥沉降比(SV)和污泥容积指数(SVI)。

【解】 由活性污泥沉降比 SV 的定义可知，SV 为 $25/100 \times 100\% = 25\%$；

$$污泥容积指数 SVI = \frac{SV(mL/L)}{MLSS(g/L)} = \frac{25mL/100mL}{3000mg/L} = \frac{250mL/L}{3g/L} = 83.3mL/g$$

3. 活性污泥的活性评定指标

活性污泥的比耗氧速率(Specific Oxygen Uptake Rate，简称 SOUR，一般称 OUR)是衡量活性污泥生物活性的一个重要指标。OUR 是指单位质量的活性污泥在单位时间内所能消耗的溶解氧量，其单位为 "$mgO_2/(gMLVSS \cdot h)$" 或 "$mgO_2/(gMLSS \cdot h)$"。OUR 的数值与溶解氧浓度、底物浓度、污泥龄及污水中有机物的生物氧化难易程度等许多因素有关。

OUR 在运行管理中的重要作用在于反映有机物降解速率，以及活性污泥是否中毒。一般条件下，当污水中难降解物质增多或活性污泥系统中毒物浓度突然增加时，OUR 值会迅速下降，可将其用于系统的自动报警装置。

活性污泥的 OUR 值一般为 $8 \sim 20 mgO_2/(gMLVSS \cdot h)$。有很多专门检测 OUR 的仪器，但应注意控制检测时活性污泥的温度。温度对 OUR 的影响很大，不同温度下测得的 OUR 值是没有可比性的。一般应在 20℃时测 OUR 值。

13.2.2 活性污泥法的设计与运行参数

活性污泥法是一个复杂的工程化的生物系统（图 13-10），除了前述的污泥性能指标外，还有很多可以描述这个系统的工艺参数，下面介绍主要的几种。

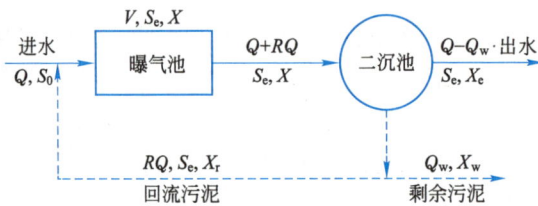

图 13-10 完全混合式活性污泥法处理系统

Q—污水流量；S_0—原污水底物浓度；S_e—出水底物浓度；X—曝气池内活性污泥浓度；V—曝气池容积；R—污泥回流比；Q_w—排泥量；X_r—回流污泥浓度；X_w—剩余污泥浓度，一般 $X_r = X_w$；X_e—出水中活性污泥浓度

1. BOD 污泥负荷与 BOD 容积负荷

活性污泥微生物所处的生长期，主要由 F/M 比值所控制。另外，处于不同增殖期的活性污泥，其性能不同，出水水质也不同。通过控制 F/M 比值，能够使曝气池内的活性污泥处于所要求达到的增殖期。F/M 比值是活性污泥法处理系统设计和运行中一项非常

重要的参数。

在具体工程应用上，F/M 比值用 BOD 污泥负荷 N_S 表示，即：

$$N_S = \frac{F}{M} = \frac{QS_0}{VX} \quad [\text{kgBOD}_5/(\text{kgMLVSS} \cdot \text{d})] \tag{13-8}$$

式中　Q ——污水流量，m^3/d；

　　　S_0 ——原污水中有机物的浓度，mg/L 或 $\text{kgBOD}_5/\text{m}^3$；

　　　V ——曝气池有效容积，m^3；

　　　X ——曝气池中活性污泥浓度，mg/L，一般用 MLVSS 表示。

BOD 污泥负荷表示曝气池内单位质量(kg)的活性污泥，在单位时间(d)内接受的有机物量(kgBOD)。有时也以 COD 表示有机物的量，以 MLVSS 表示活性污泥的量。

在活性污泥法处理系统的设计与运行中，还使用另一种负荷值——容积负荷(N_V)，其表示式为：

$$N_V = \frac{QS_0}{V} \quad [\text{kgBOD}_5/(\text{m}^3 \text{ 曝气池} \cdot \text{d})] \tag{13-9}$$

BOD 容积负荷为单位曝气池容积(m^3)，在单位时间(d)内接受的有机物量。

N_S 值与 N_V 值之间的关系为：

$$N_V = N_S X \tag{13-10}$$

BOD 污泥负荷和 BOD 容积负荷具有重要的工程应用价值，特别是 BOD 污泥负荷，因源于 F/M 比值，具有一定的理论意义。

BOD 污泥负荷是影响有机物降解和活性污泥增长的重要因素。采用较高的 BOD 污泥负荷，将加快有机物的降解速率与活性污泥增长速率，降低曝气池的容积，在经济上比较适宜，但出水水质未必能够达到预定的要求。采用较低的 BOD 污泥负荷，有机物的降解速率和活性污泥的增长速率，都将降低，曝气池的容积加大，基建费用有所增高，但出水的水质可提高。选定适宜的 BOD 污泥负荷具有一定的技术经济意义。

2. 污泥龄

污泥龄 θ_c 又称生物固体平均停留时间(SRT)，是指在曝气池内，微生物从其生成到排出的平均停留时间，也就是曝气池内的微生物全部更新一次所需要的时间。从工程上来说，在稳定条件下，就是曝气池内活性污泥总量与每日增长的污泥量之比。即：

$$\theta_c = \frac{VX}{\Delta X} \tag{13-11}$$

式中　θ_c ——污泥龄(生物固体平均停留时间)，d；

　　　ΔX ——曝气池内每日增长的活性污泥量，在稳定状态下，即排出系统的活性污泥量，kg/d。

在活性污泥反应器内，微生物在连续增殖，不断有新的微生物细胞生成，又不断有一部分微生物老化，活性衰退。为了使反应器内经常保持具有高度活性的活性污泥和保持恒定的生物量，每天都应从系统中排出相当于增长量的活性污泥量。

这样，在稳定条件下，每日排出系统外的活性污泥量，包括作为剩余污泥排出的和随出水流出的，其表示式为：

$$\Delta X = Q_w X_w + (Q - Q_w) X_e \tag{13-12}$$

式中　Q_W——作为剩余污泥排放的污泥量，m^3/d；

　　　X_W——剩余污泥浓度，kg/m^3；

　　　X_e——排放的出水中悬浮固体浓度，kg/m^3。

于是 θ_c 值为：

$$\theta_c=\frac{VX}{Q_WX_W+(Q-Q_W)X_e}\qquad(13\text{-}13)$$

在一般条件下，X_e 值极低，可忽略不计，式（13-13）可简化为：

$$\theta_c=\frac{VX}{Q_WX_W}\qquad(13\text{-}14)$$

X_W 值是剩余污泥浓度，通常与回流至曝气池的回流污泥浓度 X_r 相同，在一般情况下，它是活性污泥特性和二沉池沉淀效果的函数，可由下式求定其近似值：

$$X_W=\frac{10^6}{SVI}\cdot r\qquad(13\text{-}15)$$

式中　SVI——污泥容积指数，mL/g；

　　　r——修正系数，与污泥在二沉池中的停留时间、池深等有关，一般取 1.2 左右。

污泥龄是活性污泥法处理系统设计和运行的重要参数，在理论上也有重要意义。

这一参数还能够说明活性污泥微生物的状况，世代时间长于污泥龄的微生物在曝气池内不可能繁衍成优势种属，如硝化菌在 20℃时，其世代时间为 3d，当 $\theta_c<3d$ 时，硝化菌就不可能在曝气池内大量增殖成为优势种属，不能在曝气池内产生明显的硝化效果。

3. 污泥回流比

污泥回流比(R)是指从二沉池返回到曝气池的回流污泥量 Q_R 与污水流量 Q 之比，常用"％"表示。

$$R=\frac{Q_R}{Q}\qquad(13\text{-}16)$$

对曝气池进行物料平衡可得，曝气池内混合液污泥浓度 X 与污泥回流比 R 和回流污泥浓度 X_r 之间的关系是：

$$R=\frac{X}{X_r-X}\qquad(13\text{-}17)$$

保持污泥回流比 R 的相对稳定，是活性污泥法处理系统的一种重要运行方法。回流比 R 也可根据实际运行需要加以调整。

【例 13-2】　某活性污泥法曝气池容积 V 为 $10000m^3$，其活性污泥的容积指数 SVI 为 $100mL/g$，污泥回流比 R 为 50％，污泥修正系数 r 取 1.2，设计污泥龄 θ_c 为 8d，求曝气池污泥混合液浓度(以 MLSS 计)及每天排放剩余污泥量(以 MLSS 计)。

【解】　首先，剩余污泥浓度 $X_W=\dfrac{10^6}{SVI}\cdot r=\dfrac{10^6}{100}\times1.2=12000mg/L$

回流污泥浓度等于剩余污泥浓度，即 $X_r=X_W=12000mg/L$

由污泥回流比 $R=\dfrac{X}{X_r-X}$ 可得

污泥混合液浓度 $X=\dfrac{R\cdot X_r}{1+R}=\dfrac{50\%\times12000mg/L}{1+50\%}=4000mg/L$

由 $\theta_c = \dfrac{VX}{Q_w X_w}$，可得，每天排放剩余污泥量

$$\Delta X_V = Q_w = \frac{VX}{\theta_c X_w} = \frac{10000\text{m}^3 \times 4000\text{mg/L}}{8\text{d} \times 12000\text{mg/L}} = 416.7\text{m}^3/\text{d}$$

4. 水力停留时间

水力停留时间(HRT)是指污水进入曝气池（指整个反应器，下同）后，在曝气池中的平均停留时间，也称曝气时间(t)，常以小时(h)计。

$$\text{HRT} = t = \frac{V}{Q} \tag{13-18}$$

实际上，通过曝气池的流量是入流的污水和回流污泥的总量，所以，有人又称用式(13-18)所得的时间为名义水力停留时间；而称包括回流污泥量得到的时间为实际水力停留时间。但是，从二沉池回流的回流污泥至少已经在曝气池停留过一次，因此，从污水平均停留时间意义上来说，实际水力停留时间和所谓的名义水力停留时间的数值是相等的。

13.3 活性污泥反应动力学及其应用

第 13.3 节内容
视频讲解

13.3.1 概述

活性污泥反应动力学是从 20 世纪五六十年代发展起来的。它能够通过数学式定量地或半定量地揭示活性污泥系统内有机物降解、污泥增长、耗氧等作用与各项设计参数、运行参数以及环境因素之间的关系，对工程设计与优化运行管理有着一定的指导意义。

有关动力学模型都是以完全混合式曝气池为基础建立的，经过修正后再应用到推流式曝气池系统。此外，在建立活性污泥反应动力学模型时，还作了以下假定：

（1）活性污泥系统运行处于稳定状态；

（2）活性污泥在二沉池内不产生微生物代谢活动且泥水分离良好；

（3）进入系统的有毒物质和抑制物质不超过其毒阈浓度；

（4）进入曝气池的原污水中不含活性污泥。

对活性污泥反应动力学进行研究讨论的目的之一，是明确各项因素，如有机物浓度、活性污泥微生物量、溶解氧浓度等对反应速率的影响，使人们能够创造更适宜于活性污泥系统内生化反应进行的环境条件，使反应能够在比较理想的速率下进行，使活性污泥法处理系统的设计和运行更合理化和科学化。

对活性污泥反应动力学更深一层研讨的目的，则是对反应机理进行研究，探讨活性污泥对有机物的代谢、降解过程，揭示这一反应过程的本质，使人们能够更自觉地对反应速率加以控制和调节。

当前，从活性污泥法处理系统的工程实践要求考虑，对活性污泥反应动力学的研讨重点在于"确定生化反应速率与各项主要环境因素之间的关系"，研讨的主要内容是：

（1）有机物的降解速率与有机物浓度、活性污泥微生物量等因素之间的关系；

（2）活性污泥微生物的增殖速率(亦即活性污泥的增长速率)与有机物浓度、微生物量等因素之间的关系；

（3）微生物的耗氧速率与有机物降解、微生物量等因素之间的关系。

目前，在污水生物处理技术领域广为接受并得到应用的是以莫诺特(Monod)公式为基础建立的劳伦斯-麦卡蒂(Lawrence-McCarty)模型。

13.3.2　莫诺特公式及其推广应用

1. 莫诺特(Monod)公式

莫诺特于 1942 年和 1950 年曾两次用纯种的微生物在单一底物的培养基上进行微生物增殖速率与底物浓度之间关系的试验。试验结果如图 13-11 所示。这个结果和米凯利斯-门坦(Michaelis-Menten)于 1913 年通过试验所取得的酶促反应速率与底物浓度之间关系的结果是相同的。因此，莫诺特提出了与经典的米—门方程式相类似的莫诺特公式来描述底物浓度与微生物比增殖速率之间的关系，即：

$$\mu = \mu_{\max} \frac{S}{K_s + S} \tag{13-19}$$

式中　μ——微生物的比增殖速率，即单位生物量的增殖速率，kgMLVSS/(kgMLVSS·h)；

$\mu_{\max}$——微生物的最大比增殖速率，kgMLVSS/(kgMLVSS·h)；

K_s——饱和常数，为当 $\mu = \mu_{\max}/2$ 时的底物浓度，也称之为半速率常数，mg/L；

S——反应器中微生物周围的底物浓度，即有机物浓度，可用 BOD_5 表示，mg/L。

微生物比增殖速率(μ)与底物比利用速率(v)成正比例关系，其比例常数为产率系数 Y（微生物每代谢单位质量的 BOD_5 所合成的微生物的量，以 MLVSS 计），即 $\mu = Y \cdot v$。因此与微生物比增殖速率 μ 相对应的底物比利用速率 v，也可以用莫诺特公式描述(图 13-11)，即：

$$v = v_{\max} \frac{S}{K_s + S} \tag{13-20}$$

式中　v——底物的比利用速率，h^{-1} 或 d^{-1}；

$v_{\max}$——底物的最大比利用速率，h^{-1} 或 d^{-1}；

其余各符号表示意义同前。

对污水处理来说，污水中底物即为有机污染物，而且底物的比利用速率较微生物的比增殖速率更实际，应用性更强，是讨论研究的重点。

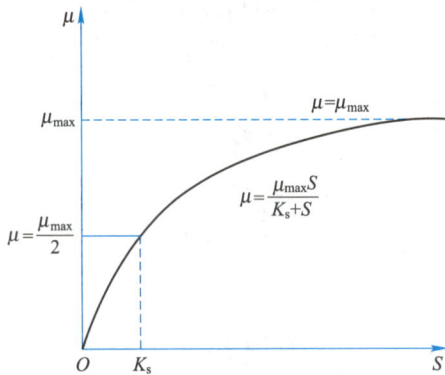

图 13-11　微生物增殖速率与底物浓度的关系

对于完全混合式曝气池，底物的比利用速率，按物理意义考虑，下式成立：

$$v = \frac{d(S_0 - S)}{X \cdot dt} = \frac{1}{X} \frac{dS}{dt} \tag{13-21}$$

式中　$\dfrac{dS}{dt}$——底物利用速率，mg/(L·h)；本书中 $\dfrac{dS}{dt}$ 仅表示底物利用速率的概念，而不表示底物浓度对时间的导数（即底物浓度对时间的变化速率），所以取正号；

t——反应时间，h。

根据式(13-20)及式(13-21)，下式成立：

$$\frac{dS}{dt} = v_{\max} \frac{XS}{K_s + S} \tag{13-22}$$

2. 莫诺特公式的推论

莫诺特公式描述的是微生物比增殖速率或底物比利用速率与底物浓度之间的函数关系。对这种函数关系在两种极端条件下，能够得出如下推论。

(1) 在高底物浓度的条件下，$S \gg K_s$，式(13-20)与式(13-22)中分母中的 K_s 值与 S 值相比，可以忽略不计，于是式(13-20)可简化为：

$$v = v_{max} \tag{13-23}$$

而式(13-22)则简化为：

$$\frac{dS}{dt} = v_{max} X = K_1 X \tag{13-24}$$

式中，v_{max} 为常数值，以 K_1 表示。

式(13-24)及图 13-12 说明，在高底物浓度的条件下，底物以最大的速率被利用，而与底物浓度无关，呈零级反应关系。即图 13-12 上所表示的底物浓度大于 S' 时的情况。底物浓度进一步提高，底物比利用速率也不会提高，因为在这一条件下，微生物处于对数增殖期，其酶系统的活性位置都被底物所饱和。

式(13-24)说明，在高底物浓度的条件下，底物利用速率与活性污泥浓度(生物量)在理论上呈一级反应关系。

(2) 在低底物浓度的条件下，$S \ll K_s$。在式(13-20)和式(13-22)分母中，与 K_s 值相比较，S 值可忽略不计，这样，式(13-20)和式(13-22)可分别简化为：

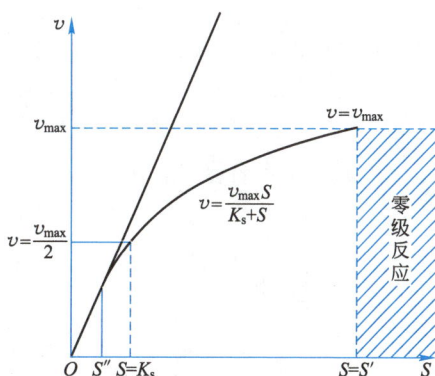

图 13-12　底物比利用速率与底物浓度的关系

$$v = v_{max} \frac{S}{K_s} = K_2 S \tag{13-25}$$

$$\frac{dS}{dt} = K_2 X S \tag{13-26}$$

式中，$K_2 = \dfrac{v_{max}}{K_s}$，单位为 $m^3/(kg \cdot d)$ 或 $L/(mg \cdot h)$。

从式(13-25)可见，底物比利用速率与底物浓度呈一级反应，底物浓度已成为底物降解的限制因素。因为在这种条件下，混合液中底物浓度已经不高，微生物增殖处于减衰增殖期或内源呼吸期，微生物酶系统多未饱和，在图 13-12 中即为横坐标 $S=0$ 到 $S=S''$ 这样的一个区段。这个区段的底物比利用速率曲线表现为通过原点的直线，其斜率即为 K_2。

城市污水属低底物浓度的污水，COD 值一般在 400mg/L 以下，BOD_5 值在 200mg/L 左右，在曝气池中的浓度更低，因此对处理城市污水的完全混合式活性污泥法系统，可以近似地用式(13-26)描述有机物的利用速率。

3. 莫诺特公式在完全混合曝气池中的应用

完全混合曝气池内的活性污泥一般处在减衰增殖期。此外，池内混合液中的有机物浓度是均一的，并与出水的浓度(S_e)相同，其值较低，有 $S_e < S''$。因此，采用式(13-26)是适宜的。

在完全混合活性污泥法曝气池中（图 13-10），稳定条件下对系统中的有机物进行物料衡算，得：

$$S_0 Q + RQS_e - (Q+RQ)S_e - V\frac{\mathrm{d}S}{\mathrm{d}t} = 0 \tag{13-27}$$

式中　RQ——回流污泥量，m^3/d；

其他符号表示意义同前。

经整理后，得：

$$\frac{Q(S_0 - S_e)}{V} = \frac{\mathrm{d}S}{\mathrm{d}t} \tag{13-28}$$

在运行稳定的条件下，完全混合曝气池内各点的有机物降解速率是一个常数，其值如式(13-26)。

将式(13-26)代入式(13-28)，得：

$$\frac{Q(S_0 - S_e)}{XV} = \frac{S_0 - S_e}{Xt} = K_2 S \tag{13-29}$$

根据完全混合曝气池的特征，式(13-22)可改写，即以 S_e 代替式中之 S，得：

$$\frac{\mathrm{d}S}{\mathrm{d}t} = v_{\max} \frac{XS_e}{K_s + S_e} \tag{13-30}$$

代入式(13-28)得：

$$\frac{Q(S_0 - S_e)}{XV} = \frac{S_0 - S_e}{Xt} = v_{\max} \frac{S_e}{K_s + S_e} \tag{13-31}$$

本书前面提到的动力学参数 K_2、$v_{\max}$、$\mu_{\max}$、K_s、Y 和后面将提出的 K_d、a 和 b 等各参数值，在特定条件下，对于特定的污水来说，为一常数值。本篇中的底物一般指有机物，可用 BOD、COD 或 TOC 等指标表示；污泥浓度可用 MLSS 或 MLVSS 等表示，一般在活性污泥法动力学中，采用 MLVSS 相对比较准确。当采用不同指标时，与其对应的上述动力学参数的数值也有所不同，因为动力学参数的量纲和单位中包含着不同的指标因素。

13.3.3　劳伦斯-麦卡蒂(Lawrence-McCarty)模型

1. 劳伦斯-麦卡蒂(Lawrence-McCarty)模型的基本概念

（1）微生物比增殖速率

单位质量微生物(活性污泥)的增殖速率，即比增殖速率，仍以 μ 表示。以 $\dfrac{\mathrm{d}X}{\mathrm{d}t}$ 表示微生物的增殖速率，则 μ 值为：

$$\mu = \frac{1}{X}\frac{\mathrm{d}X}{\mathrm{d}t} \tag{13-32}$$

（2）生物固体平均停留时间

劳伦斯-麦卡蒂进一步强调了"污泥龄"这一参数的重要性，也称"细胞平均停留时间"，具体意义见"13.2.2"。

2. 劳伦斯-麦卡蒂(Lawrence-McCarty)基本模型

劳伦斯-麦卡蒂模型，以生物固体平均停留时间(θ_c)及底物比利用速率(v)作为基本参数。

劳伦斯-麦卡蒂基本模型是在表示微生物净增殖速率与有机物被微生物利用速率之间的关系。曝气池内，在活性污泥微生物的代谢作用下，污水中的有机物得到降解、去除，与此同步产生的则是活性污泥微生物本身的增殖和随之而来的活性污泥的增长。

活性污泥微生物的增殖是微生物合成反应和内源代谢两项生理活动的综合结果。因此，单位曝气池容积内，活性污泥的净比增殖速率为：

$$\mu' = \mu - K_d \tag{13-33}$$

式中　μ'——活性污泥微生物净比增殖速率，kgMLVSS/(kgMLVSS·h)；

$\quad\quad\mu$——活性污泥微生物比增殖速率，kgMLVSS/(kgMLVSS·h)；

$\quad\quad K_d$——衰减速率，即活性污泥微生物自身氧化速率，kgMLVSS/(kgMLVSS·h)。

因此，活性污泥微生物每日在曝气池内的净增殖量 ΔX 为：

$$\Delta X = Y(S_0 - S_e)Q - K_d VX \tag{13-34}$$

式中　S_e——经活性污泥法处理系统处理后，出水中残留的有机物浓度，一般用 kgBOD$_5$ 表示；如果表示出水剩余的所有有机物，包括大部分难降解有机物，一般用 COD 表示。

令　　　　　　　　　　　　　　$S_r = S_0 - S_e \tag{13-35}$

式中　S_r——污水中被利用的有机物浓度，kg/m^3。

将式(13-34)各项以 XV 除之，则上式变为：

$$\frac{\Delta X}{XV} = Y\frac{QS_r}{XV} - K_d \tag{13-36}$$

而由式（13-21）可得：

$$v = \frac{Q(S_0 - S_e)}{XV} = \frac{QS_r}{XV} \tag{13-37}$$

此外，$\dfrac{\Delta X}{XV}$ 为污泥龄的倒数，即：

$$\frac{\Delta X}{XV} = \frac{1}{\theta_c} \tag{13-38}$$

因此，式(13-36)可改写为：

$$\frac{1}{\theta_c} = Yv - K_d \tag{13-39}$$

式(13-39)就是劳伦斯-麦卡蒂基本模型，表示的是生物固体平均停留时间(θ_c)与产率系数(Y)、底物比利用速率(v)以及微生物的衰减速率(K_d)之间的定量关系。因此由式(13-39)可见，污泥龄(θ_c)与底物比利用速率(v)成负相关关系。

产率系数 Y 和衰减速率 K_d，因所处理污水的水质不同而有所不同。一般对于生活污水或性质与其相近的工业废水，Y 值一般可取为 0.30~0.60；K_d 取值 0.05~0.1。

3. 劳伦斯-麦卡蒂模型的推论与应用

劳伦斯-麦卡蒂以自己提出的反应动力学方程式为基础，通过对活性污泥法处理系统的物料衡算，导出了具有一定应用意义的各项关系式。

（1）出水有机物浓度(S_e)与生物固体平均停留时间(θ_c)之间的关系：

对完全混合式，有

$$S_e = \frac{K_s\left(\dfrac{1}{\theta_c} + K_d\right)}{Yv_{max} - \left(\dfrac{1}{\theta_c} + K_d\right)} \tag{13-40}$$

对某一特定条件来说，K_s、K_d、Y 及 v_{max} 值为常数，那么 S_e 值仅为 θ_c 的单值函数，即 $S_e = f(\theta_c)$。

（2）反应器内活性污泥浓度 X 与 θ_c 值之间的关系

对完全混合式，有

$$X = \frac{\theta_c Y(S_0 - S_e)}{t(1 + K_d \theta_c)} \tag{13-41}$$

由式（13-41）可知，反应器内微生物浓度（X）是生物固体平均停留时间（θ_c）、曝气时间、进水底物浓度与出水底物浓度的函数。

（3）活性污泥的两种产率系数（合成产率系数 Y 与表观产率系数 Y_{obs}）与 K_c 值的关系

产率系数是单位时间内活性污泥微生物摄取、利用、代谢单位质量有机物 ΔS 而使自身增殖的质量 $\Delta X'$ 的分数，即微生物比增殖速率 Y。其表达式为：

$$Y = \frac{\Delta X'}{\Delta S} \tag{13-42}$$

Y 值所表示的是微生物增殖总量的系数，不包括由于微生物内源呼吸作用而使其本身质量消亡的那一部分，所以这个产率系数也称之为合成产率系数。

由于微生物的内源呼吸、自身氧化作用，实际上检测的产率系数要低于 Y 值，即所谓的表观产率系数，以 Y_{obs} 表示。经过推导、整理，Y、Y_{obs} 及 θ_c 值之间的关系用下列公式表示：

$$Y_{obs} = \frac{Y}{1 + K_d \theta_c} \tag{13-43}$$

Y_{obs} 表示在一定的污泥龄和污泥负荷下运行的活性污泥法系统，每利用单位有机物所实际产生的污泥量，它对设计、运行管理都较重要的意义，也有一定的理论价值，可以通过调整 θ_c 值，选定 Y_{obs}。

【例 13-3】 某污水处理厂平均进水量为 $20000\text{m}^3/\text{d}$，初沉池出水 BOD_5 为 200mg/L，处理后出水 BOD_5 要求低于 10mg/L，剩余污泥浓度 X_w 为 10000mg/L（以 MLSS 计），污泥龄 θ_c 为 10d，MLVSS/MLSS 为 0.75，Y 取 $0.5\text{kgMLVSS/kgBOD}_5$，$K_d$ 取 0.08d^{-1}，在稳定条件下，求剩余污泥量。

【解】　由 $Y_{obs} = \frac{Y}{1 + K_d \theta_c}$ 可得

$$Y_{obs} = \frac{0.5\text{kgMLVSS/kgBOD}_5}{1 + 0.08\text{d}^{-1} \times 10\text{d}} = 0.28\text{kgMLVSS/kgBOD}_5$$

在稳定条件下，由 Y_{obs} 定义可得每天排放剩余污泥量为：

$$\begin{aligned}
\Delta X_V &= Y_{obs} Q(S_o - S_e) \\
&= 0.28\text{kgMLVSS/kgBOD}_5 \times 20000\text{m}^3/\text{d} \times (200\text{mg/L} - 10\text{mg/L}) \\
&= 1064\text{kgMLVSS/d}
\end{aligned}$$

计算总排泥量 $\dfrac{\Delta X_V}{0.75} = 1419\text{kgMLSS/d}$

排放总污泥量为 $\dfrac{1419\text{kgMLSS/d}}{10000\text{mg/L}} = 141.9\text{m}^3/\text{d}$

（4）按莫诺特公式的推论，在低浓度有机物的条件下，有机物的比降解速率遵循一级反应规律，即 $v = K_2 S$（式 13-25）。于是，对完全混合曝气池，可写成：

$$\frac{Q(S_0-S_e)}{V}=K_2XS_e \tag{13-44}$$

或
$$v=\frac{Q(S_0-S_e)}{XV}=K_2S_e \tag{13-45}$$

式(13-45)可用以求定曝气池的容积 V。

13.3.4　IWA(国际水协会)的活性污泥法动力学模型*

上述那些数学模型都是静态的，并且仅考虑了污水中含碳有机物的去除，其中 1970 年推出的 Lawrence-McCarty 模型，强调了生物固体停留时间 SRT(即污泥龄)的重要性，认为系统出水水质与污泥龄有关，而污泥龄在一定范围内可通过污泥量的排放来控制，因此该模型比前述的其他模型更具有实践意义。

活性污泥法动态模型主要有三种：机理模型、时间序列模型和语言模型。时间序列模型又称为辨识模型，但对监测控制系统的要求较高。语言模型主要指专家系统，其研究尚处在初始阶段。机理模型目前主要有三种：

(1) Andrews 模型：特点是引入底物在生物絮凝体(活性污泥)中的贮存机理，区别溶解和非溶解性底物，解释有机物的快速去除等现象。

(2) WRC 模型：强调了非存活细胞的生物代谢活性，认为有机物的降解可以在不伴随微生物量增长的情况下完成。

(3) IAWQ(原 IAWPRC 国际水污染研究及控制协会，现 IWA)模型：1985 年，IAWQ 推出了活性污泥法 1 号模型(Activated Sludge Model NO.1，ASM1)，ASM1 包含了 13 种组分，8 种反应过程，此模型的特点在于它不仅描述了碳氧化过程，还包括含氮物质的硝化与反硝化，但它的缺陷是未包含磷的去除。1995 年 IAWQ 专家组又推出了经过改进和完善的 ASM2，它不仅包含污水中含碳有机物和氮的去除，还包括了生物与化学除磷过程。活性污泥法 2 号模型(ASM2)包含 19 种组分，19 种反应过程，22 个化学计量系数和 42 个动力学参数。它已成为国际上开展污水处理新技术开发、工艺设计和计算机模拟软件开发的通用平台，得到了广泛的认可。1998 年 IWA 专家组在多年活性污泥模型程序化的经验和实践的基础上推出了活性污泥法 3 号模型(ASM3)。ASM3 中引入有机物在微生物体内的贮藏及内源呼吸，强调细胞内部的活动过程。ASM3 对于反应速率，普遍采用了"开关函数"来反映反应过程中受到的促进或抑制作用；而用矩阵形式表示化学计量系数、转换系数以及反应过程。应用 IWA 模型的最大障碍在于难以检测、度量或检测模型众多的参数值和有机物不同的组分值。

13.4　活性污泥法的氧传质理论

第 13.4 节内容
视频讲解

曝气是采取一定的技术措施，通过曝气装置所产生的作用，使空气中的氧转移到混合液中去，并使混合液处于悬浮状态。

曝气的主要作用：

(1) 充氧，向活性污泥微生物提供足够的溶解氧，以满足其在代谢过程中所需的氧量。

（2）搅动、混合，使活性污泥在曝气池内处于搅动的悬浮状态，能够与污水充分接触。

现在通行的曝气法有：鼓风曝气、机械曝气和两者联合的鼓风—机械曝气。鼓风曝气是将由鼓风机送出的压缩空气通过一系列的管道系统送到安装在曝气池池底的空气扩散装置（曝气装置），空气从那里以微小气泡的形式逸出，并在混合液中扩散，使气泡中的氧转移到混合液中去；而气泡在混合液中的强烈扩散、搅动，使混合液处于剧烈混合、搅拌状态。机械曝气则是利用安装在水面上、下的叶轮高速转动，剧烈地搅动水面，产生水跃，使液面与空气接触的表面不断更新，将空气中的氧转移到混合液中。

13.4.1　氧转移原理

1. 菲克（Fick）定律

通过曝气，空气中的氧从气相传递到混合液的液相，这既是一个传质过程，也是一个物质扩散过程。扩散过程的推动力是物质在界面两侧的浓度差，物质的分子从浓度较高的一侧向着浓度较低的一侧扩散、转移。

扩散过程的基本规律可以用菲克（Fick）定律加以概括，即：

$$V_d = -D_L \frac{dC}{dL} \tag{13-46}$$

式中　V_d——物质的扩散速率 $kg/(m^2 \cdot h)$ 或 $mol/(m^2 \cdot h)$，在单位时间内单位断面上通过的物质数量；

　　　D_L——扩散系数，m^2/h，表示物质在某种介质中的扩散能力，主要取决于扩散物质和介质的特性及温度；

　　　C——物质浓度，kg/m^3 或 mol/m^3；

　　　L——扩散过程的长度，m；

dC/dL——浓度梯度，即单位长度内的浓度变化值 $kg/(m^3 \cdot m)$ 或 $mol/(m^3 \cdot m)$。

上式表明，物质的扩散速率与浓度梯度成正比关系。

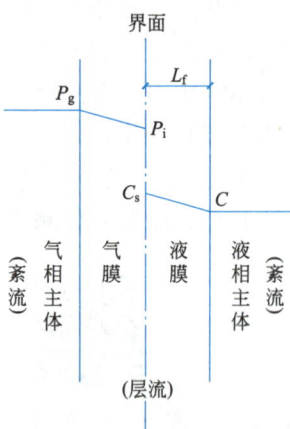

图 13-13　双膜理论模型

2. 双膜理论

曝气过程中，氧分子通过气、液界面由气相转移到液相，在界面的两侧存在着气膜和液膜。在污水生物处理中，有关气体分子通过气膜和液膜的传递理论，一般都以刘易斯（Lewis）和怀特曼（Whitman）于 1923 年建立的"双膜理论"为基础。双膜理论模型如图 13-13 所示，其主要论点如下：

（1）在气、液两相接触的界面两侧存在着处于层流状态的气膜和液膜，在其外侧则分别为气相主体和液相主体，两个主体均处于紊流状态，气体分子以分子扩散方式从气相主体通过气膜与液膜而进入液相主体。

（2）由于气、液两相的主体均处于紊流状态，其中物质浓度基本上是均匀的，不存在浓度差，也不存在传质阻力，气体分子从气相主体传递到液相主体，阻力仅存在于气、液两层层流膜中。

（3）在气膜中存在着氧的分压梯度，在液膜中存在着氧的浓度梯度，它们是氧转移的推动力。

（4）氧难溶于水，因此，氧转移决定性的阻力又集中在液膜上，氧分子通过液膜是氧转移过程的控制步骤，通过液膜的转移速率是氧转移过程的控制速率。

以 M 表示在单位时间 t 内通过界面扩散的物质数量；以 A 表示界面面积，则下式成立：

$$v_d = \frac{1}{A}\frac{dM}{dt} \tag{13-47}$$

式中 v_d——氧的扩散速率，$kgO_2/(m^2 \cdot h)$；

　$\frac{dM}{dt}$——氧传递速率，kgO_2/h；

　A——气、液两相接触界面面积，m^2。

代入式(13-46)，得：

$$\frac{1}{A}\frac{dM}{dt} = -D_L\frac{dC}{dL} \tag{13-48}$$

$$\frac{dM}{dt} = -D_L A\frac{dC}{dL} \tag{13-49}$$

　D_L——氧分子在液膜中的扩散系数，m^2/h；

在气膜中，气相主体与界面之间的氧分压差值 $P_g - P_i$ 很低，一般可以认为 $P_g \approx P_i$。这样，界面处的溶解氧浓度值 C_s 是在氧分压为 P_g 条件下的溶解氧的饱和浓度值。如果气相主体中的气压为一个大气压。则 P_g 就是一个大气压中的氧分压(约为一个大气压的 1/5)。

设液膜厚度为 L_f(此值极低)，则在液膜中溶解氧浓度的梯度为：

$$-\frac{dC}{dL_f} = \frac{C_s - C}{L_f} \tag{13-50}$$

代入式(13-49)，得：

$$\frac{dM}{dt} = D_L A\left(\frac{C_s - C}{L_f}\right) \tag{13-51}$$

式中 $\frac{C_s - C}{L_f}$——在液膜内溶解氧的浓度梯度，$kgO_2/(m^3 \cdot m)$。

设液相主体的容积为 $V(m^3)$，并用式 (13-51) 除以 V 则得：

$$\frac{1}{V}\frac{dM}{dt} = \frac{D_L A}{L_f V}(C_s - C) \tag{13-52}$$

即：

$$\frac{dC}{dt} = K_L\frac{A}{V}(C_s - C) \tag{13-53}$$

式中 $\frac{dC}{dt}$——液相主体中溶解氧浓度变化速率(或氧转移速率)，$kgO_2/(m^3 \cdot h)$；

　K_L——液膜中氧分子传质系数，m/h；$K_L = \frac{D_L}{L_f}$。

由于 A 值难测，采用总转移系数 K_{La} 代替 $K_L\frac{A}{V}$，因此，上式改写为：

$$\frac{dC}{dt} = K_{La}(C_s - C) \tag{13-54}$$

式中　K_{La}——氧总转移系数，h^{-1}。此值表示在曝气过程中氧的总传递特性，当传递过程中阻力大时，则 K_{La} 值低，反之则 K_{La} 值高。

K_{La} 的倒数 $1/K_{La}$ 的单位为小时(h)，它所表示的是曝气池中溶解氧浓度从 C 提高到 C_s 所需要的时间。当 K_{La} 值低时 $1/K_{La}$ 值高，使混合液内溶解氧浓度从 C 提高到 C_s 所需时间长，说明氧传递速率慢，反之，则氧的传递速率快，所需时间短。

这样，为了提高 dC/dt 值，可从多方面考虑：最重要的因素是增大曝气量来增大气液接触面积；还可减小气泡尺度，改为微孔曝气更好；加强液相主体的紊流程度，降低液膜厚度，加速气、液界面的更新；增加曝气池深度来增大气液接触时间和面积，从而提高 K_{La} 值。此外，还可提高气相中的氧分压，如采用纯氧曝气、避免水温过高等来提高 C_s 值。

3. 氧总转移系数 K_{La} 值的确定

氧总转移系数 K_{La} 是计算氧转移速率的基本参数，也是评价空气扩散装置供氧能力的重要参数，通过试验确定。

水中溶解氧的变化率或转移速率见式(13-54)。

将式(13-54)积分整理后，得到下式：

$$\lg\left(\frac{C_s-C_0}{C_s-C_t}\right)=\frac{K_{La}}{2.303}\cdot t \tag{13-55}$$

式中　C_0——反应器内初始溶解氧的浓度，mg/L；

　　　C_t——曝气某时刻 t 时溶解氧浓度，mg/L；

　　　C_s——饱和溶解氧浓度，mg/L；

　　　t——曝气时间，h。

由上式可见，$\lg\left(\frac{C_s-C_0}{C_s-C_t}\right)$ 与 t 之间存在着线性关系，直线斜率即为 $\dfrac{K_{La}}{2.303}$。

13.4.2　氧转移的影响因素

从式(13-53)可以看到，氧的转移速率与氧分子在液膜中的扩散系数 D_L、气液界面面积 A、气液界面与液相主体之间的氧浓度差(C_s-C)等参数成正比关系，与液膜厚度 L_f 成反比关系，影响上述各项参数的因素也必然是影响氧转移速率的因素，现将其主要因素阐述于下。

1. 污水水质

污水中含有各种杂质，它们对氧的转移产生一定的影响。特别是某些表面活性物质，如短链脂肪酸和乙醇等，这类物质的分子属两亲分子(极性端亲水、非极性端疏水)。它们将聚集在气液界面上，形成一层分子膜，阻碍氧分子的扩散转移，总转移系数 K_{La} 值将下降，为此引入一个小于 1 的修正系数 α。

$$\alpha=\frac{污水中的\ K'_{La}}{清水中的\ K_{La}} \tag{13-56}$$

所以　　　　　　　　　　　　　$K'_{La}=\alpha K_{La}$ \tag{13-57}

由于在污水中含有盐类，因此，氧在水中的饱和度也受水质的影响，对此，引入另一数值小于 1 的系数 β 予以修正。

$$\beta = \frac{污水的 \; C'_s}{清水的 \; C_s} \tag{13-58}$$

所以
$$C'_s = \beta C_s \tag{13-59}$$

上述的修正系数 α、β 值，均可通过对污水、清水的曝气充氧试验予以检测。

2. 水温

水温对氧的转移影响较大，水温上升，水的黏滞性降低，扩散系数提高，液膜厚度随之降低，K_{La} 值增高，反之，则 K_{La} 值降低，其间的关系式为：

$$K_{La(T)} = K_{La(20)} \times 1.024^{(T-20)} \tag{13-60}$$

式中　$K_{La(T)}$——水温为 T 时的氧总转移系数，h^{-1}；

　　　$K_{La(20)}$——水温为 20℃时的氧总转移系数，h^{-1}；

　　　T——设计温度，℃；

　　　1.024——温度系数。

同时，水温对溶解氧饱和度 C_s 值也产生影响，C_s 值因温度上升而降低（见表 13-1）。K_{La} 值因温度上升而增大，但液相中氧的浓度梯度却有所降低。因此，水温对氧转移有两种相反的影响，但并不能两相抵消。总的来说，水温降低有利于氧的转移。在运行正常的曝气池内，当混合液在 15~30℃时，混合液溶解氧浓度 C 保持在 1.5~2.0mg/L 为宜。

氧在蒸馏水中的溶解度

表 13-1

水温(T)（℃）	饱和度(C_s)（mg/L）	水温(T)（℃）	饱和度(C_s)（mg/L）	水温(T)（℃）	饱和度(C_s)（mg/L）
0	14.62	10	11.33	20	9.17
1	14.23	11	11.08	21	8.99
2	13.84	12	10.83	22	8.83
3	13.48	13	10.60	23	8.63
4	13.13	14	10.37	24	8.53
5	12.80	15	10.15	25	8.38
6	12.48	16	9.95	26	8.22
7	12.17	17	9.74	27	8.07
8	11.87	18	9.54	28	7.92
9	11.59	19	9.35	29	7.77

3. 氧分压

C_s 值受氧分压或气压的影响。气压降低，C_s 值也随之下降；反之则提高。C_s 值与压力 p 之间存在着如下关系：

$$C_s = C_{s(760)} \frac{p - \bar{p}}{1.013 \times 10^5 - \bar{p}} \tag{13-61}$$

式中　p——所在地区的实际大气压力，Pa；

　　　$C_{s(760)}$——标准大气压力条件下的 C_s 值，mg/L；

　　　$\bar{p}$——水的饱和蒸汽压力，Pa。

在运行正常的曝气池的水温条件下，$\bar{p}$ 值可忽略不计，则得：

$$C_{\mathrm{s}}=C_{\mathrm{s}(760)}\frac{p}{1.013\times10^5}=C_{\mathrm{s}(760)}\rho \tag{13-62}$$

其中 ρ 为压力修正系数，即 $\rho=\dfrac{p}{1.013\times10^5}$ (13-63)

对鼓风曝气池，安装在池底的空气扩散装置出口处的氧分压最大，C_{s} 值也最大；但随着气泡上升至水面，气体压力逐渐降低，最后降低到一个大气压，而且气泡中的一部分氧已转移到液体中，鼓风曝气池中的 C_{s} 值应是扩散装置出口处和混合液表面两处的溶解氧饱和浓度的平均值，应按下列公式计算：

$$C_{\mathrm{sb}}=C_{\mathrm{s}}\left(\frac{P_{\mathrm{b}}}{2.026\times10^5}+\frac{O_{\mathrm{t}}}{42}\right) \tag{13-64}$$

式中　C_{sb}——鼓风曝气池内混合液溶解氧饱和度的平均值，mg/L；

　　　C_{s}——在大气压力条件下氧的饱和度，mg/L；

　　　P_{b}——空气扩散装置出口处的绝对压力，Pa，其值按下式计算：

$$P_{\mathrm{b}}=P+9.8\times10^3H \tag{13-65}$$

　　　H——空气扩散装置的安装深度，m；

　　　P——曝气池水面的大气压力，$P=1.013\times10^5\,\mathrm{Pa}$；

　　　O_{t}——从曝气池逸出气体中含氧量的百分率，%；

$$O_{\mathrm{t}}=\frac{21(1-E_{\mathrm{A}})}{79+21(1-E_{\mathrm{A}})}100\% \tag{13-66}$$

　　　E_{A}——氧的利用效率，一般为 6%~20%。

13.4.3　氧转移速率与供气量的计算

1. 氧转移速率的计算

生产厂家提供空气扩散装置的氧转移系数是在标准条件下检测的，所谓标准条件是：水温 20℃；气压为 $1.013\times10^5\,\mathrm{Pa}$(标准大气压)；检测用水是脱氧清水。标准状态下氧转移速率(R_0)可按下式计算：

$$R_0=\frac{\mathrm{d}C}{\mathrm{d}t}=K_{\mathrm{La}(20)}(C_{\mathrm{s}(20)}-C)=K_{\mathrm{La}(20)}C_{\mathrm{s}(20)} \tag{13-67}$$

式中　C——水中含有的溶解氧浓度，mg/L，脱氧清水 $C=0$；

　　　R_0——标准状态下氧转移速率，kg/(m³·h)。

上式必须根据实际条件加以修正，引入各项修正系数，温度为 T 条件下的实际氧转移速率（R）应等于活性污泥微生物的需氧速率（R_{r}）：

$$R=\frac{\mathrm{d}C}{\mathrm{d}t}=\alpha K_{\mathrm{La}(20)}\times1.024^{(T-20)}(\beta\rho C_{\mathrm{sb}(T)}-C)=R_{\mathrm{r}} \tag{13-68}$$

R_0 与 R 之比为：

$$\frac{R_0}{R}=\frac{C_{\mathrm{s}(20)}}{\alpha\times1.024^{(T-20)}(\beta\rho C_{\mathrm{sb}(T)}-C)} \tag{13-69}$$

一般情况下，$\dfrac{R_0}{R}=1.33\sim1.61$，即实际工程所需空气量较标准条件下的所需空气量多 33%~61%。

$$R_0 = \frac{RC_{s(20)}}{\alpha \times 1.024^{(T-20)} (\beta \rho C_{sb(T)} - C)} \tag{13-70}$$

而混合液的溶解氧浓度，一般按 2mg/L 考虑。

2. 氧转移效率与供气量的计算

1）氧转移效率（氧利用效率）为：

$$E_A = \frac{VR_0}{O_c} \times 100\% \tag{13-71}$$

式中　E_A——氧转移效率，%；

O_c——供氧量，kg/h；

$$O_c = G_s \times 0.21 \times 1.33 = 0.28 G_s \tag{13-72}$$

G_s——供气量，m^3/h；

式中 0.21 为氧在空气中所占的比例，1.33 为氧的密度（kg/m^3）。

2）供气量

对鼓风曝气，各种空气扩散装置在标准状态下的 E_A 值是厂商提供的。因此，供气量可以通过式（13-73）确定，即：

$$G_s = \frac{VR_0}{0.28 E_A} \times 100\% \tag{13-73}$$

R_0 值根据公式（13-70）确定。

3）需氧量

活性污泥系统供氧速率应与活性污泥微生物耗氧速率保持平衡，因此，曝气池混合液的需氧量应等于供氧量。

① 根据活性污泥微生物利用有机物和内源代谢计算需氧量。

在曝气池内，活性污泥微生物对有机物的氧化分解和其自身氧化都是需氧过程。这两部分氧化过程所需要的氧量，一般用下列公式求得：

$$\Delta O_2 = aQS_r + bVX \tag{13-74}$$

式中　ΔO_2——混合液需氧量，kgO_2/d；

a——活性污泥微生物对有机物氧化分解过程的需氧率，即活性污泥微生物每代谢 1kg BOD_5 所需氧量的千克数，生活污水的 a 值一般为 0.42～0.53；

b——每千克活性污泥单位时间内进行自身氧化所需的氧的千克数，即污泥自身氧化需氧速率，d^{-1}，生活污水的 b 值一般为 0.10～0.20。

上式可改写为下列两种形式

$$\frac{\Delta O_2}{XV} = a \frac{QS_r}{XV} + b = aq + b \tag{13-75}$$

或

$$\frac{\Delta O_2}{QS_r} = a + \frac{XV}{QS_r} b = a + b \frac{1}{q} \tag{13-76}$$

式中　$\dfrac{\Delta O_2}{XV}$——单位质量活性污泥的需氧量，$kgO_2/(kgMLVSS \cdot d)$；

$\dfrac{\Delta O_2}{QS_r}$——去除每 $kgBOD_5$ 的需氧量，$kgO_2/(kgBOD_5 \cdot d)$。

　　从式(13-75)可以看出，在 BOD_5 比降解速率高、污泥龄短时，每千克活性污泥的需氧量较大，也就是单位容积曝气池的需氧量较大。

　　从式(13-76)可以看出，当活性污泥法处理系统在高 BOD_5 比降解速率条件下运行时，活性污泥的污泥龄较短，每降解单位质量(1kg) BOD_5 的需氧量就较低。这是因为在高负荷条件下，一部分被吸附而未被摄入细胞体内的有机物随剩余污泥排出。此外，在高负荷条件下，活性污泥微生物的自身氧化作用很低，因此，需氧量较低。与之相反，当 BOD 污泥去除负荷较低，污泥龄较长时，微生物对有机物的分解较彻底，微生物的自身氧化作用也较强，这样，降解单位 BOD_5 的需氧量就较大。

　　【例 13-4】　某污水处理厂采用活性污泥法，设计污水处理量为 $20000m^3/d$，曝气池容积 V 为 $11000m^3$，混合液污泥浓度 MLSS 为 $3000mg/L$，进水 BOD_5 为 $180mg/L$，出水 BOD_5 为 $10mg/L$，活性污泥微生物利用每千克 BOD_5 的需氧的千克数 a 取 0.48，每千克活性污泥每天自身氧化所需的氧的千克数 b 取 0.15，求仅考虑有机物的去除，不考虑硝化和吸磷作用时曝气池的需氧量。

　　【解】　根据式(13-74) $\Delta O_2 = aQS_r + bVX$，可得

$\Delta O_2 = 0.48 \times 20000m^3/d \times (180mg/L - 10mg/L) + 0.15 \times 11000m^3 \times 3000mg/L$

$\quad = 6582kg/d$

　　即曝气池需氧量为 $6582kgO_2/d$。

　　② 活性污泥微生物氧化有机物的需氧量。

　　污水处理过程中去除的可生物降解 COD（bCOD）一部分被氧化为 CO_2 和 H_2O，另一部分被用于微生物的增长，因此活性污泥法处理系统去除有机物的需氧量计算式为：

　　去除有机物耗氧量＝去除的 bCOD－合成微生物的 COD

$$\Delta O_2 = Q \cdot bCOD - 1.42 \Delta X_V \tag{13-77}$$

式中　O_2——去除每千克 BOD_5 的需氧量，$kgO_2/kgBOD_5$；

　　bCOD——系统可降解 COD 去除量，g/m^3；

　　ΔX_V——剩余污泥量（以 MLVSS 计），g/d；

　　1.42——污泥的氧当量系数，完全氧化一个单位的细胞（以 $C_5H_7NO_2$ 表示细胞分子式），需要 1.42 个单位的氧。

　　通常采用 BOD_5 来表征污水中可生物降解的有机物浓度，可用 $1.47BOD_5$ 来近似表示 bCOD，则式(13-77)可写为：

$$\Delta O_2 = 1.47Q(S_0 - S_e) - 1.42 \Delta X_V \tag{13-78}$$

13.5　活性污泥法的发展及演变

第 13.5 节内容视频讲解

　　活性污泥法在污水生物处理进程中一直发挥着巨大的作用，在当前污水处理领域，也仍然是应用最为广泛的处理技术之一。它有效地应用于生活污水、城市污水和有机工业废水的处理。但是，当前活性污泥法处理系统还存在着某些有待解决的问题，如反应器——曝气池的池体比较庞大，占地面积大、电耗高、管理复杂等。近几十年来，有关生物处理专家和技术工作者为了解决上述问题，就活性污泥的反应机理、降解功能、运行方式、工艺系统等方面进行了大量的研究工作，使活性污泥处理系统

在净化功能和工艺系统方面取得了显著的进展。

在净化功能方面，改变过去以去除有机污染物为主要功能的传统模式。在工艺系统方面，开创了多种旨在提高充氧能力、增加混合液污泥浓度、强化活性污泥微生物的代谢功能的高效活性污泥法处理系统。在本节内，将对近年来在构造和工艺方面有较大发展、并在实际运行中已证实效果显著的氧化沟、AB 法、SBR 法以及 SBR 法的各种变形等活性污泥法新工艺作简要介绍。

13.5.1　活性污泥法的传统工艺系统

活性污泥法历经几十年的发展与不断革新，现已拥有以传统活性污泥法处理系统为基础的多种运行方式，本节将分别就各种不同运行方式的工艺特征与应用条件予以阐述。

1. 传统活性污泥法

传统活性污泥法又称普通活性污泥法（Conventional Activated Sludge，简写 CAS），是早期开始使用并一直沿用至今的运行方式。其工艺系统如图 13-1 所示。

从图 13-1 可见，原污水从曝气池首端进入池内，由二沉池回流的回流污泥也与此同步注入。污水与回流污泥形成的混合液在池内呈推流形式流动至池的末端，然后进入二沉池，经二沉池处理后的污水与活性污泥分离，剩余污泥排出系统，回流污泥回流至曝气池。

有机物在曝气池内的降解，经历了吸附和代谢的完整过程，活性污泥也经历了一个从池首端的增长速率较快到池末端的增长速率很慢或达到内源呼吸期的过程。

由于有机物浓度沿池长逐渐降低，需氧速率也是沿池长逐渐降低（图 13-14）。因此在池首端和前段混合液中的溶解氧浓度较低，甚至可能不足，沿池长逐渐增高，在池末端溶解氧含量就已经很充足了，一般都能够达到经济的 2mg/L 左右。

传统活性污泥法处理系统在工艺上的主要优点有：处理效果好，BOD_5 去除率可达 90% 以上，适于处理净化程度和稳定程度要求较高的污水；对污水的处理程度比较灵活，根据需要可适当调整。

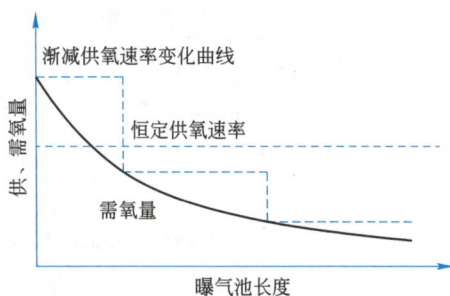

图 13-14　传统活性污泥法和渐减曝气工艺的供氧速率与需氧量的变化

传统活性污泥法处理系统存在着下列各项问题：曝气池首端有机物负荷高，耗氧速率也高，因此，为了避免溶解氧不足的问题，进水有机物负荷不宜过高；耗氧速率沿池长是变化的，而供氧速率难于与其相吻合、适应，在池前段可能出现供氧不足的现象，池后段又可能出现溶解氧过剩的现象；曝气池容积大，占用的土地较多，基建费用高；对进水水质、水量变化的适应性较低。

2. 渐减曝气活性污泥法

渐减曝气活性污泥法（Tapered Aeration Activated Sludge）是针对传统活性污泥法中由于沿曝气池池长均匀供氧，在池末端供氧与需氧量之间的差距较大严重浪费能源，而提出的一种能使供氧量和混合液需氧量相适应的运行方式，即供氧量沿池长逐步递减，使其接近需氧量（图 13-14）。目前的传统活性污泥法一般都采用这种供氧方式。

3. 多点进水活性污泥法

多点进水活性污泥法又称多段进水活性污泥法（Step-Feed Activated Sludge，简写 SFAS）。其工艺流程如图 13-15 所示。

多点进水活性污泥法系统是针对传统活性污泥法系统存在的问题，在工艺上作了某些改革的活性污泥法处理系统。

多点进水活性污泥法具有如下各项特点：污水沿池长度分段注入多点池，有机物负荷及需氧量得到均衡，一定程度地缩小了需氧量与供氧量之间的差距，有助于降低能耗，又能够比较充分地发挥活性污泥微生物的降解功能；污水分散均衡注入，提高了曝气池对水质、水

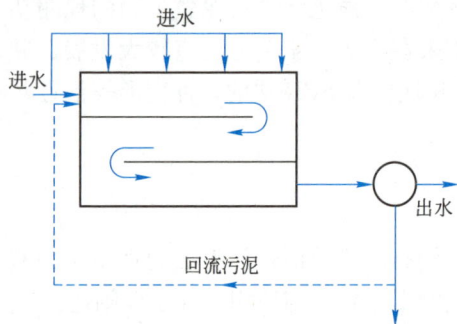

图 13-15　多点进水活性污泥法工艺流程

量冲击负荷的适应能力。

4. 吸附—再生活性污泥法

此法又称生物吸附活性污泥法系统或接触稳定法（Contact Stabilization Activated Sludge，简写 CSAS）。20 世纪 40 年代后期首先在美国使用，其工艺流程如图 13-16 所示。其主要特点是将活性污泥对有机物降解的两个过程——吸附与代谢稳定，分别在各自的反应器内进行。

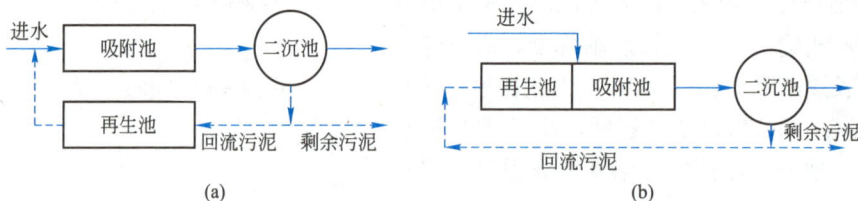

图 13-16　吸附—再生活性污泥法系统
(a)分建式吸附—再生活性污泥处理系统；(b)合建式吸附—再生活性污泥处理系统

首先介绍史密斯（Smith）的试验。史密斯曾将含有溶解性和非溶解性混合有机物的污水和活性污泥一起进行曝气，发现混合液中的 BOD_5 浓度沿曝气时间的变化呈图 13-17 所示的状态。BOD_5 浓度在 5～15min 内急剧下降，然后又有所回升，随后才缓慢下降。

基于以上现象建立了吸附—再生活性污泥法，如图 13-16 所示。污水和经过在再生池充分再生且活性很强的活性污泥同步进入吸附池，在这里充分接触 30～60min，使大部分呈悬浮、胶体和部分溶

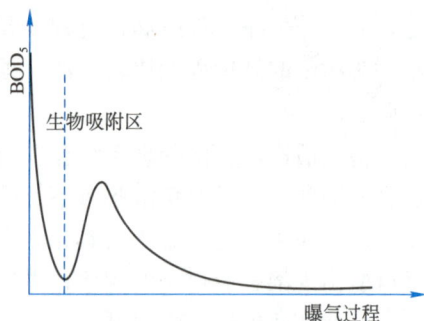

图 13-17　污水与活性污泥混合
曝气后，上清液中 BOD 值的变化情况

解性状态的有机物为活性污泥所吸附，使污水中有机物浓度大幅度降低。混合液继之流入二沉池，进行泥水分离，澄清水排放，污泥则从底部进入再生池，在这里首先进行分解和合成代谢反应，然后活性污泥微生物进入内源呼吸期。使污泥的活性得到充分恢复，在其

进入吸附池与污水接触后，能够充分发挥其吸附的功能。

与传统活性污泥法系统相比，吸附—再生系统具有如下各项特点：污水与活性污泥在吸附池内接触的时间较短，因此，吸附池的容积一般较小。吸附池与再生池的容积之和仍低于传统活性污泥法曝气池的容积，基建费用较低；本工艺对水质、水量的冲击负荷具有一定的承受能力。当在吸附池内的污泥遭到破坏时，可由再生池内的污泥予以补救。

本工艺存在的主要问题是：处理效果低于传统法；不宜处理溶解性有机物含量较高的污水；剩余污泥量较大；同时此工艺不具有硝化功能。

5. 完全混合活性污泥法

完全混合活性污泥法(Completely Mixed Activated Sludge，简写 CMAS)的主要特征是应用完全混合式曝气池(图 13-18)。污水与回流污泥进入曝气池后，立即与池内混合液充分混合，池内混合液水质与出水相同。

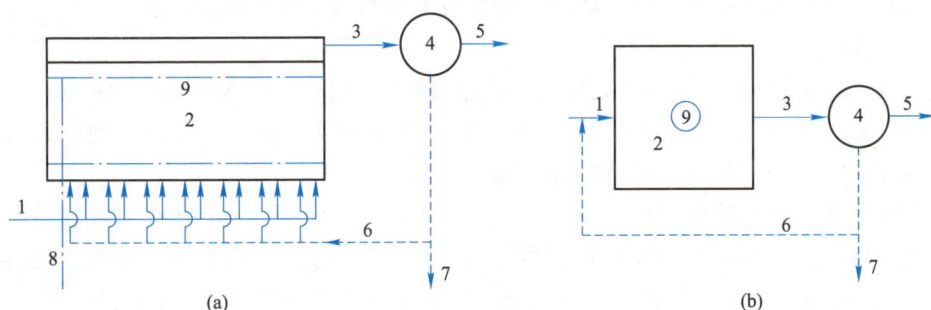

图 13-18　完合混合活性污泥法系统
(a)采用鼓风曝气装置的完全混合曝气池；(b)采用表面机械曝气器的完全混合曝气池
1—预处理后的污水；2—完全混合曝气池；3—混合液；4—二沉池；5—出水；
6—回流污泥系统；7—剩余污泥；8—供气系统；9—曝气系统与空气扩散装置

进入曝气池的污水很快即被池内已存在的混合液所稀释和均化，原污水在水质、水量方面的变化，对活性污泥产生的影响将降到极小的程度，因此，这种工艺对冲击负荷有较强的适应能力，适用于处理工业废水，特别是浓度较高的有机废水。污水在曝气池内分布均匀，各部位的水质相同，微生物群体的组成和数量几乎一致，各部位有机物降解工况相同，因此，通过对 F/M 值的调整，可将整个曝气池的工况控制在良好的状态。

完全混合活性污泥法系统存在的主要问题是：在曝气池混合液内，各部位的有机物浓度相同，活性污泥微生物质与量相同，在这种情况下，微生物对有机物降解的推动力低，有机物利用速率低，在相同的 F/M 值的情况下，出水水质不如推流式曝气池的活性污泥法系统。此外，由于这个原因完全混合活性污泥法易于发生污泥膨胀。

6. 延时曝气活性污泥法

延时曝气活性污泥法(Extended Aeration Activated Sludge，简写 EAAS)又名完全氧化活性污泥法，是 20 世纪 50 年代初期在美国开始应用的。其主要特点是 F/M 负荷非常低，曝气时间长，一般多在 24h 以上，活性污泥在池内长期处于内源呼吸期，剩余污泥量少且稳定，无须再进行厌氧消化处理，因此，也可以说这种工艺是污水、污泥综合处理系统。此外，本工艺还具有出水稳定性高，对原污水水质、水量变化有较强适应性等优点。

本工艺的主要缺点是曝气时间长，池容大，基建费和运行费用都较高，占用较大的土地面积等。延时曝气法适用于处理对出水水质要求高而且又不宜采用污泥处理技术的小城镇污水和工业废水，处理水量不宜过大。

应当说明，从理论上来说，延时曝气活性污泥系统是不产生污泥的，但在实际上仍有剩余污泥产生，污泥主要是一些难于生物降解的微生物内源代谢的残留物，如细胞膜和细胞壁等。

7. 高负荷活性污泥法

高负荷活性污泥法（High-Rate Activated Sludge）又称短时曝气活性污泥法或不完全处理活性污泥法。其主要特点是 F/M 负荷高，曝气时间短，处理效果较差，一般 BOD_5 的去除率不超过 70%～75%，因此，称之为不完全处理活性污泥法。与此相对，BOD_5 去除率在 90% 以上，出水的 BOD_5 值在 20mg/L 以下的工艺则称为完全处理活性污泥法。

高负荷活性污泥法在系统和曝气池的构造方面，与传统活性污泥法相同，即传统法可以按高负荷活性污泥法系统运行，适用于处理对出水水质要求不高的污水。

8. 纯氧曝气活性污泥法

此法又名富氧曝气活性污泥法（High-Purity Oxygen Activated Sludge，简写 HPOAS）。空气中氧的含量仅为 21%，而纯氧中的含氧量为 90%～95%，纯氧氧分压比空气高 4.4～4.7 倍，用纯氧进行曝气能够提高氧向混合液中的传递能力。

采用纯氧曝气系统的主要优点有：氧利用率可达 80%～90%，而鼓风曝气系统仅为 10% 左右；曝气池内混合液的 MLSS 值可达 4000～7000mg/L，能够提高曝气池的容积负荷；曝气池混合液的 SVI 值较低，一般都低于 100，污泥膨胀现象发生的较少；产生的剩余污泥量少。

纯氧曝气池目前多为有盖密闭式，以防氧气外逸和可燃性气体进入。池内分成若干个小室，各室串联运行，每室流态均为完全混合。池内气压应略高于池外以防池外空气渗入，同时，池内产生的废气如 CO_2 等得以排出。图 13-19 所示为有盖密闭式纯氧曝气池。

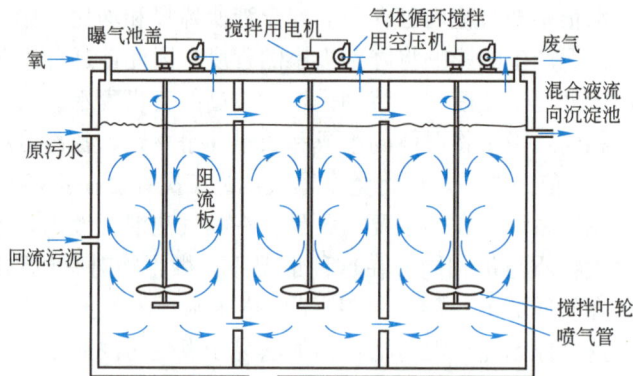

图 13-19　有盖密闭式纯氧曝气池构造图

9. 选择器活性污泥法

选择器（Selector Activated Sludge，简写 SAS）是近期发展起来，用于防止与控制丝状菌型污泥膨胀的活性污泥处理工艺。其是在曝气池前加一个水力停留时间很短的小反应器，如图 13-20 所示。全部污水和回流污泥进入选择器，形成高负荷区。这种有机物浓度较高的环境有利于菌胶团菌的优先生长而抑制丝状菌的过量生长，从而改善污泥的沉降性能。

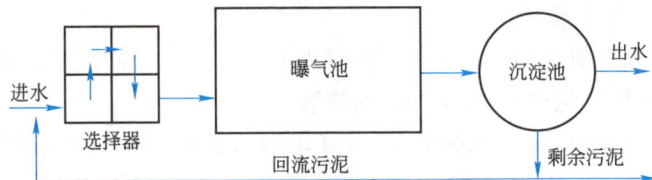

图 13-20 选择器活性污泥法(SAS)流程图

选择器可分为好氧选择器、缺氧选择器、厌氧选择器等形式。好氧选择器防止污泥膨胀的机理是提供溶解氧适宜、底物充足的高负荷区，让菌胶团细菌优先利用有机物，从而抑制丝状菌的过量繁殖。

缺氧选择器控制污泥膨胀的主要机理是绝大部分菌胶团细菌能利用选择器内硝酸盐中的化合态氧作为电子受体，进行生长繁殖，而丝状菌(球衣菌)没有这个功能，因而在选择器内受到抑制，增殖速率大大落后于菌胶团细菌，大大降低了丝状菌膨胀发生的可能。

厌氧选择器控制污泥膨胀的主要原理是绝大部分种类的丝状菌(球衣菌)都是绝对好氧的，在绝对厌氧状态下将受到抑制。而绝大部分的菌胶团细菌为兼性菌，在厌氧状态下将进行厌氧代谢，继续增殖。但是，厌氧选择器的设置会导致产生丝硫菌污泥膨胀的可能性，因为菌胶团细菌的厌氧代谢会产生出硫化氢，从而为丝硫菌的繁殖提供条件。因此，厌氧选择器的水力停留时间不宜太长。

13.5.2 氧化沟活性污泥工艺系统

氧化沟又称连续循环反应器(Continuous Loop Reactor)，是 20 世纪 50 年代由荷兰的公共卫生研究所(TNO)开发出来的。第一座氧化沟于 1954 年开始服务，是由 TNO 的 Pasveer 博士设计的，因此氧化沟又称 Pasveer 氧化沟，如图 13-21 所示。氧化沟是常规活性污泥法的一种改型和发展，是延时曝气法的一种特殊形式。

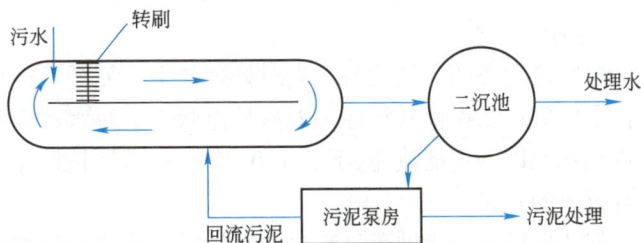

图 13-21 以氧化沟为生物处理单元的污水处理流程

1. 氧化沟的基本构造和工艺简况

(1) 氧化沟的基本构造

氧化沟一般呈环形沟渠状，平面多为椭圆形、圆形或马蹄形，总长可达几十米，甚至百米以上。单池的进水装置比较简单，只要伸入一根进水管即可，如双池以上平行工作时，则应考虑均匀配水。出水一般采用溢流堰式，宜于采用可升降式溢流堰，以调节池内水深，进而改变曝气装置淹没深度，调整充氧量，同时也可对水的流速起一定的调节作用。采用交替工作系统时，溢流堰应能自动启闭，并与进水装置相呼应以控制沟内水流方向。

（2）氧化沟工艺的主要优点

氧化沟工艺流程简单，构筑物少，运行管理方便；可不设初沉池，也可使氧化沟与二沉池合建(如交替工作氧化沟)，省去污泥回流装置。

污水在沟内的流速为 0.3～0.5m/s，当氧化沟总长为 100～500m 时，污水流动完成一个循环所需时间为 4～20min。如水力停留时间定为 24h，则污水在整个停留时间内要作72～360 次循环。可以认为在氧化沟内混合液的水质是几乎一致的，从这个意义来说，氧化沟内的流态是完全混合式的，但是又具有某些推流式的特征，如在曝气装置的下游，溶解氧浓度从高向低变动，甚至可能出现缺氧段。氧化沟的这种独特的水流状态，有利于活性污泥的生物凝聚作用，而且可以将其区分为富氧区、缺氧区，用以进行硝化和反硝化，取得脱氮的效果。

氧化沟 BOD 负荷低，同活性污泥法的延时曝气系统类似，对水温、水质、水量的变动有较强的适应性；污泥龄较长，一般可达 15～30d，有利于世代时间较长的微生物增殖，如硝化菌，从而利于硝化反应的发生。一般的氧化沟能使污水中的氨氮达到95％～99％的硝化强度，为了强化反硝化脱氮效果，可通过在氧化沟的进水端设置缺氧区和硝化液回流，原水和硝化液进入缺氧区，反硝化菌充分利用原水中的有机物将硝态氮还原为氮气，从而实现污水总氮的脱除。此外，人们为了强化氧化沟的生物除磷作用，而在氧化沟的进水端设置厌氧区，原水和回流污泥进入厌氧区发生厌氧释磷作用，随后流入氧化沟的缺氧区和好氧区发生吸磷作用，强化系统生物除磷能力。

由于活性污泥在系统中的停留时间很长，排出的剩余污泥已趋于稳定，因此一般只需进行浓缩和脱水处理，可以省去污泥消化池。

（3）氧化沟工艺的主要缺点

氧化沟工艺的缺点主要表现在占地及能耗方面。由于沟深的限制以及沟型方面的原因，使得氧化沟工艺的占地面积大于其他活性污泥法；另外，由于采用机械曝气，动力效率较低，能耗也较高。

2. 氧化沟的曝气装置

曝气装置是氧化沟中最主要的机械设备，它对处理效率、能耗及运行稳定性有很大影响。其主要功能是：①供氧；②保证其活性污泥呈悬浮状态，污水、空气和污泥三者的充分混合与接触；③推动水流以一定的流速(不低于 0.25m/s)沿池长循环流动，这对保持氧化沟的净化功能具有重要的意义。

氧化沟采用的曝气装置可分为横轴曝气装置和纵轴曝气装置两种类型。横轴曝气装置有曝气转刷(转刷曝气器)、曝气转盘。纵轴曝气装置即常规活性污泥法完全混合曝气池采用的表面机械曝气器。另外，还有在国外采用的自吸螺旋曝气器、射流曝气器和提升管式曝气装置。

3. 常用的氧化沟系统

（1）卡罗塞尔(Carrousel)氧化沟系统

卡罗塞尔氧化沟系统由多沟串联氧化沟及二沉池、污泥回流系统所组成。图 13-22 所示为六廊道并采用纵轴低速表面曝气器的卡罗塞尔氧化沟。

（2）交替工作氧化沟系统

交替工作氧化沟系统有两沟和三沟两种交替工作氧化沟系统。两沟型氧化沟由容积相同的 A、B 两池组成，串联运行，交替作为曝气池和沉淀池，无须设污泥回流系统，无须二沉池。该系统出水水质较好，污泥也比较稳定。缺点是曝气转刷的利用率低。

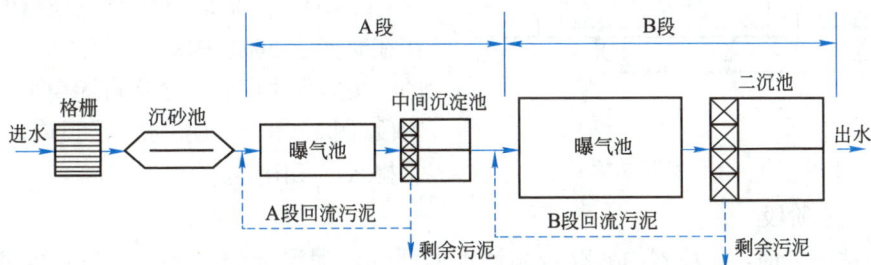

图 13-22　卡罗塞尔氧化沟系统
1—进水；2—氧化沟；3—表面机械曝气器；
4—导向隔墙；5—出水

三池交替工作氧化沟，应用较广。该系统则是两侧的池子交替地作为曝气池和沉淀池。中间池则一直为曝气池。经过适当运行，三池交替氧化沟不但能够去除 BOD，还能完成脱氮和除磷的目的。这种系统无需污泥回流系统，但其设备利用率较低。

（3）奥贝尔(Orbal)型氧化沟系统

奥贝尔型氧化沟技术最主要特点是采用同心圆式的多沟串联系统，如图 13-23 所示。

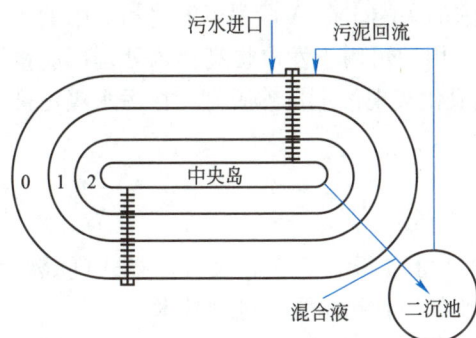

图 13-23　奥贝尔型氧化沟

污水和回流污泥首先进入最外环的沟渠，后依次进入下一层沟渠，最后由位于中心的沟渠流出进入二沉池。这种氧化沟系统多采用 3 层沟渠。外沟的容积最大，为总容积的 60%～70%，主要的生物氧化和脱氮过程在此完成；中沟为 20%～30%，内沟则仅占 10% 左右。

在运行时，外、中、内三层沟渠内混合液的溶解氧保持较大的梯度，如分别为 0、1mg/L 及 2mg/L。这样做的目的是外沟道溶解氧浓度接近 0，氧的传递效率高，既可节约供氧的能耗，也可为反硝化创造条件。外沟道厌氧条件下，微生物可进行磷的释放，以便它们在好氧环境下吸收污水中的磷，达到除磷效果。

13.5.3　吸附—生物降解活性污泥工艺系统

吸附—生物降解(Adsorption—Biodegradation)工艺，简称 AB 法污水处理工艺。该技术是为解决传统的二级生物处理系统，即"预处理—初沉池—曝气池—二沉池"存在的去除难降解有机物和脱氮除磷效率低及投资运行费用高等问题，开发的污水生物处理工艺，该工艺流程如图 13-24 所示。

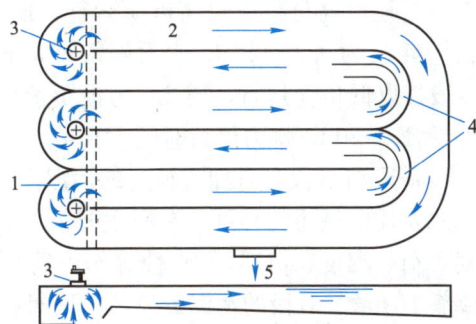

图 13-24　AB 法污水处理工艺流程

A 段以高负荷或超高负荷运行，BOD 污泥负荷 N_s 为 2～6kgBOD$_5$/(kgMLSS·d)；污泥龄 θ_c 为 0.3～0.5d；水力停留时间 HRT 为 30min；溶解氧浓度 DO 为 0.2～0.7mg/L。B 段接以低负荷运行，BOD$_5$ 污泥负荷 N_s 为 0.15～0.3kgBOD$_5$/(kgMLSS·d)；污泥龄 θ_c 为 15～20d；水力停留时间 HRT 为 2～3h；溶解氧浓度 DO 为 1～2mg/L。

A 段与 B 段各自拥有独立的污泥回流系统，两段完全分开，每段能够培养出适于本段污水水质的微生物种群。A 段主要依靠活性污泥的吸附作用去除有机物及氮、磷等，因此对负荷、温度、pH 以及毒性等作用具有一定的抵抗能力，同时还能去除某些重金属和难降解有机物。B 段的污泥龄较长，同时有机物浓度较低，有利于硝化反应。B 段承受的负荷为总负荷的 40%～70%，较传统活性污泥法处理系统，曝气池的容积可减少 40% 左右。

AB 处理工艺在国内外得到较广泛的应用。我国的青岛海泊河污水处理厂也采用了该技术，出水水质完全符合国家规定的排放标准。

近年来随着厌氧氨氧化自养脱氮技术的研究与应用，使得污水生物脱氮对有机物的需求量降低，因此 AB 法污水处理工艺再次引起了大家的兴趣。在 A 段尽可能将污水中的有机物吸附至污泥中，而后用于污泥厌氧发酵产甲烷，甲烷再用于发电提高污水处理厂能量回收率。人们正在尝试在 B 段通过短程硝化厌氧氨氧化实现污水自养脱氮，在污水氮污染物达标排放的同时实现污水脱氮过程节能降耗。

13.5.4　间歇式活性污泥工艺系统

间歇式活性污泥法（Sequencing Batch Reactor），简称 SBR 工艺，又称序批式（间歇）活性污泥法处理系统，是近年来在国内外被广泛应用的一种污水生物处理技术。

追溯 SBR 工艺的来源，发现它并非一种前所未有的工艺，而是活性污泥法初创时期充排式反应器（Fill-and-Draw Reactor）的一种改进工艺。但其运行方式操作烦琐，使其应用受限。近年来，污水处理厂自动化程度与管理水平不断提高，为间歇式活性污泥法的研究和应用提供了极为有利的条件。

1. 间歇式活性污泥法的工作原理

SBR 工艺的运行工况以间歇操作为主要特征。所谓序批间歇式有两种含义：一是运行操作在空间上是按序列、间歇的方式进行的，由于污水大多是连续排放且流量的波动很大，间歇反应器通常为两个池或三个池以上，污水连续按序列进入每个反应池，它们运行时的相对关系是有次序的，也是间歇的（图 13-25）；二是每个 SBR 反应器的运行操作在时间上也是按次序排列的、间歇运行的。按运行次序，一个运行周期可分为五个阶段（图 13-26）：①进水；②反应；③沉淀；④排水；⑤闲置。

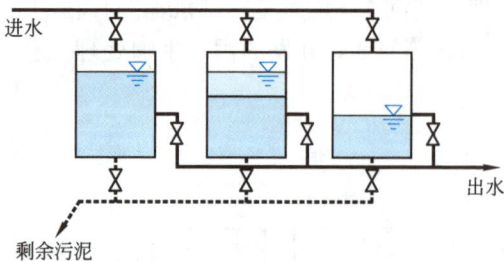

图 13-25　三池 SBR 系统

（1）进水阶段

污水注入之前，反应器内残存着高浓度的活性污泥混合液。污水注满后再进行反应（即限制性曝气），从这个意义来说，反应器起到水质调节池的作用。如果一边进水一边曝气（即非限制性曝气），则对有毒物质或高浓度有机污水具有缓冲作用，表现出耐冲击负荷

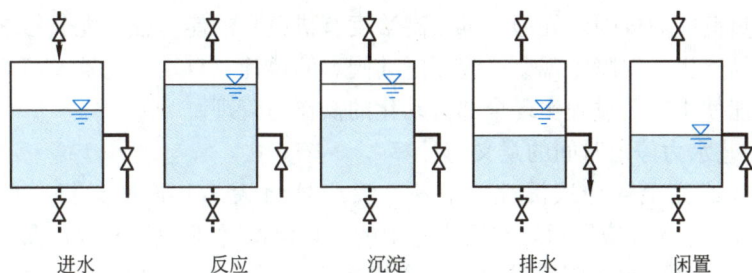

进水　　反应　　沉淀　　排水　　闲置

图 13-26　间歇式活性污泥曝气池运行操作 5 个工序示意图

的特性。

（2）反应阶段

反应阶段包括曝气与搅拌混合。由于 SBR 法在时间上的灵活控制，为其实现脱氮除磷提供了有利的条件。它不仅很容易实现好氧、缺氧与厌氧状态交替的环境条件，而且很容易在好氧条件下增大曝气量、反应时间与污泥龄，来强化有机物的降解、硝化反应和除磷菌过量摄取磷过程的顺利完成；也可以在缺氧条件下方便地投加原污水（或甲醇等）或提高污泥浓度等方式，使反硝化过程更快地完成，反硝化后最好再进行曝气，以便吹脱产生的氮气和进一步去除投加的有机物，还可以在进水阶段通过搅拌维持厌氧状态，促进除磷菌充分释放磷。

（3）沉淀阶段

停止曝气或搅拌，使混合液处于静止状态，活性污泥与水分离。由于本工序是静置沉淀，沉淀效果一般良好，沉淀时间为 1h 就足够了。

（4）排水阶段

经过沉淀后产生的上清液，作为处理水出水，一直排放到最低水位。反应池底部沉降的活性污泥大部分为下个处理周期使用，排水后还可根据需要排放剩余污泥。

（5）闲置阶段

闲置阶段也称待机阶段，即在处理水排放后，反应器处于停滞状态，等待下一个操作运行周期开始的阶段。此阶段根据污水水量的变化情况，其时间可长可短、可有可无。

在一个运行周期中，各个阶段的运行时间、反应器内混合液体积的变化以及运行状态等都可以根据具体污水性质、出水水质与运行功能要求等灵活掌握。

SBR 工艺可根据开始曝气的时间与充水过程时序的不同，分成三种不同的曝气方式：①非限制曝气——一边充水一边曝气；②限制曝气——充水完毕后再开始曝气；③半限制曝气——充水阶段的后期开始曝气。

SBR 工艺是一种结构形式简单，运行方式灵活多变、空间上混合液呈理想的完全混合，时间上有机物降解呈理想推流的活性污泥法。

2. 间歇式活性污泥法处理系统的工艺特征

间歇式活性污泥法处理系统最主要特征是采用集有机物降解与混合液沉淀于一体的反应器——间歇曝气池。与连续流式活性污泥法系统相比，不需要污泥回流及其设备和动力消耗，不设二沉池。

此外，还具有如下优点：工艺流程简单，基建与运行费用低；生化反应推动力大，速率快、效率高，出水水质好；通过对运行方式的调节，在单一的曝气池内能够进行脱氮和除磷；耐冲击负荷能力较强，处理有毒或高浓度有机废水的能力强，尤其按非限制曝气方式运行时，不易产生污泥膨胀现象；应用电动阀、液位计、自动计时器及可编程序控制器等自控仪表，能使本工艺过程实现全部自动化的操作与管理。

3. SBR 工艺水力停留时间的意义与计算

对于推流式或完全混合式活性污泥法，反应器每天 24h 连续运行，水力停留时间（HRT）即为污水进入反应器后，在反应器中的平均停留时间。而 SBR 的最主要特点是间歇运行，因此，SBR 的水力停留时间定义应描述为：污水在 SBR 中反应阶段的平均停留时间，按下式计算：

$$T_{水力} = \frac{V}{Q_{反应}} = \frac{V}{V_1/t_{反应}} = t_{反应}\frac{V}{V_1} \tag{13-79}$$

式中　$T_{水力}$——SBR 的平均水力停留时间，h；

　　　V——SBR 反应器的有效容积，m^3；

　　$Q_{反应}$——每个运行周期的进水流量（也等同于在反应时间内接受的污水量），m^3/h；

　　　V_1——每个运行周期的进水量，m^3；

　　$t_{反应}$——每个运行周期的反应时间（若仅计算好氧阶段的平均水力停留时间，则式中 $t_{反应}$ 等于每个运行周期的曝气时间，即好氧水力停留时间），h。

13.5.5　SBR 工艺的发展及其主要的变形工艺

SBR 工艺在设计和运行中，根据不同的水质条件、使用场合和出水要求，有了许多新的变化和发展，产生了许多新的变形。近年来，活性污泥法的革新与发展也主要表现在 SBR 法上，现介绍其中几种主要工艺。

1. CASS(CAST，CASP)工艺

CASS(Cyclic Activated Sludge System)或 CAST(Cyclic Activated Sludge Technology)或 CASP(Cyclic Activated Sludge Process)工艺是循环式活性污泥法的简称。CASS 反应池一般包括三个分区：第一区（生物选择区）、第二区和第三区（主反应区）。第一区（生物选择区）设置在反应池前端，从主反应区回流来的污泥和进水在此混合，通常在厌氧或兼氧条件下运行。第二区具有辅助厌氧或兼氧条件下生物选择的功能，以及对进水水质水量变化的缓冲作用。第三区（主反应区）则是最终去除有机底物的主要场所。CASS 工艺一个循环过程，一般包括四个阶段（图 13-27），即进水曝气阶段、沉淀阶段、滗水阶段、闲置阶段。

CASS 工艺的主要特点：反应器前端设生物选择器，为絮状菌创造合适的生长条件，可防止活性污泥膨胀；工艺流程简单，布置紧凑，运行灵活，有机物去除效果好；在沉淀阶段不进水，静置沉淀的效果好。占地面积少，该工艺一般采用矩形池结构的模块式建造方式，其布置非常紧凑。系统无须设置庞大的刮泥桥、大量搅拌设备以及庞大的污泥回流和内回流泵，故系统机械设备投资低。由于污泥回流比较低（通常为日平均流量的 20%，且无其他内回流系统）以及无须搅拌能耗，故节省大量能耗。目前我国应用的 CASS 工艺大多以图 13-27 所示方式运行，由于进水阶段同时曝气，造成原水中有机物被好氧氧化去除，使得反硝化可用有机碳源量降低，不利于总氮去除。而且其运行过程中大多未设置缺氧阶段，这也不利于反硝化脱氮；同时污泥回流比低，回流的硝态

氮浓度低，使得系统总氮去除效果差。另外大部分CASS工艺未设置厌氧阶段，且回流污泥中硝态氮会影响生物选择区的厌氧释磷过程，使得系统生物除磷效果也很差。

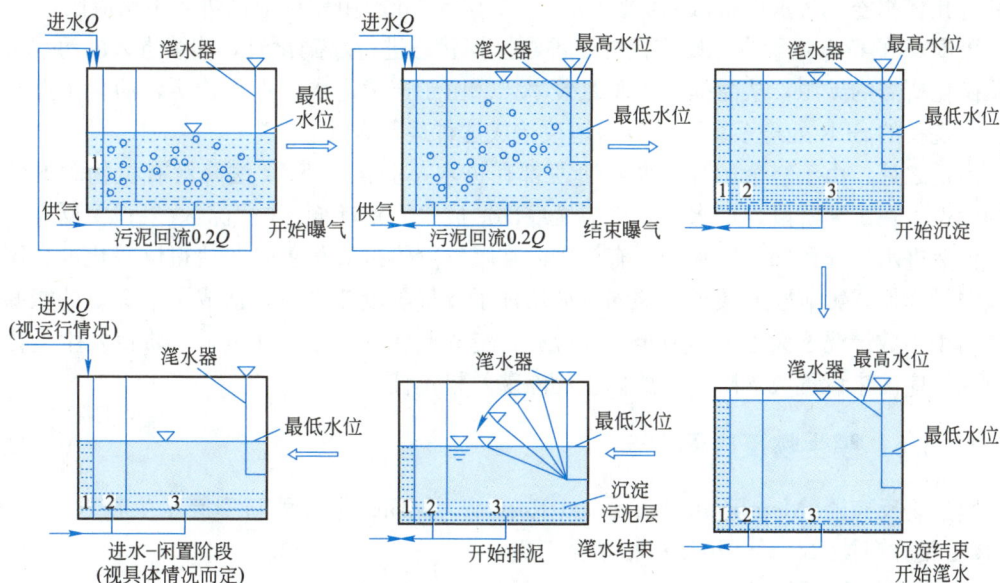

图 13-27　CASS工艺的循环操作过程

1—生物选择区；2—兼氧区；3—主反应区

2. ICEAS工艺*

ICEAS(Intermittent Cyclic Extended Aeration System)工艺的全称为间歇循环延时曝气活性污泥工艺。其最大特点是：在反应器的进水端增加了一个预反应区，运行方式为连续进水（沉淀期和排水期仍保持进水），间歇排水（图 13-28）。

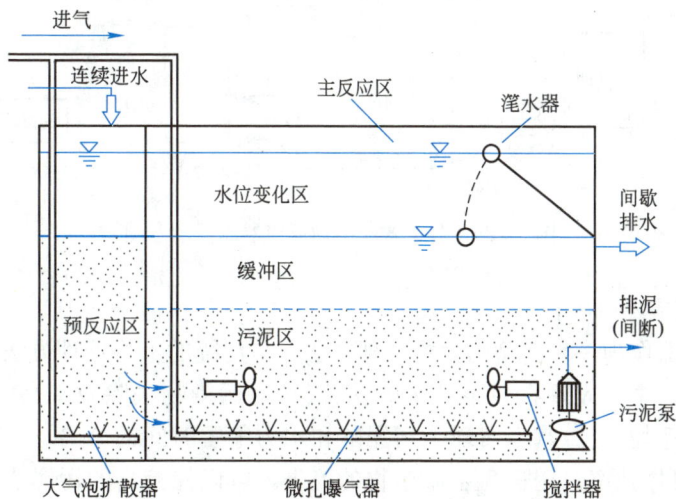

图 13-28　ICEAS反应器的基本构造

反应池由两部分组成，前一部分为预反应区，也称进水曝气区，后一部分为主反应区。在预反应区内，污水连续进入，并可根据污水性质进行曝气或缺氧搅拌。在主反应区内，依次进行曝气或搅拌、沉淀、滗水、排泥等过程，周期性循环运行，使污水在交替的好氧—厌氧和缺氧—好氧的条件下实现一定的脱氮除磷的作用。主、预反应区之间的隔墙底部有孔洞相连，污水以很低的流速(0.03~0.05m/min)由预反应区进入主反应区。

ICEAS 的特点：①当主反应区处于停曝搅拌状态进行反硝化时，连续进入的污水可提供反硝化所需的碳源，从而提高了脱氮效率。②由于连续进水，配水稳定，简化了操作程序。③现在的 SBR 处理系统可较容易地改造成这种运行方式。

不足之处：由于整个运行周期各阶段都在进水，弱化了 SBR 法降解有机物时推动力大的优点。在沉淀阶段，进水在主反应区底部造成水力紊动而影响沉淀效果；主反应区曝气时依然进水，导致部分进水中的有机碳源在曝气阶段被氧化去除，使得反硝化可利用有机碳源量降低，影响脱氮效果，这同时还增加了曝气阶段耗氧量，造成了不必要的能源浪费。由于多数情况下无污泥回流至预反应区，造成此区污泥浓度非常低，难以发生生化反应。主反应区未设置厌氧阶段，所以生物除磷效果不佳。

13.5.6　膜生物反应器

膜生物反应器(Membrane Biological Reactor，MBR)是一种新型废水生物处理技术。MBR 由膜分离技术与活性污泥法相结合而成。

1. 膜生物反应器的组成

膜生物反应器主要由膜组件和生物反应器两部分构成，如图 13-29 所示。大量的微生物(活性污泥)在生物反应器内与基质充分接触，通过氧化分解作用进行新陈代谢以维持自身生长、繁殖，同时使有机污染物充分降解。在膜两侧压力差(称操作压力)的作用下，膜组件通过机械筛分、截留和过滤等过程对废水和污泥混合液进行固液分离，大分子物质等被浓缩后返回生物反应器内。

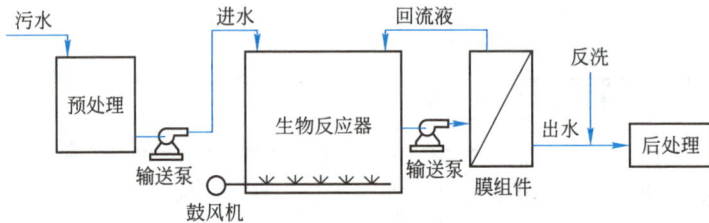

图 13-29　分置式膜生物反应器流程示意图

2. 膜生物反应器的特征

膜生物反应器作为一种新型的生物处理方法，与传统的生物处理方法相比具有更好的处理性能和效果，主要表现在以下几个方面：(1)对污染物去除效率高，出水水质稳定，出水基本没有悬浮物；(2)基本实现了污泥龄和水力停留时间的分离，设计与运行操作更灵活；(3)膜的机械截留作用避免了微生物的流失，可以保持高的污泥浓度，有效地提高了有机物的容积负荷，降低了污泥负荷，减少了占地面积；(4)SRT 可以很长，允许世代周期长的微生物充分生长，有利于某些难降解有机物的生物降解，也有利于培养硝化细菌，提高硝化能力；(5)剩余污泥量少，可减少污泥处置费用；(6)结构紧凑，易于一体化自动控制，运行管理方便。

膜生物反应器工艺也存在一些缺点：经过一定时间的运行，操作压力会越来越高，膜通透能力也会下降，堵塞问题不可避免。因此，膜生物反应器工艺的操作周期不会很长。膜堵塞后，目前尚没有简单有效的清洗技术可用来恢复其通透能力。因此，可以说膜堵塞和膜污染问题是阻碍膜生物反应器进一步推广应用的瓶颈。膜生物反应器工艺往往需要较高的膜面流速来减轻因浓差极化而形成的凝胶层阻力的影响，因此能耗较高。膜的制造成本还较高，特别是无机膜的制造成本更高。

3. 膜生物反应器的分类

膜分离活性污泥法由生物反应器和膜分离装置组成，根据膜分离装置和生物反应器装置的不同可以有多种分类形式。

根据膜组件的位置，可分为分置式和一体式两种，如图 13-29 和图 13-30 所示。分置式膜生物反应器是由相对独立的生物反应器与膜组件通过外加输送泵及相应管线相连而构成。这种反应器的特点是生物反应器与膜组件相对独立，彼此之间干扰较小，运行稳定可靠，易于清洗、更换及增设膜组件。但需要循环泵提供较大的膜面流速，动力消耗大。一体式膜生物反应器是将无外壳的膜组件浸没在生物反应器中，微生物在曝气池中降解有机物，通过负压抽吸，混合液中的水由膜表面进入中空纤维（膜）（图 13-31）而排出反应器。这种反应器的特点是体积小、整体性强、工作压力小、无水循环、节能。但堵塞后较难清洗，通常只能间歇运行。目前这种系统使用较为普遍，但一般只能用于好氧处理。

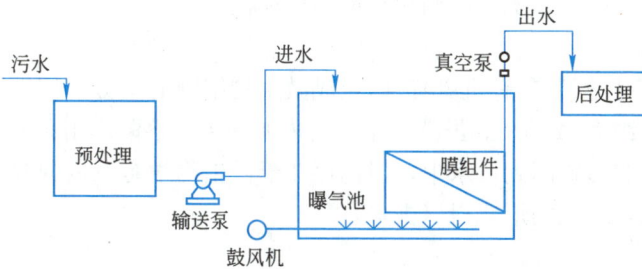

图 13-30　一体式膜生物反应器流程示意图

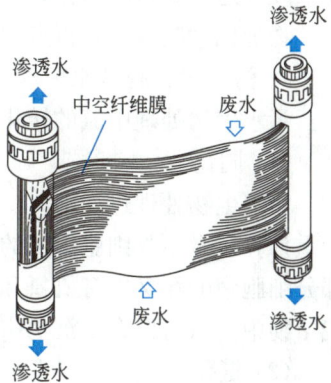

图 13-31　中空纤维膜组件

13.6　活性污泥法的脱氮除磷原理及应用

以传统活性污泥法为代表的好氧生物处理法，其传统功能是去除废水中各种有机物。至于氮、磷，主要是通过微生物自身同化作用去除，氮的去除率为 20%～40%，而磷的去除率仅为 20%～30%。随着水体富营养化不断加剧，污水排放标准的不断提高，污水处理厂开始考虑氮、磷的去除。

第 13.6 节内容
视频讲解

13.6.1　脱氮原理与工艺技术

氮以有机氮（Organic-N）和无机氮（Inorganic-N）两种形态存在于水体中。前者有蛋白质、多肽、氨基酸和尿素等，主要来源于生活污水、农业废弃物(植物秸秆、牲畜粪便等)和某些工业废水(如羊毛加工、制革、印染等)。有机氮在水体中经微生物分解后转化为无机氮。无机氮包括氨氮(NH_4^+—N)、亚硝态氮(NO_2^-—N)和硝态氮(NO_3^-—N)，这三者又称之为氮化合物。无机氮一部分是由有机氮经微生物的分解转化后形成的，还有一部分是来自施用氮肥的农田排水和地表径流，以及某些工业废水(焦化废水、化肥厂)。有机氮和无机氮统称为总氮(Total Nitrogen，TN)，氨氮和有机氮之和又称为总凯氏氮(Total Kjeldahl Nitrogen，TKN)。

污水脱氮技术根据原理可以分为物理化学脱氮和生物脱氮两种技术。本书以生物脱氮为主，对物化脱氮法只简要介绍吹脱法。

1. 氮的吹脱处理

水中氨氮以氨离子(NH_4^+)和游离氨(NH_3)两种形式保持平衡状态而存在，其平衡关系为：

$$NH_3 + H_2O \rightleftharpoons NH_4^+ + OH^- \tag{13-80}$$

这一关系受 pH 影响，当 pH 升高时，平衡向左移动，游离氨所占比例增加。25℃，当 pH 为 7 时，氨离子所占比例为 99.4%；当 pH 上升至 11 左右时，游离氨增高至 90%以上。氮吹脱处理法正是在高 pH 时，使污水流过吹脱塔，游离氨便从污水中逸出，这就是吹脱法的基本原理。吹脱法的优点是较为经济且操作简便，除氮效果稳定。缺点是逸出的氨会造成空气二次污染，另外使用石灰调节 pH 会生成水垢，而且气温低时处理效率不高。改善这些缺点的措施有：改用氢氧化钠调节 pH 和采用技术措施回收逸出的氨。

物理化学脱氮还有折点加氯法、选择离子交换法、电渗析法、反渗透法、电解法等。

2. 污水生物脱氮原理

污水生物处理中氮的转化包括：同化、氨化、硝化和反硝化过程。

(1) 同化

污水生物处理过程中，一部分氮(氨氮或有机氮)被同化成微生物细胞的组分。按细胞干重计算，微生物细胞中氮的含量约为 12.5%。虽然微生物的内源呼吸和溶菌作用会使一部分细胞中的氮又以有机氮和氨氮的形式回到污水中，但仍存在于微生物细胞及内源呼吸残留物中的氮可以在二沉池中以剩余污泥的形式得以去除。

(2) 氨化

有机氮化合物在氨化菌的作用下，分解、转化为氨氮，这一过程称为"氨化反应"。以氨基酸为例，其反应如下：

$$RCHNH_2COOH + O_2 \longrightarrow NH_3 + CO_2 + RCOOH \tag{13-81}$$

氨化菌为异养菌，一般氨化过程与微生物去除有机物同时进行，有机物去除结束时，氨化过程也已经完成。

(3) 硝化

1) 硝化过程

硝化过程实际上是由种类非常有限的自养微生物完成的，该过程分两步：首先氨氮(NH_4^+—N)由氨氧化菌(Ammonia Oxidizing Bacteria，AOB)氧化为亚硝态氮(NO_2^-—N)，继而再由亚硝态氮氧化菌(Nitrite Oxidizing Bacteria，NOB)将亚硝态氮氧化为硝态氮(NO_3^-—N)。这两种细菌统称为硝化细菌。

氨氧化过程为：

$$NH_4^+ + 1.5O_2 \longrightarrow NO_2^- + H_2O + 2H^+ \tag{13-82}$$

亚硝态氮氧化过程为：

$$NO_2^- + 0.5O_2 \longrightarrow NO_3^- \tag{13-83}$$

总反应为：

$$NH_4^+ + 2O_2 \longrightarrow NO_3^- + H_2O + 2H^+ \tag{13-84}$$

从前式可以看出，$1mol\ NH_4^+ — N$ 氧化为 $NO_2^- — N$，需要 $1.5mol$ 分子氧(O_2)，即 $1gNH_4^+ — N$ 完成亚硝化反应，需氧 $3.43g$ 分子氧；$1mol\ NO_2^- — N$ 氧化为 $NO_3^- — N$，需要 $0.5mol$ 分子氧(O_2)，即 $1gNO_2^- — N$ 完成硝化反应，需氧 $1.14g$ 分子氧。$1gNH_4^+ — N$ 完成整个硝化过程需氧 $4.57g$。同时硝化过程中产生 H^+，消耗碱度，$1gNH_4^+ — N$ 完全硝化，需碱度 $7.14g$(以 $CaCO_3$ 计)。

硝化菌多为化能自养型、革兰氏染色阴性、不生芽孢的短杆状细菌和球菌，广泛存在于土壤中，这类细菌以 CO_2 为碳源，从无机物的氧化中获得能量。硝化细菌的主要特征是生长速率低，这主要是由于氨氮和亚硝态氮氧化过程产能低所致。硝化细菌生长缓慢是影响生物硝化处理系统性能的主要问题。

2) 环境因素对硝化反应的影响

① 温度

生物硝化可以在 $4\sim45℃$ 的范围内进行，最佳温度大约是 $30℃$。温度不但影响硝化细菌的比增长速率，而且影响硝化菌的活性。硝化细菌的最大比增长速率 μ_{max} 与温度的关系遵从 Arrhenius 公式，温度每增加 $10℃$，μ_{max} 值增加一倍。在 $5\sim30℃$ 范围内，随着温度增高，硝化反应速率也增加；温度超过 $35℃$，硝化反应速率降低。当温度低于 $4℃$ 时，硝化菌的活性基本停止。对于同时去除有机物和进行硝化反应的系统，温度低于 $15℃$ 时，硝化速率急剧下降。低温对亚硝态氮氧化菌的影响更大，因此在低温条件下($12\sim14℃$)常常会表现出亚硝态氮积累。最新研究表明，高温($30\sim35℃$)条件下也会出现亚硝态氮积累的现象。

② 溶解氧

硝化细菌是专性好氧菌，硝化反应必须在好氧条件下才能进行。DO 浓度还会影响硝化反应速率和硝化细菌的生长速度，一般建议硝化反应中的 DO 浓度不低于 $2mg/L$。

③ pH

硝化细菌对 pH 非常敏感，多数氨氧化菌和多数亚硝态氮氧化菌分别在 $6.5\sim8.0$ 和 $6.8\sim8.0$ 时活性最强，pH 超出这个范围，其活性就会急剧下降。而在实际生物处理构筑物中，硝化反应的适宜 pH 范围要相对宽一些。并且一些研究表明，硝化细菌经过一段时间驯化后，低 pH 的影响比起突然降低 pH 的影响要小得多。

④ 碱度

如前所述，硝化反应要消耗碱度，如果污水中没有足够的碱度，随着硝化的进行，pH 会急剧下降，从而影响硝化菌活性。好氧区剩余总碱度宜大于 $70mg/L$(以 $CaCO_3$ 计)。

⑤ 有机物

虽然硝化细菌几乎存在于所有的污水生物处理过程中，但是一般情况下，其含量很低。除了温度、pH 等对硝化细菌的生长有影响以外，使硝化细菌在好氧生物处理的微生物中占的比例很低的原因有两个：①硝化细菌的比增长速率要比生物处理中的异养型微生物的比增长速率小一个数量级。对于活性污泥系统来说，如果污泥龄较短，将使硝化细菌来不及大量繁殖就被排出处理系统。②原污水中的含碳物质与未氧化含氮物质的浓度比值一般较高（COD/TKN＝10～15）。因为产率不同，以及在活性污泥系统中异养菌与硝化菌竞争溶解氧，使硝化菌的生长受到抑制。一般认为处理系统的 BOD 负荷小于 $0.15gBOD_5/(gMLSS \cdot d)$ 时，硝化反应才能正常进行。

⑥ 污泥龄（生物固体平均停留时间）

为了使硝化菌群能够在反应器中存活，微生物在反应器中的停留时间（污泥龄）必须大于硝化菌的最小世代时间，否则硝化菌的流失速率将大于净增殖速率，从而导致硝化菌从反应器中流失殆尽。一般认为硝化反应器污泥龄应大于 10d。

⑦ 有毒物质

某些重金属、络合离子和有毒有机物对硝化细菌有毒害作用。由于只有未水解的氨和亚硝酸（即游离氨和游离亚硝酸），才对硝化菌具有抑制与毒害作用，因此上述两种无机物的毒性与抑制作用与 pH 有关。污水处理厂污泥消化池上清液回流到生物处理系统也将使硝化速度减少约 20%。

（4）反硝化

1）反硝化过程

反硝化作用是由一群异养型微生物完成的生物化学过程。在缺氧（不存在分子态游离溶解氧）条件下，将亚硝态氮和硝态氮还原成气态氮（N_2 或 N_2O、NO）。参与这一生化反应的是反硝化细菌（Denitrifying Bacteria，DB），这种细菌属兼性菌，在自然界中几乎无处不在，污水处理系统中的反硝化细菌有变形杆菌、假单胞杆菌、小球菌等。这类细菌在有分子氧存在的条件下，利用分子氧进行呼吸，氧化分解有机物。在无分子氧，但存在硝态氮和亚硝态氮时，将硝态氮和亚硝态氮作为电子受体。生物反硝化可以用如下反应方程式表示：

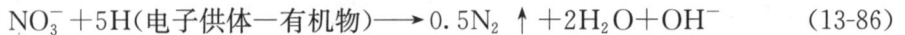

$$NO_2^- + 3H(电子供体—有机物) \longrightarrow 0.5N_2 \uparrow + H_2O + OH^- \tag{13-85}$$

$$NO_3^- + 5H(电子供体—有机物) \longrightarrow 0.5N_2 \uparrow + 2H_2O + OH^- \tag{13-86}$$

从上面式子可以看出，反硝化过程中 1mol 的硝态氮还原为氮气时，产生 1mol 的碱度，即还原 1g 硝态氮产生 3.57g 碱度（以 $CaCO_3$ 计）。前述硝化过程中 1g 氨氮完全硝化消耗 7.14g 碱度（以 $CaCO_3$ 计），可以看出硝化过程消耗碱度的一半可以在反硝化过程得到补充。

反硝化过程中 NO_x—N 的还原是通过反硝化菌的同化作用（合成代谢）和异化作用（分解代谢）来完成的。同化作用是 NO_x^-—N 被还原成 NH_4^+—N，用以新微生物细胞的合成，氮成为细胞质成分。异化作用是 NO_x^-—N 被还原成 NO、N_2O 和 N_2 等气体，主要是 N_2。异化作用去除的氮约占总去除量的 70%～75%。

2）环境因素对反硝化过程的影响

① 温度

温度对反硝化反应速率的影响遵从 Arriheius 公式，可以用下式表示：

$$v_{D,T} = v_{D,20}\theta^{(T-20)} \tag{13-87}$$

式中　$v_{D,T}$——温度 T 时的反硝化速率，gNO_3^-—N/(gVSS $\cdot$ d)；

$v_{D,20}$——温度 20℃时的反硝化速率，gNO_3^-—N/(gVSS $\cdot$ d)；

θ——温度系数，1.03～1.15，设计时可取 1.08。

温度对反硝化速率的影响与反硝化设备的类型(微生物悬浮生长型或固着型)、硝酸盐负荷等因素有关。硝酸盐负荷较低时，温度对反硝化反应速率的影响较小，当负荷较高时，温度的影响就较大。一般反硝化反应的适宜温度是 20～40℃。

② 溶解氧

缺氧区存在溶解氧，会使反硝化菌利用氧进行有氧呼吸，氧化有机物，而无法进行反硝化作用，从而使得污泥的反硝化活性降低。

③ pH

反硝化过程最适宜的 pH 为 7.0～7.5，不适宜的 pH 影响反硝化菌的增殖和酶的活性。

④ 碱度

反硝化过程会产生碱度，这有助于把 pH 维持在所需的范围内，并补充在硝化过程中消耗的一部分碱度。

⑤ 碳氮比(C/N)

碳源种类的不同，会影响反硝化速率。理论上将 1g 硝态氮还原为氮气需要碳源有机物为 2.86g(以 BOD_5 表示)。如果用实际污水作为碳源，因为其中只有一部分快速可生物降解的 BOD_5 可以作为反硝化的有机碳源，所以 C/N 的需求要高一些。反硝化脱氮时，污水 BOD_5/TN 宜大于 4。我国部分城市污水 BOD_5/TN 低于 4，从而使得生物脱氮处理后出水难以达到国家一级 A 排放标准。

⑥ 有毒物质

反硝化菌对有毒物质的敏感性比硝化菌低得多，与一般好氧异养菌相同。在查阅对一般好氧异养菌起抑制或毒害作用的相关物质的文献资料时，应该考虑驯化的影响，通过试验得出反硝化菌对抑制和有毒物质的允许浓度。

3. 生物脱氮工艺技术

(1) 传统脱氮工艺

Barth 于 1969 年提出三级生物脱氮工艺，它是将有机物降解、硝化及反硝化三个生化反应分别在三个串联反应系统中进行，每个系统都包含一个反应池和一个沉淀池(图 13-32)。后来研究发现去除有机物和硝化作用可以在同一系统中进行，就将三级系统中的一级和二级合并，简化系统流程，减少系统基建费用。再后来又进一步简化为单级生物脱氮系统(又称后置反硝化脱氮系统)。有机污染物的去除和氨化过程、硝化反应在同一反应器(曝气池)中进行，从该反应器流出的混合液不经沉淀，直接进入缺氧池，进行反硝化，所以该工艺流程简单，处理构筑物和设备较少，克服了上述多级生物脱氮系统的缺点，但仍存在后置反硝化所固有的缺点，即硝化过程可能碱度不足，反硝化过程碳源不足。

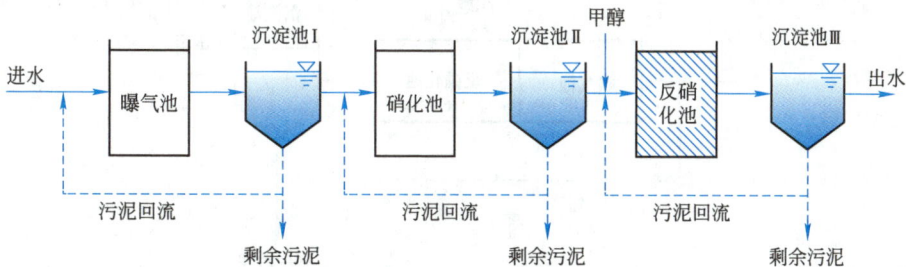

图 13-32　三级生物脱氮系统

（2）前置反硝化脱氮工艺（A/O 工艺）

传统脱氮工艺是遵循污水碳氧化、硝化、反硝化顺序进行的，需要在硝化阶段投加碱度，在反硝化阶段投加有机物，使得运行费用较高。为了克服此不足，20 世纪 80 年代后期出现了前置反硝化工艺，即将反硝化反应器放置在系统前端。这种工艺有很多种形式，这里只介绍应用最广泛的前置缺氧—好氧脱氮工艺（简称 A/O 工艺），又称 MLE（Modified Ludzak-Ettinger）工艺，如图 13-33 所示。

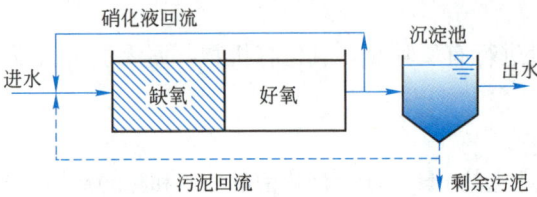

图 13-33 前置缺氧—好氧（A/O）脱氮工艺

含硝态氮的好氧池混合液一部分回流至缺氧池（称为硝化液回流或内循环），在缺氧池内，反硝化菌利用原水中的有机物作为碳源，进行反硝化作用，将硝态氮转化为氮气，从而达到生物脱氮的目的。

本工艺的特点：缺氧池在好氧池之前，反硝化作用利用原水中的有机物作为碳源，无须投加外碳源；反硝化消耗了一部分有机物，减轻好氧池的有机负荷，减少好氧池需氧量；反硝化菌可利用的碳源更广泛，对某些难降解有机物有去除效果；反硝化反应所产生的碱度可以补偿硝化反应消耗的部分碱度，因此，对含氮浓度不高的废水可不必另行投碱以调节 pH。好氧池在缺氧池后，可以进一步去除缺氧池出水中残留的有机污染物，使出水水质得以改善。工艺流程简单，节省基建费用，同时运行费用低，电耗低，占地面积小。

本工艺不足之处是出水含有一定量的硝态氮，若沉淀池运行不当，会在沉淀池内发生反硝化反应，使污泥上浮，导致污泥流失，出水水质恶化。

前置缺氧—好氧脱氮工艺的好氧池和缺氧池可以合建在同一构筑物内，用隔墙将两池分开，也可以建成两个独立的构筑物。传统活性污泥法很容易改造成前置反硝化的脱氮工艺。

（3）后置反硝化脱氮工艺

后置反硝化脱氮工艺，即将缺氧阶段的反硝化过程置于好氧硝化过程的后端，因此省去内循环而简化了工艺流程，如图 13-34 所示。污水中氨氮先通过好氧阶段进行硝化作用生成硝态氮，随后进入缺氧阶段进行后续的反硝化脱氮。由于氮的去除是按照自然的硝化与反硝化的顺序进行的，因此理论上在碳源充足的情况下，后置反硝化脱氮工艺可以实现几乎完全的氮去除。在没有外加碳源的条件下运行时，后置反硝化脱氮工艺依赖于活性污泥的内源呼吸作用，为硝酸盐的还原提供电子供体，反硝化速率一般认为仅是前置缺氧反硝化速率的 $1/8 \sim 1/3$，因此为实现较高脱氮效率往往需要设计较长的停留时间。必要时应

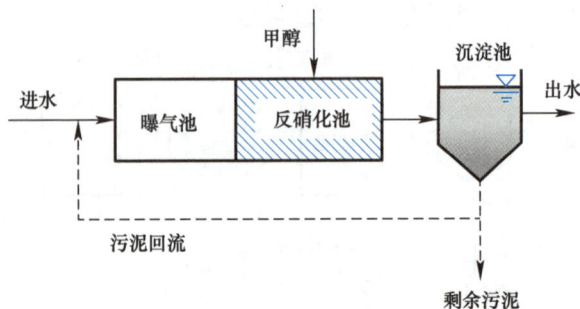

图 13-34 后置外源反硝化脱氮工艺（O/A 工艺）

在后缺氧区补充碳源，碳源除了来自甲醇、乙酸、乙酸钠等普通化学品外，污水处理厂的原污水及含有机碳的工业废水等也可以考虑，只是要注意投加适当的量，以免增加出水的有机污染物浓度。

（4）缺氧—好氧分段进水脱氮工艺

缺氧—好氧分段进水工艺是国内外近年来新开发并广泛研究的生物脱氮工艺(三段分段进水工艺示意图，如图 13-35 所示)，部分进水和回流污泥进入第一段缺氧区，其他进水按照一定的流量分配进入各段缺氧区。

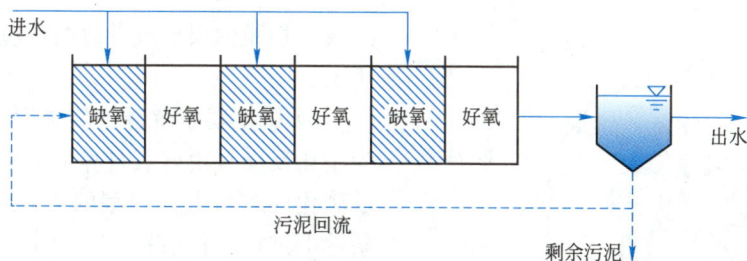

图 13-35　缺氧—好氧分段进水脱氮工艺流程图(三段式)

此工艺特点：原水分批进入各段缺氧区，系统中每一段好氧区产生的硝化液，直接进入下一段缺氧区利用原水中的碳源进行反硝化作用，从而实现原水碳源的充分利用；无须硝化液回流，减少了工艺的运行费用；回流污泥直接进入第一段的缺氧段，而进水分批进入各段缺氧区，从而工艺中形成污泥浓度梯度，在不增加污泥回流量和二沉池负荷的条件下，增加了系统中的平均污泥浓度，进而增加单位池容的处理能力。

（5）同步硝化反硝化过程

同步硝化反硝化过程是指在没有明显独立设置缺氧区的活性污泥系统内，好氧条件下总氮被大量去除的过程。

对于同步硝化反硝化过程的机理，通常是从宏观环境、微观环境和微生物学等三个方面对其进行解释。

1）宏观环境。宏观环境理论认为，在反应器的内部，由于曝气充氧或混合搅拌的不均匀，反应器内部形成不同部分的好氧区和缺氧区，分别为硝化细菌和反硝化细菌的作用提供了优势环境，造成了好氧条件下硝化反应和反硝化反应的同时进行。除了反应器不同空间上的溶解氧分布不均外，反应器在不同时间点上的溶解氧变化也可认为是同步硝化反硝化过程。

2）微观环境。微观环境理论认为，在活性污泥的絮凝体中存在缺氧的微环境，从而产生同步硝化反硝化现象。缺氧微环境理论被认为是同步硝化反硝化发生的主要原因之一。具体来说，由于活性污泥在聚集成絮凝体后具有一定的厚度，从絮凝体表面至其内核的不同层次上，会受到氧传递的限制，从而产生溶解氧浓度的梯度变化，如图 13-36 所示。在絮凝体污泥外部的微生物，能够接触到较高浓度的溶解氧和底物，因此絮凝体外层为好氧型的硝化细菌为主，主要进行硝化反应；而在絮凝体污泥内部的溶解氧浓度较低，其中的微生物处于厌氧/缺氧环境，内层为反硝化菌占优势，主要进行反硝化反应。除了活性污泥絮凝体外，颗粒污泥或一定厚度的生物膜中同样可存在溶解氧梯度，使得颗粒污

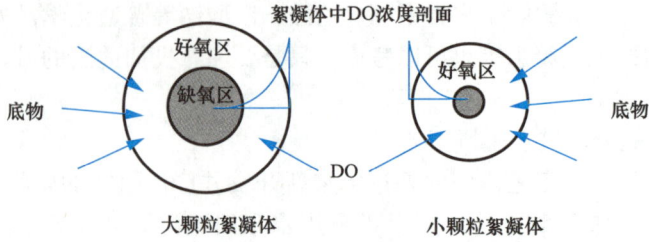

图 13-36　絮凝体污泥中溶解氧浓度的分布情况

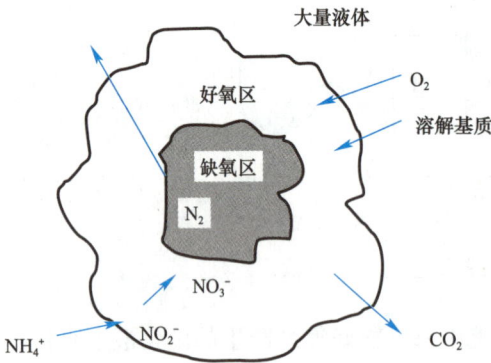

图 13-37　颗粒污泥中溶解氧浓度的分布情况

泥或生物膜内层形成缺氧微环境，如图 13-37 所示。

3）微生物学解释。传统生物脱氮理论认为硝化反应是由好氧自养型的硝化细菌完成；反硝化反应是由异养型的反硝化细菌在缺氧条件下进行。但有研究已经证实存在好氧反硝化细菌和异养硝化细菌。在好氧条件下很多反硝化细菌可以进行氨氮硝化作用。在低溶解氧浓度条件下，硝化细菌 *Nitrosomonas europaea* 和 *Nitrosomonas eutrophas* 可以进行反硝化反应。

13.6.2　除磷原理与工艺技术

磷在污水中基本上都是以不同形式的磷酸盐存在，根据物理特性，可分为溶解性磷和颗粒性磷。按化学特性（酸性水解和酸化）则可以分成正磷酸盐、聚合磷酸盐和有机磷酸盐，分别简称为正磷、聚磷和有机磷。其中正磷、聚磷均为溶解性的，大部分的有机磷是颗粒性的。聚磷可以水解为正磷，大部分溶解性有机磷也可以降解为正磷。

除磷技术分为化学除磷和生物除磷。

1. 化学除磷

化学除磷的基本原理是通过投加化学药剂形成不溶性磷酸盐沉淀物，然后通过固液分离将磷从污水中除去。可用于化学除磷的金属盐有 3 种：钙盐、铁盐和铝盐。最常用的是石灰（$Ca(OH)_2$）、硫酸铝（$Al_2(SO_4)_3 \cdot 18H_2O$）、铝酸钠（$NaAlO_2$）、三氯化铁（$FeCl_3$）、硫酸铁（$Fe_2(SO_4)_3$）、硫酸亚铁（$FeSO_4$）和氯化亚铁（$FeCl_2$）等。

以加二价钙除磷为例来说明化学除磷，通过投加 $Ca(OH)_2$ 或 CaO 来形成磷酸钙类沉淀物除磷。磷酸钙类沉淀物多种多样，有羟基磷灰石、磷酸二钙、碳酸钙、β-磷酸三钙等。二价钙除磷的主反应如下：

$$5Ca^{2+} + 7OH^- + 3H_2PO_4^- \longrightarrow Ca_5OH(PO_4)_3 + 6H_2O \tag{13-88}$$

副反应如下：
$$Ca^{2+} + CO_3^{2-} \longrightarrow CaCO_3 \tag{13-89}$$

实际上必须将 pH 调节到较高值才能使残留的溶解磷浓度降低到较低的水平，这个 pH 通常在 10.5 左右。在这样的条件下水中的碱度和二价钙发生副反应，污水碱度所消耗的二价钙通常比形成磷酸钙类沉淀物所需的二价钙量要大好几个数量级。因此二价钙除磷所需投加的药剂量基本取决于污水的碱度，而不是污水的含磷量。

由于二价钙除磷的 pH 通常控制在 10 以上，过高的 pH 会抑制和破坏微生物的增殖和活性，因此二价钙法不能用于协同沉淀，只能用于前置沉淀或后置沉淀除磷。

2. 生物除磷

生物除磷机理目前还未彻底研究清楚，一般认为，生物除磷过程中（图 13-38），厌氧条件下聚磷菌吸收水中有机物，以聚-β-羟基丁酸（PHB）或聚-β-羟基戊酸（PHV）的形式贮存于体内，同时水解体内的聚磷酸盐产生能量，产生正磷酸盐释放到水中；在好氧条件下聚磷菌利用体内贮存的聚羟基脂肪酸酯（PHAs，包括 PHB 和 PHV）为能源和碳源，同时过量吸收水中的磷在体内形成聚磷颗粒，最终将水中的磷转移到污泥体内，通过剩余污泥的排放达到将磷从水中去除的目的。

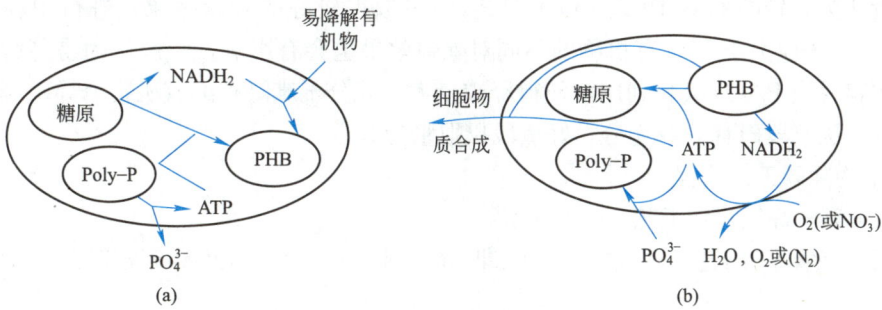

图 13-38　聚磷菌聚磷机理示意图
(a)PAO 厌氧释磷；(b)PAO 好氧吸磷

在好氧条件下聚磷的累积可以按简化的方式描述如下：
$$C_2H_4O_2 + 0.16NH_4^+ + 1.2O_2 + 0.2PO_4^{3-} \longrightarrow$$
$$0.16C_5H_7NO_2 + 1.2CO_2 + 0.2(HPO_3)(聚磷) + 0.44OH^- + 1.44H_2O \quad (13-90)$$

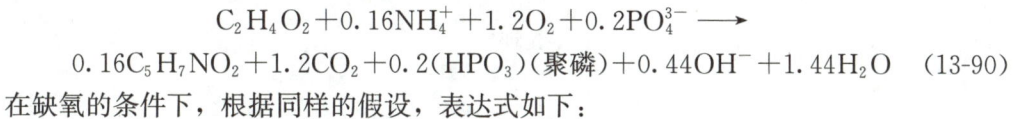

在缺氧的条件下，根据同样的假设，表达式如下：
$$C_2H_4O_2 + 0.16NH_4^+ + 0.96NO_3^- + 0.2PO_4^{3-} \longrightarrow$$
$$0.16C_5H_7NO_2 + 1.2CO_2 + 0.2(HPO_3)(聚磷) + 1.4OH^- + 0.96H_2O + 0.48N_2 \quad (13-91)$$

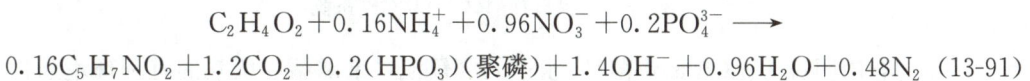

这里所选择的有机物组成类似于乙酸。

厌氧条件下，聚磷菌释放磷可以简示如下：
$$C_2H_4O_2 + (HPO_3)(聚磷) + H_2O \longrightarrow (C_2H_4O_2)_2(贮存的有机物) + PO_4^{3-} + 3H^+$$
$$(13-92)$$

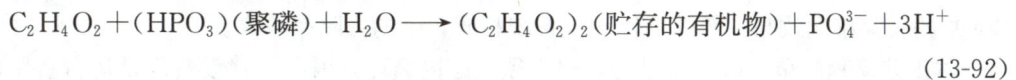

生物除磷是由聚磷菌这一类特殊的微生物完成的。在好氧条件下，它们能够过量地，超过其生理需要地从外部环境中摄取磷，并将磷以聚合的形态贮存在菌体内，形成高磷污泥，将这些含磷量高的污泥排出系统，从而达到将磷从污水中去除的目的。生物除磷的主要环境因素如下。

(1) 厌氧/好氧条件的交替

引入厌氧条件就加强了聚磷菌的优势选择，结果是相当一部分的微生物由这类细菌组成。厌氧阶段聚磷菌从水中吸收有机物，贮存在体内，而其他异养型好氧菌不能吸收、贮存有机物；进入好氧阶段后，容易利用的有机物已经消耗完，聚磷菌可以利用体内的 PHB 生长，而其他异养型好氧菌却没有有机底物用于增殖。

（2）硝酸盐和溶解氧

回流至厌氧池的污泥所含有的硝酸盐和溶解氧，会对厌氧释磷作用产生影响。硝酸盐和溶解氧的存在会使反硝化菌和普通异养好氧菌消耗水中易降解有机物，从而减少聚磷菌可利用的易降解有机物的量，影响厌氧释磷作用，进而影响系统除磷性能。

（3）污泥龄

生物除磷主要是通过排除剩余污泥来去除磷的，因此剩余污泥的排放量会对除磷效果产生影响，一般污泥龄短的系统产生的剩余污泥较多，可以取得较好的除磷效果。

（4）温度与pH

在10～30℃，都可以取得较好的除磷效果。除磷过程适宜的pH为6～8。

（5）碳磷比（C/P）

一般认为，较高的C/P（以BOD_5/TP计）可取得较好的除磷效果，进行生物除磷的BOD_5/TP一般应大于30。有机物的不同对除磷效果也会有影响，一般认为易降解的低分子有机物容易被PAOs吸收利用，使得释磷量大，高分子难降解的有机物诱导磷释放的能力较弱，而厌氧段磷释放越充分，好氧段摄取量越大。

3. 生物除磷工艺流程

（1）厌氧—好氧除磷工艺

厌氧—好氧除磷工艺，又称A/O法（即Anaerobic/Oxic），其工艺流程如图13-39所示。

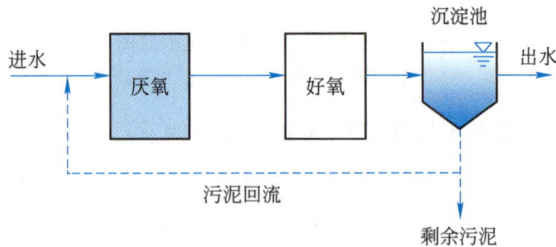

图13-39　厌氧/好氧（A/O）除磷系统

污水与含磷回流污泥（含聚磷菌）同步进入厌氧池，聚磷菌在厌氧的有利环境条件下，将菌体内贮积的磷分解、释放，并摄取有机物。之后，泥水混合液进入曝气池，在好氧条件下，聚磷菌可过量吸磷，同时污水中剩余的大部分有机物也在该池内得到氧化降解。BOD_5的去除率大致与一般的活性污泥系统相同，磷的去除率较高。

本工艺流程简单，既不需投药，也无须考虑内循环，因此，建设费用及运行费用都较低，而且由于无内循环的影响，厌氧反应器能够保持良好的厌氧状态。

本工艺已有实际应用，根据实际应用情况，本工艺具有以下特征：

水力停留时间较短，一般为3～6h；反应器（曝气池）内污泥浓度一般为2700～3000mg/L。沉淀污泥含磷率约为4%，污泥的肥效好。混合液的SVI值不大于100，易沉淀，不膨胀。

同时，经试验与运行实践还发现本工艺存在如下问题：

1）除磷率难于进一步提高，因为微生物对磷的吸收，即使过量吸收，也是有一定限度，特别是当进水BOD值不高或废水中含磷量高时。

2）在沉淀池内容易产生磷的释放的现象，应注意及时排泥和回流。

（2）Phostrip 除磷工艺

该工艺是于 1972 年开发的一种生物除磷和化学除磷相结合的除磷工艺，在回流污泥过程中设置了厌氧释磷池和化学除磷系统（图 13-40）。部分沉淀污泥（为进水流量的 10%～20%）旁流入一个除磷池，进行厌氧释磷。含磷上清液随后进入混合池进行化学沉淀，从而将水中的磷转化为沉淀物，达到除磷的目的。

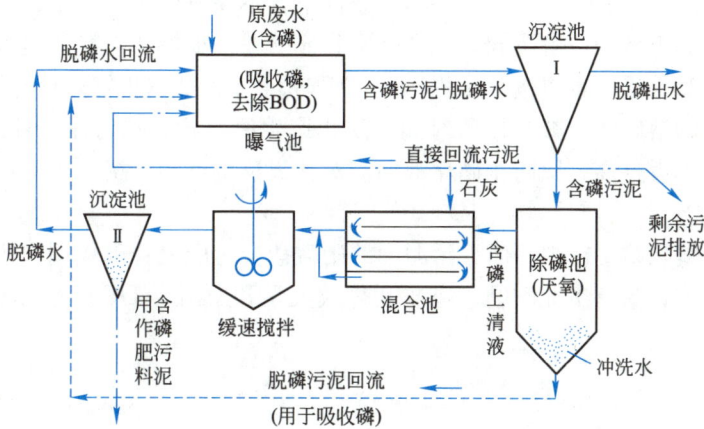

图 13-40 Phostrip 除磷工艺

Phostrip 除磷工艺将生物除磷与化学除磷相结合的工艺，除磷效果良好，出水中含磷量一般都低于 1mg/L。另外，同其他化学除磷工艺相比较，由于只占流量一小部分的废水需加药处理，故大大减少了化学药物的投加量和化学污泥量。本法产生的污泥含磷量（率）相对较高，为 2.1%～7.1%。

本工艺流程复杂，运行管理比较复杂，基建费用和运行费用较高；沉淀池 I 的底部可能形成缺氧状态，而产生释放磷的现象；同时此工艺不具备脱氮功能。

13.6.3 同步脱氮除磷工艺

1. A-A-O 法同步脱氮除磷工艺

A-A-O 工艺，亦称 A^2/O 工艺，是英文 Anaerobic-Anoxic-Oxic 第一个字母的简称。按实质意义来说，本工艺应称为厌氧—缺氧—好氧法，其工艺流程如图 13-41 所示。

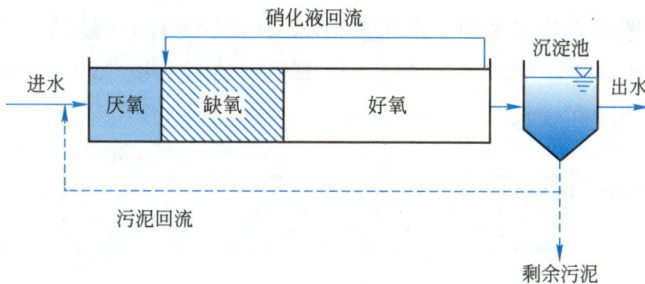

图 13-41 A^2/O 工艺流程图

原废水与含磷回流污泥一起进入厌氧池。除磷菌在这里完成释放磷和摄取有机物。混合液从厌氧池进入缺氧池，本段的首要功能是反硝化脱氮，硝态氮是通过内循环由好氧池送来的，循环的混合液量较大，一般为进水量的 2 倍。然后，混合液从缺氧池进入好氧池——曝气池，去除 BOD、硝化和吸收磷等多项反应都在本反应器内进行。最后，混合液进入沉淀池进行泥水分离，上清液作为出水排放，沉淀污泥的大部分回流厌氧池，少部分作为剩余污泥排放。

本工艺在系统上可以称为最传统的同步脱氮除磷工艺，总的水力停留时间少于其他同类工艺。而且在厌氧（缺氧）、好氧交替运行条件下，不易发生污泥膨胀。

本法也存在如下各项待解决问题：除磷效果难于进一步提高，特别是当 P/BOD_5 值高时更是如此；脱氮效果也难以进一步提高，内循环量一般以 $2Q$ 为限，不宜太高；沉淀池要保持一定浓度的溶解氧，减少停留时间，防止产生厌氧状态和污泥释放磷的现象出现，但溶解氧浓度也不宜过高，以防止硝化液回流对缺氧反应器的干扰。

2. UCT 工艺

在 A^2/O 脱氮除磷工艺中，回流污泥中的硝酸盐会对厌氧释磷作用产生影响，进而影响系统的除磷性能，为解决此问题，南非开普敦大学开发出了 UCT 工艺，其工艺流程如图 13-42 所示。

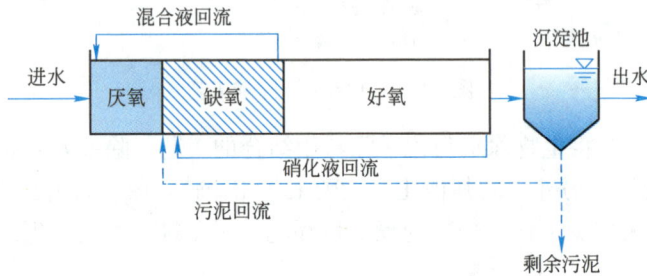

图 13-42　UCT 工艺流程图

与 A^2/O 工艺不同，UCT 工艺的回流污泥是回流至缺氧池，同时增加了从缺氧池至厌氧池的混合液回流。回流混合液中硝酸盐含量很少，从而减少了反硝化菌消耗的易降解有机物量，提高了聚磷菌可利用的易降解有机物量，使厌氧释磷作用得到改善。但厌氧池污泥浓度较低，应适当增加厌氧水力停留时间，以保证厌氧释磷充分。

3. A-O-A 法同步脱氮除磷工艺

A-O-A 法同步脱氮除磷工艺，简称为 AOA 工艺，是英文 Anaerobic-Oxic-Anoxic 第一个字母的简称。按实质意义来说，本工艺应称为厌氧—好氧—缺氧法，是近年来由我国学者研发的城市污水深度脱氮除磷的新技术，其工艺流程如图 13-43 所示，其重要特点之一是缺氧池水力停留时间较长。

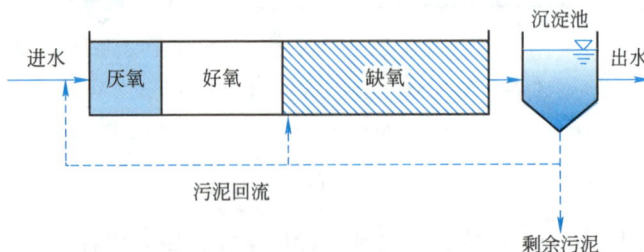

图 13-43　AOA 工艺流程图

原水与污泥回流液一起进入厌氧池，在这里主要发生有机物（用 COD 或 BOD 表示）的利用、释磷和反硝化作用；反硝化菌与聚磷菌在厌氧阶段主要将污水中的有机物转化为内碳源和少量胞外聚合物，同时反硝化菌利用原水中的有机物将回流污泥中的硝态氮或亚硝态氮还原去除。随后混合液进入好氧池，在这里主要发生硝化与好氧吸磷作用。由于进水中的有机物主要以微生物中的内碳源形式存在，因而较少发生有机物的氧化降解作用。最终混合液进入缺氧池，在这里主要发生内源反硝化作用，反硝化菌利用内碳源将混合液中硝态氮或亚硝态氮还原去除；由于其缺氧时间较长，还可能发生反硝化除磷作用。为充分利用污泥中微生物的内碳源实现高效脱氮，也可在缺氧池前端增加第二污泥回流。与 A^2/O 等其他生物处理工艺类似，该工艺也可通过培养富集厌氧氨氧化菌等措施，在好氧池进行短程硝化—厌氧氨氧化，在缺氧池进行短程反硝化—厌氧氨氧化。

本工艺为后置内源反硝化，无须硝化液内回流，由缺氧池出水进入二沉池，因此，在水力停留时间与碳源充足的条件下，理论上能够基本实现完全脱氮，而且在工程应用中也得到了验证。本工艺技术特点在于能够充分将原水中的有机物用于脱氮除磷，因此其表现出以下优势：1）可同时实现深度脱氮与除磷，进水碳氮比充分时，有望实现极限脱氮；2）大部分有机物都用于氮磷去除，较少转化为剩余污泥，剩余污泥产量低；3）仅少量有机物被氧化消耗，好氧池水力停留时间短，曝气能耗低；4）与前置反硝化工艺相比，无须硝化液回流，工艺流程简单。基于上述优势，本工艺能够多元减少运行费用与降低碳排放量。目前，全国已有数十座新建或升级改造的城市污水处理厂采用该新工艺技术，脱氮除磷效果显著，在进水碳氮比充分和温度适宜的地区，取得了极限脱氮除磷的效果。

13.6.4　污水生物脱氮除磷理论与技术的新进展*

最近的一些研究表明：生物脱氮过程中出现了一些超出人们传统认识的新现象，如硝化过程不仅由自养菌完成，异养菌也可以参与硝化作用；某些微生物在好氧条件下也可以进行反硝化作用；特别值得一提的是，研究者在实验室中观察到在厌氧反应器中 NH_4^+—N 减少的现象。此外，在除磷系统中也发现了部分聚磷菌能利用硝酸盐作为电子受体实现同步反硝化和过量吸磷作用。这些现象的发现为水处理工作者设计处理工艺提供了新的理论和思路。简要介绍如下。

1. 短程硝化反硝化脱氮技术

短程硝化反硝化（Partical Nitrification Denitrification，PND）脱氮技术主要用于污泥消化池上清液等高氨氮废水的处理。其基本原理为短程硝化＋反硝化，即将氨氮氧化控制在亚硝化阶段，然后进行反硝化(图 13-44)。前已述及，生物脱氮过程由两段工艺共同完成，即硝化和反硝化。硝化过程可分为两个阶段，分别由氨氧化菌和亚硝态氮氧化菌完成。

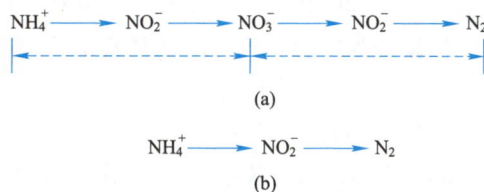

$$NH_4^+ \longrightarrow NO_2^- \longrightarrow NO_3^- \longrightarrow NO_2^- \longrightarrow N_2$$

(a)

$$NH_4^+ \longrightarrow NO_2^- \longrightarrow N_2$$

(b)

图 13-44　全程脱氮途径和短程脱氮途径对比
(a)全程硝化反硝化生物脱氮途径；(b)短程硝化反硝化生物脱氮途径

短程硝化反硝化脱氮技术将硝化过程控制在亚硝化阶段，实现短程硝化反硝化，具有下述优点：

（1）可节省反硝化过程需要的有机碳源，以甲醇为例，$NO_2^- \!-\!N$ 反硝化比 $NO_3^- \!-\!N$ 反硝化可节省碳源 40%（见图 13-45）；

（2）可减少供气量 25% 左右，节省了动力消耗。

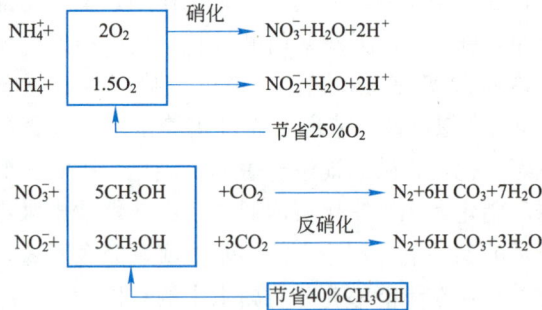

图 13-45　短程硝化反硝化工艺特征

然而，硝化阶段控制在亚硝化阶段的难点在于控制亚硝态氮氧化菌的增长，因为亚硝态氮氧化菌能够迅速地将亚硝态氮转化为硝态氮。目前研究较多的是通过污泥龄、温度、游离氨、游离亚硝酸、基于 pH 拐点的过程控制等方法控制亚硝态氮氧化菌的增长，从而避免好氧过程中亚硝态氮被氧化为硝态氮。

2. 反硝化除磷技术

随着除磷研究在微生物学领域的深化，研究者们发现部分聚磷菌既能以溶解氧又能以硝酸盐作为电子受体，在进行反硝化的同时能完成过量吸磷反应。研究表明这类反硝化聚磷菌（denitrifying phosphorus removing bacteria，简称 DPB）的代谢机理和好氧聚磷菌很相似（图 13-38），不同之处就是在缺氧段利用 NO_3^- 代替 O_2 氧化 PHB 来获得能量。此过程中内碳源 PHB 被用来实现反硝化的同时，也实现了磷的吸收。将脱氮和除磷功能耦合于一个生化反应途径，即可实现"一碳两用"。反硝化除磷（Denitrifying Phosphorus Removal，简称 DPR）脱氮技术应用于城市污水处理具有如下特点：缺氧时 PHB 被反硝化聚磷菌同时用于反硝化和吸磷作用，通过"一碳两用"同时实现脱氮和除磷，使得该技术脱氮除磷有机物需求量低；以 NO_3^- 代替 O_2 作为电子受体完成吸磷作用，降低除磷耗氧量；DPB 污泥产率低，进而减少污泥处理费用。

3. 短程硝化耦合厌氧氨氧化原理与技术

厌氧氨氧化（Anammox）脱氮是一种新型生物脱氮技术。该工艺的微生物学原理为：在缺氧条件下，厌氧氨氧化菌（Anammox Bacteria，AnAOB）以 NO_2^- 作为电子受体将 NH_4^+ 直接氧化为 N_2，以无机碳作为主要碳源。厌氧氨氧化反应过程的化学计量学可由下式表示：

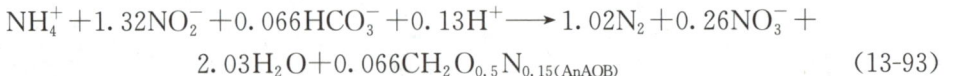

$$NH_4^+ + 1.32NO_2^- + 0.066HCO_3^- + 0.13H^+ \longrightarrow 1.02N_2 + 0.26NO_3^- +$$
$$2.03H_2O + 0.066CH_2O_{0.5}N_{0.15(AnAOB)} \tag{13-93}$$

短程硝化（也称部分硝化，Partial Nitrification，简称 PN）耦合厌氧氨氧化（Partial Nitrification/Anammox，简称 PN/A）工艺是目前高氨氮工业污水处理应用的最主要形式，PN/A 由两个反应过程组成：首先在短程硝化过程，氨氧化菌将 NH_4^+ 部分氧化为 NO_2^-，同时剩余 NH_4^+ 和所生成 NO_2^- 作为厌氧氨氧化菌的反应基质，生成 N_2 和 H_2O，有关的反应方程式如下：

$$NH_4^+ + 0.792O_2 + 0.08HCO_3^- \longrightarrow 0.435N_2 + 0.111NO_3^- + 1.46H_2O +$$
$$0.052CH_{1.4}O_{0.4}N_{0.2(AOB)} + 0.028CH_2O_{0.5}N_{0.15(AnAOB)} + 1.029H^+ \quad (13\text{-}94)$$

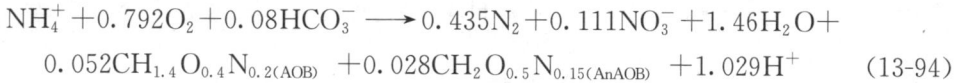

与传统生物脱氮工艺相比，短程硝化耦合厌氧氨氧化工艺理论上可节省 60% 曝气能耗和 100% 有机碳源，同时大大降低剩余污泥产量。目前，该技术已成功应用于污泥消化液、垃圾渗滤液、制药废水等高氨氮废水处理工程。然而，对于氨氮浓度较低的城市污水，该工艺至今未实现普遍地规模化应用，关键问题在于难以稳定获取反应基质亚硝态氮。

4. 短程反硝化耦合厌氧氨氧化原理与技术

短程反硝化（也称部分反硝化，Partial Denitrification，简称 PD）是指将 NO_3^- 还原为 NO_2^- 而不是直接还原为 N_2 的过程，是一种产生 NO_2^- 作为厌氧氨氧化反应基质的新途径。短程反硝化耦合厌氧氨氧化（Partial Denitrification/Anammox，简称 PD/A）是近年来由我国学者首次提出和研发推广的新技术。有关的反应方程式如下：

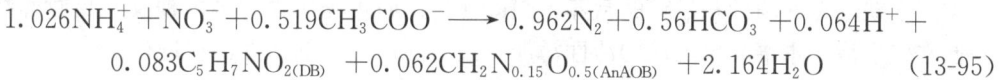

$$1.026NH_4^+ + NO_3^- + 0.519CH_3COO^- \longrightarrow 0.962N_2 + 0.56HCO_3^- + 0.064H^+ +$$
$$0.083C_5H_7NO_{2(DB)} + 0.062CH_2N_{0.15}O_{0.5(AnAOB)} + 2.164H_2O \quad (13\text{-}95)$$

与短程硝化耦合厌氧氨氧化工艺相比，短程反硝化过程不需复杂的控制策略淘洗 NOB，也不需要较高的 NO_2^- 积累，则能推进稳定的厌氧氨氧化过程；同时，通过与短程反硝化耦合，厌氧氨氧化反应产生的副产物硝态氮能够被进一步还原，重复实现 PD/A 过程，提高总氮去除效率。与传统硝化反硝化脱氮工艺相比，短程反硝化耦合厌氧氨氧化工艺理论上可以节省 45% 曝气能耗和 79% 有机碳源，降低剩余污泥产量与温室气体排放，为污水脱氮提供了低耗高效减排的新途径。

厌氧氨氧化技术在污水脱氮处理方面有明显优势，如：厌氧氨氧化在缺氧的条件下进行，从而可节省曝气量，厌氧氨氧化菌生长慢，剩余污泥产量少。厌氧氨氧化工艺存在诸多优点的同时，也存在不足：厌氧氨氧化菌生长慢就意味着反应器启动时间较长。此外，厌氧氨氧化反应过程中还产生部分硝态氮，尤其是高氨氮废水出水，会积累较高硝态氮，通常需要进一步处理保证出水总氮达标。短程反硝化耦合厌氧氨氧化工艺为高氨氮废水的深度脱氮提供了新途径。

基于短程硝化与短程反硝化提供底物亚硝态氮以实现厌氧氨氧化脱氮（图 13-46），均大大降低了脱氮过程对曝气与有机碳源的依赖，已成为生物脱氮技术发展的重要趋势。与

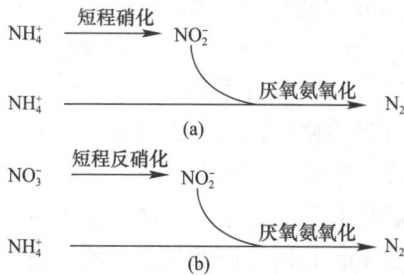

图 13-46　厌氧氨氧化脱氮路径
（a）短程硝化耦合厌氧氨氧化脱氮途径；（b）短程反硝化耦合厌氧氨氧化脱氮途径

短程硝化耦合厌氧氨氧化工艺相比，短程反硝化耦合厌氧氨氧化工艺受基质浓度、温度等环境因素影响小，脱氮效率高，在实际工程中具有重要的研究意义与应用价值。

13.7　活性污泥法污水处理系统的过程控制与运行管理

13.7.1　活性污泥的培养驯化

第 13.7 节内容
视频讲解

在处理系统准备投产运行时，运行管理人员不仅要熟悉处理设备的构造和功能，还要深入掌握设计内容与设计意图。

对于城市污水和性质与其相类似的工业废水，投产前的首要工作是培养活性污泥。对于其他工业废水，除培养活性污泥外，还需要使活性污泥适应所处理废水的特点，对其进行驯化。

活性污泥的培养和驯化可归纳为异步培驯法、同步培驯法和接种培驯法。

异步培驯法即先培养后驯化，工业废水或以工业废水为主的城市污水常用该法。由于该类废水缺乏专性菌种和足够的营养，因此在投产时可先用含有多菌种及充足营养物质的粪便水或生活污水培养出足量的活性污泥，然后对所培养的活性污泥进行驯化。

为了缩短培养和驯化的时间，也可以把培养和驯化这两个阶段合并进行，即在培养开始就加入少量工业废水，并在培养过程中逐渐增加比例，使活性污泥在增长的过程中，逐渐适应工业废水并具有处理它的能力，这就是所谓"同步培驯法"。生活污水或以生活污水为主的城市污水一般都采用同步培驯法。这种做法的缺点是，在缺乏经验的情况下不够稳妥可靠，出现问题时不易确定是培养上的问题还是驯化上的问题。

在有条件的地方，可直接从附近污水处理厂引入剩余污泥，作为种泥进行曝气培养，这就是所谓的接种培驯法。该法能提高驯化效果，缩短时间。

培养活性污泥需要有菌种和菌种所需要的营养物质。为补充营养和排除对微生物增长有害的代谢产物，要及时换水，换水方式分为连续换水和间歇换水两种。对工业废水，如缺乏氮、磷等营养物质，还要及时地将这些物质投加入曝气池。

下面介绍城市污水处理厂几种常用的污泥培养方法。

（1）间歇培养。将曝气池注满污水，然后停止进水，开始曝气。只曝气而不进水称为"闷曝"。闷曝 2～3 天后，停止曝气，静沉 1h，排走部分上清液；然后进入部分新鲜污水，这部分污水约占池容的 1/5 即可。以后循环进行闷曝、静沉和进水三个过程，但每次进水量应比上次有所增加，每次闷曝时间应比上次缩短，即进水次数增加。当污水的温度为 15～20℃时，采用该种方法，经过 15 天左右即可使曝气池中的 MLSS 超过 1000mg/L。此时可停止闷曝，连续进水连续曝气，并开始污泥回流。最初的回流比不要太大，可取 25%，随着 MLSS 的升高，逐渐将回流比增至设计值。

（2）低负荷连续培养。将曝气池注满污水，停止进水，闷曝 1 天。然后连续进水连续曝气，进水量控制在设计水量的 1/5 或更低，同时开始回流，取回流比 25% 左右，逐步增加进水量。至 MLSS 超过 1000mg/L 时，开始按设计流量进水，MLSS 至设计值时，开始以设计回流比回流，并开始排放剩余污泥。

（3）接种培养。将曝气池注满污水，然后大量投入其他污水处理厂的正常污泥，开始满负荷连续培养。该种方法能大大缩短污泥培养时间，但受实际情况的制约，例如其他污水处理厂离该厂的距离、运输工具等。该法一般仅适于小型污水处理厂，大型污水处理厂需要的接种量非常大，运输费用高，经济上不合算。

当混合液 30min 沉降比达到 15%～20%，污泥具有良好的凝聚沉淀性能，污泥内含有大量的菌胶团和纤毛虫原生动物，如钟虫、等枝虫、盖纤虫等，并可使 BOD_5 的去除率达 90%左右，即可认为活性污泥已培养正常。

13.7.2　活性污泥法系统的主要控制方法与控制参数

1. 试运行

活性污泥培驯成熟后，就开始试运行。试运行的目的是确定最佳的运行条件。在活性污泥系统的运行中，作为变量考虑的因素有混合液污泥浓度(MLSS)、空气量、污水注入的方式等；如采用生物吸附法，则还有污泥再生时间和吸附时间之比值；如工业废水营养不足，还应确定氮、磷的投量等。将这些变量组合成几种运行条件分阶段进行试验，观察各种条件的处理效果，并确定最佳的运行条件。

活性污泥法处理系统有多种运行方式，在设计中应予以充分考虑，各种运行方式的处理效果，应通过试运行阶段加以比较观察，并从中确定出最佳的运行方式及其各项参数。应当说明的是，在正式运行过程中，还可以对各种运行方式的效果进行验证。

2. 正常运行

试运行确定最佳条件后，即可转入正常运行。在正常运行过程中需要对活性污泥系统采取控制措施，使系统内的活性污泥保持较高的活性及稳定合理的数量，从而达到所需的出水水质要求。常用的工艺控制措施主要从三方面来实施：曝气系统的控制、污泥回流系统的控制、剩余污泥排放系统的控制。

(1) 对供气量(曝气量)的调节

供气电耗占整个废水处理厂电耗的大部分(50%～60%)，因此，应极其慎重地对待这一参数。对供气量的控制可分为定供气量控制、与流入污水量成比例控制、DO 控制、最优供气量控制。

曝气池出口处的溶解氧浓度即使在夏季也应当控制在 1.5～2mg/L；其次要满足混合液混合搅拌的要求，搅拌程度应通过检测曝气池表面、中间和池底各点的污泥浓度是否均匀而定。

当采用定供气量控制时，一般情况下，每天早晚各调节一次供气量。对大型废水处理厂(水质、水量相对稳定)应当根据曝气池中的 DO 浓度每周调节一次。

(2) 回流污泥量的调节

调节回流污泥量的目的是使曝气池内的悬浮固体(MLSS)浓度保持相对稳定。

污泥回流量的控制方法有：定回流污泥量控制、与进水量成比例控制(即保持回流比 R 恒定)、定 MLSS 浓度控制、定 F/M 控制等。

(3) 剩余污泥排放量的调节

曝气池内的活性污泥不断增长，MLSS 值在增高，SV 值也上升。因此，为了保证在曝气池内保持比较稳定的 MLSS 值，应当将增长的污泥量作为剩余污泥量而排出，排放的剩余污泥应大致等于污泥增长量，过大或过小，都能使曝气池内的 MLSS 值变动。

3. 活性污泥法处理系统运行效果的检测

为了经常保持良好的处理效果，积累经验，需要对曝气池和二沉池处理情况定期进行检测。检测项目有：

（1）反映处理效果的项目：进出水总的和溶解性的 BOD、COD，进出水总的和挥发性的 SS，进出水的有毒物质（对应工业废水）；

（2）反映污泥情况的项目：SV、MLSS、MLVSS、SVI、微生物镜检观察等；

（3）反映微生物的营养和环境条件的项目：氮、磷、pH、溶解氧、水温等。

一般 SV(%)和溶解氧最好 2～4h 检测一次，至少每班一次，以便及时调节回流污泥量和空气量。微生物观察最好每班一次，以预示污泥异常现象。除氮、磷、MLSS、MLVSS、SVI 可定期检测外，其他各项应每天测一次。水样均取混合水样，溶解氧的检测应采用仪器进行在线检测。

此外，每天要记录进水量、回流污泥量和剩余污泥量，还要记录剩余污泥的排放规律、曝气设备的工作情况以及空气量和电耗等。剩余污泥（或回流污泥）浓度也要定期检测。如有条件，上述检测项目应尽可能进行自动检测和自动控制。

13.7.3　活性污泥法处理系统运行中的异常情况

活性污泥法处理系统在运行过程中，有时会出现种种异常情况，处理效果降低，污泥流失。下面将在运行中可能出现的几种主要的异常现象和采取的相应措施加以简要阐述。

1. 污泥膨胀

活性污泥膨胀是活性污泥工艺运行中的主要问题，随着污泥膨胀的发生，污泥的沉降性能发生恶化，不能在二沉池内进行正常的泥水分离，澄清液稀少（但较清澈），污泥容易随出水流失。发生污泥膨胀以后，流失的污泥会使出水 SS 超标，如不立即采取控制措施，污泥继续流失会使曝气池的微生物量锐减，不能满足分解污染物的需要，从而最终导致出水水质恶化。活性污泥的 SVI 值在 100 左右时，其沉降性能最佳，当 SVI 值超过 150 时，预示着活性污泥即将或已经处于膨胀状态，应立即予以重视。

污泥膨胀总体上分为两大类：丝状菌膨胀和非丝状菌膨胀。前者系活性污泥絮凝体中的丝状菌过度繁殖导致的膨胀；后者系菌胶团细菌本身生理活动异常，致使细菌大量积累高黏性多糖类物质，污泥中结合水异常增多，相对密度减轻，压缩性能恶化而引起的膨胀。在实际运行中，污水处理厂发生的污泥膨胀绝大部分为丝状菌污泥膨胀。工业废水厂比城市污水处理厂更容易发生污泥膨胀。完全混合活性污泥法比推流式活性污泥法易发生污泥膨胀。

大量的运行经验表明以下情况容易发生污泥膨胀：(1)碳水化合物含量高或可溶性有机物含量多的污水；(2)腐化或早期消化的废水，硫化氢含量高的废水；(3)氮、磷含量不平衡的废水；(4)含有有毒物质的废水；(5)高 pH 或低 pH 废水；(6)混合液中溶解氧浓度太低；(7)缺乏一些微量元素的废水；(8)曝气池混合液受到冲击负荷；(9)污泥龄过长及有机负荷过低，营养物不足；(10)高有机负荷且缺氧；(11)水温过高或过低。

污泥膨胀的控制大体可分成三类：一类是临时控制措施；另一类是工艺运行调节控制措施；第三类是环境调控控制法。

临时控制措施包括污泥助沉法和灭菌法两类。污泥助沉法系指向发生膨胀的污泥中加入有机或无机混凝剂或助凝剂，增大活性污泥的相对密度，使之在二沉池内易于分离。常用的药剂有聚合氯化铁、硫酸铁、硫酸铝和聚丙烯酰胺等有机高分子絮凝剂。有的小处理厂还投加黏土或硅藻土作为助凝剂。助凝剂投加量不可太多，否则易破坏细菌的生物活性，降低处理效果。

灭菌法是指向发生膨胀的污泥中投加化学药剂，杀灭或抑制丝状菌，从而达到控制丝状菌污泥膨胀的目的。常用的灭菌剂有 $NaClO$、ClO_2、Cl_2、H_2O_2 和漂白粉等种类。由于大部分处理厂都设有出水加氯消毒系统，因而加氯控制丝状菌污泥膨胀成为最普遍的一种方法。但是，氯等灭菌剂对微生物是无选择性的杀伤剂，既能杀灭丝状菌，也能杀伤菌胶团细菌。因此，应严格控制投加点氯的浓度。这一类控制方法由于没有深入了解引起污泥膨胀的真正原因而无法彻底解决污泥膨胀问题，控制不好，还会带来出水水质恶化的不良后果。另外，灭菌法只适用于控制丝状菌污泥膨胀，控制非丝状菌污泥膨胀一般用助沉法。

工艺运行调节控制措施用于运行控制不当产生的污泥膨胀。例如，由于 DO 低导致的污泥膨胀，可以增加供氧来解决；由于 pH 太低导致的污泥膨胀可以调节进水水质或加强上游工业废水排放的管理；由于污水"腐化"产生的污泥膨胀，可以通过增加预曝气来解决；由于氮磷等营养物质的缺乏导致的污泥膨胀，可以投加营养物质；由于低负荷导致的污泥膨胀，可以在不降低处理功能的前提下，适当提高 F/M。

环境调控控制法出发点是通过曝气池中生态环境的改变，造成有利于菌胶团细菌生长的环境条件，应用生物竞争的机制抑制丝状菌的过度生长和繁殖，将丝状菌控制在合理的范围内，从而控制污泥膨胀的发生。近年得到充分发展的选择器理论就是运用的这一概念。

2. 污泥解体

当活性污泥处理系统的出水水质浑浊，污泥絮凝体微细化，处理效果变差等则为污泥解体现象。

活性污泥处理系统运行不当或污水中混入有毒物质都可能引发污泥解体。如曝气过量，致使活性污泥微生物的营养平衡遭到破坏，微生物量减少并失去活性，吸附能力降低，絮凝体缩小并致密化，一部分则成为不易沉淀的羽毛状污泥，出水水质浑浊，SVI 值降低等。当污水中存在有毒物质时，微生物会受到抑制或伤害，使污泥失去活性而解体，其净化功能下降或完全停止。

发生污泥解体后，应对污水量、回流污泥量、空气量和排泥状态以及 SV、MLSS、DO、污泥负荷等多项指标进行检查，确定发生的原因，加以调整；当确定是污水中混入有毒物质时，应考虑这是新的工业废水混入的结果，需查明来源进行局部处理。

3. 污泥腐化

污泥腐化是二沉池污泥长期滞留而厌氧发酵产生 H_2S、CH_4 等气体，致使大块污泥上浮。污泥腐化上浮与污泥脱氮上浮不同，腐化的污泥颜色变黑，并伴有恶臭。

二沉池泥斗构造不合理，污泥难下滑或刮泥设备有故障，使污泥长期滞留沉积在死角容易引起污泥腐化。

可通过加大二沉池池底坡度或改进池底刮泥设备，不使污泥滞留于池底；清除死角，加强排泥；安设不使污泥外溢的浮渣清除设备等可减少该问题的发生。

4. 污泥上浮

污泥上浮是由于曝气池内污泥泥龄过长，硝化进程较高（一般硝酸盐达 5mg/L 以上），但却没有很好的反硝化，因而污泥在二沉池底部产生反硝化，硝酸盐成为电子受体被还原，产生的氮气附于污泥上，从而使污泥相对密度降低，整块上浮。

增加污泥回流量或及时排除剩余污泥，在脱氮之前将污泥排除；或降低混合液污泥浓度，缩短污泥龄和降低溶解氧等，使之不进行到硝化阶段；加强反硝化功能都可减少该问题的发生。

另外，曝气池内曝气过度，使污泥搅拌过于激烈，生成大量小气泡附聚于絮凝体上，或流入大量脂肪和油类时，也可能引起污泥上浮。

5. 泡沫问题

泡沫是活性污泥法处理厂运行中常见的现象。泡沫可分为两种，一种是化学泡沫，呈乳白色；另一种是生物泡沫（如丝状菌中的诺卡氏菌可引起生物泡沫），多呈褐色。泡沫可在曝气池上堆积很高，并进入二沉池随水流走，产生一系列卫生问题。另外，生物泡沫在冬天能结冰，清理起来异常困难。夏天生物泡沫会随风飘荡，产生不良气味。预防医学还认为产生生物泡沫的诺卡氏菌极有可能为人类的病原菌。如果采用表曝设备，生物泡沫还能阻止正常的曝气充氧，使曝气池混合液中的溶解氧浓度降低。生物泡沫还能随排泥进入泥区，干扰浓缩池及消化池的运行。

化学泡沫由污水中的洗涤剂以及一些工业用表面活性物质在曝气的搅拌和吹脱作用下形成。生物泡沫由诺卡氏菌等一类的丝状菌形成。

化学泡沫处理较容易，可以喷水消泡或投加除沫剂（如机油、煤油等，投量约为 0.5～1.5mg/L）等。此外，用风机机械消泡也是有效措施。生物泡沫处理比较困难，有的处理厂曾尝试用加氯、增大排泥、降低 SRT 等方法，但均不能从根本上解决问题。因此，对生物泡沫要以防为主。

6. 异常生物相

在工艺控制不当或入流水质水量突变时，会造成生物相异常。在正常运行的传统活性污泥工艺系统中，存在的微型动物绝大部分为钟虫。认真观察钟虫数量及生物特征的变化，可以有效地预测活性污泥的状态及发展趋势。

在 DO 为 1～3mg/L 时，钟虫能正常发育。如果 DO 过高或过低，钟虫头部会凸出一个空泡，俗称"头顶气泡"，此时应立即检测 DO 值并予以调整。当 DO 太低时，钟虫将大量死亡，数量锐减。

当进水中含有大量难降解物质或有毒物质时，钟虫体内将积累一些未消化的颗粒，俗称"生物泡"，此时应立即测量 SOUR 值，检查微生物活性是否正常，并检测进水中是否存在有毒物质，并采取必要措施。

当进水的 pH 发生突变，超过正常范围，可观察到钟虫呈不活跃状态，纤毛停止摆动。此时应立即检测进水的 pH，并采取必要措施。

在正常运行的活性污泥中，还存在一定量的轮虫。其生理特征及数量的变化也具有一定的指示作用。例如，当轮虫缩入被甲内时，则指示进水 pH 发生突变；当轮虫数量剧增时，则指示污泥老化，结构松散并解体。

最后需要强调的是，生物相观察只是一种定性方法，缺乏严密性，运行中只能作为理化方法的一种补充手段，而不可作为唯一的工艺监测方式。

7. 硝化不足

硝化不足是指氨氮通过硝化作用转化为硝态氮的部分减少，使氨氮去除率降低，出水不能满足国家污水排放标准对出水氨氮的要求。

硝化菌世代时间较长，要求污泥龄较长；硝化系统污泥龄短会导致硝化菌不能在系统内持留，从而导致硝化效果较差；好氧段停留时间短，会造成硝化时间不足，也会导致硝化不彻底；碱度和溶解氧是硝化过程所必需的，因此碱度和溶解氧不足也会导致硝化不足。

通过保证硝化反应器污泥龄大于 10d，从而保证硝化菌可在反应器内有效持留；保证好氧段水力停留时间充足，使得硝化菌有足够的时间将硝化反应进行到底，从而保证硝化效果，提高氨氮的去除率；如果污水中碱度不足，可通过投加碳酸氢钠等来补充碱度；还可通过提高曝气量或改善曝气效果，提高好氧段溶解氧，增加硝化菌活性，改善硝化效果。

8. 反硝化不足

反硝化不足是指在缺氧段，污水中的硝态氮通过反硝化去除部分减少，导致出水中总氮难以达到国家污水排放标准对出水总氮的要求。

反硝化过程需要有机物作为碳源，如果污水中有机物不足，会造成反硝化过程电子供体不足，使得硝态氮的还原过程受阻，导致硝态氮的去除率降低，反硝化不彻底；缺氧段溶解氧较高，会破坏缺氧环境，使反硝化菌活性降低，也会导致反硝化不足。

污水中有机物浓度较低时，可通过投加外碳源（如甲醇）、充分利用原有有机碳源（如分段进水脱氮）、开发初沉污泥或剩余污泥产生有机碳源等措施来增加污水中有机碳源，改善反硝化效果；通过降低好氧段出水中溶解氧，从而降低缺氧段溶解氧，提高总氮去除率。

第14章 生 物 膜 法

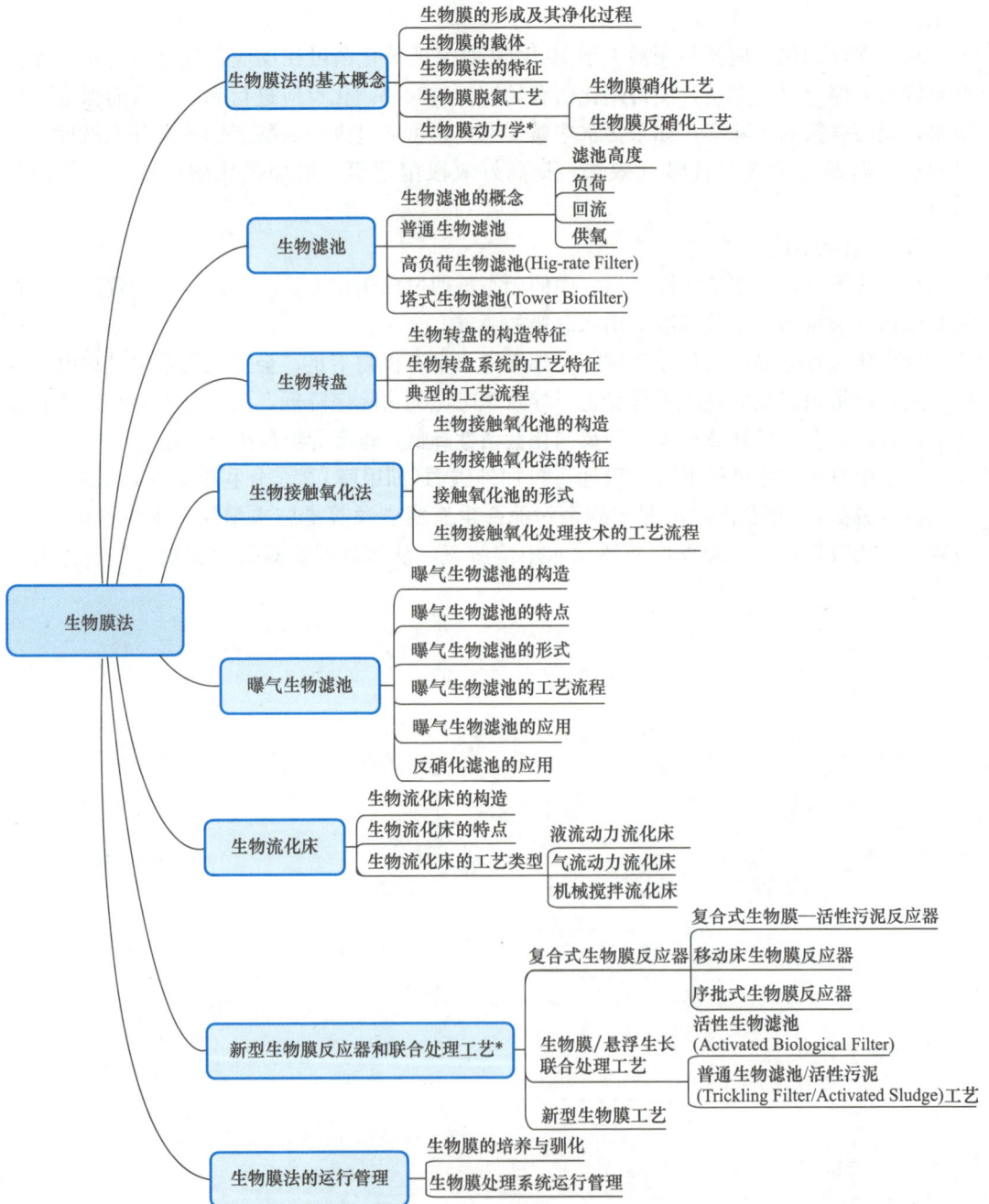

- 生物膜法
  - 生物膜法的基本概念
    - 生物膜的形成及其净化过程
    - 生物膜的载体
    - 生物膜法的特征
    - 生物膜脱氮工艺
      - 生物膜硝化工艺
      - 生物膜反硝化工艺
    - 生物膜动力学*
  - 生物滤池
    - 生物滤池的概念
    - 普通生物滤池
      - 滤池高度
      - 负荷
      - 回流
      - 供氧
    - 高负荷生物滤池(Hig-rate Filter)
    - 塔式生物滤池(Tower Biofilter)
  - 生物转盘
    - 生物转盘的构造特征
    - 生物转盘系统的工艺特征
    - 典型的工艺流程
  - 生物接触氧化法
    - 生物接触氧化池的构造
    - 生物接触氧化法的特征
    - 接触氧化池的形式
    - 生物接触氧化处理技术的工艺流程
  - 曝气生物滤池
    - 曝气生物滤池的构造
    - 曝气生物滤池的特点
    - 曝气生物滤池的形式
    - 曝气生物滤池的工艺流程
    - 曝气生物滤池的应用
    - 反硝化滤池的应用
  - 生物流化床
    - 生物流化床的构造
    - 生物流化床的特点
    - 生物流化床的工艺类型
      - 液流动力流化床
      - 气流动力流化床
      - 机械搅拌流化床
  - 新型生物膜反应器和联合处理工艺*
    - 复合式生物膜反应器
      - 复合式生物膜—活性污泥反应器
      - 移动床生物膜反应器
      - 序批式生物膜反应器
    - 生物膜/悬浮生长联合处理工艺
      - 活性生物滤池(Activated Biological Filter)
      - 普通生物滤池/活性污泥(Trickling Filter/Activated Sludge)工艺
    - 新型生物膜工艺
  - 生物膜法的运行管理
    - 生物膜的培养与驯化
    - 生物膜处理系统运行管理

　　生物膜法和活性污泥法是平行发展起来的污水好氧处理工艺，都是利用微生物来去除废水中有机物的方法。但活性污泥法中的微生物在曝气池内以菌胶团的形式呈悬浮状态，属于悬浮生长系统；而生物膜法中的微生物附着生长在填料或载体上，形成膜状的活性污泥，属于附着生长系统或固定膜工艺。生物膜法是指使细菌等微生物和原生动物、后生动物等微型动物附着在滤料或某些载体上生长繁育，并在其上形成膜状生物污泥——生物膜。污水与生物膜接触，污水中的有机污染物作为营养物质，被生物膜上的微生物摄取，微生物自身繁衍增殖的同时污水得到净化。目前水处理中采用的生物膜法多数为好氧工艺，少数是厌氧的，本章讨论好氧生物膜法。

　　图 14-1 所示为生物膜法处理系统的基本流程。污水经初沉池后进入生物膜反应器，经好氧降解去除污染物后，通过二沉池沉淀后排出。初沉池的作用是去除大部分悬浮固体物质，防止生物膜反应器堵塞，这对孔隙小的填料尤其必要；二沉池的作用是截留脱落的生物膜，提高出水水质。当进水有机物浓度较大时，生物膜增长过快，采用出水回流可以稀释进水有机物浓度，加大水流对生物膜的冲刷作用，从而避免生物膜的过量累积，维持良好的生物膜活性和合适的膜厚度。需要指出，二沉池和出水回流并不是必不可少的。

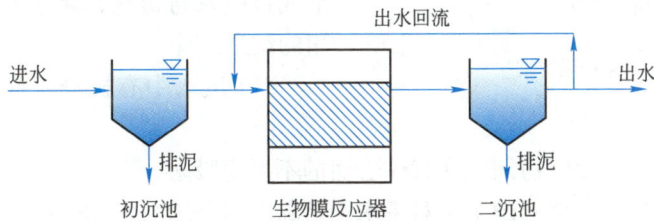

图 14-1　生物膜法处理系统的基本流程

14.1　生物膜法的基本概念

第 14.1 节内容
视频讲解

14.1.1　生物膜的形成及其净化过程

　　生物膜法处理污水是使污水与生物膜接触，通过固、液相的物质交换，利用膜内微生物对有机物进行降解，使污水得到净化，同时生物膜内的微生物不断生长与繁殖。因此，生物膜废水处理技术的关键是形成性能良好的生物膜。

　　1. 生物膜的构造和净化机理

　　图 14-2 所示是附着在生物滤池滤料上的生物膜的构造。生物膜生长于载体的表面，是由微生物群体组成的具有高度的亲水性的黏状物。污水不断流经生物膜表面，其外侧始终存在着一层附着水层。在膜的表面和一定深度的内部生长着大量的各种类型的微生物和微型动物，形成有机污染物—细菌—原生动物(后生动物)的食物链。其中的丝状菌相互缠绕并延伸于水中，使生物膜呈现出立体结构。

　　生物膜的形成是污水在流经载体表面的过程中，通过微生物与向载体表面输送的物质相结合并固定化来实现的。而微生物的生长则是通过废水中有机营养物的吸附、传递以及氧向生物膜内部的传递、扩散等过程，促进生物膜中微生物对有机基质的氧化降解作用维

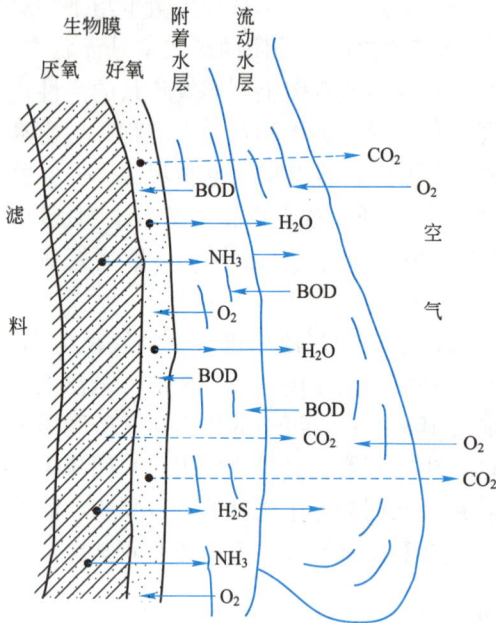

图 14-2　生物膜的构造

持的。从图 14-2 可见，在生物膜内、外，生物膜与水层之间进行着多种物质的传递过程。空气中的氧溶解于流动水层中，进而通过附着水层传递给生物膜，供微生物呼吸；污水中有机污染物（如图 14-2 所示）由流动水层传递给附着水层，然后进入生物膜，并通过细菌的代谢活动而被降解。这样就使污水在其流动过程中逐步得到净化。微生物的代谢产物如 H_2O 等则通过附着水层进入流动水层，并随其排走，而 CO_2 和厌氧层分解产物如 H_2S、NH_3 以及 CH_4 等气态代谢产物则从水层逸出进入空气中。

2. 生物膜的形成、更新与成熟

根据 Characklis 的研究，生物膜的积累形成是一系列物理、化学和生物过程综合作用的结果。即：

（1）废水中有机分子向生物膜附着生长的载体表面输送；

（2）废水中的浮游微生物细胞在载体表面的不可逆吸附；

（3）生长在生物膜内部的微生物对废水中营养物的利用与氧化分解。

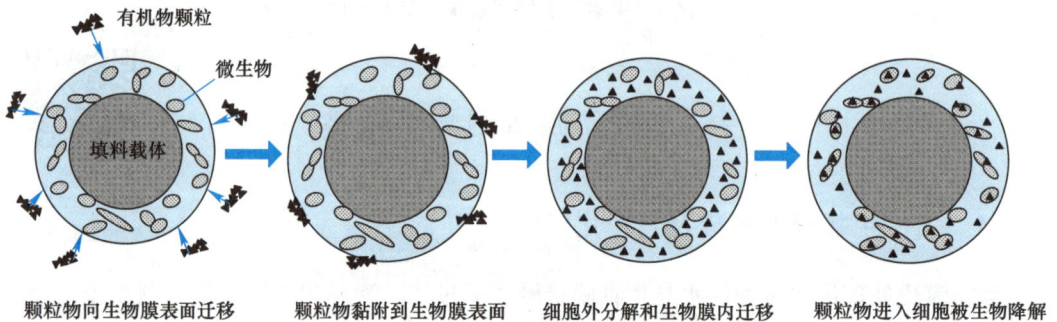

图 14-3　生物膜的净化机理

当废水中含有足够数量的有机营养物、微量元素及溶解氧时，微生物在作为载体的填料表面生长繁殖。微生物可以在其自身代谢途径产生的胶质黏膜内活动，使微生物的数量不断增长，并使其从载体表面向外伸展。由于微生物的不断繁殖增长，生物膜的厚度不断增加，当膜厚增加到一定程度后，在氧不能透入的膜内侧深部即转变为厌氧状态。这样，生物膜便由好氧和厌氧两层组成。生物膜的表面与污水直接接触，由于吸收营养和溶解氧比较容易，微生物生长繁殖迅速，形成了由好氧微生物和兼性微生物组成的好氧层，其厚度一般为 2mm 左右；其内部和载体接触的部分，由于营养物质和溶解氧的不足，微生物的生长繁殖受到限制，好氧微生物难以存活，兼性微生物转为厌氧代谢方式，而某些厌氧微生物却恢复了活性，从而形成了由厌氧微生物和兼性微生物组成的厌氧层。厌氧层在生物膜达到一定厚度时才出现，随着生物膜的增厚和外伸，厌氧层也随着变厚，但有机物的降解主要是在好氧层内进行。

随厌氧层的逐渐加厚，其代谢产物也逐渐增多，这些产物向外侧逸出，必然要透过好氧层，使好氧层生态系统的稳定状态遭到破坏，从而失去了这两种膜层之间的平衡关系，又因气态代谢产物的不断逸出，减弱了生物膜在惰性载体上的固着力，处于这种状态的生物膜即为老化生物膜，老化生物膜净化功能较差而且易于脱落。生物膜脱落后会生成新的生物膜，新生生物膜必须在经过一段时间后才能充分发挥其净化功能。比较理想的情况是：减缓生物膜的老化进程，不使厌氧层过分增长，加快好氧膜的更新，并且尽量使生物膜不集中脱落。生物膜处理工艺中的生物膜就是通过上述周期性的生长—脱落—生长而保持其对废水中有机物稳定有效的氧化降解功能。

通常，生物膜成熟的标志是：生物膜沿水流方向分布，在其上由细菌及各种微生物组成的生态系统及其对有机物的降解功能都达到了平衡和稳定的状态。从开始形成到成熟，生物膜要经历潜伏和生长两个阶段，一般的城市污水，在 20℃ 左右的条件下大致需要 20～30d 的时间。

14.1.2　生物膜的载体

生物膜法中微生物是附着生长在某些固定表面，所以生物膜法又有附着生长系统或固定膜之称。为生物膜提供附着生长固定表面的材料称为填料（或载体），在生物膜法的发展和性能特征方面填料有着重要的影响。

生物膜法与活性污泥法是废水生物处理的两个主要方法。与活性污泥法相比，生物膜法具有自身的优点，例如：单位体积反应器内能够维持生长的生物量较大；脱落生物膜的沉降性能好；不产生污泥膨胀现象等。然而，在 20 世纪 50 年代以前，生物膜法却一直未被重视。早期采用的生物膜反应器系统主要形式为生物滤池。在此期间，生物滤池的填料主要是碎石、卵石、炉渣和焦炭等实心拳状的无机性天然滤料，这些填料一般具有比表面积小和空隙率低等缺点。20 世纪 60 年代，新型的有机合成材料开始大量生产，广泛应用的波纹板状、列管状和蜂窝状等有机人工合成填料，其比表面积和空隙率大大增加，有力地推动了生物膜法的发展。

1. 载体种类

目前，在废水生物处理中所使用的载体材料分为无机和有机两大类。

（1）无机类载体

无机类载体主要有碳酸盐类、沸石类、陶瓷类、碳纤维、矿渣、活性炭等。无机类载体普遍具有机械强度高、化学性质相对稳定的特点，可提供较大的比表面积。主要不足是密度较大，使其在悬浮生物膜反应器中的应用受到限制。

（2）有机类载体

有机类载体是生物膜法中使用的主要载体材料，主要有 PVC、各类树脂、塑料、纤维以及明胶等，其中有机高分子类载体适用于悬浮状态完全混合反应器工艺（如生物流化床、曝气生物滤池等）的微生物固定化，而塑料类载体多适用于固定床（如普通生物滤池）或混合型（如流化床）工艺。

废水生物处理中的新型填料不断出现，如弹性填料、组合式填料等。新型填料的出现进一步推动了生物膜工艺的推广应用。

2. 选择生物膜载体的基本原则

生物膜法在废水处理工程中处理效果的好坏与所用的载体材料特性有密切的关系。在具体选择和应用过程中，应着重考虑以下几方面的基本原则。

（1）足够的机械强度，以抵抗强烈的水流剪切力的作用；

（2）优良的稳定性，主要包括生物稳定性、化学稳定性和热力学稳定性；

（3）良好的表面带电特性，通常废水 pH 在 7 左右时，微生物表面带负电荷，而载体为带正电荷的材料时，有利于生物体与载体之间的结合；

（4）无毒性或抑制性；

（5）优越的物理性状，如载体的形态、相对密度、孔隙率和比表面积等；

（6）就地取材、价格合理。

14.1.3　生物膜法的特征

生物膜法作为与活性污泥法平行发展起来的生物处理工艺，在一些情况下可替代活性污泥法用于城市污水的二级生物处理，而且还具有一些独特的优点，如操作方便、剩余污泥少、抗冲击负荷和适用于小型污水处理厂等。下面是生物膜法在微生物相方面和处理工艺方面的主要特征。

1. 微生物相方面的特征

（1）微生物的多样化，食物链长

生物膜上的微生物不像活性污泥法中的悬浮生长微生物那样承受强烈的曝气搅拌冲击，生物膜载体为微生物的繁衍、增殖及生长栖息创造了安稳的环境。生物膜上除以普通细菌生长为主外，还可能出现大量丝状菌。线虫类、轮虫类以及寡毛虫类的微型动物出现的频率也较高。表 14-1 所列举的是在生物膜和活性污泥上出现的微生物在类型、种属和数量上的比较。

生物膜和活性污泥上出现的微生物在类型、种属和数量上的比较　　表 14-1

微生物种类	活性污泥法	生物膜法	微生物种类	活性污泥法	生物膜法
细菌	++++	++++	其他纤毛虫	++	+++
真菌	++	+++	轮虫	+	+++
藻类	－	++	线虫	+	++
鞭毛虫	++	+++	寡毛类	－	++
肉足虫	++	+++	其他后生动物	－	+
纤毛虫缘毛虫	++++	++++	昆虫类	－	++
纤毛虫吸管虫	+	+			

在生物膜上生长繁殖的生物中，动物性营养类所占比例较大，微型动物的存活率亦高。生物膜上能够栖息高层次营养水平的生物，在捕食性纤毛虫、轮虫类、线虫类之上还栖息着寡毛虫类和昆虫，因而在生物膜上形成的食物链要长于活性污泥上的食物链。正是这个原因，在生物膜处理系统内产生的污泥量少于活性污泥处理系统。污泥产量低，是生物膜法各种工艺的共同特征。

（2）微生物世代时间长，可形成分段运行的优势菌属

生物膜上的生物固体停留时间较长，故能够生长世代时间较长、比增殖速度很小的微

生物，如硝化菌等。因此，生物膜处理法的各项工艺都具有一定的硝化功能，采取适当的运行方式，还可能具有反硝化脱氮的功能。

生物膜法多分段进行，在正常运行的条件下，每段都繁衍与进入本段污水水质相适应的微生物，并形成优势菌属，这种现象有利于微生物新陈代谢功能的充分发挥和有机污染物的降解。

2. 处理工艺方面的特征

(1) 耐冲击负荷能力强

微生物的附着生长使生物膜含水率低，单位反应器容积内的生物量远高于活性污泥法，因而生物膜反应器具有较大的处理能力，净化功能显著提高。生物膜法受污水水质、水量变化而引起的有机负荷和水力负荷波动的影响较小，即使有一段时间中断进水或工艺遭到破坏，对生物膜的净化功能也不会造成致命的影响，通水后恢复较快。

(2) 污泥沉降性能良好，无污泥膨胀问题

由生物膜上脱落下来的污泥，因所含动物成分较多，相对密度较大，而且污泥颗粒个体较大，沉降性能良好，易于固液分离。另外生物膜反应器由于微生物附着生长，即使丝状菌大量繁殖，也不会导致污泥膨胀，相反可利用丝状菌较强的分解氧化能力，提高处理效果。

(3) 能够处理低浓度的污水

生物膜法处理低浓度污水，能够取得较好的处理效果，运行正常时可处理进水 BOD_5 值为 $20\sim30mg/L$ 的污水，使其出水 BOD_5 值降至 $5\sim10mg/L$。而活性污泥法不适宜处理低浓度的污水，若原污水的 BOD_5 值长期低于 $50\sim60mg/L$，将影响活性污泥絮凝体的形成和增长，净化功能降低，出水水质低下。

(4) 易于运行管理、节能

生物膜反应器由于具有较高的生物量，一般不需要污泥回流，因而不需要经常调整反应器内污泥量和剩余污泥排放量，易于运行、维护与管理。如生物滤池、生物转盘等工艺，节省能源，动力费用较低，去除单位质量 BOD 的耗电量较少。

3. 生物膜法的缺点

虽然生物膜法在微生物相和处理工艺方面有诸多优点，但是与活性污泥法相比，生物膜法也存在着一些缺点和不足：

(1) 与活性污泥法相比，生物膜法更容易受到传质的限制。而且尽管生物量较大，但是有活性的微生物数量有限，集中在生物膜的表面。一般认为，$2\sim3mg/L$ 的溶解氧浓度对大多数活性污泥法已经足够，但是生物膜法在该溶解氧浓度下可能受到明显限制；

(2) 生物膜工艺需要较多的填料和支撑结构作为微生物生长的载体，因此在不少情况下其基建投资超过活性污泥法；

(3) 生物膜法处理废水的 BOD_5 浓度不宜过高，通常在 $30\sim50mg/L$。过高的 BOD_5 浓度导致生物膜过快生长，容易引起系统堵塞。而活性污泥法可处理较高 BOD_5 浓度的废水，去除效果也更好；

(4) 多数生物膜工艺对原水的 SS 有较为严格的要求。原水 SS 过高会引起系统堵塞，或增加反冲洗的频率，而活性污泥法对高 SS 的废水也适用；

(5) 生物膜法的活性生物量较难控制，运行灵活性差。出水携带脱落的生物膜片，非活性细小悬浮物分散在水中使出水的澄清度降低。

国外的运行经验表明，在处理城市污水时，活性污泥法与生物膜法相比，处理效率高，适用范围更广，工艺运行也更为成熟。比较两种方法，在某些方面生物膜法仍然具有活性污泥法等处理工艺不具备的优势，促使国内外专家学者对其进行更深入的研究。新工艺新滤料的研制成功，使生物膜反应器在污水处理领域仍具进一步发展优势。

14.1.4　生物膜脱氮工艺

1. 生物膜硝化工艺

硝化细菌的比生长速率与异养菌相比较为缓慢，在同一系统中，硝化细菌与异养菌之间存在着对底物和生存空间的竞争。硝化菌在生物膜上聚集，有助于自身生长和富集，从而提高处理系统的硝化速率。

在实际运行中，保证有机负荷低于 $2\sim6kgBOD_5/(1000m^2 \cdot d)$，则足以保持主流液体有充足的溶解氧浓度，而且还能避免填料阻塞、短流、生物膜的脱落，减少由于异养菌过量生长引起的过度反冲洗情况。当废水中的 BOD 与 TKN 比值过大，由于异养菌的快速生长和频繁的反冲洗，硝化菌容易从系统中流失而使得硝化效果恶化，此时可采用分级处理来减少硝化工艺的 BOD 负荷。

2. 生物膜反硝化工艺

生物脱氮工艺已经被运用到二级硝化工艺之后来去除所产生的硝酸盐和亚硝酸盐。必要条件下要补充外源性的碳源以提供被生物利用的硝酸盐或亚硝酸盐的电子供体。只要保持氧气传质通量较小，而且系统不受阻塞，几乎所有的生物膜系统都能实现良好的反硝化效果。生物膜反硝化工艺与活性污泥法类似，可分为后缺氧脱氮、预缺氧脱氮和同步硝化反硝化脱氮。其中可实现后缺氧脱氮的(图 14-4)包括：降流式和升流式的接触氧化反应器，升流式流化床反应器，生物转盘等。所有这些工艺都需要在进水中投加甲醇等外加碳源。

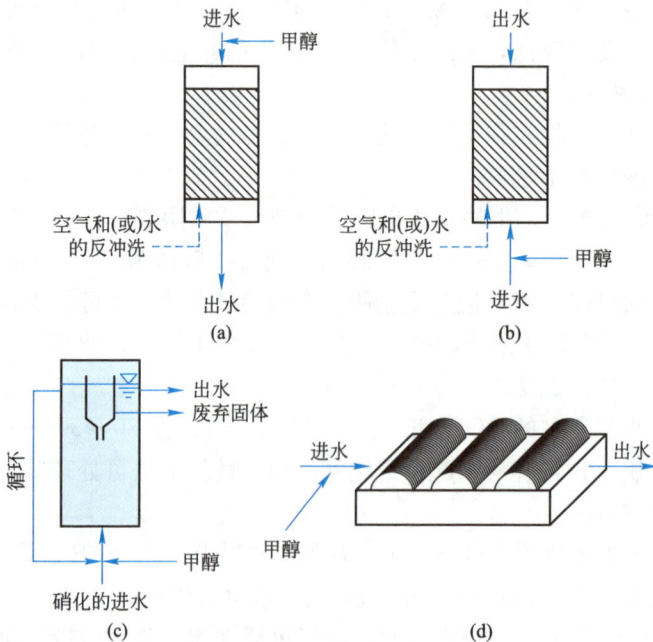

图 14-4　后缺氧生物膜脱氮工艺

　　预缺氧脱氮工艺，如图 14-5 所示，可与生物膜工艺一起运用，利用原水中的有机物质作为还原硝酸盐的电子供体。硝酸盐来自循环水流，水量为进水量的 3～4 倍。现在已用作预缺氧脱氮的生物膜工艺有：反硝化生物滤池、移动床反应器等。预缺氧脱氮处理流程的优点在于利用进水中的 COD 进行反硝化，节省了外加碳源。但是采用生物滤池作为硝化处理时，将循环水和进水流量送入生物滤池所需的能量显著增加。

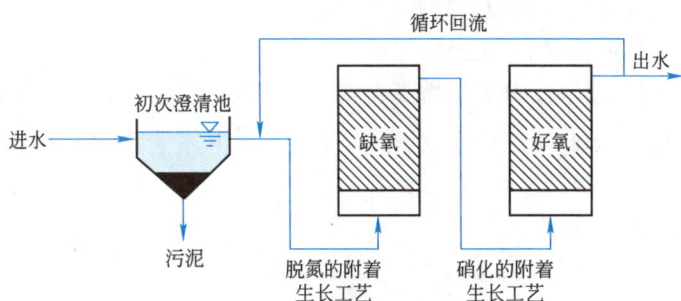

图 14-5　预缺氧生物膜脱氮工艺

14.1.5　生物膜动力学*

　　为描述生物膜中的传质过程和基质生物利用动力学，已经开发了多种模型，并提供了用于评价生物膜工艺的各种工具。但是由于生物膜反应器的复杂性，且无法准确定义物理参数和模型系数，所以在设计中一般采用经验关系式。本节主要介绍用于模拟附着生长工艺中基质去除过程的质量传递及基质利用的基本概念。

　　1. 生物膜的比增长速率

　　微生物比增长速率(μ)是描述生物膜增长繁殖特性的最常用参数之一，它反映了微生物增长的活性。微生物比增长速率的定义为：

$$\mu = \frac{\mathrm{d}X/\mathrm{d}t}{X} \tag{14-1}$$

式中　X——微生物浓度，kg/m^3；

　　　　μ——微生物比增长速率，$1/d$。

　　从理论上讲，当获得微生物增长曲线($X-t$)后，可通过任一点的导数及对应的 X 值计算出微生物增长过程中 t 时刻对应的比增长速率。目前，生物膜比增长速率主要有两类：一是动力学增长阶段的比增长速率，亦称生物膜最大比增长速率；二是整个生物膜过程的平均比增长速率。

　　(1) 生物膜最大比增长速率(μ_0)

　　生物膜在动力学增长期遵循如下规律：

$$\frac{\mathrm{d}M_b}{\mathrm{d}t} = \mu_0 M_b \tag{14-2}$$

　　积分后得

$$\ln M_b = \mu_0 t + C \tag{14-3}$$

式中　M_b——生物膜总量，kg/m^2；

　　　　C——常数。

　　根据公式，可绘制 $t-\ln M_b$ 曲线图，用图解法来确定 μ_0。

（2）生物膜平均比增长速率 $\overline{\mu}$

生物膜平均比增长速率一般根据下式计算：

$$\overline{\mu} = \frac{\dfrac{M_{bs} - M_{bo}}{t}}{M_{bs}} \tag{14-4}$$

式中　M_{bs}——生物膜稳态时对应生物膜量，kg/m^2；

　　　M_{bo}——初始生物膜量，kg/m^2。

生物膜平均比增长速率反映了生物膜表观增长特性。由于生物膜成长过程中往往伴随着非活性物质的积累，因此从严格生物学意义上说，$\overline{\mu}$ 并不能真实反映生物膜群体的增长特性。

2. 底物比去除速率（q_{obs}）

$$q_{obs} = \frac{Q(S_0 - S)}{A_0 M_b} \tag{14-5}$$

式中　q_{obs}——底物比去除速率，$1/d$；

　　　Q——进水流量，m^3/d；

　　　S_0——进水底物浓度，kg/m^3；

　　　S——出水底物浓度，kg/m^3；

　　　A_0——载体表面积，m^2。

在实际过程中，底物比去除速率反映了生物膜群体的活性，底物的去除速率越高，说明生物膜生化反应活性越高。

14.2　生物滤池

生物滤池是生物膜反应器的最初形式，已有百余年的发展史。1893 年在英国试行将污水喷洒在粗滤料上进行净化试验，取得良好的处理效果。1900 年以后，这种工艺得到公认，命名为生物过滤法，处理构筑物则称为生物滤池（Bio-filter），开始用于污水处理实践，并迅速地在欧洲一些国家得到应用。

但早期出现的生物滤池水力负荷和 BOD 负荷都很低，虽净化效果好，但占地面积大，而且易于堵塞，后来人们采取出水回流的措施，提高了水力负荷和有机负荷，从而成为高负荷生物滤池。1951 年民主德国化学工程师舒尔兹根据气体洗涤塔原理创立了塔式生物滤池，通风畅行，净化功能良好，也使占地大的问题进一步得到解决。由于填料的革新、工艺运行的改善，生物滤池已由低负荷向高负荷发展，现有的主要类型为普通低负荷生物滤池与高负荷生物滤池、塔式生物滤池以及曝气生物滤池等。

本节将介绍生物滤池的工作原理、影响因素以及普通生物滤池、高负荷生物滤池、塔式生物滤池及曝气生物滤池的工艺原理、构造特征、净化功能、应用条件以及运行方式等问题。

14.2.1　生物滤池的概念

1. 生物滤池的工作原理

在生物滤池中，污水通过布水器均匀地分布在滤池表面，在重力作用下，以滴状喷洒下落，一部分被吸附于滤料表面，成为呈薄膜状的附着水层，另一部分则以薄膜的形式渗流过滤料，成为流动水层，最后到达排水系统，流出池外。污水流过滤床时，滤料截留了污水中的悬浮物，同时吸附污水中的胶体和溶解性物质。微生物利用吸附的有机物得以生长繁殖，这些微生物又进一步吸附污水中呈悬浮、胶体和溶解状态的物质，逐渐形成了生物膜。生物膜成熟后，栖息在生物膜上的微生物摄取污水中的有机物作为营养，对污水中的有机物进行吸附氧化，因而污水在通过生物滤池时能得到净化。

生物滤池中污水的净化过程比较复杂，它包括污水中的传质过程、氧的扩散和吸收、有机物的分解和微生物的新陈代谢等各种过程。在这些过程的综合作用下，污水中有机物的含量大大减少，水质得到了净化。

2. 影响生物滤池性能的主要因素

生物滤池中同时发生着有机物在污水和生物膜中的传质过程；有机物的好氧和厌氧代谢过程；氧在污水和生物膜中的传质过程和生物膜的生长和脱落过程。影响这些过程的主要因素为：

(1) 滤池高度　人们早就发现，滤床的上层和下层相比，生物膜量、微生物种类和去除有机物的速率均不相同。滤床上层，污水中有机物浓度较高，微生物繁殖速率高，种属较低级，以细菌为主，生物膜量较多，有机物去除速率较高；随着滤床深度增加，微生物从低级趋向高级，种类逐渐增多，生物膜量从多到少。滤床中的这一递变现象，类似污染河流在自净过程中的生物递变。

(2) 负荷　生物滤池的负荷是一个集中反映生物滤池工作性能的参数，同滤床的高度一样，负荷直接影响生物滤池的工作效率，主要有水力负荷和有机负荷两种。

水力负荷即单位面积的滤池或单位体积滤料每日处理的废水量，单位为"m^3（废水）/[m^2（滤池）• d]"或"m^3（废水）/[m^3（滤料）• d]"，表征滤池的接触时间和水流的冲刷能力。水力负荷太大则流量大，接触时间短，净化效果差；水力负荷太小则滤料不能得到完全利用，冲刷作用小。一般普通生物滤池的水力负荷为 $1\sim4m^3$（废水）/[m^2（滤池）• d]，高负荷生物滤池为 $5\sim28m^3$（废水）/[m^2（滤池）• d]。

有机负荷即指单位时间供给单位体积滤料的有机物量，单位为"$kgBOD_5$/[m^3（滤料）• d]"。由于一定的滤料具有一定的比表面积，滤料体积可间接表示生物膜面积和生物数量，所以有机负荷实质上表征了 F/M 值。普通生物滤池的有机负荷在 $0.15\sim0.3kgBOD_5$/[m^3（滤料）• d]，高负荷生物滤池在 $1.1kgBOD_5$/[m^3（滤料）• d]左右。有机负荷不能超过生物膜的分解能力，否则出水水质将相应有所下降。

(3) 回流　回流多用于高负荷生物滤池的运行系统，对其性能有明显的影响，其优点是：增大水力负荷，促进生物膜的脱落，防止滤池堵塞及蚊蝇孳生；可稀释污水，降低其有机负荷，并借以均化、稳定进水水质；可向生物滤池连续接种，促进生物膜的生长；增加进水的溶解氧，改善进水的腐化状态。缺点是：降低入流污水的有机物浓度，降低传质和有机物的去除率；冬天使池中水温降低；增加能耗，增大运行费用。

回流对生物滤池性能的影响是多方面的，一般认为下述情况时应考虑出水回流：进水有机物浓度较高；水量很小，无法维持水力负荷在最小经验值以上时；废水中某种有机污染物在高浓度时有可能抑制微生物生长。

(4) 供氧　向生物滤池供给充足的氧是保证生物膜正常工作的必要条件，供氧也有利于排除代谢产物。在生物滤池中，微生物所需的氧一般来自大气，靠自然通风供给，影响滤池自然通风的主要因素是自然拔风和风力。自然拔风的推动力是池内外温度差和滤池高度。

供氧条件与有机负荷密切相关。当入流污水有机物浓度较低时，自然通风供氧是充足的。但当入流污水有机物浓度较高时，供氧条件就可能成为影响生物滤池工作的主要因素，当进水 COD 大于 400~500mg/L 时，供氧不足，生物膜的好氧层厚度较小。为保证生物滤池的正常工作，有人建议滤池进水 COD 应小于 400mg/L。当有机物浓度高于此值时，可采用回流的方法降低滤池进水有机物浓度；或采用机械通风，以保证滤池供氧充足，正常运行。

14.2.2 普通生物滤池

普通生物滤池又称滴滤池(Trickling Filter)，是生物滤池早期出现的类型，即第一代生物滤池。普通生物滤池负荷低，水力负荷只有 1~4m³(废水)/[m²(滤池)・d]，BOD 负荷也仅为 0.1~0.4kgBOD₅/[m³(滤料)・d]。

1. 构造特征

普通生物滤池由池体、滤料、布水装置和排水系统四部分所组成(图 14-6)。

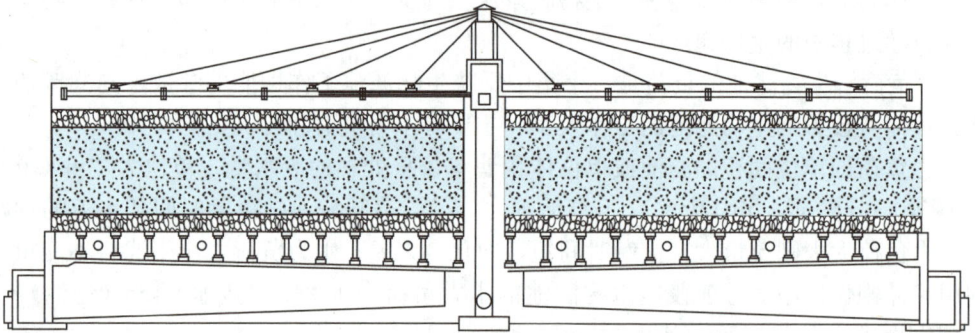

图 14-6 普通生物滤池示意图

(1) 池体

普通生物滤池在平面上多是方形、矩形或圆形。池壁多由砖石筑造，具有围护滤料的作用，应能够承受滤料压力。一些池壁上有许多孔洞，用以促进滤层的内部通风。池底的作用是支撑滤料和排除处理后的出水。池底底部四周设通风口，其总面积不小于滤池表面积的 1%。

(2) 滤料

滤料是生物滤池中生物膜的载体，普通生物滤池滤料的直径为 25~100mm，它对生物滤池的净化功能有直接影响。

(3) 布水装置

生物滤池布水装置的主要作用是向滤池表面均匀地洒布污水。此外布水装置还应具有适应水量的变化，不易堵塞，易于清通以及不受风雪影响等特征。普通生物滤池的布水装置多采用固定喷嘴式布水系统。固定喷嘴式布水系统由投配池、布水管道和喷嘴等几部分所组成。

（4）排水系统

生物滤池的排水系统设于池的底部，它有两个作用：一是排除处理后的出水；二是保证滤池的通风良好。排水系统包括渗水装置、汇水沟和总排水沟以及其供通风的底部空间。

2. 适用范围与优缺点

普通生物滤池一般适用于处理每日污水量不高于 $1000m^3$ 的小城镇污水或有机性工业废水。其主要优点是：易于管理、节省能源、运行稳定、剩余污泥少且易于沉降分离等。

其主要缺点是：占地面积大、不适合处理水量大的污水；滤料易于堵塞；滤池表面生物膜积累过多，易于产生滤池蝇，恶化环境卫生；喷嘴喷洒污水，散发臭味。

正是因为普通生物滤池具有上述缺点，使其在推广应用上受到很大限制，近年来应用较少，有日渐被淘汰的趋势。

14.2.3　高负荷生物滤池（High-rate Filter）

高负荷生物滤池是生物滤池的第二代工艺，它是在改善普通生物滤池在净化功能和解决运行中存在的实际弊端的基础上而开创的。

1. 构造特征

在构造上，高负荷生物滤池与普通生物滤池略有不同，主要如下：

（1）高负荷生物滤池在平面上多为圆形。如使用粒状滤料，其粒径较大，空隙率较高，一般为 70% 以上。滤料层高一般为 2.0m。

现在，高负荷生物滤池也已广泛使用由聚氯乙烯、聚苯乙烯和聚酰胺等材料制成的呈波形板状、列管状和蜂窝状等人工滤料。

（2）高负荷生物滤池多使用旋转布水器。旋转布水器有多种结构形式，图 14-7 所示为其中应用较为广泛且构造简单的一种。污水以一定的压力流入位于池中央处的固定竖管，再流入布水横管，横管绕竖管旋转。在横管的同一侧开有一系列间距不等的孔口，中心较疏，周边较密，需经计算确定。污水从孔口喷出，产生反作用力，从而使横管按与喷水相反的方向旋转。如果洒水喷嘴无法满足生物滤池的投配所要求的布水器转速，则可能需要电力驱动或水力驱动的旋转布水器。

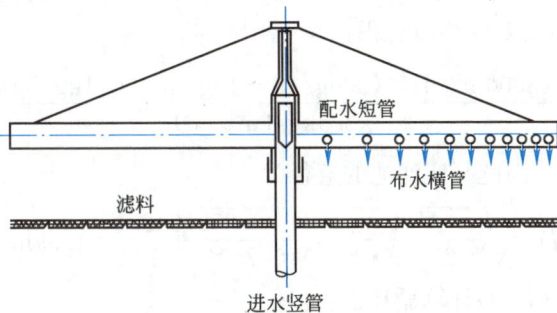

图 14-7　旋转布水器示意图

2. 工艺特征

高负荷生物滤池大幅度地提高了滤池的负荷，其 BOD 容积负荷高出普通生物滤池

6～8 倍，高达 $0.5～2.5kgBOD_5/[m^3(滤料)\cdot d]$；水力负荷则高出 10 倍，高达 $5～40m^3$（废水）$/[m^2(滤池)\cdot d]$。高负荷生物滤池实现高负荷是通过限制进水的 BOD_5 值和在运行上采取出水回流等技术措施而达到的。进入高负荷生物滤池的 BOD_5 值必须低于 $200mg/L$，否则用出水回流加以稀释，如图 14-8 所示。

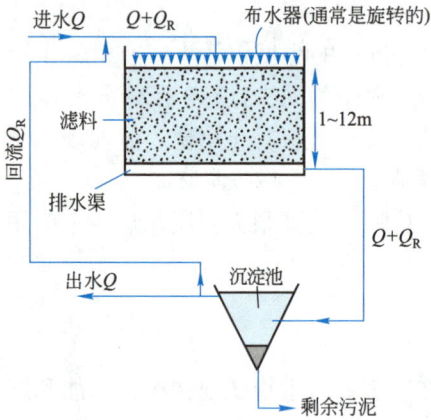

图 14-8　高负荷生物滤池示意图

回流水量（Q_R）与原污水量（Q）之比称为回流比（R）。

$$R=\frac{Q_R}{Q} \tag{14-6}$$

喷洒在滤池表面上的总水量（Q_T）为

$$Q_T=Q+Q_R \tag{14-7}$$

总水量（Q_T）与原污水量（Q）之比称为循环比（F）。

$$F=\frac{Q_T}{Q}=1+R \tag{14-8}$$

采取出水回流措施，原污水的 BOD_5 值（或 COD 值）被稀释，进入滤池的污水 BOD_5 浓度根据下列关系式计算。

根据

$$S_a(Q+Q_R)=S_0Q+Q_RS_e$$

$$S_a=\frac{S_0+RS_e}{1+R} \tag{14-9}$$

式中　S_a——喷洒向滤池的污水 BOD_5 值，mg/L；

　　　S_0——原污水的 BOD_5 值，mg/L；

　　　S_e——滤池出水的 BOD_5 值，mg/L；

　　　R——回流比。

【例 14-1】　已知某工业废水 BOD_5 为 $800mg/L$，水量为 $3000m^3/d$。选用高负荷生物滤池进行处理，要求其出水的 BOD_5 为 $15mg/L$。设计四座滤池，BOD 容积负荷为 $2.5kgBOD_5/[m^3(滤料)\cdot d]$。（1）每座滤池的滤料高度为 1.8m，试求每座滤池的直径；（2）若滤池进水的 BOD_5 要求小于 $200mg/L$，试求所需的最小循环比。

【解】　首先计算所需要的滤料容积：

$$V=\frac{Q(S_a-S_0)}{N_V}=\frac{(3000m^3/d)\times(800g/m^3-15g/m^3)\times(1kg/10^3g)}{2.5kg/(m^3\cdot d)}=942m^3$$

滤料高度为 1.8m，因此每座滤池的直径为：

$$D=\sqrt{\frac{V/4}{0.25\cdot\pi\cdot h}}=\sqrt{\frac{0.25\times942}{0.25\times\pi\times1.8}}=12.9m$$

根据式（14-7）与式（14-8）计算循环比：

$$F=\frac{Q_T}{Q}=1+R=1+\frac{800-200}{200-15}=4.2$$

3. 适用范围与特点

高负荷生物滤池比较适宜于处理浓度和流量变化较大的废水。同普通生物滤池相比，它具有以下特点：采用出水回流，增加进水量，稀释进水浓度，冲刷生物膜使其常保活性，且防止滤料堵塞，抑制臭味及滤池蝇的过度孳生；增大滤料直径，以防止迅速增长的生物膜堵塞滤料；水力负荷和 BOD 负荷大大提高；占地面积小，卫生条件较好；出水水质较普通生物滤池差，出水 BOD_5 常大于 30mg/L，池内不出现明显的硝化反应；二沉池污泥呈褐色，氧化不充分，易腐化。

对高负荷生物滤池和普通生物滤池的内部规律可以这样来认识。在有机物的吸附和氧化方面，普通生物滤池既吸附又氧化（包括硝化），故其出水水质一般较好，污泥性质较稳定；高负荷生物滤池由于水力负荷高，大大缩短了污水在滤池中的停留时间，所以在滤池中几乎不发生硝化过程，但由于生物膜吸附有机物的速度很快，它仍能把污水中的大部分有机物除去，也就保证了一般出水水质的要求。在生物膜积累和冲刷方面，普通生物滤池负荷低，生物膜增长较慢，只是周期性地从滤池中排出；高负荷生物滤池水力负荷高，生物膜增长快，但同时由于它们不断被冲刷，以至连续不断地被排出滤池，所以避免了滤池的堵塞。

4. 流程系统

采取出水回流措施，使高负荷生物滤池具有多种流程系统。图 14-9 所示为单池系统的几种具有代表性的流程。系统(a)中生物滤池出水直接向滤池回流，可避免加大二次沉淀池的容积；由二次沉淀池向初次沉淀池回流生物污泥。这种系统有助于生物膜的接种，促进生物膜的更新。此外，初次沉淀池的沉淀效果由于生物污泥的注入而有所提高。系统(b)也是应用较为广泛的高负荷生物滤池系统；出水回流滤池前，生物污泥由二次沉淀池回流至初次沉淀池，以提高初次沉淀池的沉淀效果。

当原污水浓度较高，或对处理水质要求较高时，可以考虑二段（级）滤池处理系统。二段滤池有多种组合方式。设中间沉淀池的目的是减轻二段滤池的负荷，避免堵塞，但也可以不设。二级串联工作的生物滤池系统的优点是滤池深度可适当减小，通风条件好，经两次布水充氧，常能进行硝化过程，有机物去除率可高达 90％以上，出水水质较好。其缺点是负荷不均，并增加占地面积，增设提升泵。

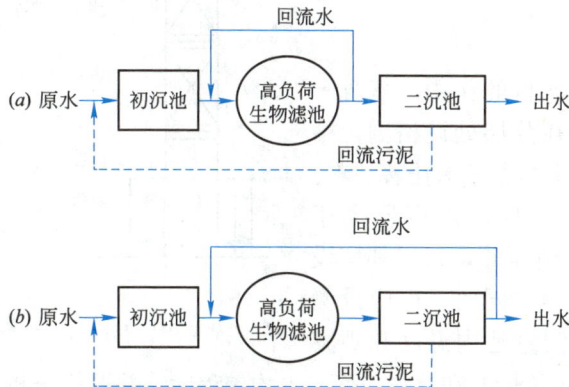

图 14-9　一段（级）高负荷生物滤池典型流程

其中负荷不均是二段生物滤池系统的主要弊端，一段滤池负荷高，生物膜生长快，脱落生物膜易于积存并产生堵塞现象，二段滤池往往负荷低，生物膜生长不佳，滤池容积未能得到充分利用，为了解决这一问题，可以考虑采用交替配水的二段生物滤池系统

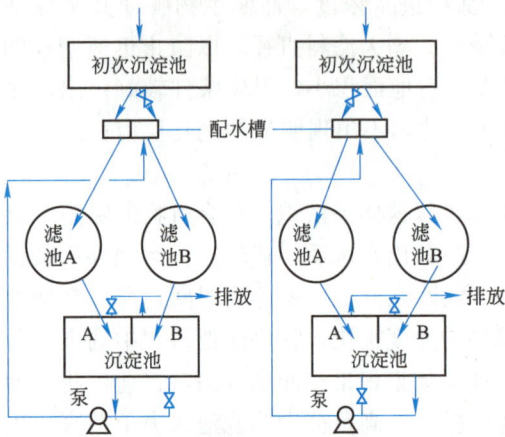

图 14-10　交替配水二段生物滤池系统

（图 14-10）。

这一系统的水流方向可以互换，沉淀污水经配水槽进入滤池 A（作为一段滤池考虑），再经二次沉淀池 A 沉淀处理，出水用泵抽送到滤池 B（二段滤池），然后通过沉淀池 B 处理后排放。经一段时间运行后，转换水流方向。据有关资料报道，这种运行方式的二段生物滤池系统，能够有效地提高处理效果，减少堵塞现象的发生。这种系统对乳品废水处理的效果尤其显著，但本系统需增设泵站，增加建设成本是它的主要缺点。增大占地面积是二段生物滤池系统的另一项弊端。如果地方条件不允许提高滤池高度，可以考虑采用二段生物滤池。

14.2.4　塔式生物滤池（Tower Biofilter）

塔式生物滤池是近 30 年来在生物滤池的基础上，参照化学工业中的填料洗涤塔方式发展而来的一种新型高负荷生物滤池。该滤池池身高，有抽风作用，可以克服滤料孔隙小所造成的通风不良的问题。正是由于它的直径小，高度大，形状如塔，因此称为塔式生物滤池，简称"塔滤"。

1. 构造特征

图 14-11 所示为塔式生物滤池的构造示意图。塔式生物滤池一般高达 8～24m，直径 1～3.5m，径高比 1∶6～1∶8，呈塔状。在平面上塔式生物滤池多呈圆形。在构造上由塔身、滤料、布水装置以及通风和排水装置所组成。

（1）塔身

塔身主要起围挡滤料的作用。塔身一般沿塔高分层建造，在分层处设格栅，格栅承托在塔身上，而其本身又承托着滤料。滤料荷重分层负担，每层高度以不大于 2.5m 为宜，以免将滤料压碎，每层都应设检修口，以便更换滤料。同时，也应设测温孔和观察孔，用以测量池内温度和观察

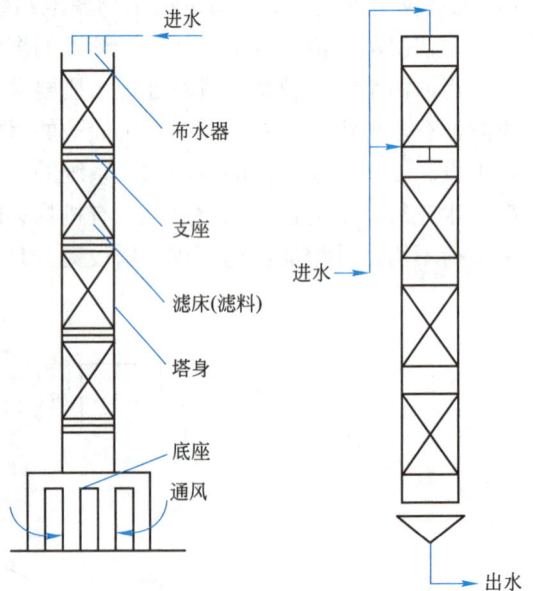

图 14-11　塔式生物滤池示意图

塔内滤料上生物膜的生长情况和滤料表面布水均匀程度，并取样分析测定。塔顶上缘应高出最上层滤料表面 0.5m 左右，以免风吹影响污水的均匀分布。

塔的高度在一定程度上能够影响塔滤对污水的处理效果。试验与运行的资料表明，在容积负荷一定的条件下，塔式生物滤池的高度增高，处理效果亦增强。提高塔式生物滤池的高度，能够提高进水有机污染物的浓度。

（2）滤料

塔式生物滤池宜于采用轻质滤料。在我国使用比较多的是用环氧树脂固化的玻璃布蜂窝滤料。这种滤料的比表面积较大，结构比较均匀，有利于空气流通与污水的均匀配布，流量调节幅度大，不易堵塞。

（3）布水装置

塔式生物滤池的布水装置与一般的生物滤池相同，对大、中型滤塔多采用电机驱动的旋转布水器，也可以用水流的反作用力驱动。对小型滤塔则多采用固定式喷嘴布水系统，也可以使用多孔管和溅水筛板布水。

（4）通风

塔式生物滤池一般都采用自然通风，塔底有一定高度的空间，并且周围留有通风孔，这种如塔形的构造，使滤池内部形成较强的拔风状态，通风良好。但如果自然通风供氧不足，出现厌氧状态，可考虑采用机械通风。特别是当处理工业废水，吹脱有害气体时，也可采用人工机械通风。当采用机械通风时，在滤池上部和下部装设吸气或鼓风的风机，此时要注意空气在滤池表面上的均匀分布，并防止冬天寒冷季节池温降低，影响效果。

2. 工艺特征

塔式生物滤池内部通风情况良好，污水从上向下滴落，水流紊动强烈，污水、空气、滤料上的生物膜三者接触充分，充氧效果良好，污染物质传质速度快，这些现象都非常有助于有机污染物质的降解，是塔式生物滤池的独特优势。这一优势使塔式生物滤池具有以下各项主要工艺特征。

（1）高负荷

塔式生物滤池的水力负荷可达 $80\sim200m^3$（废水）$/[m^2$（滤池）$\cdot d]$，为一般高负荷生物滤池的 $2\sim10$ 倍，BOD 容积负荷达 $0.5\sim2.5kg$（BOD_5）$/[m^3$（滤料）$\cdot d]$，较高负荷生物滤池高 $2\sim3$ 倍。高有机物负荷使生物膜生长迅速，高水力负荷又使生物膜受到强烈的水力冲刷，从而使生物膜不断脱落、更新，因此塔式生物滤池内的生物膜能够经常保持较好的活性。但是，生物膜生长过快，易于产生滤料的堵塞现象。对此，应将进水的 BOD_5 值控制在 $500mg/L$ 以下，否则需采取出水回流稀释措施。

（2）滤层内部的分层

滤塔滤层内部存在着明显的分层现象，在各层生长繁育着种属各异的适应流至该层污水特征的微生物种群，这种情况有助于微生物的增殖、代谢等生理活动，更有助于有机污染物的降解、去除。由于滤塔具有这种分层现象的特征，使其能够承受较高的有机污染物冲击负荷。因此，滤塔常用作高浓度工业废水二级生物处理的第一级处理单元，较大幅度地去除有机污染物，以保证第二级处理单元保持良好的净化效果。

3. 适用条件与优缺点

塔式生物滤池适用于处理水量小的生活污水和城市污水处理，一般不宜超过 $10000m^3/d$，也可用于处理各种有机性的工业废水。

塔式生物滤池的优点是可大大缩小占地面积，对水质水量突变的适应性强，即使是受冲击负荷影响后，一般也只是上层滤料的生物膜受影响，因此能较快地恢复正常工作。塔式生物滤池在地形平坦处需要的污水抽升费用较大，并且由于池高使得运行管理也不太方便，是其主要的不足之处。

第 14.3 节内容
视频讲解

14.3　生　物　转　盘

生物转盘(Rotating Biological Contactor)又称浸没式生物滤池,它由许多平行排列浸没在一个水槽(氧化槽)中的塑料圆盘(盘片)所组成。该工艺是于 20 世纪 60 年代在原联邦德国开创的一种污水生物处理技术。目前其构造形式、系统组成、计算理论等各方面都有一定的发展,转盘构造和相关设备日益完善。生物转盘初期用于生活污水处理,后推广到城市污水处理和有机性工业废水的处理。处理规模也从几百人口当量发展到数万人口当量。

生物转盘以较低的线速度在接触反应槽内转动。接触反应槽内充满污水,转盘交替地与空气和污水相接触。经过一段时间后,在转盘上附着一层栖息着大量微生物的生物膜。微生物的种属组成逐渐稳定,污水中的有机污染物为生物膜所吸附降解。

转盘转动离开水面与空气接触,生物膜上的固着水层从空气中吸收氧,并将其传递到生物膜和污水中,使槽内污水中的溶解氧含量达到一定的浓度。在转盘上附着的生物膜与污水以及空气之间,除有机物(BOD、COD)与 O_2 的传递外,还进行着其他物质,如 CO_2、NH_4^+ 等的传递。在处理过程中,盘片上的生物膜不断地生长、增厚;过剩的生物膜靠盘片在废水中旋转时产生的剪切力剥落下来,剥落的破碎生物膜在二次沉淀池内被截留。

14.3.1　生物转盘的构造特征

生物转盘是由盘片、接触反应槽、转轴及驱动装置所组成(图 14-12)。盘片串联成组,中心贯以转轴,转轴两端安设在半圆形接触反应槽两端的支座上。转盘面积的 40% 左右浸没在槽内的污水中,转轴高出槽内水面 10~25cm。

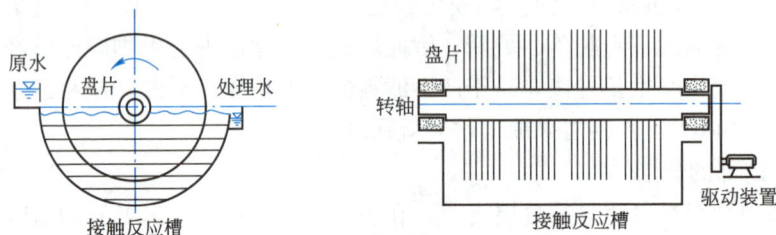

图 14-12　生物转盘构造图

(1) 盘片

盘片是生物转盘的主要部件,应具有轻质高强,耐腐蚀、耐老化、易于挂膜、不变形,比表面积大,易于取材、便于加工安装等性质。

1) 盘片的形状。一般为圆形平板。近年来为了加大盘片的表面面积,开始采用正多角形和表面呈同心圆状波纹或放射状波纹的盘片。

2) 盘片直径。一般多为 2.0~3.6m,如现场组装直径可以大些,甚至可达 5.0m。采用表面积较大的盘片,能够缩小接触反应槽的平面面积,减少占地面积。

3) 盘片间距。在决定盘片间距时,主要考虑其不为生物膜增厚所堵塞,并保证通风的效果。盘片间距的标准值为 30mm,如采用多级转盘,则前数级的间距为 25~35mm,后数级为 10~20mm。

4）盘片材料。为了减轻盘片的质量，盘片大多由塑料制成，平板盘片多以聚氯乙烯塑料制成，而波纹板盘片则多用聚酯玻璃钢。

（2）接触反应槽

盘片浸没于接触反应槽污水中的深度不小于盘片直径的 35％。接触反应槽应呈与盘材外形基本吻合的半圆形，槽的构造形式与建造方法随设备规模大小、修建场地条件不同而异。接触反应槽的各部位尺寸和长度，应根据转盘直径和轴长决定，盘片边缘与槽内面应留有不小于 100mm 的间距。槽底应考虑设有放空管，槽的两侧面设有进出水设备，多采用锯齿形溢流堰。对多级生物转盘，接触反应槽分为若干格，格与格之间设导流槽。

（3）转轴

转轴是支撑盘片并带动其旋转的重要部件。转轴两端安装固定在接触反应槽两端的支座上。

（4）驱动装置

驱动装置包括动力设备、减速装置以及传动链条等。对大型转盘，一般一台转盘设一套驱动装置，对于中、小型转盘，可由一套驱动装置带动 3～4 级转盘转动。转盘的转动速度是重要的运行参数，综合考虑各项因素，必须选定适宜的设计参数。

14.3.2　生物转盘系统的工艺特征

生物转盘与活性污泥法及生物滤池相比具有如下优点：不会发生如生物滤池中滤料的堵塞现象；生物相分级，在每级转盘上生长着适应于流入该级污水性质的微生物；污泥龄长，因此生物转盘具有硝化、反硝化的功能。废水与生物膜的接触时间比滤池长，耐冲击负荷能力强。接触反应槽不需要曝气，因此动力消耗低，这是本法最突出的特征之一。

但是，生物转盘也有其缺点：盘材较贵，投资大。从造价考虑，生物转盘仅适用于小水量低浓度的废水处理；无通风设备，转盘的供氧依靠盘面的生物膜接触大气，废水中挥发性物质将会产生污染。生物转盘最好作为第二级生物处理装置；生物转盘的性能受环境气温及其他因素影响较大，所以，北方设置生物转盘时，一般置于室内，并采取一定的保温措施。建于室外的生物转盘都应加设雨棚，防止雨水淋洗，使生物膜脱落。总的来看，生物转盘的应用受到很多限制。

14.3.3　典型的工艺流程

图 14-13 所示为处理城市污水的生物转盘系统的基本工艺流程。生物转盘处理系统中，除核心装置生物转盘外，还包括污水预处理设备和二沉池。二沉池的作用是去除经生

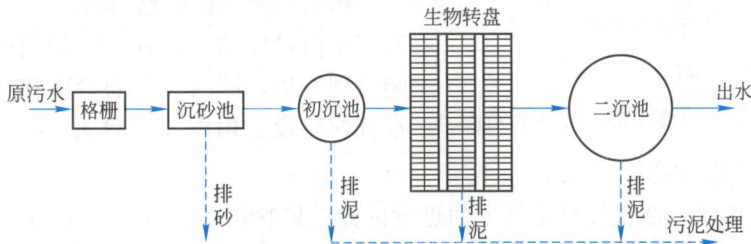

图 14-13　生物转盘处理系统基本工艺流程

物转盘处理后的污水所挟带的脱落生物膜。生物转盘宜采用多级处理方式。实践证明，处理同一种污水，如盘片面积不变，将转盘分为多级串联运行，能够提高出水水质。同时对生物转盘上生物相的观察表明，第一级盘片上的生物膜最厚，随着污水中有机物的逐渐减少，后几级盘片上的生物膜逐渐变薄。

14.4　生物接触氧化法

第 14.4 节内容
视频讲解

生物接触氧化法亦称淹没式生物滤池（Submerged Biofilm Reactor，SBR），是由生物滤池和接触曝气氧化池演变而来的。早在 20 世纪 30 年代，已在美国出现生产性装置。当时采用的填料为砂石、竹木制品和金属制品，主要用于处理低浓度的污水，它克服了活性污泥法在处理此类污水时，因污泥流失而不能维持正常运行的缺点，并取得了较好的效果。进入 20 世纪 70 年代，随着大孔径、高比表面积的蜂窝直管填料和立体波纹塑料填料的出现，使生物接触氧化工艺的应用范围得以拓宽。

所谓生物接触氧化法就是在池内充填一定密度的填料，从池下通入空气进行曝气，污水浸没全部填料并与填料上的生物膜广泛接触，在微生物新陈代谢功能的作用下，污水中的有机物得以去除，污水得到净化。该工艺是一种介于活性污泥法与生物滤池两者之间的生物处理技术，也可以说是具有活性污泥法特点的生物膜法，一定意义上兼有两者的优点。

几十余年来，该技术在国内外都得到了广泛的研究与应用，用于处理生活污水和某些工业有机污水，取得了良好的处理效果。广泛地用于处理生活污水、城市污水和食品加工等工业废水，而且还用于处理地表水源水的微污染。

14.4.1　生物接触氧化池的构造

接触氧化池是由池体、填料、支架及曝气装置、进出水装置以及排泥管道等部件所组成（图 14-14）。

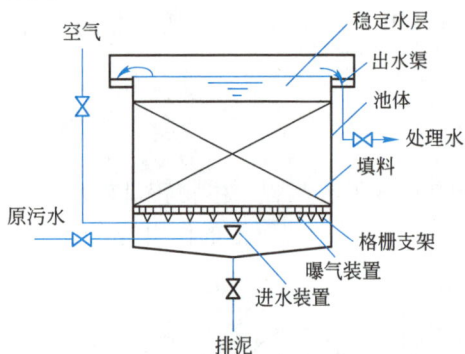

图 14-14　接触氧化池的基本构造图

（1）池体

接触氧化池是生物接触氧化装置的主体结构，微生物净化污水的主要场所，其池体在平面上多呈圆形、矩形或方形，有钢板型的、钢筋混凝土型的或砖混型的。

（2）填料

填料是微生物栖息的场所，生物膜的载体，兼有截留悬浮物质的作用。填料的特性直接影响处理效果，同时，它的费用在接触氧化处理系统的建设费用中又占较大比例，所以选择适宜的填料具有经济和技术意义。

填料可按形状、性状及材质等方面进行区分。填料按形状分，可分为蜂窝状、筒状、波纹状、盾状、圆环辐射状、不规则粒状以及球状等；按性状分，有硬性、半软性、软性等；按材质则有塑料、玻璃钢、纤维等。当前我国常用的填料有下列几种（图 14-15）。

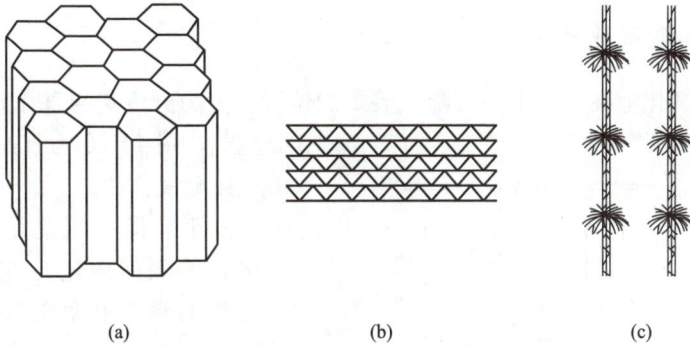

图 14-15　常用填料
(a)蜂窝状填料；(b)波纹板状填料；(c)软性纤维状填料

1）蜂窝状填料［图 14-15 （a）］。材质为玻璃钢或塑料，这种填料的优点是：比表面积大，空隙率高，质轻但强度高，管壁光滑无死角，衰老生物膜易于脱落等。主要缺点是：当选定的蜂窝孔径与 BOD 负荷不相适应时，生物膜的生长与脱落失去平衡，填料易于堵塞；当采用的曝气方式不适宜时，蜂窝管内的流速难以达到均一流速等。

2）波纹板状填料［图 14-15 （b）］。我国采用的波纹板状填料，是以英国的"Flocor"填料为基础，用硬聚氯乙烯平板和波纹板相隔粘结而成。这种填料的特点主要是孔径大，不易堵塞；结构简单，便于运输、安装，可单片保存，现场粘合；质轻强度高，防腐性能好。其主要缺点仍是难以得到均一的流速。

3）软性填料。即软性纤维状填料［图 14-15 （c）］。这种填料一般是用尼龙、维纶、涤纶、腈纶等化纤编结成束并用中心绳连接而成。软性填料的特点是比表面积大、质量轻、强度高、物理、化学性能稳定、运输方便、组装容易等。其缺点是易于结块，并在结块中心形成厌氧状态。

除此之外，还有半软性填料、盾形填料、不规则粒状填料、球形填料等。

14.4.2　生物接触氧化法的特征

生物接触氧化处理技术，在工艺、功能以及运行等方面具有下列主要特征。

在工艺方面，使用多种形式的填料，填料表面布满生物膜，形成了生物膜的主体结构。生物膜上微生物丰富，除细菌和多种种属的原生动物和后生动物外，还能够生长氧化能力较强的球衣菌属的丝状菌。在功能方面，生物接触氧化处理技术具有多种净化功能，除有效地去除有机污染物外，如运行得当还能够用以脱氮，因此，可以作为三级处理技术。在运行方面，对冲击负荷有较强的适应能力，在间歇运行条件下，仍能够保持良好的处理效果，对排水不均匀的企业，更具有实际意义；操作简单、运行方便、易于维护管理，无须污泥回流，不产生污泥膨胀现象，也不产生滤池蝇；污泥生成量少，污泥颗粒较大，易于沉淀。

生物接触氧化处理技术的主要缺点是：去除有机物效率不如活性污泥法高，工程造价也较高，如设计或运行不当，填料可能堵塞，此外，布水、曝气不易均匀，可能在局部出现死角，同时大量产生的后生动物(如轮虫类)容易造成生物膜瞬时大量脱落，影响出水水质。

14.4.3　接触氧化池的形式

目前，接触氧化池在形式上，按曝气装置的位置，分为分流式与直流式。国外多采用分流式，图 14-16 为日本开发的标准分流式接触氧化池。

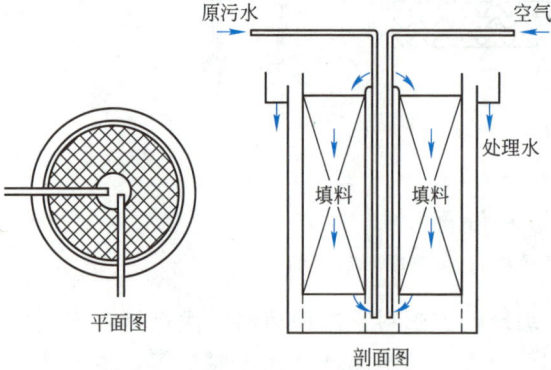

图 14-16　标准分流式接触氧化池

分流式接触氧化池，就是使污水在单独的隔间内进行充氧，在这里进行激烈的曝气和氧的转移过程，充氧后污水又缓缓地流经充填着填料的另一隔间，与填料和生物膜充分接触，这种外循环方式使污水多次反复地通过充氧与接触两个过程，有利于微生物的生长繁殖。但是，这种装置在填料间水流缓慢，冲刷力小，生物膜更新缓慢，易于形成厌氧层，产生堵塞现象，在 BOD 负荷高的情况下不宜采用。分流式接触氧化池根据曝气装置的位置又可分为中心曝气型与单侧曝气型两种。图 14-16 所示为典型的鼓风曝气中心曝气型接触氧化池。

单侧曝气式接触氧化池，如图 14-17 所示，填料设在池的一侧，另一侧为曝气区，原污水首先进入曝气区，经曝气充氧后流经填料，污水在填料区和曝气区循环往复，出水则沿设于曝气区外侧的间隙上升进入沉淀池。

国内一般多采用鼓风曝气直流式接触氧化池（图 14-18）。这种形式接触氧化池的特点是直接在填料底部曝气，在填料上产生上向流，生物膜受到气流的冲击、搅动，加速脱落、更新，使生物膜经常保持较高的活性，而且能够避免堵塞现象的发生。此外，上升气流不断地与填料撞击，使气泡破碎，直径减小，增加了气泡与污水的接触面积，提高了氧的转移率。

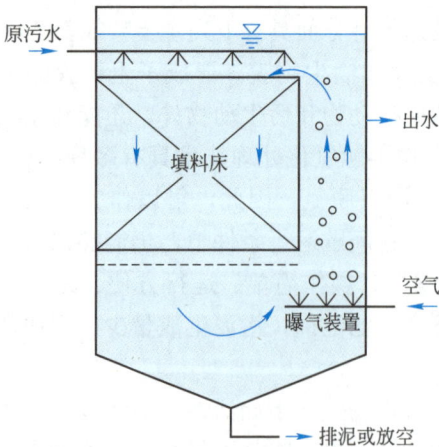

图 14-17　单侧曝气式接触氧化池

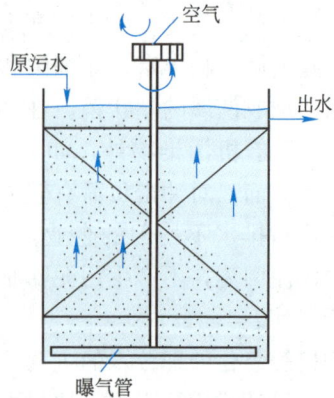

图 14-18　鼓风曝气直流式接触氧化池

14.4.4 生物接触氧化处理技术的工艺流程

生物接触氧化处理技术的工艺流程，一般可分为：一段(级)处理流程、二段(级)处理流程和多段(级)处理流程。实践证明，这几种处理工艺流程各具特点，适宜在不同的条件下应用。

一段(级)处理流程如图 14-19 所示，原污水经初次沉淀池预处理后进入接触氧化池，出水经过二次沉淀池进行泥水分离后作为出水排放，从填料上脱落的老化生物膜，作为剩余污泥排出系统。

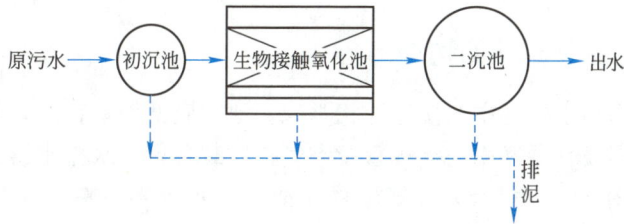

图 14-19 一段处理流程

图 14-20 所示为两段处理流程，两段接触氧化池串联运行，更能适应原水水质的变化，出水水质趋于稳定。其中间可设有中间沉淀池或免设。多段(级)生物接触氧化处理流程如图 14-21 所示，是由连续串联 3 座或 3 座以上的接触氧化池组成的系统。

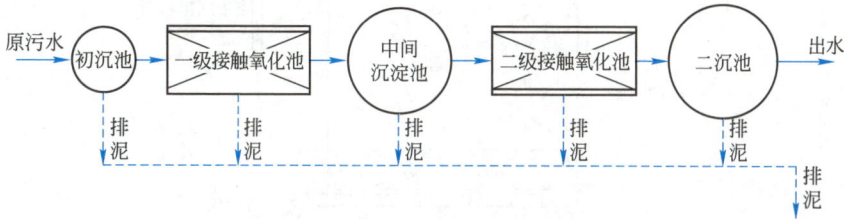

图 14-20 二段处理流程

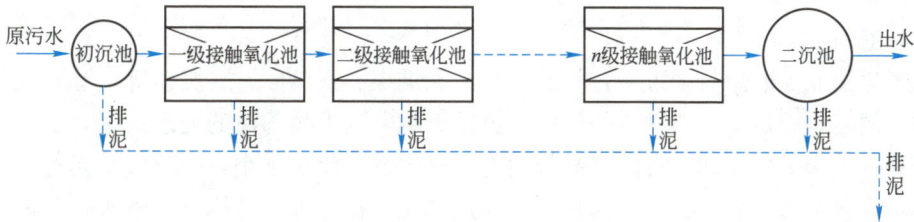

图 14-21 多段处理流程

从总体上讲，经初次沉淀池沉淀的污水流入接触氧化池，池内的微生物处于对数增殖期的末期和减速增殖期的前期，生物膜增长较快，BOD 负荷较高，有机物降解速率也较大，串联运行的后续接触氧化池内微生物处于减衰增殖期的后期或内源呼吸期，生物膜增长缓慢，出水水质逐步提高。

14.5　曝气生物滤池

　　曝气生物滤池（Biological Aerated Filter，BAF）是集生物降解、固液分离于一体的污水处理工艺，是生物接触氧化工艺与过滤工艺的有机结合。该工艺将生物接触氧化与过滤结合在一起，不设沉淀池，通过反冲洗再生实现系统的周期运行，可以保持接触氧化的高效性，同时又可以获得良好的出水水质。该工艺起源于 20 世纪初，在 80 年代才逐渐被应用，并有了统一的名称，起初用作三级处理，后发展成直接用于二级处理。

14.5.1　曝气生物滤池的构造

　　曝气生物滤池与给水处理中的快滤池相类似。池内底部设承托层，其上部则是作为滤料的填料。在承托层设置曝气用的空气管及空气扩散装置，出水排水管兼作反冲洗水管也设置在承托层内。图 14-22 所示为曝气生物滤池构造示意图，曝气池的基本结构由滤料层、工艺用布水布气装置、反冲洗装置和出水口等部分组成。

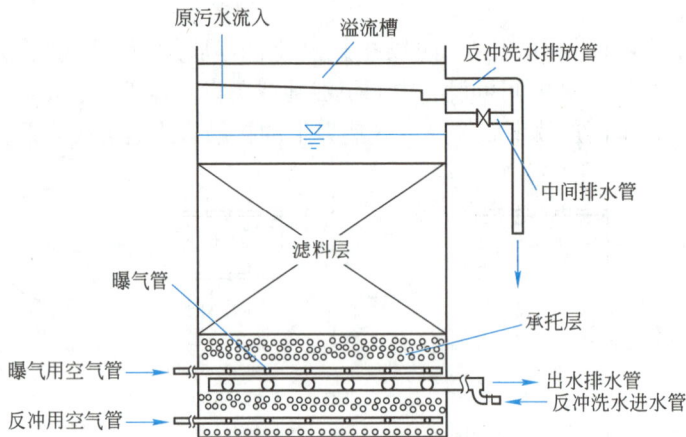

图 14-22　曝气生物滤池构造示意图

　　（1）滤料层

　　曝气生物滤池的滤料多采用粒状的陶粒、无烟煤、石英砂、膨胀岩等。滤料是生物膜的载体，同时兼有截留悬浮物质的作用，直接影响曝气生物滤池的处理效果。滤料的粒径和系统处理效果的好坏和运行周期的长短有显著关系。粒径越小，处理效果越好，但因其孔隙小容易被堵塞，使运行周期缩短，引起反冲洗水量增加，并给运行管理带来麻烦。将曝气生物滤池用于城市污水二级生物处理时，建议滤料粒径为 4～5mm；将其用于三级生物处理时，建议滤料粒径采用 3～5mm。滤料层高度可取为 1.8～3.0m。

　　（2）曝气系统

　　曝气生物滤池多采用穿孔管曝气系统，穿孔管一般使用塑料或不锈钢材质，设置在距滤料层底面以上约 0.3m 处，使在滤料层的底部有一小段距离内不进行曝气，不受空气泡的扰动。工艺布气的风机应设有备用风机。

（3）布水布气系统

曝气池的底部为反冲洗的配水、布气和出水区，反冲洗要求配水和布气均匀，提高反冲洗效果，避免滤料流失。常见的配水和布气方式有三种。一种是采用滤头进行配水和布气，气和水通过滤头混合，从滤头的缝隙中均匀喷出；一种是穿孔板装置，在水平承重板上均匀地开具小孔，板上为卵石承托层，承托层可避免滤料下漏，并进一步布水布气；还有一种是大阻力布水布气系统，其构造与给水滤池中的大阻力布水系统一致。

（4）反冲洗装置和出水口

反冲洗水可通过设置在滤料层上部的排水槽连续排出，为防止滤料流失，可采用与给水滤池中类似的翼形排水槽或虹吸管排水。出水口的最高标高应与滤料层的顶面持平或稍高，以保证反冲洗完毕、重新开始运行时，滤料层以上约有 0.15m 的水深，可避免滤料流失。

14.5.2　曝气生物滤池的特点

曝气生物滤池相比生物接触氧化等其他工艺，不仅具有类似的生物吸附、氧化作用，还有固液分离的过滤作用，因此其工艺的污水处理系统组成需要有初沉池，但不需二沉池。此外曝气生物滤池需进行反冲洗，自动化程度要求高。曝气生物滤池一般用在生活污水或者工业废水深度处理上，可以将 COD 降到 30～50mg/L 以下。曝气生物滤池主要的优点包括：

（1）占地面积小，布置紧凑。曝气生物滤池之后不设二次沉淀池，可省去二次沉淀池的占地和投资。此外，由于采用的滤料粒径较小，比表面积大，生物量高，再加上反冲洗可有效更新生物膜，保持生物膜的高活性，这样就可在较短的时间内对污水进行快速净化。曝气生物滤池水力负荷、容积负荷高于传统污水处理工艺，停留时间短（每级 0.5～0.66h），因此所需生物处理面积和体积都较小。其占地可以减小到常规处理工艺的 1/5～1/10，对于用地紧张或地价昂贵的城市具有明显的优势。

（2）出水水质较好。由于填料本身截留及表面生物膜的生物絮凝作用，使得出水 SS 很低，一般不超过 10mg/L；因周期性的反冲洗，生物膜得以有效更新，表现为生物膜较薄，活性很高。

（3）氧的传输效率很高，曝气量小，供氧动力消耗低。曝气量低于一般生物处理法。

（4）抗冲击负荷能力强，耐低温。国外运行经验表明，曝气生物滤池可在正常负荷 2～3 倍的短期冲击负荷下运行，而其出水水质变化很小。

其主要缺点是：运行管理复杂，需要定期进行反冲洗以保证正常运行；对进水的 SS 要求较高；水头损失较大，水的总提升高度较大；产泥量相对于活性污泥法稍大，污泥稳定性差。此外，因设计或运行管理不当还会造成滤料随水流失等问题。

14.5.3　曝气生物滤池的形式

根据进水流向的不同，曝气生物滤池的池型主要有下向流式和上向流式，下面是几种典型的曝气生物滤池。

（1）BIOCARBONE

如图 14-23 所示，污水从滤池上部流入，下向流流出。在滤池的中下部设曝气管（一般距底部 25~40cm 处)进行曝气,曝气管上部起生物降解作用。随着运行的进行,滤料表面逐渐截留 SS 并附着生长生物膜,使水头损失逐渐增加,达到设计值后,需要对其反冲洗。一般采用气水联合反冲洗,底部设反冲洗布气、布水装置。BIOCARBONE 属早期曝气生物滤池,其缺点是负荷低,且大量被截留的 SS 集中在滤池上端几十厘米处,此处水头损失占整个滤池水头损失的绝大部分,滤池运行后期滤层内会出现负水头现象,进而引起沟流。法国 Degremont 公司开发的 BIOFOR 和 OTV 公司开发的 BIOSTYR,在一定程度上克服了 BIOCARBONE 的这些缺点。

(2) BIOFOR

BIOFOR (Bio-Filtration Oxygenated Reactor,BIOFOR),其结构如图 14-24 所示。BIOFOR 运行时一般采用上向流,污水从底部进入气水混合室,经长柄滤头配水后通过垫层进入滤料层,同时曝气管供气,在此进行 BOD、COD、氨氮、SS 的去除。反冲洗时,气、水同时进入气水混合室,经长柄滤头配水后进入滤层,反冲洗出水回流入初沉池,与原污水合并处理。BIOFOR 采用上向流(气水同向流)的主要原因有:同向流可促使布气、布水均匀;采用上向流,可避免截留的 SS 聚集,引起水头损失增大和沟流。

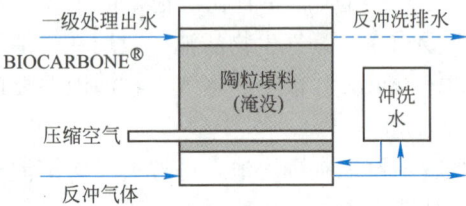

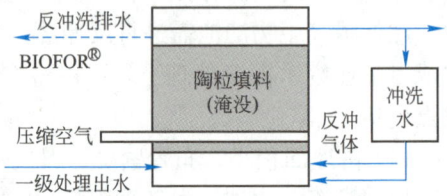

图 14-23　BIOCARBONE 曝气生物滤池形式图　　图 14-24　BIOFOR 曝气生物滤池形式图

BIOFOR 工艺流程是一种组合方式,即可串联又可并联。污水经格栅等去除粗大漂浮物、悬浮物后,进入初沉池进行 SS、COD、BOD 等的初步去除;然后进入第一级 BIOFOR-C/N,绝大部分 COD、BOD 在此进行降解,部分氨氮进行硝化;接着污水进入第二级 BIOFOR—N,进行氨氮的彻底硝化及 COD、BOD 的进一步降解。如要求脱氮除磷,则再增加第三级反硝化处理 BIOFOR-DN/P,同时投加药剂,进行除磷。运行过程中,一、二级 BIOFOR 反冲周期一般为 24~48h。

(3) BIOSTYR

BIOSTYR 滤池是 BAF 工艺的一种,是法国 OTV 公司的注册工艺,由于采用了新型轻质悬浮填料——Biostyrene(主要成分聚苯乙烯且密度小于 1.0g/cm³)而得名。脱氮的 BIOSTYR,滤池底部设有进水管和排泥管,中上部是填料层,厚度一般为 2.5~3.0m,填料顶部装有挡板,防止悬浮填料的流失。与一般的 BAF 工艺不同之处是其滤头设在池子的上部,在上部挡板上均匀安装有出水滤头。挡板上部空间用作反冲洗的贮水区,该区设有回流泵用以将出水抽送至配水廊道,继而回流到滤池底部实现反硝化。

14.5.4　曝气生物滤池的工艺流程

曝气生物滤池的工艺流程由预处理系统、曝气生物滤池、反冲洗水泵和反冲洗贮水池及空压机等组成,整体流程如图 14-25 所示。

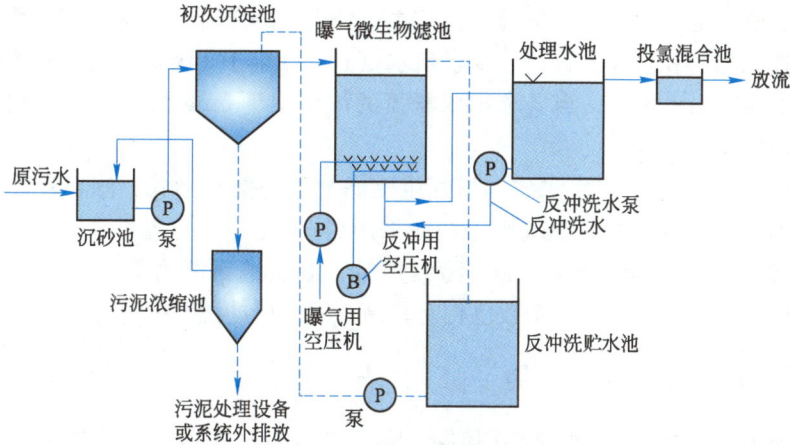

图 14-25　曝气生物滤池污水处理工艺流程

为了减少污水中的悬浮物，进入曝气生物滤池的污水要求进行充分的预处理。预处理一般包括沉砂池、初沉池等设施。预处理的主要是目的是降低悬浮物浓度，一般控制进水悬浮物浓度低于 60mg/L。预处理可减少曝气生物滤池的反冲洗次数，保证滤池正常运行。

经过预处理的污水从池顶部进入曝气生物滤池（下向流 BAF）。水流经过滤料层由微生物聚集生长形成的生物膜表面。在污水滤过滤料层的同时，池子下部的曝气管向滤料层进行曝气，空气由滤料的间隙上升，与向下流的污水接触混合，微生物利用溶解氧和有机物进行新陈代谢，污染物被降解，污水得到处理。污水中的悬浮物以及生物膜脱落形成的生物污泥，被填料截留，因此滤层具有二次沉淀的作用。

出水进入反冲洗水池后再外排，在反冲洗水池内贮存一次反冲一格滤池所需要的反冲洗水量。曝气生物滤池经过一段时间的运行，滤料层中的固体物质，包括进水中被截留的悬浮物和由于生物膜脱落形成的生物污泥逐渐增多，水头损失增加，需要对滤层进行反冲洗，以清除多余的固体物质。反冲洗采用气、水反冲洗的方法，反冲洗出水返回预处理系统进行再次处理。

14.5.5　曝气生物滤池的应用

曝气生物滤池根据处理程度的不同，可以分为去除有机物滤池、硝化滤池、后置反硝化滤池或前置反硝化滤池。这些反应既可在单级生物滤池内同步完成，也可以在多级生物滤池组合实现。去除有机物的 BAF 一般作为城市污水的二级处理。对于城市污水处理，当出水的 BOD_5 值要求小于 20mg/L 时，BOD_5 容积负荷率建议取为 $2.5 \sim 4.0 kgBOD_5/$（$m^3 \cdot d$）。若污水中的溶解性 BOD_5 值比较高，或者要求出水 BOD_5 浓度低，应取低值。去除有机物 BAF 的平均水力负荷和最大水力负荷一般分别在 $4 \sim 7m/h$ 和 $10 \sim 20m/h$。二级处理 BAF 一般直接放在初沉池后，因此容积负荷往往是设计时的限制性因素。

当设计 BAF 具备硝化功能时，需要综合考虑硝化能力的影响因素，包括温度、出水要求、流速和负荷等。当曝气生物滤池作为城市污水二级生物处理工艺，要求出水氨氮浓度低于 15mg/L 时，氨氮容积负荷可取 $0.7kgN/（m^3 \cdot d）$，对于出水 BOD_5 达到 20mg/L 的国家一级排水标准，无须因为去除氨氮而增加曝气生物滤池的容积。

当曝气生物滤池作为污水三级处理，其主要处理目的是硝化去除氨氮，则曝气生物滤池的容积可按氨氮容积负荷设计。当要求出水氨氮浓度小于 15mg/L 时，最大的氨氮容积负荷可达 $1.5kgN/(m^3 \cdot d)$；当要求出水氨氮的浓度小于 5mg/L 时，最大的氨氮容积负荷可取 $0.6kgN/(m^3 \cdot d)$。

BAF 的气水比大小和进水水质、曝气生物滤池的功能和形式、滤料粒径大小和滤层厚度等因素有关。曝气生物滤池气水比一般采用 $(1\sim3)$：1，但也有高达 10：1 者。BAF 的反冲洗频率与有机负荷、SS 负荷、污泥产量、滤层纳污能力等因素有关。二级处理 BAF 的 SS 负荷较高，污泥产率系数也相对较高，因此反冲洗至少每天一次。

14.5.6　反硝化滤池的应用

反硝化滤池与曝气生物滤池结构相似，已经有多年的应用历史。20 世纪 70 年代，反硝化滤池用于污水二级处理，通常有前置反硝化滤池和后置反硝化滤池两种方式，该工艺在欧洲广泛应用。近年来，为强化污水二级处理出水中硝酸盐去除，欧美等发达国家在再生水厂中采用反硝化生物滤池提高出水水质。我国再生水厂也已广泛采用该工艺实现深度脱氮。根据进水水流方向，反硝化滤池可分为上流式反硝化生物滤池和下流式反硝化生物滤池。进水水流可向下或者向上通过滤层，出水由底部或上部收集于出水渠，进入集水池。由于滤料粒径小，比表面积大，滤料表面附着生长大量异养反硝化菌，使整个生物滤池具有较高的反硝化能力。滤池运行过程中，滤料表面附着生长的生物量和滤料间截留杂质不断增加，滤池水头损失逐渐增大，因此，运行一定时间后，需对滤层进行反冲洗，排出过量生长的微生物。

进入生物滤池的污水经过预处理，去除悬浮物及丝状物理污染物，一般要求生物滤池进水悬浮物（SS）浓度在 $50\sim60mg/L$ 以下。反硝化滤池的前面一般是活性污泥脱氮工艺，因此上游工艺具备部分脱氮功能，反硝化滤池的进水硝酸盐一般小于 10mg/L。在这种情况下，后置反硝化的设计一般由水力条件决定，大部分装置的容积负荷约为 $0.3\sim0.6$ kg $N/(m^3 \cdot d)$。一般反硝化滤池水力负荷为 $4\sim9m/h$，当一格反冲洗不工作时，其最大小时负荷不高于 18m/h。后置反硝化上向流滤池的负荷可达到 $18\sim35m/h$，因为上向流的反硝化滤池不受水力条件的限制，在设计上也不是要达到砂滤池相同的去除悬浮物的效果。

反硝化滤池中污水的净化过程较为复杂，包括传质过程、有机物分解、硝酸盐还原和微生物的新陈代谢等各种过程。在这些过程的综合作用下，污水中有机物和硝酸盐的含量大大减少，水质得到了净化。生物反硝化作用是反硝化生物滤池稳定运行的关键因素。反硝化过程的影响因素主要有：溶解氧、碱度和 pH、温度、碳源种类、碳氮比和有毒物质。反硝化生物滤池的性能同样受滤池构造及运行控制等多种因素的影响。

外加碳源对反硝化滤池的脱氮效果至关重要。当采用不同的碳源时，反硝化所需的 COD 的量差别较大。碳源物质不同，反硝化速率也不同。反硝化生物滤池外加碳源可分为三类：(1)易于生物降解的有机物（如甲醇、乙醇、乙酸等）；(2)慢速生物降解的有机物（如淀粉、蛋白质等）；(3)细胞物质，细菌利用细胞成分进行内源反硝化。碳源物质不同，反硝化速率不同。易于生物降解的有机物作为反硝化碳源时，反硝化速率最快，可提高反硝化滤池的处理效率，因此，推荐使用易于生物降解的有机物作为碳源，如城市污水、啤酒污水、挥发性有机物和糖蜜等，柠檬酸、丙酮也可以作为反硝化的有机碳源物质。20 世纪 60 年代末和 70 年代初曾提出用内源代谢产物作为反硝化碳源，但是其反硝化速率远远低于甲醇等作碳源时的反硝化速率，需要增大反硝化池容积，同时还会由于溶菌作用释放氨氮，降低脱氮率。碳源投加的控制非常重要。过量投加会浪费碳源，也会增加出水 BOD，使得出水难以达标。碳源投加不足会降低硝酸盐的去除量，从而导致污水处理厂出水硝酸盐或者总氮不达标。除了碳源投加外，过度反冲洗和气体积聚都会影响运行费用和处理效果，需要在运行中加以注意。

14.6　生物流化床

生物流化床（Biological Fluidized Bed）是在 20 世纪 70 年代初由美国首先开始对其进行研究和应用。所谓生物流化床，就是以砂、活性炭、焦炭一类的较小的惰性颗粒为载体充填在床体内，因载体表面覆盖着生物膜而使其相对密度变小，污水以一定流速从下向上流动，使载体处于流化状态。该工艺是利用流态化的概念进行传质操作，是一种强化生物处理、提高微生物降解有机物能力的高效生物处理工艺，克服了固定床生物膜法中固定床操作存在的容易堵塞的弊病。

第 14.6 节内容视频讲解

14.6.1　生物流化床的构造

生物流化床是由床体、载体、布水装置、充氧装置和脱膜装置等组成。

（1）床体　平面多呈圆形，多由钢板焊制，需要时也可以由钢筋混凝土浇灌砌制。

（2）载体　是生物流化床的核心部件，常用的有：石英砂、无烟煤、焦炭、颗粒活性炭、聚苯乙烯球。当进入床底部的污水使床断面流速等于临界流化速度时，滤床开始松动，载体开始流化；当进水流量不断增加而使床断面流速大于临界流化速度时，滤床高度不断增加，载体流化程度加大；当滤床中载体颗粒不再为床底所承托而为液体流动对载体产生的上托力所承托，亦即在载体下沉力和流体上托力平衡时，整个滤床内颗粒出现流化状态。在这种情况下，滤床膨胀率通常为 20%～70%，颗粒在床中做无规则运动，载体颗粒的整个表面都将和污水相接触，致使滤床内载体具有更大的可为微生物与污水中有机物接触的表面积。

（3）布水装置　均匀布水是生物流化床能够发挥正常净化功能的重要环节，特别是对液动流化床（二相流化床）更为重要。布水装置又是填料的承托层，在停水时，载体不流失，并易于再次启动。图 14-26 所示为常用于液动流化床的几种布水装置。

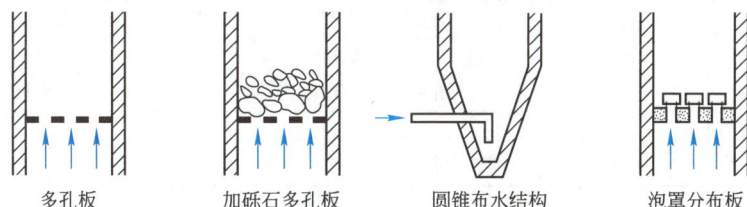

图 14-26　常用于液动流化床的几种布水装置

（4）脱膜装置　及时脱除老化的生物膜，使生物膜经常保持一定的活性，是生物流化床维持正常净化功能的重要环节。脱膜装置主要用于液动流化床，可单独另行设立，也可以设在流化床的上部。

14.6.2　生物流化床的特点

在原理上，它是通过载体表面的生物膜发挥去除作用，但从反应器形式上看，它又有别于生物转盘、生物滤池等其他生物膜法。在生物流化床中，生物膜随载体颗粒在水中呈悬浮状态，加之反应器中同时存在或多或少的游离生物膜和菌胶团，因此它同时具备悬浮生长法(活性污泥法)的一些特征。从本质上讲，生物流化床是一类既有固定生长法特征又有悬浮生长法特征的反应器，这使得它在微生物浓度、传质条件、生化反应速率等方面有一些优点。除了具有生物膜法的优点之外，还有：

(1) 微生物活性高。由于生物颗粒在床内不断相互碰撞和摩擦，其生物膜的厚度较薄，一般在 $0.2\mu m$ 以下，且较均匀。据研究，对于同类废水，在相同处理条件下，其生物膜的呼吸速率约为活性污泥的两倍，可见其反应速率快，微生物的活性较强。这也是生物流化床负荷较高的原因之一。

(2) 传质效果好。流态化的操作方式为反应器创造了良好的传质条件，气—固—液界面不断更新，氧与基质的传递速率均明显提高，有利于微生物对污染物的吸附和降解，加快生化反应速率。对于像食品、酿造这类可生化性较好的工业废水，生化反应的速率较快，在传质上的优势更能明显体现。

尽管生物流化床具有上述的诸多优点，而且近年来其应用范围和规模都日益扩展，但是其普及程度始终远不及活性污泥法、生物接触氧化法。在投资和运转费用方面，根据国外的比较，生物流化床的投资及占地面积仅相当于传统活性污泥曝气池的 70% 和 50%，但运转费用却相对较高，这主要源于载体流化的动力消耗。

14.6.3　生物流化床的工艺类型

按照使载体流化的动力来源不同，生物流化床可分为液流为动力的两相流化床(液流动力流化床)、气流为动力的三相流化床(气流动力流化床)和机械搅动流化床等3 种类型。此外，生物流化床还按其本身处于好氧或缺氧状态，而分为好氧流化床和缺氧流化床。

表 14-2 所列举的是生物流化床的分类，充氧方法和其功能。

生物流化床分类表 表 14-2

流化床分类	主要去除对象	流化方式(流化床类别)	充氧方式
好氧流化床	有机污染物(BOD、COD)氨氮	液流动力流化床	表面机械曝气、鼓风曝气、加压溶解
		气流动力流化床	鼓风曝气
		机械搅动流化床	鼓风曝气
缺氧流化床	硝态氮亚硝态氮	液流动力流化床机械搅动流化床	—

1. 液流动力流化床

液流动力流化床也称之为两相流化床，两相流化床是以液流(污水)为动力使载体流化，在流化床内只有污水(液相)与载体(固相)相接触，而在单独的充氧设备内对污水进行充氧。

2. 气流动力流化床

气流动力流化床亦称三相生物流化床，如图 14-27 所示，三相生物流化床是以气体为动力使载体流化，在流化床反应器内存在有液相、气相和固相，即污水（液）、载体（固）及空气（气）三相同步进入床体。它是由三部分组成的，在床体中心设输送混合管，其外侧为载体下降区，其上部则为载体分离区。空气由输送混合管的底部进入，在管内形成气、液、固混合体，空气起到空气扬水器的作用，混合液上升，气、液、固三相间产生强烈的混合与搅拌作用，载体之间也产生强烈的摩擦作用，外层生物膜脱落，输送混合管起到了脱膜作用。

3. 机械搅拌流化床

机械搅拌流化床又称悬浮粒子生物膜处理工艺。流

图 14-27 三相生物流化床

化床内分为反应室与固液分离室两部分，中央接近于床底部安装有叶片搅拌机，由安装在池面上的电机驱动，以带动载体转动，使其呈流化悬浮状态。该流化床内充填的载体粒径为0.1～0.4mm 的砂、焦炭或活性炭，粒径小于一般的载体。采用普通的空气扩散器装置充氧。

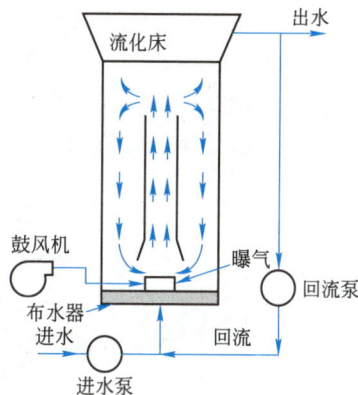

14.7 新型生物膜反应器和联合处理工艺*

第 14.7 节内容
视频讲解

14.7.1 复合式生物膜反应器

复合式生物膜反应器是近些年来发展较快、引起研究者很大兴趣的复合处理工艺，这些反应器将各单一操作的优点结合在一起，使反应器的净化功能提高。目前研究或应用较多的复合式生物膜反应器主要有复合式生物膜-活性污泥反应器、序批式生物膜反应器、移动床生物膜反应器。

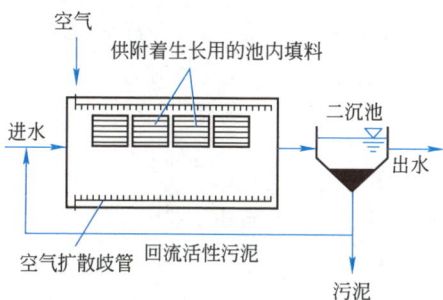

图 14-28 复合式生物膜—活性污泥反应器

1. 复合式生物膜—活性污泥反应器

如图 14-28 所示，所谓复合式生物膜—活性污泥反应器（Integrated Fixed-biofilmand Activated Sludge，IFAS）是在活性污泥曝气池中投加载体供微生物附着，悬浮生长的活性污泥和附着生长的生物膜共同承担着去除污水中有机物的任务。采取投加填料或载体的方法，如在曝气池中加入粉末活性炭、无烟煤、多孔泡沫塑料等为微生物提供附着生长的载体，可以增加曝气池中微生物的浓度，在悬浮的 MLSS 基础上，生物膜的 MLSS 达 2000～19000g/m³。生物膜的厚度在很大程度上取决于反应器的曝气强度或由曝气而引起的水力剪切力。

2. 移动床生物膜反应器

移动床生物膜反应器（Moving Bed Biofilm Reactor，MBBR）开发于 20 世纪 80 年代中期（图 14-29），其原理为密度接近于水、可悬浮载体填料投加到曝气池中作为微生物生长载体，填料通过曝气作用处于流化状态后可与污水充分接触，微生物处于气、液、固三相生长环境中，此时载体内厌氧菌或兼性厌氧菌大量生长，外部则为好氧菌，每个载体均形成

一个微型反应器，使硝化反应和反硝化反应同时存在。MBBR 工艺结合了传统流化床和生物接触氧化法两者的优点，解决了固定床反应器需要定期进行反冲洗、流化床需要将载体流化、淹没式生物滤池易堵塞需要清洗填料和更换曝气器等问题。该工艺因悬浮的填料能与污水频繁接触而被称为"移动的生物膜"。

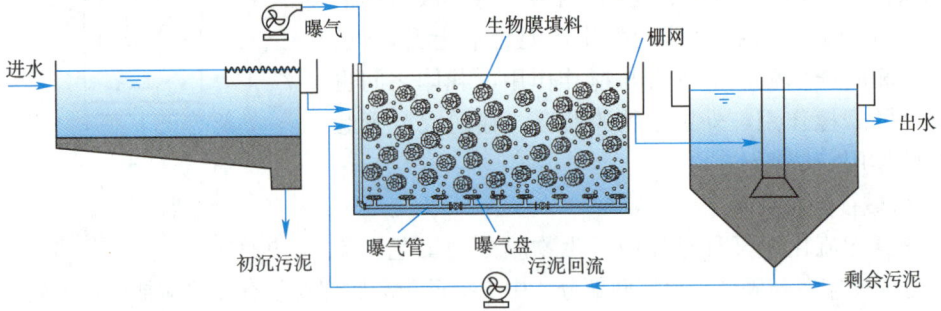

图 14-29   移动床生物膜反应器

MBBR 工艺中附着生长在悬浮载体中的长泥龄生物膜为生长缓慢的硝化菌提供了有利生存环境，可实现有效的硝化效果。该工艺日常用于二级处理后工业废水和城市污水的深度处理，由于进水中的有机物含量普遍较低，因此该工艺几乎只存在附着生长的生物量。MBBR 工艺既具有活性污泥法的高效性和运转灵活性，又具有传统生物膜法耐冲击负荷、泥龄长、剩余污泥少的特点。其污泥负荷比单纯的活性污泥工艺低，而处理效率更高，运行更稳定。

3. 序批式生物膜反应器

如图 14-30 所示，序批式生物膜反应器（Sequencing Biofilm Batch Reactor，SBBR）是在序批式反应器中引入生物膜。基于序批式活性污泥法的工艺过程及有关特征，再加上生物膜所固有的优点，一种新型生物膜反应器应运而生。就操作来讲，序批式生物膜法与序批式活性污泥法相似，一般也依次经过五个阶段，即进水、反应（曝气）、沉淀、排放和闲置。可用于该工艺的生物膜载体有软纤维填料、聚乙烯填料和活性炭等。在净化功能方面，该工艺可用于脱氮除磷和去除难降解有机物，并具有更强的抗冲击负荷能力等。

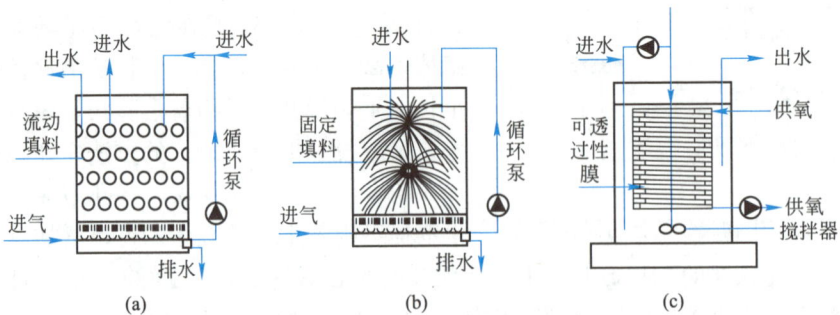

图 14-30   序批式生物膜反应器
(a)流动填料式；(b)固定填料式；(c)微孔膜式

14.7.2   生物膜/悬浮生长联合处理工艺

联合处理工艺的发展起源于 20 世纪 70 年代中期，新型滤料使普通生物滤池的有机负荷能够高于传统石质滤料滤池 10～15 倍，且没有臭味和堵塞问题。通过这两类工艺的联合，可以使处理工艺具备普通生物滤池简单、抗冲击负荷与维护管理方便的特点和活性污泥工艺出水水质好、硝化效果好的特点。联合处理工艺综合了两者的优点，因而得到广泛的重视。联合方式主要有两大类，其一是生物膜与悬浮生长系统同时在同一构筑物内联合发生的复合式工艺，典型工艺为投加悬浮或固定载体的活性污泥工艺，如复合式生物膜-活性污泥反应器；其二为生物膜系统与活性污泥系统按串联方式联合。下面主要介绍第二类典型联合工艺。

1. 活性生物滤池（Activated Biological Filter，ABF）

活性生物滤池（ABF）是将生物滤池与活性污泥曝气池串联运行形成组合的生物膜-活性污泥工艺。其特点是将生物滤池的部分出水回流，汇同二沉池的回流污泥一起进入生物滤池，如图 14-31 所示。活性生物滤池的进水混合液中含有较多的回流活性污泥，因此，滤床中具有大量的活性微生物，进水中大量的有机物首先在此被活性污泥所吸附和氧化，并进行微生物的合成。但由于污水与活性污泥在滤池中的停留时间较短，微生物对吸附在活性污泥上的有机物还未完全氧化，故滤池出水尚需在曝气池中进一步曝气处理以达到良好的出水水质。也正是活性生物滤池的这种作用，使得后续曝气池的负荷大为减轻且波动减小。试验研究结果表明，活性生物滤池具有较高的耐冲击负荷能力，即使进水负荷变化较大，滤池处理效果也不会有较大的波动。在曝气池前设置活性生物滤池，可以显著改善曝气池的运转工况，克服污泥膨胀问题，整个处理系统的工作十分稳定。

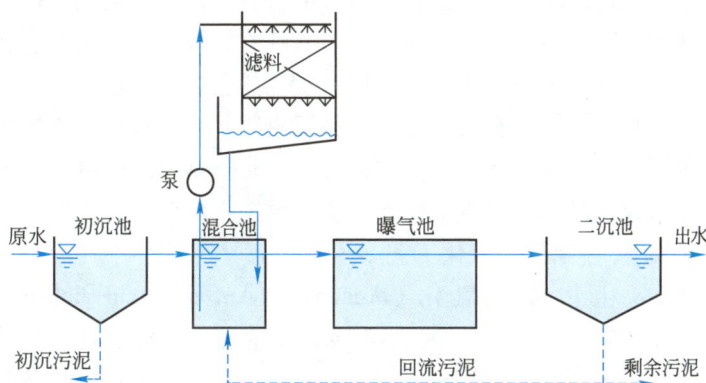

图 14-31　活性生物滤池

2. 普通生物滤池/活性污泥（Trickling Filter/Activated Sludge，TF/AS）工艺

普通生物滤池/活性污泥（TF/AS）工艺的特点，是在生物膜反应器和悬浮生长反应器之间设有一个中间沉淀池。在生物膜反应器底流进入悬浮生长反应器之前，中间沉淀池去除脱落的生物膜污泥，如图 14-32 所示。

14.7.3　新型生物膜工艺

1. 厌氧氨氧化生物膜工艺

厌氧氨氧化生物膜工艺是以含有厌氧氨氧化（Anaerobic Ammonium Oxidation，Anammox）菌的生物膜工艺。在缺氧条件下，厌氧氨氧化菌以亚硝态氮作为电子受体，将氨态氮直接转化为氮气。在传统的污水生物脱氮工艺中，反硝化菌将硝酸盐还原为氮气需要足够的有机物。相较而言，厌氧氨氧化脱氮技术以厌氧氨氧化菌独特的生理代谢途径为基础，

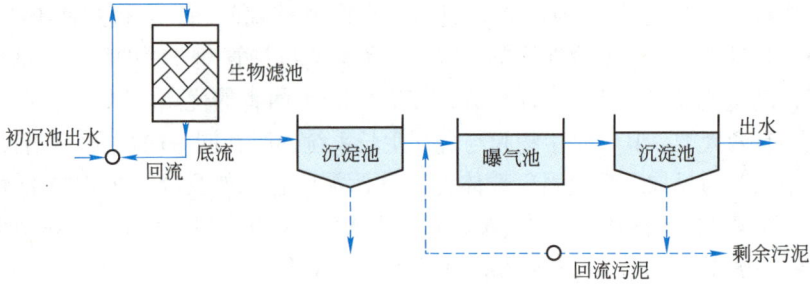

图 14-32　普通生物滤池/活性污泥工艺示意图

无需有机碳源，因此脱氮性能不受进水有机物不足的影响。厌氧氨氧化脱氮技术是一种新型的生物脱氮技术，氮去除效率高，曝气能耗低。更重要的是，进水有机物可以作为能源回收，从而提高城镇污水处理厂能量自给率。传统生物脱氮的升级和替代技术中，厌氧氨氧化脱氮技术是最具应用前景的发展方向之一。《Science》期刊撰文指出厌氧氨氧化脱氮技术的应用可以推动城镇污水处理厂向能源自给的方向发展，从而实现城镇污水处理和再生回用的可持续发展，这为实现污水处理高质量和可持续发展提供了一种新途径。近年来该领域一直被研究并受到工作者密切关注，《2020 研究前沿》报告指出"厌氧氨氧化技术及在污水处理中的应用"是环境领域唯一重点热点前沿。

厌氧氨氧化菌生长速率缓慢及无法有效地持留，是厌氧氨氧化脱氮技术应用于城镇污水处理中的主要瓶颈原因之一。以生物膜技术为基础的厌氧氨氧化污水生物处理系统，是解决该问题的关键。目前厌氧氨氧化生物膜技术，包括悬浮式颗粒污泥、悬浮式载体生物膜和固定式载体生物膜。目前已有移动床生物膜反应器、生物转盘、厌氧生物滤池和颗粒污泥反应器等多种厌氧氨氧化工艺。通过颗粒污泥或非生物载体可以有效地持留厌氧氨氧化菌，但是厌氧氨氧化菌是如何形成生物膜，仍需要进一步探究。

2. 厌氧/缺氧/好氧-生物接触氧化工艺

厌氧/缺氧/好氧-生物接触氧化（Anaerobic/Anoxic/Oxic-BioContact Oxidation，A^2/O-BCO）系统由 A^2/O 反应器、沉淀池和 BCO 反应器串联而成，充分发挥了活性污泥法和生物膜法的优势。A^2/O 反应器首段为厌氧区，本区主要功能为贮存有机物和释放磷酸根，原水与沉淀池富含磷的回流污泥进入厌氧区后，聚磷菌摄取水中的挥发性脂肪酸转化为 PHA 贮存在细胞内，同时分解胞内的 poly-P，释放大量磷酸根到水中。混合液经厌氧区流入缺氧区，同时回流进入缺氧区的还有 BCO 反应器氧化产生的硝态氮，反硝化聚磷菌利用胞内的 PHA 作为电子供体，引入的硝态氮作为电子受体，过量吸收水体中的磷酸根，硝态氮被还原为 N_2，混合液中的硝态氮和磷酸根浓度显著降低；混合液从缺氧区进入好氧区，好氧区用于吹脱混合液中富集的 N_2 有效避免污泥上浮问题的发生，也可吸收缺氧区剩余的磷酸根，强化系统除磷效果，好氧区对于改善污泥沉降性和稳定出水磷酸根浓度发挥着重要作用。流出 A^2/O 反应器的混合液经沉淀池泥水分离后，上清液进入 BCO 反应器。BCO 反应器的功能是将上清液中的氨氮转化为硝态氮，其出水作为 A^2/O-BCO 工艺最终出水排放。

活性污泥法与生物膜法相结合。A^2/O 反应器采用活性污泥法，便于通过调整剩余污泥排放量的方式调整 A^2/O 反应器的污泥龄，为反硝化除磷菌提供最为合适的生长条件。

BCO 反应器采用生物膜法，可以保证微生物与污水充分接触，同时提高了传质效率，污泥龄长有利于硝化菌的生长。BCO 反应器采用悬浮填料作为生物膜的载体，老化的生物膜在曝气搅动的过程中自动脱落，在流化状态下不会发生结团、堵塞的现象，避免了需定期反冲洗的问题，便于运行，同时减少了运行维护费用。

14.8　生物膜法的运行管理

14.8.1　生物膜的培养与驯化

生物膜的培养常称为挂膜。挂膜菌种大多数采用生活污水或生活粪便水和活性污泥混合液。由于生物膜中微生物附着生长，适宜于特殊菌种的生存，所以挂膜有时也可采用纯培养的特异菌种菌液。特异菌种可单独使用，也可以同活性污泥混合液混合使用，由于所用特异菌种比一般自然筛选的微生物更适宜于废水环境，因此，在与活性污泥混合使用时，仍可保持特异菌种在生物相中的优势。

挂膜方法一般有两种，一种是闭路循环法，即将菌液和污水等营养物从设备的一端流入（或从顶部喷淋下来），从另一端流出，将流出液收集在一水槽内，槽内不断曝气，使菌与污泥处于悬浮状态，曝气一段时间后，进入分离池进行沉淀（0.5～1h），去掉上清液，适当添加营养物或菌液，再回流入生物膜反应器；如此形成一个闭路系统，直到发现载体上长有黏状污泥，即开始连续注入废水。这种挂膜方法需要菌种及污泥数量大，而且由于营养物缺乏，代谢产物积累，因而成膜时间较长，一般需要 20 天以上。另一种挂膜法是连续法，即在菌液和污泥循环 1～2 次后即连续进水，并使进水量逐步增大。这种挂膜法营养物供应良好，只需控制挂膜液的流速，以保证微生物的吸附。在塔式生物滤池中挂膜时的水力负荷可采用 $4～7m^3$（废水）/[m^3（滤料）·d]，约为正常运行的 50%～70%。待挂膜后再逐步提高水力负荷至满负荷。为了能尽量缩短挂膜时间，应保证挂膜营养液及污泥量具有适宜细菌生长的 pH、温度、营养比等。

挂膜后应对生物膜进行驯化，使之适应所处理工业废水的环境。在挂膜过程中，应经常采样进行显微镜检验，观察生物相的变化。挂膜驯化后，系统即可进入试运行，摸索生物膜反应设备的最佳工作运行条件，并在最佳条件下转入正常运行。

14.8.2　生物膜处理系统运行管理

1. 生物膜法运行中应注意的问题

（1）防止生物膜过厚

生物滤池负荷过高，使生物膜增长过多过厚，内部厌氧层随之增厚，可发生硫酸盐还原，污泥发黑发臭，使好氧微生物活性降低，大块黏厚的生物膜脱落，并使滤料局部堵塞，造成布水不均匀，不堵的部位流量及负荷偏高，出水水质下降。解决的办法一般有：

① 加大回流量，借助水力冲脱过厚的生物膜。

② 二级滤池串联，交替进水。

当两个生物滤池串联运行时，先有甲池作第一级滤池，承受较高负荷，其膜增长速率类似于单池系统。运行一段时间后，改由乙池进水，甲池作第二级，这时，甲池生物膜接受的营养物不能满足需要，生物膜量会减少，尽管总趋势仍是膜厚度随时间的延长而增厚，但增长速度已大大降低。

③ 低频加水，使布水器转速减慢。

生物滤池的布水器转得慢，使受水部位一次接受的水量多，滤池接受大量的有机物，生物膜厚度较均匀。如当布水器转速为 1r/15min 时，在滤池的不同深度处，都分布有相当数量的有机物，膜上下较均衡。由于布水器转速慢，而不受水间隔时间较长，致使膜量下降。相反，如果提高加水频率，会使滤池上层受纳营养过多，膜增长过快、过厚。

（2）维持较高的 DO

已建立的生物膜系统运行资料的回归分析表明，曝气的氧化池内溶解氧（DO）水平在小于 4mg/L 时处理效率有较大幅度下降，也就是说，生物膜系统内的 DO 值控制以高于悬浮活性污泥系统为好。这是因为适当地提高生物膜系统内的 DO，可减少生物膜中厌氧层的厚度，增大好氧层在生物膜中所占的比例，提高生物膜内氧化分解有机物的好氧微生物活性。此外，加大曝气量后气流上升所产生的剪切力有助于老化的生物膜脱落，使生物膜厚度不致过厚，并防止因此而产生的堵塞弊病。加大气量后，还有助于废水在氧化池内的扩散，改善生物膜系统内传质条件比活性污泥系统差的缺点。但若无限制地加大曝气量，除了增加曝气时所用的电耗外，空气释放口处的冲击力可使附近生物膜过量脱落，并因此而带来负面影响。

（3）减少出水悬浮物浓度

生物膜系统在正常运行条件下，生物膜中微生物会不断增长繁殖，使膜逐渐增厚，并最终脱落，随出水进入二沉池。这些脱落的生物膜与活性污泥的不同之处在于絮凝体大小不一，大者可长达数厘米，小者仅数微米。生物膜内层是厌氧层，脱落后结构亦十分松散，似解絮的活性污泥。此外，脱落生物膜中丝状微生物所占的比例往往也较高，并因此而影响到处理效果。因此在设计生物膜系统的二沉池时，参数选取应适当低一些，表面负荷小一些，在必要时，还可投加低剂量的絮凝剂，以减少出水悬浮固体浓度，提高处理效果。

2. 生物膜法的日常管理

生物膜法的操作简单，一般只要控制好进水量、浓度、温度及所需投加的营养（N、P）等，处理效果较稳定，微生物生长情况良好。在废水水质变化、形成冲击负荷情况下，出水水质恶化，但很快就能恢复。

生物滤池在运行中应经常检查布水装置及滤料是否有堵塞现象。布水装置堵塞往往是由于管道锈蚀或者是由于废水中悬浮物质沉积所致，而滤料堵塞是由于膜的增长量大于排放量所形成的，所以，对废水水质、水量应加以严格控制。水力负荷应与有机负荷相配合，使老化的生物膜能不断冲刷下来，被水带走。当有机负荷高时，可加大风量。在自然通风的情况下，提高喷淋水量。当发现滤池堵塞时，应采用高压水表面冲洗，或停止进入废水，让其干燥脱落。

在正常运转过程中，除了应测定有关物理、化学参数外，还应对不同厚度、级数的生物膜进行微生物检验，观察分层及分级现象。

第 15 章　厌氧生物处理

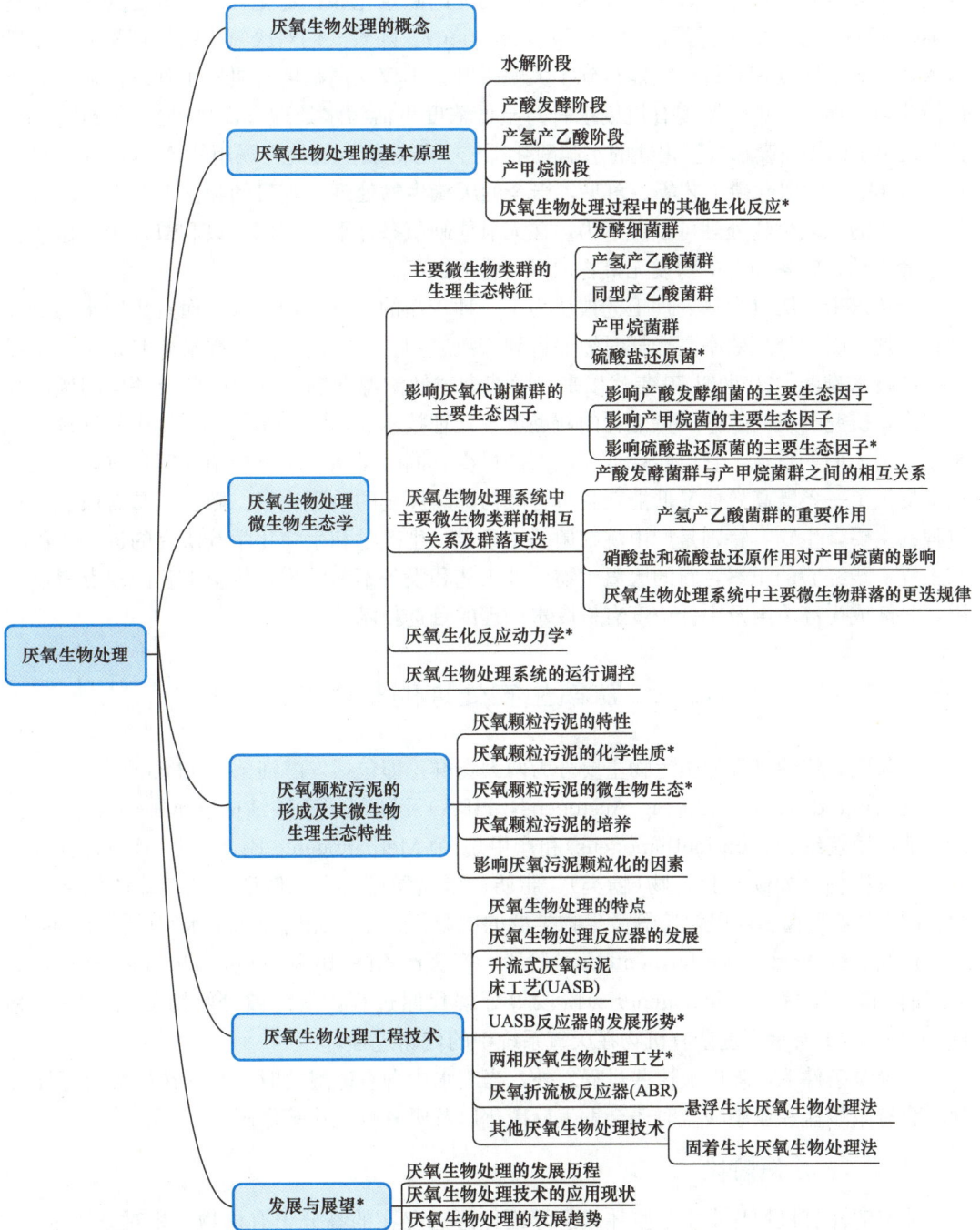

厌氧生物处理
- 厌氧生物处理的概念
- 厌氧生物处理的基本原理
  - 水解阶段
  - 产酸发酵阶段
  - 产氢产乙酸阶段
  - 产甲烷阶段
  - 厌氧生物处理过程中的其他生化反应*
- 厌氧生物处理微生物生态学
  - 主要微生物类群的生理生态特征
    - 发酵细菌群
    - 产氢产乙酸菌群
    - 同型产乙酸菌群
    - 产甲烷菌群
    - 硫酸盐还原菌*
  - 影响厌氧代谢菌群的主要生态因子
    - 影响产酸发酵细菌的主要生态因子
    - 影响产甲烷菌的主要生态因子
    - 影响硫酸盐还原菌的主要生态因子*
  - 厌氧生物处理系统中主要微生物类群的相互关系及群落更迭
    - 产酸发酵菌群与产甲烷菌群之间的相互关系
    - 产氢产乙酸菌群的重要作用
    - 硝酸盐和硫酸盐还原作用对产甲烷菌的影响
    - 厌氧生物处理系统中主要微生物群落的更迭规律
  - 厌氧生化反应动力学*
  - 厌氧生物处理系统的运行调控
- 厌氧颗粒污泥的形成及其微生物生理生态特性
  - 厌氧颗粒污泥的特性
  - 厌氧颗粒污泥的化学性质*
  - 厌氧颗粒污泥的微生物生态*
  - 厌氧颗粒污泥的培养
  - 影响厌氧污泥颗粒化的因素
- 厌氧生物处理工程技术
  - 厌氧生物处理的特点
  - 厌氧生物处理反应器的发展
  - 升流式厌氧污泥床工艺(UASB)
  - UASB反应器的发展形势*
  - 两相厌氧生物处理工艺*
  - 厌氧折流板反应器(ABR)
  - 其他厌氧生物处理技术
    - 悬浮生长厌氧生物处理法
    - 固着生长厌氧生物处理法
- 发展与展望*
  - 厌氧生物处理的发展历程
  - 厌氧生物处理技术的应用现状
  - 厌氧生物处理的发展趋势

15.1　厌氧生物处理的概念

厌氧生物处理工艺(Anaerobic Bio-treatment Process)是在无氧条件下，利用厌氧微生物对有机物的代谢作用达到有机废水或污泥处理的目的，并获取沼气过程的统称。与好氧微生物相比，厌氧微生物的代谢水平较低，厌氧生物处理系统的处理效能受到很大限制。因此，厌氧生物处理工艺过去主要用于剩余污泥的减量化和稳定化处理，称之为厌氧消化(anaerobic digestion)或污泥消化(sludge digestion)。随着人们对厌氧生物处理研究的不断深入，厌氧生物处理系统的效能得到了大幅提升，不仅在高浓度有机废水处理领域得到了广泛应用，而且在中低浓度有机废水，乃至低浓度生活污水处理方面也得到了较快发展，并开发出了以提高废水可生化性的水解酸化工艺、与好氧生物处理联用的 A^2/O(Anaerobic-Anoxic-Oxic)脱氮除磷工艺等。可见，当今的厌氧生物处理，其目的和概念已有了很大变化。广义的厌氧生物处理可以理解为，在无氧或缺氧条件下，利用厌氧和兼性厌氧微生物的生命活动，将各种有机物或无机物加以转化的过程。

长期以来，厌氧生物处理工艺被认为是一种较慢的生物处理过程，而有机废水的好氧生物处理，因其处理效率高、耗时短而得到广泛应用，但其高耗能的弊端始终是一个难以逾越的技术难题。20 世纪 70 年代以来，随着全球性能源问题、资源问题及环境问题的日益突出，研究开发高效率、低能耗的新型废水处理技术成为大势所趋，厌氧生物处理技术重新受到人们的重视，它以能耗低、污泥产量少、同时可回收生物能沼气等优点，为废水处理提供了一条既高效能又低能耗且符合减污降碳原则的治理途径。随着对参与厌氧处理过程的主要微生物，特别是产甲烷细菌的生理学、生态学和生物化学等研究的进一步深入和工程实践经验的积累，新的厌氧生物处理工艺和设备不断涌现，传统工艺的缺点得以克服，日渐成为高浓度及中低浓度有机废水处理的首选技术。

15.2　厌氧生物处理的基本原理

参与厌氧代谢过程的微生物主要分为两大类群，即包括发酵细菌(acidogens)、产氢产乙酸细菌(Hydrogen-Producing Acetogens，HPA)及同型产乙酸细菌(homoacetogens)在内的非产甲烷细菌(non-methanogens)和产甲烷菌(Methanogenic Bacteria，MB)。有机废水中的有机物，如碳水化合物(糖类)、脂肪、蛋白质等，在水解酸化细菌、产氢产乙酸菌、同型产乙酸菌和产甲烷菌等微生物类群的次第作用下，先后经历了水解(hydrolysis)阶段、产酸发酵(acidogenic fermentation)阶段、产氢产乙酸(hydrogen-producing acetogenesis)阶段和产甲烷(methanogenesis)阶段等分解代谢过程，最终被分解为 CH_4、CO_2 和 H_2O。图 15-1 所示为复杂有机物在厌氧系统中的代谢过程。

在厌氧条件下，除以上这些过程之外，当废水中含有硫酸盐时还会存在硫酸盐还原过程，含有硝酸盐和亚硝酸盐时还会发生反硝化以及厌氧氨氧化等作用。

15.2.1　水解阶段

非溶解性有机物是水中以胶体或悬浮固体形态存在的高分子有机物，相对分子量大，

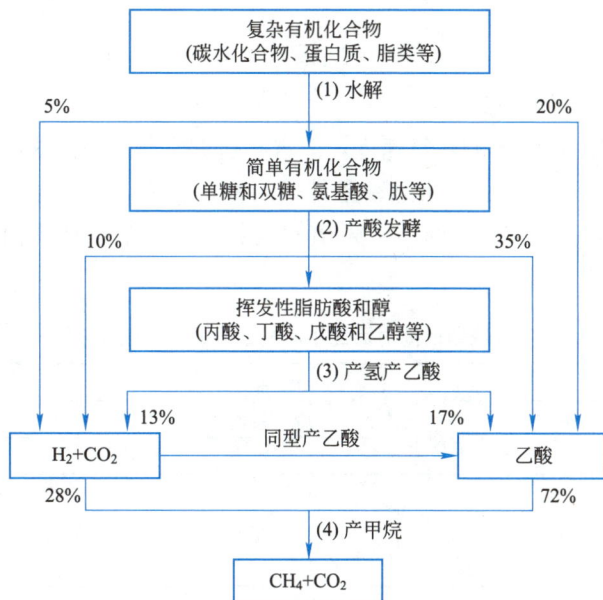

图 15-1　厌氧生物代谢过程示意图

不能透过细胞膜，因此不能为细菌直接利用。水解可以定义为复杂的非溶解性的有机物质在产酸细菌胞外水解酶的作用下被转化为溶解性单体或二聚体的过程。例如，纤维素被纤维酶水解为纤维二糖与葡萄糖，淀粉被淀粉酶分解为麦芽糖和葡萄糖，蛋白质被蛋白酶水解为短肽与氨基酸等。这些小分子的水解产物能够溶解于水并透过细胞膜为细菌所利用。

对于含有难降解高分子有机物的废水，水解过程通常较缓慢，因此被认为是此类废水厌氧降解的限速步骤之一。多种因素可影响水解的速度和水解的程度，例如：温度、水力停留时间、有机物质的组成成分（如木质素、碳水化合物、蛋白质与脂肪的质量分数）、有机质颗粒的大小、pH、氨的浓度、水解产物的浓度等。

胞外酶能否有效地接触到底物对水解速率的影响很大，因此大的颗粒比小颗粒底物降解要缓慢得多。例如，来自于植物中的底物，其生物降解性极大地取决于纤维素和半纤维素被木质素包裹的程度。纤维素和半纤维素是可以生物降解的，但木质素难以降解，当木质素包裹在纤维素和半纤维素表面时，酶无法接触纤维素和半纤维素，导致降解缓慢。

水解速度可由以下动力学方程表示。

$$\frac{\mathrm{d}\rho}{\mathrm{d}t} = -K_h \cdot \rho \tag{15-1}$$

式中　ρ——可降解的非溶解性底物浓度，g/L；

K_h——水解常数，1/d。

对于间歇反应器，上式积分之后可写作：

$$\rho = \rho_0 \cdot e^{-K_h t} \tag{15-2}$$

式中　ρ_0——非溶解性底物的初始浓度，g/L；

t——反应时间，d。

对一个连续流搅拌槽式反应器，可写作：

$$\rho = \frac{\rho_0}{1+K_h t} \tag{15-3}$$

式中　t——水力停留时间，d。

如前所述，许多因素将影响水解速度，但水解速度常数 K_h 与这些因素的关系尚不完全清楚。K_h 值的大小通常只适用于某种条件下的特定底物，需要通过试验获得，并可预测最佳的停留时间和沼气产量。表 15-1 列出的是脂肪、纤维素和蛋白质在不同温度和停留时间下的 K_h 值。

温度与停留时间对污泥中不同组分的 K_h 值的影响　　　　表 15-1

温度(℃)	停留时间(d)					
	脂肪		纤维素		蛋白质	
	15	60	15	60	15	60
15	0	0	0.03	0.018	0.02	0.01
25	0.09	0.03	0.27	0.16	0.03	0.01
35	0.11	0.04	0.62	0.21	0.03	0.01

15.2.2　产酸发酵阶段

发酵(fermentation)是微生物产能代谢的一种方式，其特征是以底物代谢的中间产物作为电子受体。产酸发酵过程中，产酸发酵细菌(Acidogenic Fermentation Bacteria，AFB)将溶解性单体或二聚体有机物转化为以挥发性脂肪酸(Volatile Fat Acid，VFA)和醇为主的末端产物，同时产生新的细胞物质。这一过程也称之为酸化。产酸发酵速率较快，末端产物主要有甲酸、乙酸、丙酸、丁酸、戊酸、己酸、乳酸等挥发性脂肪酸，乙醇等醇类，二氧化碳，氢气，以及氨、氮气、硫化氢等，并且均为自发进行(见表 15-2)。其中，甲酸、乙酸、CO_2/H_2 等可为产甲烷菌直接利用，其他 VFA 须经产氢产乙酸菌的代谢作用，转化为乙酸、CO_2/H_2 方能进一步被产甲烷菌所利用。在产酸发酵阶段，由于大量的 VFA 产生，且不是所有 VFA 均能被产甲烷菌直接利用，往往会导致系统中酸碱环境的改变。因此，发酵产物的种类及其产率对后续的产甲烷过程影响较大。

产酸发酵细菌以葡萄糖为发酵底物的标准吉布斯自由能变化　　　　表 15-2

反应(pH=7，T=298.15K)	$\Delta G_0'$(kJ/mol)
$C_6H_{12}O_6 + 4H_2O + 2NAD^+ \longrightarrow 2CH_3COO^- + 2HCO_3^- + 2NADH + 2H_2 + 6H^+$	−215.67
$C_6H_{12}O_6 + 2NADH \longrightarrow 2CH_3CH_2COO^- + 2H_2O + 2NAD^+$	−357.87
$C_6H_{12}O_6 + 2H_2O \longrightarrow CH_3CH_2CH_2COO^- + 2HCO_3^- + 2H_2 + 3H^+$	−261.46
$C_6H_{12}O_6 + 2H_2O + 2NADH \longrightarrow 2CH_3CH_2OH + 2HCO_3^- + 2NAD^+ + 2H_2$	−234.83
$C_6H_{12}O_6 \longrightarrow 2CH_3CHOHCOO^- + 2H^+$	−217.70

产酸发酵细菌种类、数量众多，其中重要的类群有梭状芽孢杆菌属(Clostridium)和拟杆菌属(Bacteriodes)。梭状芽孢杆菌可产芽孢，能在恶劣的环境下存活。拟杆菌则大量存在于有机物丰富的地方，分解糖、氨基酸和有机酸等。在厌氧生物处理系统中，既有严格厌氧的产酸发酵细菌，也有大量兼性厌氧的产酸发酵细菌分布。兼性厌氧产酸发酵细菌在有氧存在时将优先进行好氧代谢(以氧分子作为电子受体)，因此一般分布于相对富氧的

区域，如近进水口处等。兼性厌氧产酸发酵细菌的耗氧代谢，保证了厌氧系统的厌氧环境和较低的氧化还原电位，为严格厌氧菌的生命活动提供了保障。

产酸发酵的末端产物组成取决于厌氧生态条件、底物种类和参与的微生物种群。有机废水两相厌氧生物处理工艺，通过流体动力学控制，将产酸发酵作用（产酸相，acidogenic phase）和产甲烷作用（产甲烷相，methanogenic phase）进行空间上的分离，在前后串联的两个反应器中分别富集产酸发酵菌群和产甲烷菌群，并能够独立控制，从而可以保证并最大限度地发挥不同微生物类群的代谢活性，提高整个厌氧系统的处理效能。对于产酸相反应系统，其末端发酵产物的组成主要受 pH、氧化还原电位、有机负荷、水力停留时间和碱度等生态因子的影响。根据研究结果，Cohen 等提出有机废水产酸发酵存在 2 种发酵类型，即丁酸型发酵（butyric acid type fermentation）和丙酸型发酵（propionic acid type fermentation）。丁酸型发酵的典型末端产物是丁酸、乙酸和 CO_2/H_2，丙酸型发酵的主要末端产物是丙酸、乙酸和 CO_2，氢气产量很少。任南琪等提出了产酸发酵的又一种新类型——乙醇型发酵（ethanol type fermentation）*，其主要末端产物为乙醇、乙酸和 CO_2/H_2，以及少量的丁酸。

15.2.3　产氢产乙酸阶段

在产氢产乙酸阶段，产氢产乙酸细菌（HPA）将产酸发酵第一阶段产生的丙酸、丁酸、戊酸、乳酸等 VFA 和醇类进一步转化为乙酸，同时释放分子氢。一般认为，HPA 是产甲烷菌（MB）的伴生菌，严格厌氧或兼性厌氧，目前只有少数菌株被分离纯化。已知的有将乙醇转化为乙酸和氢的 S′菌株、氧化丁酸为乙酸和氢的沃尔夫互营单胞菌（*Syntrophlomonas wolfei*）和氧化丙酸为乙酸的沃林互营杆菌（*Syntrophobacter wolinii*）等。产氢产乙酸过程的一些反应及其标准吉布斯自由能见表 15-3。

产氢产乙酸细菌对几种有机酸和醇代谢的标准吉布斯自由能变化　　表 15-3

底物	反　应　式	$\Delta G_0'^*$(kJ/mol)
乙醇	$CH_3CH_2OH + H_2O \longrightarrow CH_3COOH + 2H_2$	+19.2
丙酸	$CH_3CH_2COOH + 2H_2O \longrightarrow CH_3COOH + 3H_2 + CO_2$	+17.6
丁酸	$CH_3CH_2CH_2COOH + 2H_2O \longrightarrow 2CH_3COOH + 2H_2$	+48.1
戊酸	$CH_3CH_2CH_2CH_2COOH + 2H_2O \longrightarrow CH_3CH_2COOH + CH_3COOH + 2H_2$	+69.81
乳酸	$2CH_3CHOHCOOH \longrightarrow CH_3COOH + CH_3CH_2COOH + CO_2 + H_2$	−4.2

* 为反应的标准吉布斯自由能（pH 7.0，25℃，1.013×10^5 Pa）。

由表 15-3 可见，在标准条件下，乙醇、丁酸和丙酸的产氢产乙酸过程不能自发进行，因为在这些反应中 $\Delta G_0'$ 为正值，但氢分压降低有利于产物产生。在厌氧消化系统中，降低氢分压的任务主要是依靠产甲烷细菌对氢的利用完成的，绝大多数产甲烷菌都能利用 H_2 和 CO_2 合成 CH_4。HPA 往往与产甲烷细菌伴生，通过氢的种间转移和消耗，HPA 生存的微环境可以维持很低的氢分压，从而可以保证如表 15-3 所示的各种产氢产乙酸反应的进行。当然，产甲烷菌对乙酸的利用和转化也对产氢产乙酸过程起到了非常重要的促进作

---

* 厌氧生物处理中 3 种发酵类型是指混合细菌培养的发酵类型，不同于经典生物化学中细菌纯培养的丁酸发酵（butyric acid fermentation）、丙酸发酵（propionic acid fermentation）和乙醇发酵（ethanol fermentation）。

用。可见，在厌氧生物处理系统中，产甲烷菌对产氢产乙酸细菌的生化反应起着重要的调控作用。除了产甲烷细菌外，硫酸盐还原菌和反硝化细菌等也能消耗氢。

假如反应为：$a\mathrm{A}+b\mathrm{B}\rightarrow c\mathrm{C}+d\mathrm{D}$，则实际自由能计算公式如下：

$$\Delta G=\Delta G_0'+RT\ln\frac{[\mathrm{C}]^c[\mathrm{D}]^d}{[\mathrm{A}]^a[\mathrm{B}]^b} \tag{15-4}$$

上式中 R 为气体常数，氢分压一般不高于 0.1hPa，平均值约为 10^{-3}hPa。当作为反应产物之一的氢分压（$p_{\mathrm{H_2}}$）$\leqslant$0.1hPa 时，乙醇、丁酸和丙酸的降解一般均可以自发进行，即反应的实际自由能 ΔG 成为负值（图 15-2）。由此可见，对于单相厌氧生物处理反应器，只有在产氢产乙酸细菌产生的氢被耗氢菌有效地利用时，系统中的氢分压才能维持在相对低的水平，这说明生化反应需要菌种之间的密切的共生关系，这种现象称为"种间氢传递（interspecies hydrogen transfer）"。研究结果表明，产酸相产生的主要末端发酵产物（除乙酸），其产氢产乙酸作用从易到难的顺序为：乙醇>乳酸>丁酸>丙酸。

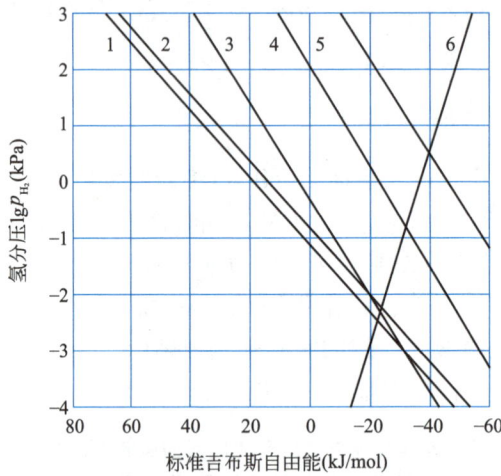

图 15-2　产氢产乙酸（及产丙酸）的吉布斯自由能（$\Delta G_0'$）变化

1—丁酸→丙酸；2—丙酸→乙酸；3—丁酸→乙酸；4—乙醇→乙酸；5—乳酸→乙酸；6—乳酸→丙酸

[乙酸]＝[乙醇]＝20mmol/L，[丁酸]＝[乳酸]＝10mmol/L，[丙酸]＝5mmol/L，[HCO₃⁻]＝20mmol/L，pH＝7

HPA 是厌氧消化过程不可缺少的微生物菌群，在营养生态位上起到承上启下的作用。HPA 的生长和代谢受氢分压的影响显著，任何导致系统内氢分压升高的因素均有可能通过对 HPA 的影响而削弱整个系统的处理效能和运行稳定性，因此应予以充分重视。

有少量的产氢产乙酸细菌可以利用 CO_2/H_2 和甲醇作为底物形成乙酸，此类细菌称为同型产乙酸细菌（Homo-Acetogenic bacteria，HOMA）。在厌氧条件下，同型产乙酸菌既可利用有机基质产生乙酸，又可利用 H_2 和 CO_2 产生乙酸，这加大了乙酸作为形成甲烷的直接前驱物质的意义。CO_2 还原为乙酸是通过乙酰 CoA 途径（又称作 Ljungdahl-Wood 途径）实现的。见表 15-4，在标准状况下，同型产乙酸过程可自发进行。但事实上，此代谢过程只有当氢分压较高时，细菌为维持生态环境处于适宜条件才会发生。一般来说，当生态系统中存在足够的氢利用细菌（如产甲烷菌），或可将氢气及时排出反应系统时，同型产乙酸过程不会发生。常见的同型产乙酸菌多为中温菌，如伍德乙酸杆菌（*Acetobacteriam woodill*）、威林格乙酸杆菌（*Acetobacterium wieringae*）、乙酸梭菌（*Clostridium aceticum*）等。

同型产乙酸细菌的标准吉布斯自由能变化　　　　　　　表 15-4

反应(pH=7，T=298.15K)	$\Delta G_0'$(kJ/mol)
$CH_3OH+HCO_3^-+H_2 \longrightarrow CH_3COO^-+2H_2O$	-2.9
$2HCO_3^-+4H_2+H^+ \longrightarrow CH_3COO^-+4H_2O$	-70.3

15.2.4　产甲烷阶段

产甲烷阶段是由严格专性厌氧的产甲烷细菌将乙酸、甲酸、甲醇、甲胺和 CO_2/H_2 等转化为 CH_4（沼气）和 CO_2 的过程。产甲烷细菌是一类古细菌，截至 20 世纪 90 年代初，人们已经发现产甲烷细菌 65 个种，它们分属于 3 个目，7 个科，9 个属（见表 15-5）。

已发现的主要产甲烷种属（参考 Balch 分类，1979）　　　　表 15-5

产甲烷细菌属	代表种	可利用底物	来源生境
产甲烷杆菌属 （Methanobacterium）	甲酸产甲烷杆菌（Mb. Formicicum）	H_2/CO_2，甲酸	污水沉积物，瘤胃
	布氏产甲烷杆菌（Mb. Bryantii）	H_2/CO_2	淡、咸水沉积物
	沃氏产甲烷杆菌（Mb. Wolfei）	H_2/CO_2	污水沉积物
	沼泥产甲烷杆菌（Mb. Uliginosum）	H_2/CO_2	沼泽地
产甲烷短杆菌属 （Methanobrevibacter）	瘤胃产甲烷短杆菌（Mbr. Ruminatium）	H_2/CO_2，甲酸	动物消化道，污水
	史氏产甲烷短杆菌（Mbr. smithii）	H_2/CO_2，甲酸	污水，粪便
	嗜树产甲烷短杆菌（Mbr. arboriphilicus）	H_2/CO_2	枯木，淡水沉积物
产甲烷球状菌属 （Methanosphaera）	斯氏产甲烷球形菌（Ms. Stadtmaniae）	$H_2/$甲醇	粪便
产甲烷球菌属 （Methanococcus）	万氏产甲烷球菌（Mc. vannielii）	H_2/CO_2，甲酸	海泥
	沃氏产甲烷球菌（Mc. voltae）	H_2/CO_2，甲酸	海泥
	海沼产甲烷球菌（Mc. maripaludis）	H_2/CO_2，甲酸	盐沼沉积物
产甲烷微菌属 （Methanomicrobium）	运动产甲烷微菌（Mm. mobile）	H_2/CO_2，甲酸	瘤胃
	佩氏产甲烷微菌（Mm. paynteri）	H_2/CO_2	海洋沉积物
产甲烷螺菌属 （Methanospirillum）	亨氏产甲烷螺菌（Msp. hungatei）	H_2/CO_2，甲酸	污水，污泥
产甲烷菌属 （Methanogenium）	成团产甲烷菌（Mg. aggregans）	H_2/CO_2，甲酸	厌氧反应器
	黑海产甲烷菌（Mg. marisnigri）	H_2/CO_2	海洋沉积物
	布氏产甲烷菌（Mg. bourg）	H_2/CO_2，甲酸	厌氧反应器，污泥
	奥兰汤基产甲烷菌（Mg. olentangyi）	H_2/CO_2，甲酸	河流沉积物
产甲烷八叠球菌属 （Methanosarcina）	巴氏产甲烷八叠球菌（Ms. barkeri）	乙酸,甲醇,甲胺,H_2/CO_2	污泥，淡、咸水沉积物
	梅氏产甲烷八叠球菌（Ms. mazei）	乙酸，甲醇，甲胺	污泥，草食动物
	空泡产甲烷八叠球菌（Ms. vacnolata）	乙酸,甲醇,甲胺,H_2/CO_2	厌氧反应器
	嗜热产甲烷八叠球菌（Ms. thermophila）	乙酸，甲醇，甲胺	55℃厌氧反应器
产甲烷丝菌属 （Methanothrix）	索氏产甲烷丝菌（Mt. soehngenii）	乙酸	污泥，厌氧反应器
	联合产甲烷丝菌（Mt. concilii）	乙酸	污泥，厌氧反应器
	嗜热产甲烷丝菌（Mt. thermoacetophila）	乙酸	60℃厌氧反应器

注：另外，产甲烷嗜热菌属（Methanothermus）处于热泉中，利用 H_2/CO_2 作为唯一底物；产甲烷叶菌属（Methanolobus）、产甲烷拟球菌属（Methanococcoides）生存于海洋沉积物，利用甲醇和甲胺；产甲烷粒菌属（Methanocorpusculum）生存于乳清为原料的厌氧反应器中。还有产甲烷盘菌属（Methanoplanus）、产甲烷嗜盐菌属（Methanohalophilus）、产甲烷叶状菌属（Methanolacinia）、产甲烷毛发菌属（Methanosaeta）、产甲烷盐菌属（Methanohalobium）等。

根据产甲烷细菌对底物利用的类型，可将其分为 3 类：氧化氢产甲烷细菌（Hydrogen-Oxidizing Methanogens，HOM），氧化氢利用乙酸产甲烷细菌（Hydrogen-Oxidizing Acetate-utilizing Methanogens，HOAM）和非氧化氢利用乙酸产甲烷细菌（Non-Hydrogen-Oxidizing Acetate-utilizing Methanogens，NHOAM）。尽管这一分类并不严格，但在厌氧反应器中，以上种群常分别出现在不同的环境，构成优势种群，对理论研究和实际工程运行具有重要的指导意义。

重要的产甲烷过程有：

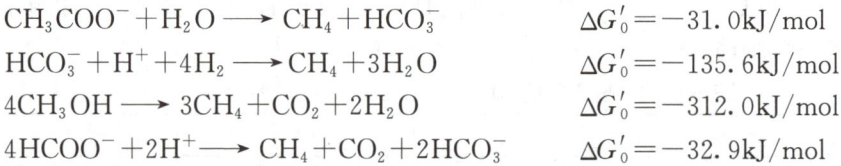

$$CH_3COO^- + H_2O \longrightarrow CH_4 + HCO_3^- \qquad \Delta G_0' = -31.0 \text{kJ/mol}$$

$$HCO_3^- + H^+ + 4H_2 \longrightarrow CH_4 + 3H_2O \qquad \Delta G_0' = -135.6 \text{kJ/mol}$$

$$4CH_3OH \longrightarrow 3CH_4 + CO_2 + 2H_2O \qquad \Delta G_0' = -312.0 \text{kJ/mol}$$

$$4HCOO^- + 2H^+ \longrightarrow CH_4 + CO_2 + 2HCO_3^- \qquad \Delta G_0' = -32.9 \text{kJ/mol}$$

15.2.5　厌氧生物处理过程中的其他生化反应*

1. 硫酸盐还原反应

硫酸盐还原又称为硫酸盐呼吸或反硫化作用，是指在厌氧条件下，化能异养型硫酸盐还原细菌（Sulfate-Reducing Bacteria，SRB）利用废水中的有机物作为电子供体，将氧化态硫化合物（硫酸盐、亚硫酸盐、硫代硫酸盐等）还原为硫化物（包括 HS^-、H_2S 和 S^{2-}）的过程。以乳酸为电子供体的化学反应式可表示为：

$$2CH_3CHOHCOOH + SO_4^{2-} \longrightarrow 2CH_3COOH + 2CO_2 + S^{2-} + 2H_2O$$

近年来，人们对 SRB 的分类法和生理学研究取得了重大突破，较成功地掌握了 15 个属，其中参与废水处理的有 9 个属，主要的 2 个属为脱硫弧菌属（Desulfovibrio）和脱硫肠状菌属（Desulfotomaculum）。前者一般为中温或低温型，不形成孢子，环境温度超过 43℃会死亡；后者是中温或高温型，形成孢子。二者均为革兰氏阴性菌。这些 SRB 分布广泛，在利用多种有机物作为电子供体方面有相当惊人的能力和多样性，可以列出的作为 SRB 生长底物的物质接近 100 种之多。可以作为硫酸盐还原电子供体的物质主要有氢、醇、脂肪酸（包括单羧基酸、二羧基酸）、某些氨基酸、糖、环状芳香族化合物、多种苯环取代基的酸类及长链溶解性烷烃等。依据此将 SRB 分为 4 类：利用氢的硫酸盐还原菌；利用乙酸的硫酸盐还原菌；利用脂肪酸的硫酸盐还原菌；利用芳香族化合物的 SRB。硫酸盐还原作用产生的 H_2S 有强烈的腐蚀性，且其气味恶臭，严重影响环境卫生，破坏水体的生态平衡。影响硫酸盐还原过程的环境因素主要有 pH、电子供体的种类、温度、抑制剂、O_2（氧化还原电位）、代谢中间产物、盐度、重金属、超声波、可见光、紫外线等。

在自然界和人工处理构筑物中，当硫酸盐浓度较低时，硫酸盐还原作用弱，不会给正常的有机物厌氧生物处理带来不利影响，而且由于硫酸盐还原菌可以利用 H_2，从而降低厌氧生物处理中的氢分压，一定程度上可以促进有机物的厌氧生物处理过程。但是，当废水中含有高浓度的硫酸盐时，则对有机物的厌氧生物处理带来极为不利的影响，它会改变和抑制有机物的代谢过程。其影响机制可以归纳为 2 个方面：一是由于 SRB 与产甲烷细菌竞争共同底物（乙酸和 H_2）而对产甲烷细菌产生的抑制作用；二是由于硫酸盐还原产生的 H_2S 对产甲烷细菌和其他厌氧细菌的抑制作用。同时，产生的 H_2S 对沼气的产量和利用也造成严重影响。因此，如何避免或减轻硫酸盐还原作用对有机物厌氧生物处理的影响，是废水处理工程中关注的问题之一。

对于某些含高浓度硫酸盐的废水（如味精生产等废水），宜采用专门的厌氧生物处理反应器进行硫酸盐还原。目前，有效的解决方式是利用两相厌氧生物处理工艺中的产酸相先期还原硫酸盐，从而避免硫酸盐还原对产甲烷过程的影响。产酸相中产酸细菌可以为 SRB 提供适宜的电子供体，而且产酸细菌对 H_2S 的耐受能力比产甲烷细菌大，而且低 pH 状态有利于 H_2S 释放进入气相中。一般，对于完全混合搅拌槽式硫酸盐还原反应器，反应器内形成絮状厌氧污泥，在最佳控制参数下，COD 去除率可达 $85\% \sim 90\%$，硫酸盐去除率可达 90% 以上。

2. 反硝化与厌氧氨氧化

(1) 生物反硝化是指污水中的硝酸盐氮（$NO_3^- $—N）和亚硝酸盐氮（$NO_2^- $—N）在无氧或缺氧条件下，被微生物还原转化为氮气（N_2）的过程。这个过程可用下式表示：

$$NO_3^- + 5H（电子供给体—有机物）\longrightarrow 0.5N_2 + 2H_2O + OH^-$$

$$NO_2^- + 3H（电子供给体—有机物）\longrightarrow 0.5N_2 + H_2O + OH^-$$

反硝化过程中 NO_3^- 和 NO_2^- 的转化是通过反硝化细菌的异化作用（分解代谢）来完成的。反硝化细菌是异养型兼性厌氧细菌，在有分子态氧存在时，反硝化菌氧化分解有机物；利用分子态氧作为最终电子受体。在无分子态氧的条件下，反硝化菌利用硝酸盐和亚硝酸盐中的 N^{5+} 和 N^{3+} 作为电子受体，O^{2-} 作为受氢体生成 H_2O 和 OH^-，有机物则作为碳源及电子供体提供能量并得到氧化稳定。目前已鉴别出来的反硝化细菌有几十种，主要的有：无色杆菌属、产碱杆菌属、杆菌属和色杆菌属等。反硝化细菌在厌氧、好氧和缺氧条件下都能够生存，喜欢中性至微碱性环境，温度的改变对反硝化细菌影响很大。

(2) 20 世纪末人们发现，在无氧环境中，同时存在 NH_4^+ 和 NO_2^- 时，NH_4^+ 作为反硝化的无机电子供体，NO_2^- 作为电子受体，生成氮气，这一过程称为厌氧氨氧化（ANaerobic AMMonium OXidation，ANAMMOX）。生物氮循环是由许多种能催化不同反应的微生物的复杂作用而构成的。长期以来一直认为由自养光化学硝化菌进行的 NH_4^+ 和 NO_2^- 的氧化过程是严格好氧的，并且自养硝化菌的代谢复杂性也是有限的。一般认为生物脱氮的过程是有氧条件下的硝化和无氧条件下的反硝化的共同作用：

有氧条件下：$NH_4^+ \longrightarrow NH_2OH \longrightarrow NO_2^- \longrightarrow NO_3^-$

无氧条件下：$NO_3^- \longrightarrow NO_2^- \longrightarrow NO \longrightarrow N_2O \longrightarrow N_2$

至 2003 年，关于氮在厌氧氨氧化过程中是如何转化的还没有定论，厌氧氨氧化细菌也尚未最终确定，可能的优势菌种是一类革兰氏阴性的专性厌氧细菌。目前有研究发现，能进行氨氧化的细菌中的亚硝化单胞菌属（*Nitrosomonas*）中的 2 个种（*N. europaea* 和 *N. eutropha*）能同时硝化与反硝化，在无氧条件下利用氨作为电子供体，将 NH_4^+ 转化为 N_2，还原 NO_2^-。ANAMMOX 无需有机碳源存在，微生物利用碳酸盐或二氧化碳为无机碳源，增长率和产率非常低，氨氮的转化率为 $0.25mgN/(mgSS \cdot d)$，这与传统好氧硝化的转化率相当。ANAMMOX 反应在 $10 \sim 43℃$ 的温度范围内具有活性，适宜的 pH 为 $6.7 \sim 8.3$。ANAMMOX 工艺的可能途径如下所示。

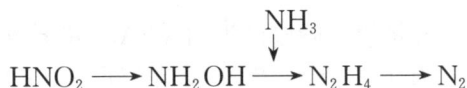

$$\begin{array}{c} NH_3 \\ \downarrow \\ HNO_2 \longrightarrow NH_2OH \longrightarrow N_2H_4 \longrightarrow N_2 \end{array}$$

含有高浓度氨氮的污水，将其控制在 57% 亚硝化时，进入厌氧氨氧化反应器，生成的亚硝酸盐和剩余的氨氮能刚好安全去除，这种半硝化—厌氧氨氧化组合的自养脱氮工艺能节省碳源和供氧消耗的能源。此外，控制环境中的氨氮和溶解氧，采用生物膜系统的一体化自养脱氮（Complete Autotrophic Nremoval Over Nitrite，CANON）工艺，利用生物膜表层生长亚硝化菌，内层生长厌氧氨氧化细菌，也可以实现自养脱氮过程。

基于对厌氧生物处理生物学原理的认识，人们对有机物甲烷发酵过程先后提出了两段学说（产酸发酵阶段和产甲烷阶段）、三段学说（产酸发酵阶段，产氢产乙酸阶段和产甲烷阶段）和四段学说（水解阶段，产酸发酵阶段，产氢产乙酸阶段和产甲烷阶段）。以此为指导，先后成功开发出两相厌氧生物处理工艺、多级厌氧生物处理工艺等。然而，无论采用何种工艺形式或何种类型的反应器，只有在厌氧生物处理系统中培养出具有完整甲烷发酵过程的微生物群落体系，才能行之有效地大幅度去除有机废水的 COD。在参与厌氧消化的各类微生物菌群中，由于产甲烷细菌代谢水平低，对生态条件要求苛刻且对环境改变较敏感，产甲烷阶段一般被认为是厌氧生物处理的限速步骤。但对于难降解有机废水的处理，如含木质素和纤维素废水的处理，如何有效提高废水的可生化性则成为主要矛盾，此时，水解阶段将成为限速步骤。有机废水的种类和水质变化很大，这就要求我们具体问题具体分析，针对特定的废水制定工艺路线，选用适宜的反应器类型。所以，掌握各种厌氧生物处理技术和设备的基本知识是十分必要的。

15.3　厌氧生物处理微生物生态学

微生物生态学（microbial ecology）是研究微生物群体（微生物区系或正常菌群）与其周围的生物和非生物环境条件间相互作用规律的科学。掌握微生物生态学基础知识，对微生物代谢过程的解析、技术与设备的研发，以及提出工程运行控制对策均具有重要意义。本节将结合应用实际，重点讨论厌氧生物处理系统中主要微生物类群的生理生态特性、影响厌氧生物处理的生态因子、系统中主要微生物类群的相互关系及群落更迭、厌氧反应动力学，并以此为指导，对厌氧生物处理系统的运行控制问题做一讨论。

15.3.1　主要微生物类群的生理生态特性

1. 发酵细菌群

这一菌群里专性厌氧的有梭菌属、拟杆菌属、丁酸弧菌属（*Butyrivivrio*）、双歧杆菌属（*Bifidobacterium*）、革兰氏阴性杆菌，兼性厌氧的有链球菌和肠道菌。

发酵细菌主要参与复杂有机物的水解，并通过丁酸发酵、丙酸发酵、混合酸发酵、乳酸发酵和乙醇发酵等将水解产物转化为乙酸、丙酸、丁酸、戊酸、乳酸等挥发性有机酸及乙醇、CO_2、H_2 等。

除丁酸发酵产物不受氢分压（p_{H_2}）影响外，其他反应均受 p_{H_2} 控制，但即使氢分压很高，反应仍能自发进行。

2. 产氢产乙酸菌群

产氢产乙酸细菌（HPA）可将第一阶段产生的 VFA 和醇转化为乙酸、H_2/CO_2。这类细菌大多为发酵细菌，亦有专性产氢产乙酸菌（Obligate H_2-Producing Acetogens，

OHPA)，包括脱硫弧菌($Desulfovibio$ $desulfuricans$)、普通脱硫弧菌($D. vulgaris$)、梭菌属($Clostridium$ sp.)等。

产氢产乙酸过程均受氢分压调控，产丙酸、丁酸、乙醇分别在氢分压为 0.01kPa、0.5kPa 和 30kPa 以下时产氢产乙酸过程才能自发进行，否则为耗能过程，代谢过程受阻，导致发酵代谢产物(如丙酸)的积累，造成酸化，使整个厌氧处理失败。

3. 同型产乙酸菌群

同型产乙酸菌(HOMA)可将 CO_2 或 CO_3^{2-} 通过还原过程转化为乙酸。同型产乙酸菌可以利用 H_2/CO_2，因而可保持系统中较低的氢分压，有利于厌氧发酵过程的正常进行。这一菌群有伍迪乙酸杆菌($Acetobacterium$ $woodii$)、威林格乙酸杆菌($A.$ $wieringae$)、乙酸梭菌($C.$ $aceticum$)、甲酸乙酸化梭菌($C.$ $formicocaceticum$)、乌氏梭菌($C.$ $magnum$)等。

4. 产甲烷菌群

产甲烷细菌这一名词是 1974 年由 Bryant 提出的，目的是为了避免这类细菌与另一类好氧性甲烷氧化细菌(aerobic methano-oxidizing bacteria)相混淆。产甲烷细菌利用有机或无机物作为底物，在厌氧条件下转化形成甲烷。而甲烷氧化细菌则以甲烷为碳源和能源，将甲烷氧化分解成 CO_2 和 H_2O。

产甲烷细菌是一个很特殊的生物类群，属古细菌。这类细菌具有特殊的产能代谢功能，可利用 H_2 还原 CO_2 合成 CH_4，亦可利用一碳有机化合物和乙酸为底物。在沼气发酵中，产甲烷细菌是沼气发酵微生物的核心，其他发酵细菌为产甲烷细菌提供底物。产甲烷细菌也是自然界碳素物质循环中，厌氧生物链的最后一组成员，在自然界碳素循环的动态平衡中具有重要作用。

5. 硫酸盐还原菌*

硫酸盐还原菌的作用是将 SO_4^{2-} 还原为 H_2S。在无氧条件下，主要有两类硫酸盐还原菌以 SO_4^{2-} 为最终电子受体，无芽孢的脱硫弧菌属($Desulphovibrio$)和形成芽孢的脱硫肠状菌属($Desulphotomaculum$)均为专性厌氧，化能异养型。大多数硫酸盐还原菌不能利用葡萄糖作为能源，而是利用乳酸和丙酮酸等其他细菌的发酵产物。乳酸和丙酮酸等作为供氢(电子)体，经无 NAD^+ 参与的电子传递体系将 SO_4^{2-} 还原为 H_2S。

像脱硫弧菌($Desulfovibrio$ $desulfuricans$)等硫酸盐还原菌在缺乏硫酸盐，有产甲烷菌存在时，能将乙醇和乳酸转化为乙酸、氢气和二氧化碳，与产甲烷菌之间存在协同联合作用。

15.3.2 影响厌氧代谢菌群的主要生态因子

如前所述，在有机废水厌氧生物处理系统中，存在众多生理生态特性不同的微生物类群。对于单相(所有微生物处于一个反应器中)厌氧生物处理系统的运行控制，须以对环境变化最为敏感、代谢速率最慢的产甲烷作用为度，这就极大限制了系统的处理效能。为了充分发挥参与厌氧生物处理系统中各类微生物的代谢活性，依据有机物(产)甲烷代谢途径的分段学说，人们提出了两相厌氧生物处理工艺、多段厌氧生物处理工艺(如厌氧折流板反应器)等。其中，两相厌氧生物处理工艺实现了产酸相微生物和产甲烷相微生物的空间分离和独立控制，较大幅度地提高了厌氧生物处理系统的处理效能，在实际工程中得到了越来越多的应用。在此，我们将分别讨论影响厌氧生物处理系统中产酸发酵菌群和产甲烷菌群的主要生态因子。

1. 影响产酸发酵菌群的主要生态因子

对于易降解的溶解性有机物来说,产酸发酵菌群的代谢过程在厌氧生物处理系统中并不构成限速步骤,影响产酸细菌的生态因子(ecological factors)主要有 pH、氧化还原电位、温度、水力停留时间和有机负荷等。对产酸细菌的研究不但要关注其降解速率,更重要的是考虑产酸阶段要为产甲烷阶段提供适宜的底物,因此不能不重视对产酸发酵类型的研究。目前,根据产酸细菌生理生态学研究,3 种发酵类型(丁酸型发酵、丙酸型发酵和乙醇型发酵)发生的生态因子研究已取得进展。研究结果表明,各种生态因子对产酸细菌的代谢速率均有不同程度的影响,但影响发酵类型的限制性生态因子(即起决定性的生态因子)主要有 pH 和氧化还原电位。

(1) pH   pH 是非常重要的生态因子之一,它不但影响产酸发酵的代谢速率及生长速率,而且影响发酵类型。产酸细菌生存的 pH 范围很宽,在 pH 为 3.5~8 的范围均可生存,一般认为,最适宜 pH 为 6~7。但事实上,最佳代谢速率的适宜 pH 随不同发酵类型细菌种类差异较大。任南琪研究结果表明,在正常厌氧条件下的氧化还原电位(−400~−150mV)范围内,pH 为 4~4.5 往往发生乙醇型发酵;pH 为 4.5~5 常发生乙醇型发酵,但亦可发生丁酸型发酵;pH 为 5 左右时,乙酸、丙酸、丁酸和乙醇等产物的产量相差无几,并随 ORP 的高低主要产物种类有所差异,此时发生可称为混合酸型发酵(mixed-acid type fermentation)的发酵类型;pH 为 5.5 左右发生丙酸型发酵;pH 为 6 以上往往发生丁酸型发酵。在单相反应器中,由于必须考虑产甲烷细菌的生存条件,所以反应器中产酸发酵区域的 pH 不应低于 5.5,而对于两相厌氧生物处理的产酸相反应器来说,应根据废水性质和运行控制能力控制不同的发酵类型,以获得目的发酵产物。

(2) 氧化还原电位(ORP)   与 pH 一样,ORP 亦是一个非常重要的生态因子。ORP 的高低主要影响着生物种群中专性厌氧和兼性厌氧细菌的比例,一般认为,产酸细菌的最适 ORP 范围为 −300~−200mV。反应器中的 ORP 高低主要与进水的废水种类、反应器密闭性等有关。一般来说,当 ORP 高于 −100mV 时,丙酸产率较高,特别是当 ORP 高于 −50mV 时,几乎在所有 pH 范围内均易发生丙酸型发酵。为了降低氧化还原电位,厌氧反应系统可适当添加还原剂,也可添加铁粉获得较低的 ORP,同时也可避免乳酸大量产生,因为乳酸发酵存在生成丙酸的潜在危害。

氧是影响氧化还原电位最普通的原因,氧浓度可用 Nernst 于 1889 年导出的关系式确定:

$$E_{\rm h}=E^{\circ}_{\rm h}+\frac{2.3RT}{nF}{\rm lg}\frac{[\text{氧化态}]}{[\text{还原态}]} \tag{15-5}$$

式中 $E_{\rm h}$——相对于标准氢电极的还原电位;

$E^{\circ}_{\rm h}$——平衡条件下的电位;

F——法拉第常数;

n——反应过程中的电子转移数目。

在下列反应中,$O_2+4H^++4e^-\longrightarrow 2H_2O$,系统还原电位只是氧浓度的函数。根据电位与浓度的关系,就可确定出氧浓度。

(3) 碱度   水中碱度是中和酸能力的一个指标,主要来源于弱酸盐,在厌氧生物处理中主要形成碳酸氢盐碱度,而在 pH 较低的体系(产酸反应器)中还存在乙酸盐碱度。在产酸发酵过程中,足够的碱度可保证系统中具有良好的缓冲能力,避免 pH 迅速降低而导致某些厌氧细菌受到抑制。因此，碱度是厌氧生物处理中重要的控制参数。

厌氧反应器液相中的 $CO_2(aq)$ 与气相中的 $CO_2(g)$ 处于两相平衡状态，并构成碳酸盐缓冲系统（pH<8 的体系 CO_3^{2-} 形态不存在）。

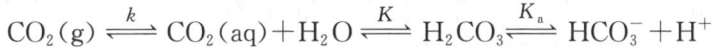

根据亨利定律，$CO_2(g)$ 与 $CO_2(aq)$ 间的气-液平衡由下式给定：

$$[CO_2(aq)] = kP_{CO_2} \tag{15-6}$$

式中　k——亨利常数，30℃时为 $2.82×10^{-5}$ mol/(hPa·L)；

　　　P_{CO_2}——相平衡时 CO_2 分压，hPa，$P_{CO_2}=V_{CO_2}(P-30)/V_T$；

V_{CO_2}/V_T——发酵气中 CO_2 占总气体体积的比率；

　　　P——气相总压力，hPa；

　　　30——30℃条件下体系中水蒸气分压近似值，hPa。

采用厌氧生物处理法处理某些工业废水时，为提高碱度，投加碱（如石灰等）需较高的运行成本。清楚地了解各种缓冲体系，可利用工艺特点和废水性质开发新型反应器，从而降低运行费。

（4）温度　温度对厌氧微生物的生长和代谢速率普遍有较大的影响。一般来说，产酸细菌最佳温度为 35℃左右，当温度低于 25℃时，产酸速率迅速降低，20℃以下产酸速率将降低 50％以上。

（5）水力停留时间（HRT）和有机负荷（OLR）　OLR 对产酸细菌的影响不是很大，在正常范围内，如 OLR 为 5~60kgCOD/(m^3·d)，产酸细菌可发挥良好的作用。一般来说，当 OLR 超过 100kgCOD/(m^3·d)，由于渗透压（水活度）等影响，产酸细菌所形成的活性污泥易发生解体，并且污泥颜色变浅，生物活性迅速降低。对于特定的污水处理系统，其 OLR 决定于进水有机物浓度和 HRT。HRT 过短将影响底物的转化程度，出水中含有较多的未完全降解的底物，同时相对密度较小的微生物絮凝体很容易随水流出。

2. 影响产甲烷细菌的主要生态因子

产甲烷细菌是一类古细菌（archaebacteria），它们虽是原核生物，但在基因结构或系统发育生物大分子序列上显著有别于真细菌（eubacteria）。古细菌多生活在地球上极端的生境或生命出现初期的自然环境中，具有特殊的生理功能。在细胞结构上，古细菌的细胞壁骨架为蛋白质或假胞壁酸，细胞膜含甘油醚键。此外，其代谢中的酶作用方式既不同于真细菌，也不同于真核生物。

产甲烷菌是一群极端严格厌氧、化能自养或化能异养的微生物，其代谢产物无一例外的主要是甲烷。它们对营养要求较简单，而对环境条件变化的反应特别敏感。另一方面，产甲烷细菌繁殖世代时间长，代谢速率较缓慢，所以产甲烷细菌是控制厌氧生物处理效率的主要微生物，而产甲烷作用一般被认为是厌氧生物处理进程的限速步骤，现今开发研究的各种新型厌氧生物反应装置，大多是以促进和提高产甲烷阶段效率为基本出发点的。影响产甲烷细菌的环境因子较多，现就其中的主要生态因子分述如下。

（1）pH　产甲烷细菌对环境 pH 变化的适应性很差，具有一定的范围限度。早在 1937 年 Heukeleian 等人就报道过，在污泥厌氧生物处理中，产甲烷细菌的最适 pH 为 7.0。实际上，产甲烷细菌的最适 pH 也随着菌种的不同而异。一般来说，产甲烷细菌的最适 pH

为 6.5～7.5，但也有研究表明，pH 为 5.5 或 8.0 时产甲烷细菌也能生存。传统观点认为，pH<6 时产甲烷细菌受到抑制甚至死亡，而周雪飞等在对高浓度甲醇废水的研究中发现，对于颗粒污泥，当 pH 为 4.5 时产甲烷细菌在 48 小时内仍然具有较高的产甲烷活性，即使将颗粒污泥破碎，pH 为 5 时产甲烷细菌仍能够生存，并具有产甲烷活性，经生物相观察主要的产甲烷细菌为八叠球菌属。

（2）ORP　无氧环境是严格厌氧的产甲烷细菌繁殖的最基本条件之一。对厌氧反应器介质中的氧浓度判断，可用 ORP 表达。

有资料表明，产甲烷细菌初始繁殖的条件是氧化还原电位不能高于－330mV。按照 Nernst 关系式，氧化还原电位为－330mV 相当于 $2.36×10^{56}$ L 水中有 1mol 氧。可见专性厌氧的产甲烷细菌对介质中分子态氧的存在是极为敏感的。对环境的严格厌氧要求是由产甲烷细菌本身的严格厌氧特性决定的。在厌氧发酵全过程中，非产甲烷阶段可在兼氧条件下完成，氧化还原电位在－250～＋100mV；而产甲烷阶段最适氧化还原电位为－500～－300mV。

氧化还原电位还受到 pH 的影响，pH 低，ORP 高；pH 高，ORP 低。因此，在初始富集产甲烷细菌阶段，应尽可能保持介质 pH 接近中性，并应保持反应装置的密封性。

（3）有机负荷　直接反映了底物与微生物之间的平衡关系，是生物处理中主要的控制参数，厌氧过程也不例外。在厌氧处理有机污泥时，负荷习惯上以投配率表达，即每日投加的生污泥容积占反应器容积的百分数。投配率的倒数就相当于污泥在反应器中的平均停留时间。而对于厌氧生物处理有机废水时，大多以容积负荷[kgCOD/(m³·d)]为参数，悬浮生长工艺(厌氧活性污泥法等)除容积负荷之外，也可用污泥负荷[kgCOD/(kgSS·d)]作指标。

有机废水厌氧生物处理中，负荷对有机物去除率的影响是明显的。无论在厌氧生物处理的实验研究中或在实际运转中，欲维持底物与微生物量之间的平衡、维持产酸发酵与产甲烷发酵阶段的平衡，负荷都起到非常重要的作用。

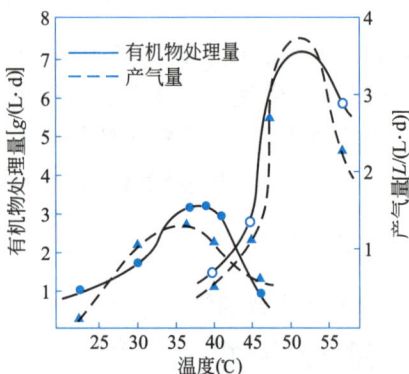

图 15-3　厌氧生物处理系统温度的影响

（4）温度　一般认为，厌氧生物适应的温度范围较宽(5～83℃)，并且在 5～35℃范围内，温度每升高 10～15℃，生物代谢速率提高 1～2 倍。经过大量实验发现，在 5～83℃范围内，最适温度有两个区。中温区在 30～39℃范围内，高温区在 50～60℃范围内(图 15-3)，在这两个区内厌氧产沼气量和有机物去除量均较高。最适温度之所以出现两个区，主要原因是作为限速步骤的产甲烷阶段中，产甲烷细菌主要分为嗜中温细菌(如布氏产甲烷杆菌、巴氏产甲烷八叠球菌、万氏产甲烷球菌等)和嗜高温细菌(如嗜热产甲烷丝菌、嗜热产甲烷八叠球菌等)。一般来说，40～50℃不利于产甲烷细菌生长，因此很少在厌氧生物处理工艺中采用此温度区。此外，人们正在考虑将更高的温度用于废水厌氧生物处理工艺中，如德国已将 70℃超高温厌氧工艺用于实际工程中。尽管温度提高生物降解速率总体是提高的，但由于提高温度需消耗大量能源，所以选择哪个最适温度区应进行技术经济比较。

（5）污泥浓度　在生物处理中，底物与微生物之间关系最为密切。生物反应器中的活性微生物保有量高，反应器的转化率以及允许承受的有机负荷就高。在连续流厌氧生物处理有机废水系统中，新开发的工艺均以污泥保有量高为主要特点。如上流式厌氧污泥层反应器，平均污泥浓度可达到 30～50g/L，比好氧曝气池中生物量高 10～20 倍，从而使厌氧生物处理效率显著提高。

（6）碱度　碱度对产甲烷细菌有较大的影响，特别是产甲烷细菌的生存条件一般为 pH 在 6 以上，所以碳酸氢盐碱度起着非常重要的作用。

（7）接触与搅拌　在生物反应器中，底物首先需传质到细菌表面，进而被代谢，而传质速率将起到较重要的作用。搅拌是提高传质速率的重要因素之一，但对于产甲烷细菌来说，缓慢地混合与急剧搅拌对于不同的反应器形式可以产生不同的效果。一般认为，产甲烷细菌的生长需要相对较稳定的环境，对于推流形式的反应器来说，当混合强度较大时，因为改变了微生物的生长环境条件，可能会影响产甲烷细菌的活性。但最近对某些厌氧反应器（如后述的内循环反应器）的研究结果来看，频繁更替环境条件并未给产甲烷细菌带来严重的影响。

影响传质速率的因素主要有厌氧污泥（或生物膜）与介质间的液膜厚度，以及颗粒状的污泥内部不同细菌菌群间代谢产物的传质速率。液膜厚度大将影响底物的传质速率，可通过搅拌（机械的或自身代谢产气搅拌）降低液膜厚度。颗粒污泥越小传质速率越快，但颗粒减小将降低反应器中的生物持有量。

在厌氧处理的连续流投配系统中，为了达到良好的传质效果，有必要注意布水系统对接触的影响，应避免在反应器中出现短流的现象。有时可采取连续式或间歇式回流，或脉冲式进水来避免短流，加强接触。

（8）营养　厌氧细菌由于生长速率低，所以对氮、磷等营养盐要求较少。一般来说，处理含天然有机物的废水时不用投加营养盐。试验表明，COD：N：P 控制在 500：5：1 左右为宜，在厌氧处理装置启动时，可稍微增加氮素，有利于微生物的增殖，并有利于提高反应器的缓冲能力。Tavai 等研究证明，增加 NH_3—N 会因提高消化液的氧化还原电位而使甲烷产率降低，所以氮素以加入有机氮与 NH_4^+—N 营养物为宜。

（9）抑制物和激活剂　所谓"有毒"是相对的，事实上任何一种物质对微生物的生长都有两方面的作用，既有激活作用又有抑制作用，关键在于它们的浓度界限，即毒阈浓度。

在工业废水中，常含有重金属。微量的重金属对厌氧细菌的生长可能起到刺激作用，但当其过量时，却有抑制微生物生长的可能性。海斯等人的研究表明，重金属的毒性大小排列次序为 Ni＞Cu＞Pb＞Cr＞Cd＞Zn（表 15-6）。但是，各种重金属离子对厌氧发酵产生抑制的阈限浓度，不同学者的研究结果并不统一。由于试验条件、底物成分、厌氧工艺不一，污泥驯化程度不同，其结果差别也就较大。如经驯化后的污泥对氰化物的忍受能力将提高 50 倍（从 0.5～1mg/L 提高到 30～50mg/L）。

氨氮对厌氧微生物的生长亦有刺激浓度和抑制浓度之分。表 15-7 是 McCarty 归纳的氨对产甲烷阶段的影响情况。

硫酸盐、硝酸盐和亚硝酸盐的存在将对产甲烷阶段构成一定的竞争抑制，研究表明，厌氧处理有机废水时生物氧化的顺序是：反硝化、反硫化、产酸发酵、产甲烷等。只有在

厌氧生物处理中重金属毒性限度　　　　　　　表 15-6

重金属	逐级加入		脉冲加入毒性限度(mg/L)
	抑制浓度(mg/L)	毒性限度(mg/L)	
Cr(Ⅲ)	130	260	<200
Cr(Ⅵ)	110	420	<180
Cu	40	70	<50
Ni	10	30	>30
Cd	—	>20	>10
Pb	340	>340	<250
Zn	400	600	<1700

氨对产甲烷阶段的影响　　　　　　　　　　　表 15-7

观察到的影响	氨浓度(mg/L，以 N 计)
有益	50～200
没有不利影响	200～1000
在高 pH 时有抑制作用	1500～3000
有毒	高于 3000

前一种反应条件不具备时才进行后一种反应。在厌氧生物处理反应器中，始终存在着硝化细菌、反硝化细菌、硫酸盐还原细菌，虽然硝化细菌为专性好氧菌，但它可在缺氧环境中存活下来，硝化作用能够发生在氧浓度低达 $6\mu mol/L$ 的环境中。Lettinga 认为，运行中应控制 $COD/SO_4^{2-}>10g/g$，这时，所产生的沼气可将还原的 H_2S 挟带出，使反应液中的 H_2S 维持在 $100mg/L$ 的水平以下，否则，未离解的 H_2S 将存在抑制作用。因此，必须严格控制厌氧反应器进水中的硫酸盐、硝酸盐和亚硝酸盐的含量，才能使反应器保持有利于产甲烷阶段的运行状态。

3. 影响硫酸盐还原菌的主要生态因子*

硫酸盐还原菌(SRB)比产甲烷细菌有较高的生长速率、较好的底物亲和力和较高的细胞产率。因此，SRB 比产甲烷细菌利用氢的能力强，假如有足够的硫酸盐，所有的氢都可以被 SRB 利用。在厌氧反应器中，与 SRB 共同生长的产甲烷细菌几乎没有利用氢的能力，这可以解释为什么 SRB 能更有效地利用氢。

乙酸是厌氧分解的最主要的中间产物，通常降解 COD 的 70% 要经过乙酸再降解。SRB 与产甲烷细菌的热力学性质和生长动力学性质比较表明，SRB 比产甲烷细菌竞争乙酸时占优势，特别是在乙酸浓度比较低时，但在有些厌氧反应器中得出的结果有矛盾，这可能是由于在反应器中 SRB 与产甲烷细菌的竞争受到温度、细胞的固定化、硫酸盐浓度、污泥的类型和驯化等环境因子的影响。

影响硫酸盐还原菌活性的因素很多，其中主要有以下几方面：(1)同产甲烷细菌相似，硫酸盐还原菌也在两个温度段表现出较强的活性，一个是中温段，一个是高温段。中温段的硫酸盐还原菌最适生长温度为 30～35℃，但可以承受 42℃ 以下的温度。高温段菌种能够在 50～70℃ 的范围内生长；(2)硫酸盐还原菌可以在 pH4.5～9.5 的范围内生长，而最适的 pH 范围则是 6.5～8.0。在不同 pH 条件下硫化氢的存在形态如图 15-4 所示；(3)硫酸盐还原菌是严格的厌氧菌，其生长环境的氧化还原电位一般应保持在 $-100mV$ 以下，故在好氧生物反应器中它们是不可能生长的。但最近的几项研究表明，硫酸盐还原菌能够在有分子氧存在的情况下存活，甚至能够利用分子氧。研究表明，硫酸盐还原菌暴露于分子氧环境中可以保持活性几小时甚至几天。已经在硫酸盐还原菌的几个属中发现了其存在好氧呼吸能力，发现在脱硫弧菌属的几个亚属中有抗分子氧保护酶，如超氧化歧化酶、NADH 氧化酶、过氧化氢酶；（4）碳硫比（COD/SO_4^{2-}）对硫酸盐还原能力影响较大，为了有效地去除硫酸盐，碳硫比不应小于 1.5。其次，采用溶解性的小分子有机物(如甲醇、乙醇等)作为电子供体，硫酸盐还原速率较高；（5）根据盐度要求的不同，硫酸盐还原菌可以分为嗜盐性菌和非嗜盐性菌。

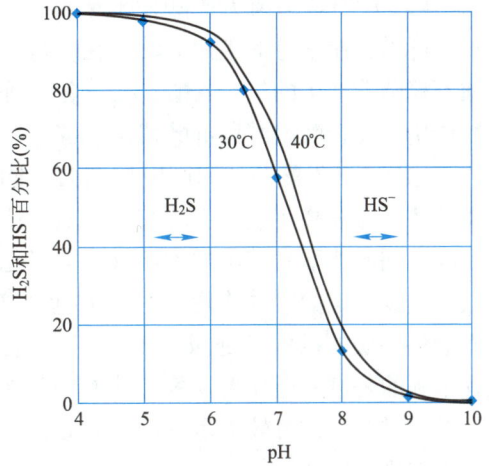

图 15-4　不同 pH 条件下 H_2S 和 HS^- 百分比含量

非嗜盐性的硫酸盐还原菌培养基的 pH 应调至 7.1，嗜盐性的硫酸盐还原菌的培养基最好调至 7.6。嗜盐性菌一般分布在海洋环境中，要求 NaCl 浓度大于 0.6%，最适宜的浓度为 1%～3%。脱硫弧菌属的 *Desulfovibrio salexigen* 具有耐盐性，可以在高盐度硫酸盐废水处理构筑物中存活。

15.3.3　厌氧生物处理系统中主要微生物类群的相互关系及群落更迭

在厌氧生物处理系统中，存在着种类繁多、关系非常复杂的微生物区系。甲烷的产生是这个微生物区系中各种微生物相互平衡、协同作用的结果。有机物的甲烷发酵过程实际上是由这些微生物所进行的一系列生物化学的偶联反应，而产甲烷细菌则是厌氧生物链上的最后一个成员。厌氧微生物的相互关系包括：非产甲烷细菌与产甲烷细菌之间的相互关系；非产甲烷细菌之间的相互关系；产甲烷细菌之间的相互关系。以上第一种关系最为重要，在厌氧消化系统中，非产甲烷细菌和产甲烷细菌相互依赖，互为对方创造良好的环境和条件，构成互生关系。同时，双方又互为制约，在厌氧生物处理系统中处于平衡状态。

1. 产酸发酵菌群与产甲烷菌群之间的相互关系

（1）产酸发酵菌群为产甲烷细菌提供生长繁殖的底物。产酸发酵菌群可把各种复杂的有机物，如高分子的碳水化合物、脂肪、蛋白质等进行发酵，生成 H_2、CO_2、NH_3、VFA，丙酸、丁酸、乙醇等又可被产氢产乙酸细菌转化生成 H_2、CO_2 和乙酸。这样，产酸发酵菌群通过生命活动，为产甲烷细菌提供了生长和代谢所需要的碳源和氮源。

（2）产酸发酵菌群为产甲烷细菌清除有毒物质。以工业废水或废弃物为发酵原料时，可能含有酚、氰、苯甲酸、长链脂肪酸和重金属离子等，这些物质对产甲烷细菌有毒害作用。但产酸发酵菌群中有许多种类能裂解苯环，有些菌还能以氰化物作为碳源和能源，这些作用不仅解除了它们对产甲烷细菌的毒害，而且同时给产甲烷细菌提供了底物。此外，产酸发酵菌群的代谢产物硫化氢，可以和一些重金属离子作用，生成不溶性的金属硫化物沉淀，从而解除了一些重金属的毒害作用。但反应系统内的 H_2S 浓度不能过高，否则亦会毒害产甲烷细菌。

（3）产甲烷细菌为产酸发酵菌群的生化反应解除反馈抑制。产酸发酵菌群的发酵产物，可以抑制本身的生命活动。在运行正常的消化反应器中，产甲烷细菌能连续利用由产酸发酵菌群产生的氢、乙酸、二氧化碳等生成 CH_4，不会由于氢和酸的积累而产生反馈抑制作用，使产酸发酵菌群的代谢能够正常进行。

（4）产酸发酵菌群和产甲烷细菌共同维持环境中的适宜 pH。在沼气发酵初期，产酸发酵菌群首先降解废水中的有机物质，产生大量的有机酸和碳酸盐，使发酵液中 pH 明显下降。同时产酸发酵菌群中还有一类氨化细菌，能迅速分解蛋白质产生氨。氨可中和部分酸，起到一定的缓冲作用。另一方面，产甲烷细菌可利用乙酸、氢和 CO_2 形成甲烷，从而避免了酸的积累，使 pH 稳定在一个适宜的范围，不会使发酵液中 pH 达到对产甲烷过程不利的程度。但如果发酵条件控制不当，如进水负荷过高、C：N 失调，则可造成 pH 过低或过高，前者较为多见，称为酸化。这将严重影响产甲烷细菌的代谢活动，甚至使产甲烷作用中断。

2. 产氢产乙酸菌群的重要作用

产氢产乙酸菌群主要处于厌氧消化的第二阶段，其作用在于将第一阶段产生的 VFA 和醇转化为乙酸、H_2/CO_2。这类细菌大多为发酵细菌，亦有专性产氢产乙酸菌（*Obligate H_2-Producing Acetogens*，OHPA），包括脱硫弧菌（*Desulfovibio desulfuricans*）、普通脱硫弧菌（*Dvulgaris*）和梭菌属细菌等。

产氢产乙酸过程受氢分压调控，产丙酸、丁酸、乙醇分别在氢分压为 0.01kPa、0.5kPa 和 30kPa 以下时产氢产乙酸过程才能自发进行，否则为耗能过程，代谢过程受阻，导致发酵代谢产物（如丙酸）的积累，造成酸化，使整个厌氧处理失败。

3. 硝酸盐和硫酸盐还原作用对产甲烷菌的影响

在厌氧消化装置中的各种厌氧微生物，如硫酸盐还原菌、硝酸盐还原菌等，对 ORP 适应性各不相同。通过这些微生物有序地生长和代谢活动，使消化液的 ORP 逐渐下降，最终为产甲烷细菌的生长创造适宜的 ORP 条件。

4. 厌氧生物处理系统中主要微生物群落的更迭规律

在厌氧生物处理中，存在着种类繁多、关系非常复杂的微生物区系。甲烷的产生是这个微生物区系中各种微生物相互平衡、协同作用的结果。厌氧生物处理过程实际上是由这些微生物所进行的一系列生物化学的偶联反应，而产甲烷细菌则是厌氧生物链上的最后一个成员。在厌氧生物处理系统中（如在厌氧反应器中），由于内部各区域生态环境的差异，造成产酸细菌（产酸发酵细菌 AFB、产氢产乙酸细菌 HPA、同型产乙酸细菌 HOMA）、产甲烷细菌（氧化氢产甲烷细菌 HOM、氧化氢利用乙酸产甲烷细菌 HOAM、非氧化氢利用乙酸产甲烷细菌 NHOAM）中各类群细菌有规律地出现更迭。在推流式反应器中，优势种群沿水流方向的典型更迭规律为：

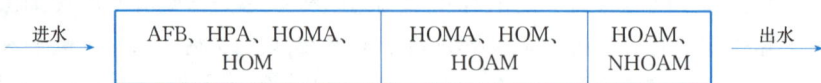

进水 → | AFB、HPA、HOMA、HOM | HOMA、HOM、HOAM | HOAM、NHOAM | → 出水

通过各种群间相互利用、相互制约，构成一个稳定的生态系统，保证生物代谢过程正常进行。当这一演替规律被破坏，往往会影响代谢平衡，甚至导致整个处理系统的运行失败。对于厌氧颗粒污泥（见 15.4 节），其自身构成微小的生态系统，其内外层细菌种类依

颗粒所处反应器的空间位置和代谢进程将有所不同，并遵循以上演替规律。因此，以上演替规律对于科学研究和反应器开发具有一定的指导意义。

15.3.4 厌氧生化反应动力学[*]

厌氧生化反应动力学是研究厌氧生物化学反应进行速度、反应历程以及描述厌氧降解过程特性的一种数学方法。通过厌氧生化反应动力学的研究，我们可以把微生物学和生物化学的实验资料用于生物处理构筑物的设计和实际运行的控制，能使我们更加系统地理解各种工艺参数之间的关系。

在本书的前面章节中，已对好氧反应动力学作了详细论述。因在厌氧条件下，BOD去除也遵循一级反应动力学规律，好氧反应动力学方程式也适用于厌氧反应。由于产甲烷阶段是厌氧生物处理速率的控制因素，因此，反应动力学是以该阶段作为基础建立的。

厌氧生化反应动力学方程式：

$$\frac{dS}{dt} = r_{su} = -\frac{k_{max}SX}{K_s + S} \tag{15-7}$$

$$\frac{dX}{dt} = r_g = -Yr_{su} - k_dX \tag{15-8}$$

式中 $dS/dt = r_{su}$——底物去除速率，$mg/(L \cdot d)$；

k_{max}——最大比底物利用速率，$gCOD/(gVSS \cdot d)$；

S——可降解的底物浓度，mg/L；

K_s——半速度常数，即最大比底物利用速率为一半时的底物浓度，mg/L；

X——生物浓度，mg/L；

$dX/dt = r_g$——细菌增殖速率，$mgVSS/(L \cdot d)$；

Y——细菌产率系数，$mgVSS/mgCOD$；

k_d——细菌衰亡速率系数，$mgVSS/(mgVSS \cdot d)$。

将式(15-7)代入式(15-8)，并除以 X 得：

$$\mu = \frac{r_g}{X} = Y\frac{k_{max}S}{K_s + S} - k_d \tag{15-9}$$

式中 μ——细菌比增殖速率，$mgVSS/(mgVSS \cdot d)$。

对于厌氧生物处理系统来说，典型的 $Y = 0.04 \sim 0.10 mgVSS/mgCOD$，$k_d = 0.02 \sim 0.04 mgVSS/(mgVSS \cdot d)$，厌氧细菌的动力学参数见表 15-8。

厌氧细菌在废水处理中的动力学参数(30~35℃)　　　　表 15-8

细菌类型	世代时间(d)	Y(mgVSS/mgCOD)	k_{max}[gCOD/(gVSS·d)]	K_s(mmol/L)
产酸发酵细菌	0.125	0.14	39.6	未报道
产氢产乙酸细菌	3.5	0.03	6.6	0.40
利用氢产甲烷细菌	0.5	0.07	19.6	0.004
甲烷丝菌	7.0	0.02	5.0	0.30
甲烷八叠球菌	1.5	0.04	11.6	5.0
好氧活性污泥	0.03	0.40	57.8	0.25

15.3.5　厌氧生物处理系统的运行调控

厌氧生物处理工艺条件与一般工业发酵工艺相比要复杂得多。一般工业发酵是用单一菌种，而沼气发酵采用的是混合菌种。如前所述，参加厌氧消化作用的混合菌种主要分为发酵(产酸)性菌和产甲烷细菌，由于它们各自要求的生活条件不同，因此在发酵条件控制上常有顾此失彼的情况。实践证明，往往因某一工艺条件失控，就有可能造成整个厌氧生物处理系统运行的失败。如温度波动幅度太大，就会影响产气；发酵原料浓度过高，将产生大量的挥发酸，使反应系统的 pH 下降，就会抑制产甲烷细菌生长而影响产气和处理效果。因此，控制好厌氧生物处理的工艺条件，是维持厌氧消化过程正常进行的关键。

(1) 严格厌氧条件　这是最关键的条件，所以必须修建严格密闭的构筑物或反应器，以保证厌氧消化过程的正常进行。在运行过程中，进水可能会将少量的氧气带入反应器，系统中兼性微生物大量活动，会很快将这部分氧消耗掉，从而维系了反应系统对低氧化还原电位的要求。因此，除非特殊情况，无须针对高浓度有机废水中的溶解氧采取措施。

(2) 营养条件　和其他废水生物处理技术一样，厌氧生物处理工艺的正常运转是建立在系统内微生物的生长代谢基础之上，因此欲取得较佳的处理效果，必须给微生物提供生长必需的营养条件，任何一种营养源的不足，都会严重影响微生物的生长，威胁系统的正常运行。在实际工程中，一般考虑最多的是维持微生物对碳、氮、磷营养需求的平衡。大量研究表明，C∶N∶P 控制为 (200~300)∶5∶1 为宜(其中 C 以 COD 计，N、P 以元素含量计)。在反应器启动时，适当增加氮素，有利于微生物的增殖，有利于提高反应系统的缓冲能力。另外，产甲烷细菌对 Fe、Ni、Co 这几种元素的需求较高，向反应系统中适当投加这些元素，可提高产甲烷菌的活性。

(3) 温度　水温的变化对微生物细胞的增殖、内源代谢过程和群体组成的变化，以及污泥沉降性能都有很大的影响。所以，对于一个反应器来说，其操作温度以稳定为宜。根据操作温度的不同，厌氧生物处理可以分为常温(10~34℃)、中温(35~40℃)和高温(50~55℃)三种。由于中温性细菌(尤其是产甲烷菌)种类多，易于培养驯化，活性高，因此厌氧处理常采用中温消化。而高温消化更有利于对纤维素的分解与对病原微生物的灭活作用，适宜于处理高温工业有机废水。

(4) pH　产甲烷细菌的最适宜 pH 是 6.5~7.5，pH 大于 8.2 或小于 6 都将影响产甲烷菌的活性。如前所述，在一定负荷范围内，厌氧消化池内的 pH 是自然平衡的，一般无须调节。但当负荷过高，如进水速率突然增大或管理不当时，将出现挥发酸积累，导致系统 pH 下降。这时，可加草木灰或适量的氨水来调节，也可适量投加石灰来调节。

(5) 搅拌　搅拌对于厌氧反应器功能的正常发挥是非常重要的。如果不搅拌，池内会明显地呈现分层，出现浮渣层、液体层、污泥层。这种分层现象将导致原料发酵不均匀，出现死角，产生的甲烷气难以释放。搅拌可增加微生物与底物的接触机会，加速传质过程，提高处理效率，同时也可防止大量浮渣的产生。搅拌方式可以有三种方式：机械搅拌——在发酵池里安装搅拌器，用电机带动搅拌；沼气搅拌——将收集后的沼气通过沼气风机压入池底部，靠强大气流达到搅拌的目的；水射器搅拌——通过泥浆泵或污水泵将池内发酵液抽出，并回流至池内，产生较强的液流，达到搅拌的目的。

（6）污泥接种　由于产甲烷细菌繁殖速度很慢，靠自然条件下产生足够量的产甲烷细菌需时较长。为了加速厌氧反应器的启动过程，使其尽早转入正常运行状态，一般均需人为地接种微生物，主要是接种产甲烷细菌。接种污泥可直接取城市污水处理厂污泥消化池中的污泥，亦可取池塘淤泥接种到消化池中。

15.4　厌氧颗粒污泥的形成及其微生物生理生态特性

15.4.1　厌氧颗粒污泥的特性

颗粒污泥（granular sludge）是厌氧微生物自固定化形成的一种结构紧密的污泥聚集体，Alphenaar 认为可以将颗粒污泥定义为由产甲烷菌、产乙酸菌和水解发酵菌等形成的自我平衡的微生物生态系统，它具有良好的沉淀性能和规则的外形结构，物理性状稳定，比产甲烷活性高。

颗粒污泥的形成是微生物固定化的一种形式，但是与其他类型的固定化不同，它的形成与存在不必依赖惰性载体，而是可以自行成团，形成颗粒。

颗粒污泥化具有以下的优点：①细菌形成颗粒状聚集体形式的一个微生物生态系统，其中不同类型的微生物种群组成共生或互生体系，有利于形成适合细菌选择并栖息生长的生理生化条件，利于有机物的降解；②颗粒的形成有利于其中的细菌对营养的吸收，增强微生物活性；③颗粒化使发酵中间产物向产氢产乙酸菌及产甲烷菌的扩散距离大大缩短，这对强化"序贯性"厌氧生物降解过程具有重要意义；④在废水性质突然变化时（例如 pH、毒物的进入等），颗粒污泥能维持一个相对稳定的微环境，通过协同及负反馈作用，削弱影响，使代谢过程继续进行；⑤颗粒污泥通常具有一定的机械强度，可以避免因水流的剪力、内部产气的压力而破碎，被带出反应器的危险，增加了固体停留时间。

颗粒污泥的特性和某种特定条件下对颗粒污泥的要求，取决于工艺运行参数和废水的组成。图 15-5 所示为废水特征、操作条件和颗粒污泥特性之间的关系。

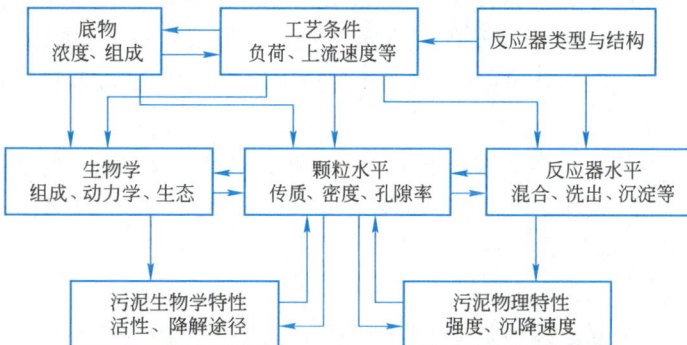

图 15-5　废水特征、操作条件和颗粒污泥特性之间的关系

颗粒污泥是厌氧微生物自固定化的一种形式，其外观具有相对规则的结构，大多为球形或椭球形，粒径为 0.3～5.0mm。颗粒污泥的相对密度为 1.01～1.05，通常随着颗粒粒径的增大而变低。颗粒污泥的体积指数在 10～20mL/gSS，沉降速度为 18～100m/h。

15.4.2　厌氧颗粒污泥的化学性质*

厌氧颗粒污泥的无机成分含量较大，其灰分含量在 $10\%\sim20\%$，而不同厌氧反应器中的灰分含量在 $11\%\sim55\%$。闵航等对厌氧颗粒污泥的无机组成进行了总结，分析表明，颗粒污泥中钙、铁、镍和钴的含量比纯培养的产甲烷菌中含量高，另外，颗粒污泥大约有 30% 的灰分是由 FeS 组成的，FeS 可以牢固的黏附在甲烷丝状菌的鞘上，因此甲烷丝状菌多时可以使颗粒污泥呈现黑色。颗粒污泥的灰分含量与颗粒污泥的密度呈良好的相关性，灰分/密度的 r^2 可达 0.943，而与颗粒污泥的强度相关性不明显(灰分/强度的 r^2 为 0.676)。

颗粒污泥的另一种重要的化学组分是胞外多聚物，如胞外多糖、胞外多肽等，其总量约占颗粒干重的 $1\%\sim2\%$，但是它们在颗粒污泥的形成与稳定中起十分重要的作用。

厌氧活性污泥呈灰色至黑色，有生物吸附作用、生物降解作用和絮凝作用，有一定的沉降性能。颗粒厌氧活性污泥的直径在 0.5mm 以上，最良好的颗粒厌氧活性污泥是以丝状厌氧菌为骨架和具有絮凝能力的厌氧菌颗粒化形成圆形或椭圆形的颗粒污泥，直径 $2\sim$ 4mm(荷兰产)，大小一致、均匀，结构松紧适度。颗粒表面灰黑色，其内部呈深黑色。

15.4.3　厌氧颗粒污泥的微生物生态*

1. 微生物群落构成

颗粒污泥是具有良好的沉淀性能和规则的外形结构、物理性状稳定、具备产甲烷活性的微生物自固定化平衡系统，不同类型的种群在其内部组成共生或互生的微生物体系，完成对有机物的降解。但是不同反应器、同一反应器的不同位置以及同一颗粒污泥的不同发育阶段和不同层次，包括被处理废水的水质、环境条件等，都会影响污泥内部不同微生物所占的比例。

颗粒污泥中所包含的微生物由参与厌氧有机物降解过程的产甲烷菌、产乙酸菌和水解发酵菌等组成的。扫描电镜可以观察到许多杆形、球形和其他形态的细菌，通常总数可以达到 10^{12} 个/gVSS，这些细菌从种来讲，已经鉴定到丙酸杆菌属(*Propoinibacterium*)、脱硫弧菌属(*Desulfovibrio*)、互营杆菌属(*Syntrophobacter* sp.)、互营单胞菌属(*Syntroph-omonas* sp.)、甲烷短杆菌、甲烷丝状菌(Methanothrix)以及甲烷八叠球菌(*Methanosarcina*)等，并且颗粒中的产氢菌和耗氢菌(即氢营养型产甲烷菌)常常形成互营的微菌落，利于种间氢的转移。

一般来说，产酸细菌较多地结合于小絮状物和直径小于 1.2mm 的小颗粒中，而乙酸裂解产甲烷菌(甲烷丝状菌、甲烷八叠球菌等利用乙酸产甲烷的细菌)则在直径大于 1.2mm 的颗粒中活性较高。

2. 微生物生态

一般认为，不同的互营细菌是随机地在颗粒污泥中生长的，并不存在明显的结构层次性。另一些学者则证实细菌在颗粒污泥中的分布有较清晰的层次性，并提出了一些结构模型。Macleod 等给出了一个较为典型的颗粒污泥结构模型：甲烷丝状菌构成颗粒污泥的内核，在颗粒化过程中提供了很好的网络结构；甲烷丝状菌所需的乙酸是由产氢产乙酸菌等提供，丙酸丁酸分解物中的高浓度 H_2 促进了氢营养型细菌的生长，产氢产乙酸菌和氢营养型细菌构成颗粒污泥的第二层；颗粒污泥的最外层由产酸菌和氢营养型细菌构成。

竺建荣等根据对颗粒污泥的观察，也提出了一个类似的结构模型，不同的是他们发现了颗粒污泥表面细菌分布的"区位化"，即不同细菌以成簇的方式集中存在于一定的区域内，相互之间可能发生种间氢转移。

Thaveesri 等从热力学的角度研究了颗粒污泥的结构，例如从细菌细胞与水的接触角度开展的研究证明，由于大多数产甲烷菌和产乙酸菌表面呈疏水性（低表面能、接触角大于 45°），而大多数产酸菌为亲水性（高表面能、接触角大于 45°），因此通常产酸菌位于颗粒污泥的外层，与水接触，而产甲烷菌和产氢产乙酸菌位于疏水的颗粒污泥内层。Thaveesri 对不同类型的基质研究发现，在糖类等表面张力小于 50mN/m 的基质中，形成的颗粒污泥外层为亲水性产酸菌，内层为疏水性产甲烷菌；而在蛋白质丰富的基质中，由于表面张力大于 55mN/m，疏水性细菌（如产甲烷菌）贯穿于颗粒污泥，占据优势地位。

低表面张力环境下形成的亲水性表面的颗粒污泥稳定性更高一些，而疏水性表面的颗粒污泥与 CH_4 等气体有强烈的粘接作用，易被气泡携带冲洗出反应器，因此，在蛋白质丰富的基质中，随出水冲洗出的污泥量较大，因而导致参与降解的生物量更小。

颗粒化过程本身的复杂性决定了颗粒污泥结构的复杂性，生长基质、操作条件、反应器中的流体流动状况、研究者所采取的研究方法、观察手段的不同等，都会影响最终所观察到的颗粒污泥的结构。

实践证明，颗粒污泥内的微生物种群或群落是颗粒形成过程中，受环境条件制约的自然选择的结果，它们在生理上存在互营共生关系。厌氧水解菌、产氢产乙酸菌和产甲烷细菌在颗粒内部生长、繁殖，形成相互交错的复杂菌丛。据刘双江等报道，厌氧污泥颗粒化提高了厌氧污泥耐乙酸的能力，UASB 中乙酸的抑制浓度为 4000mg/L，较不形成颗粒污泥的普通厌氧消化器的 2000mg/L 提高了一倍。厌氧颗粒污泥的代谢活性也较絮状污泥提高一个数量级。

15.4.4　厌氧颗粒污泥的培养

在单相厌氧反应器系统中，良好的颗粒厌氧活性污泥是以丝状的产甲烷丝菌为骨架，与其他微生物一起团粒化而形成圆形或椭圆形的颗粒污泥。颗粒结构与微生物分布与处理的废水水质、厌氧反应器的构型、进水方式、反应器内的水力条件与状况等有关。水质不同，分布在颗粒污泥内、外层的微生物不一样，以升流式厌氧污泥床反应器（UASB）为例，处理禽畜粪便水的颗粒污泥所处的水力条件很好，产气量大。消化反应器内水像开锅样的翻腾，极易形成团粒化的颗粒污泥。表层的微生物主要是水解、发酵型的细菌、产氢、产乙酸细菌和氢营养型的古菌。它们在内部还与产氢、产乙酸细菌紧密结合互营共生；而用复合式厌氧反应器（UBF）处理高浓味精废水情况有所不同。因反应器内有填料，味精废水又是较难处理的废水，产气量没有禽畜粪便水的大，反应器内水不翻腾，其污泥团粒化不典型，大小不均一，甚至有些松散。而颗粒污泥的骨架仍然是丝状的产甲烷菌。其表层有相当多的产甲烷八叠球菌。

而在两相厌氧消化法中，情况与上不同，在第一相中的厌氧活性污泥可处在缺氧或厌氧条件下，其组成基本是兼性厌氧和专性厌氧的水解发酵性细菌和少量的专性厌氧的产甲烷菌。在第二相中则是在绝对厌氧条件下，有少量产氢产乙酸的细菌，绝大多数是专性厌氧的产甲烷菌。

因为专性厌氧的产甲烷菌，生长速度慢，世代时间长。所以，厌氧活性污泥的驯化、培养时间较长。厌氧活性污泥的菌种可以来源于牛、羊、猪、鸡等禽畜粪便（含有丰富的水解性细菌和产甲烷菌），城市生活污水处理厂的浓缩污泥，同类水质处理厂的厌氧活性污泥等。

来自不同水质的厌氧活性污泥要先经驯化培养，尤其是处理工业废水更是如此。进水量由小到大，每提高一个浓度梯度，要稳定一段时间后才换下一个浓度。当处理效果接近期望效果，并形成颗粒化的活性污泥时即为成熟厌氧活性污泥。此时可控设计流量进水进入正式运行阶段。

来自同类废水的厌氧活性污泥要复壮和培养。培养的方法和顺序除去驯化阶段外，与以上相同。

颗粒化污泥培养成熟的标志是：颗粒污泥大量形成，反应器内呈现两个污泥浓度分布均匀的反应区，即污泥床和污泥悬浮层，其间有比较明显的界限；颗粒污泥沉降性良好，颗粒呈球状、杆状或不十分规则的黑色颗粒体；球状颗粒污泥直径多为 0.1～3mm，个别大的有 5mm；颗粒污泥密度 1～1.05g/L；颗粒污泥在光学显微镜下观察，呈多孔结构，内部有相当大比例的自由空间，为气体和底物的传质提供通道；颗粒污泥表面有一层透明胶状物，表面上附有甲烷八叠球菌，而且占优势，中间层有甲烷丝状菌，另外还有球菌和杆菌。成熟的颗粒污泥，产甲烷细菌应占 40%～50%。反应器在颗粒污泥培养成熟后就可连续运行。

15.4.5　影响厌氧污泥颗粒化的因素 *

厌氧颗粒污泥的形成需要较长时间，难度较大，污泥颗粒化的机理目前尚不十分清楚。目前已了解到如下因素对厌氧污泥颗粒化具有重要意义。

（1）营养条件　配制营养液 BOD_5：N：P＝100：5：1，添加适量的钙、钴、钼、锌、镍等离子，把 pH 调到 7～7.2，可接种厌氧颗粒污泥或其他活性污泥，亦可取河塘底部淤泥，接种量 10%。废水中含有碳水化合物易形成颗粒污泥，含脂类较多的废水不易形成颗粒污泥。

（2）控制运行条件　进水 COD 浓度最好在 1500～4000mg/L，启动时，表面水力负荷应稍低些，控制在 0.25～0.3m^3/(m^2·h)，COD 负荷在 0.6kgCOD/(kgVSS·d)。启动过程中既不能突然提高负荷以免造成负荷冲击，也不能长期在低负荷下运行。当出水较好，COD 去除率较高时，逐渐提高负荷，否则，污泥层易板结，对污泥颗粒化不利。当污泥颗粒出现时，需在较适宜的负荷下稳定运行一段时间，以便培养出沉降性能良好的和产甲烷细菌活性很高的颗粒污泥。在培养期间需严防有毒物质进入反应器。

（3）环境条件　要严格厌氧，温度控制为 35～40℃或 50～55℃，pH 应保持为 7～7.2，浓度一般不低于 750mg/L。

（4）某些元素和金属离子对污泥颗粒化的影响　Ca^{2+} 是影响污泥颗粒化的重要因素，当加入 80mg/L Ca^{2+} 时，可促进颗粒污泥的形成。当加入 Co^{2+} 0.05mg/L、Zn^{2+} 0.5mg/L、$FeSO_4$ 1.0m/L 时，对培养颗粒污泥也有好处。磷酸盐也是影响污泥颗粒化的因子，有磷酸盐存在也可促进颗粒化污泥的形成。

在控制上述条件的情况下，高温 55℃运行约 100d，中温 30℃运行 160d，低温 20℃运行 200d，颗粒污泥才能培养完成。

15.5　厌氧生物处理工程技术

15.5.1　厌氧生物处理的特点

与好氧生物处理相比，厌氧生物处理尽管存在系统启动慢、污染物降解不彻底、调控运行技术要求高等不足，但因其有机负荷高、能耗低、剩余污泥产量少、可回收沼气等优点，得到了广泛研究和应用(参见表 15-9)。随着人们对厌氧微生物的研究进一步深入，同时根据其生理生化及生态特点开发出新型设备和技术，厌氧生物处理技术必将发挥更大的优势。

厌氧生物处理法的优缺点　　　　　　　　　　　　　　　表 15-9

优点	能耗少、运行费低；污泥产量少；营养盐需要少；产生甲烷，可作为潜在的能源；可消除气体排放的污染；能处理高浓度的有机废水；可承受较高的有机负荷和容积负荷；厌氧污泥可长期贮存，添加底物后可实现快速响应
缺点	欲达到理想的生物量启动周期长；有时需要提高碱度；常需进一步通过好氧处理达到排放要求；低温条件下降解速率低；对某些有毒物质敏感；产生臭味和腐蚀性物质

厌氧生物处理工程技术的应用与发展，厌氧反应器的推陈出新是其核心。本节在介绍厌氧反应器研究进展的基础上，重点介绍升流式厌氧污泥床工艺、两相厌氧生物处理工艺和厌氧折流板反应器等几种典型有机废水厌氧生物处理工程技术。

15.5.2　厌氧生物处理反应器的发展

厌氧反应器的发展经历了三个阶段。第一代反应器，以厌氧消化池为代表，废水与厌氧污泥完全混合，属低负荷系统。第二代反应器，可以将固体停留时间和水力停留时间分离，能保持大量的活性污泥和足够长的污泥龄，并注重培养颗粒污泥，属高负荷系统。第三代反应器，在将固体停留时间和水力停留时间相分离的前提下，使固、液两相充分接触，从而既能保持大量污泥又能使废水和活性污泥之间充分混合、接触，达到高效处理的目的。

1. 第一代厌氧反应器

从 1881 年法国《Cosmos》杂志报道应用厌氧生物技术处理市政污水中的大量易腐败有机物起，厌氧生物处理技术已经有了一百四十余年的历史。1896 年英国出现了第一座用于处理生活污水的厌氧消化池，所产生的沼气用于照明。随后的几十年中，厌氧处理技术迅速发展并得到广泛应用。最初的厌氧反应器采用污泥与废水完全混合的模式，污泥停留时间(SRT)与 HRT 相同，厌氧微生物浓度低，处理效果差。Schroepfer 在 20 世纪 50 年代开发了厌氧接触反应器，在连续搅拌反应器基础上，在出水沉淀池中增设了污泥回流装置，使厌氧污泥在反应器中的停留时间第一次大于水力停留时间，从而提高了有机负荷率与处理效率。第一代厌氧反应器主要用于污泥和粪肥的消化，以及生活污水的处理。

2. 第二代厌氧反应器

随着人们对厌氧生物处理技术研究的深入，以提高系统内生物量、强化传质作用、延长 SRT、缩短 HRT 为基础的第二代高速厌氧反应器(High-rate Anaerobic Reactor)相继出现，典型代表包括厌氧滤器(Anaerobic Filter，AF)、厌氧流化床(Anaerobic Fluidized Bed，

AFB)反应器、上流式厌氧污泥床(Up-flow Anaerobic Sludge Bed，UASB)反应器等。

AF 是由 Young 和 McCarty 于 1969 年开发成功的，AF 采用生物固定化技术延长 SRT，把 SRT 和 HRT 分别对待的思想是厌氧反应器发展史上的一个里程碑。其结构和工作原理类似于好氧生物滤床，厌氧菌在填充材料上附着生长形成生物膜，不仅增加了系统内的总生物量，同时也实现了 SRT 和 HRT 的分离控制。AF 一般采用上流式，厌氧污泥浓度可达 10～20 gVSS/L，在负荷较低时，能够取得良好的处理效果。但 AF 在运行中常出现堵塞和短流现象，且需要大量的填料和对填料进行定期清洗，增加了处理成本。

AFB 依靠在惰性微粒填料表面形成的生物膜来保留厌氧污泥。填料在较高的上升流速下处于流化状态，克服了 AF 易发生堵塞的缺点，且能使厌氧污泥与废水充分混合，提高了处理效率。Iza 等发现，用 AFB 反应器处理酒厂废水，有机负荷可达 38.0kgCOD/(m³·d)。AFB 对易降解有机毒物的去除也有较大潜力。然而，对于 AFB，其填料微粒流化态的稳定控制比较困难，且需大量回流水以取得高的上升流速，导致投资和运行费用偏高，因此至今很少有生产规模的厌氧流化床反应器的应用报道。

UASB 由荷兰农业大学环境系 Lettinga 等人在 20 世纪 70 年代开发研制，是目前应用最为广泛的高速厌氧反应器。UASB 反应器主体部分由反应区和气、液、固三相分离区组成，在反应区下部是大量具有良好沉降性能与生物活性的厌氧颗粒污泥所形成的污泥床。待处理废水从污泥床底部进入后与污泥接触，微生物分解废水中的有机物产生沼气，气、水、泥的混合液上升至三相分离器内，气体进入集气室排出，污泥和水进入沉淀室，在重力作用下实现泥、水分离。污泥沿斜壁返回反应区，上清液从沉淀区上部排走。UASB 反应器有机负荷高，HRT 短，且无填料、无污泥回流装置、无搅拌装置，大大降低了运行成本。但大多数的 UASB 反应器出水水质还达不到传统二级处理工艺的出水水质，在处理固体悬浮物浓度较高的废水时易引起堵塞和短流。同时，初次启动和形成稳定颗粒污泥用时较长。此外，还需要设计合理的三相分离器专利技术。

3. 第三代厌氧反应器

虽然第二代厌氧生物反应器在应用中取得了很大的成功，但为了解决 UASB 在运行中出现的短流、死角和堵塞等一些问题，进一步增强厌氧微生物与废水的混合与接触，提高负荷及处理效率，扩大适用范围，人们在第二代厌氧反应器基础上继续研究和开发了第三代反应器。主要有厌氧颗粒污泥膨胀床(Expanded Granular Sludge Bed，EGSB)、厌氧内循环反应器(Inside Cycling，IC)、厌氧折流板反应器(Anaerobic Baffled Reactor，ABR)、厌氧序列式反应器(Anaerobic Sequencing Batch Reactor，ASBR)、厌氧膜生物系统(Anaerobic Membrane BiosReactors，AnMBR)。

EGSB 是荷兰 Wageningen 大学环境系在 20 世纪 80 年代开始研究的新型厌氧反应器。它实际上是改进的 UASB 反应器，不同之处是 EGSB 采用更大的高径比和增加了出水回流，上升流速高达 2.5～6.0m/h，远大于 UASB 采用的 0.5～2.5m/h。因此 EGSB 反应器中的颗粒污泥床处于部分或全部膨化状态，再加上产气的搅拌作用，使进水与颗粒污泥充分接触，传质效果更好，可处理较高浓度的有机废水。同时，EGSB 反应器采用较大的出水循环比对原水中毒性物质有一定的稀释作用，在处理含有有毒物质和难降解物质的有机废水上具有较好的优势。

IC 由荷兰 Paques 公司于 20 世纪 80 年代中期开发成功。该反应器在结构上如同两个

UASB 上下重叠串联。在底部高负荷区，通过三相分离器实现出水内循环；上部为低负荷区，废水在这里得到进一步处理。IC 系统相当于两级 UASB 工艺的串联运行，处理效果好，出水水质较为稳定。

ASBR 是 20 世纪 90 年代由美国 Iowa 州立大学 Dague 等人研究开发的新型高速厌氧反应器。它通过采用单个反应器完成进水、反应、沉降和出水的序列操作，所需体积比连续流工艺要大，但不需单独设立沉淀池及布水和回流系统，也不会出现短流现象。ASBR 在运行过程中可根据废水水质、水量的变化调整一个运行周期中各工序的时间而满足出水水质要求，具有很强的运行操作灵活性和处理效果稳定性。同时，ASBR 中易培养出世代时间长、产甲烷活性高、沉降性好的颗粒污泥。

AnMBR 的研究大多是把膜技术作为生物系统出水过滤的末端处理单元，即在常规厌氧处理过程中串联膜处理装置，从而强化处理效果。

ABR 是 20 世纪 80 年代初，由美国 Stanford 大学的 McCarty 及其合作者在厌氧生物转盘反应器的基础上改进开发而成。该反应器一经问世即引起了广大研究者的注意，40 多年来对它的研究一直没有间断过，近年来更是成为厌氧反应器研究的热点之一。

15.5.3　升流式厌氧污泥床工艺

升流式厌氧污泥床(UASB)反应器的特点是本身结构配有气-液-固三相分离装置，不配备回流污泥装置，特别是在运行过程中能形成具有良好沉降性能的颗粒污泥，大大提高了反应器中的生物量，使厌氧处理效率显著提高。

1. UASB 工艺的工作原理

UASB 反应器中废水为上向流，最大特点是在反应器上部设置了一个特殊的气、液、固三相分离系统(简称三相分离器)，三相分离器的下部是反应区。在反应区中根据污泥的分布状况和密实程度可分为下部的污泥层(床)与上部的悬浮层(图 15-6)。

当反应器运行时，废水自下部进入反应器，并以一定上升流速通过污泥层向上流动。进水底物与厌氧活性污泥充分接触而得到降解，并产生沼气。产生的沼气形成小气泡，由于小气泡上升将污泥托起，即使在较低负荷下也能看到污泥层有明显的膨胀。随着产气量增加，这种搅拌混合作用更强，气体从污泥层内不断逸出，引起污泥层呈沸腾流化状态。污泥层由大量的颗粒污泥构成，污泥层的颗粒随着颗粒表面气泡的成长向上浮动，当浮到一定高度由于减压使气泡释放，颗粒再回到污泥层。很小的颗粒或絮状污泥一般存在于污泥层之上，形成悬浮层。悬浮层生物量较少，由于相对密度小，上升流速较大时易流失。污泥在 UASB 反应器的分布规律如图 15-7 所示。气、液、固的混合液上升至三相分离器内，气体可被收集，污泥和水则进入上部相对静止的沉淀区，在重力作用下，水与污泥分离，上清液从沉淀区上部排出，污泥被截留在三相分离器下部并通过斜壁返回到反应区内。

2. UASB 反应器初次启动的操作原则

启动阶段主要有 2 个目的：其一，使污泥适应将要处理废水中的有机物；其二，使污泥具有良好的沉降性能。综合各研究者的试验结果，应注意遵循以下 5 条原则：(1) 最初的污泥负荷应低于 $0.1\sim0.2kgCOD/(kgSS \cdot d)$；(2) 废水中原来存在和产生出来的各种挥发酸未能有效地分解之前，不应增加反应器负荷；(3) 反应器内的环境条件应控制在有利于厌氧细菌(产甲烷菌)繁殖的范围内；(4) 种泥量应尽可能多，一般应为 $10\sim15kgVSS/m^3$；

（5）控制一定的上升流速，允许多余的(稳定性差的)污泥冲洗出来，截留住重质污泥。根据一些研究者的研究报告及作者的实践体会，形成颗粒污泥的过程可以归纳为以下 3 个阶段。

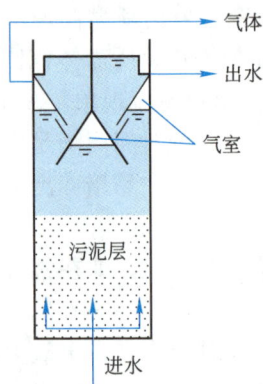

图 15-6　UASB 反应器示意图

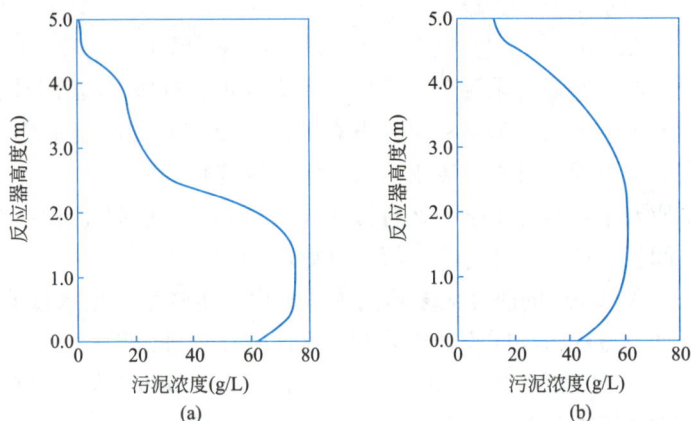

图 15-7　UASB 反应器中沿高度的污泥浓度分布示意图
(a)较低水力负荷；(b)较高水力负荷

第 1 阶段：启动与提高污泥活性阶段。有机负荷不大于 1kgCOD/(m³·d)，时间约 1～1.5 个月，有机负荷逐步增加，水力筛选将细小污泥洗出，较重的污泥成分留在反应器内，最终沉淀性能较好的污泥已不被冲洗流失。

第 2 阶段：形成颗粒污泥阶段。根据废水性质，有机负荷选择 1～3kgCOD/(m³·d)，颗粒逐渐成长为直径 1～3mm 的颗粒污泥。此阶段约需 1～1.5 个月，污泥的活性(产甲烷能力)得到提高。

第 3 阶段：逐渐形成颗粒污泥层阶段。反应器的有机负荷大于 3～5kgCOD/(m³·d)，随着负荷的提高，反应器的污泥总量逐渐增加，污泥层逐渐增高。

一般来说，在接种污泥充足、操作控制得当的情况下，形成具有一定高度的颗粒污泥层需要 3～4 个月时间。

3. UASB 反应器的结构设计原理

根据目前运行的生产性处理装置来看，反应器高度一般为 3.5～6.5m，最高 10m 左右。对于形成絮凝污泥层的 UASB 反应器来说，在有机负荷为 5～6kgCOD/(m³·d)的情况下，表面水力负荷为 0.5m³/(m²·h)左右，最高达 1.5m³/(m²·h)，在这种情况下，反应器高度以 6m 为宜。对于颗粒污泥层的反应器来说，表面水力负荷相当高，有时可达 10m³/(m²·h)以上，所以，原则上说，反应器的高度可以更高。

UASB 反应器设计中需要考虑的主要因素为：(1)废水组成成分和固体含量；(2)容积有机负荷和反应器容积；(3)上升流速和反应器截面面积；(4)三相分离系统；(5)布水系统和水封高度等物理特性。

(1) 废水水质特性　设计中应考虑废水是否影响污泥的颗粒化，形成泡沫和浮渣，降解速率如何等。一般，含有较高的蛋白质或脂肪的废水需考虑前两个问题。溶解性 COD(简称 sCOD)含量越高，设计中可选择的容积负荷越高。当废水中含有的悬浮固体越多，所形成的颗粒密度越小，进水悬浮固体浓度不应大于 6gTSS/L。

(2) 有机容积负荷　Lettinga 等推荐的典型有机容积负荷见表 15-10 和表 15-11。有机容积负荷的选择与处理废水的水质、预期达到的处理效率，以及不同废水水质下所形成的颗粒污泥大小和特性有关。根据设定的有机容积负荷，以及进水流量和进水 COD，可确定反应器的有效容积。由表 15-11 可见，经产酸发酵后的废水，UASB 可在较高的负荷下运行。

sCOD70%～90%的废水在 30℃下 85%～90%COD 去除时推荐的 COD 容积负荷　　表 15-10

废水 COD(mg/L)	COD 容积负荷[kgCOD/(m³·d)]		
	絮凝状污泥	高 TSS 去除的颗粒污泥	低 TSS 去除率的颗粒污泥
1000～2000	2～4	2～4	8～12
2000～6000	3～5	3～5	12～18
6000～9000	4～6	4～6	15～20
9000～18000	5～8	4～6	15～24

平均污泥浓度 25g/L，85%～90%sCOD 去除时

不同温度下推荐的 sCOD 容积负荷　　表 15-11

温度(℃)	sCOD 容积负荷[kgsCOD/(m³·d)]			
	VFA 废水		非 VFA 废水	
	范围	典型值	范围	典型值
15	2～4	3	2～3	2
20	4～6	5	2～4	3
25	6～12	6	4～8	4
30	10～18	12	8～12	10
35	15～24	18	12～18	14
40	20～32	25	15～24	18

（3）上升流速　其亦称表面水力负荷 u_c[量纲 m³/(m²·h)]，与进水流量和反应器横截面积有关，是重要的设计参数(参见图 15-8)。上升流速的设计主要考虑颗粒污泥的沉降速率，与废水种类和反应器高度有直接关系。废水种类可决定颗粒的大小和密实程度，而反应器高度可决定污泥携带量。Lettinga 等推荐的典型上升流速和反应器高度见表 15-12。已知反应器的有效容积和上升流速，即可计算出反应器的截面面积以及核算出反应器反应区高度。

所推荐的上升流速和反应器高度　　表 15-12

废水种类	上升流速(m/h)		反应器高度(m)	
	范围	典型值	范围	典型值
sCOD 接近 100%	1.0～3.0	1.5	6～10	8
部分 sCOD	1.0～1.25	1.0	3～7	6
城市污水	0.8～1.0	0.9	3～5	5

（4）三相分离系统的结构　UASB 反应器的三相分离器结构与反应器的进水系统设计是难点，特别是对于实际规模的大型构筑物。到目前为止，反应器的三相分离系统与进水系统大多属专利技术。

由于需分离的混合物是由气体、液体和固体(污泥)组成，所以这一系统要具有气、

液、固三相分离的功能，这必须满足以下条件：①在水和污泥的混合物进入沉淀区前，必须首先将气泡分离出来；②为避免在沉淀区里产气，污泥在沉淀器里的滞留时间必须是短的；③由于厌氧污泥形成积聚的特征，沉淀器内存在的污泥层对液体通过它向上流动影响不大。

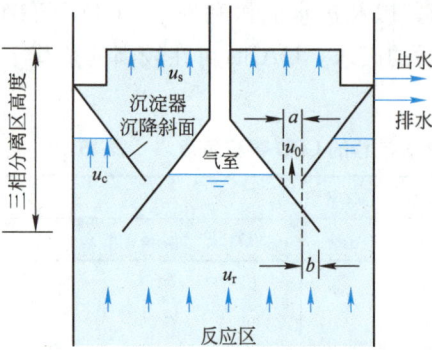

一般来说，分离器的设计（参见图 15-8）应考虑以下几方面因素：①由于厌氧污泥较黏，沉淀器底部倾角应较大，可选择 $\alpha = 45° \sim 60°$；②沉淀器内最大截面的表面水力负荷应保持在 $u_s = 0.7 \text{m}^3/(\text{m}^2 \cdot \text{h})$ 以下，水流通过液-固分离孔隙（a 值）的平均流速应保持在 $u_0 = 2\text{m}^3/(\text{m}^2 \cdot \text{h})$ 以下；③气体收集器间缝隙的截面面积不小于总面积的 $15\% \sim 20\%$；④对于反应器高为 $5 \sim 7\text{m}$，气体收集器的高度应为 $1.5 \sim 2\text{m}$；⑤气室与液-固分离的交叉板应重叠 b 为 $100 \sim 200\text{mm}$，以免气泡进入沉淀区；⑥应减少气室内产生大量泡沫和浮渣，通过水封系统（见后）控制气室的液-气界面上形成气囊，压破泡沫并减少浮渣的形成，此外，应考虑气室上部排气管直径足够大，避免泡沫携带污泥堵塞排气系统。

图 15-9 为几种可供参考的典型三相分离器。欲满足上述设计因素，小型 UASB 反应器的三相分离器较容易设计，而大型的设计难度较大。小型设备常采用圆柱形钢结构，而大型设备均采用矩形钢结构或钢筋混凝土结构，三相分离器的设计结构有差异，但遵循的原则是一致的。在设计中，考虑到三相分离器的结构与环境条件要求，反应器池顶可以是密闭的，也可以是敞开的，池顶敞开式结构便于操作管理与维修，但可能有少量臭气逸出。

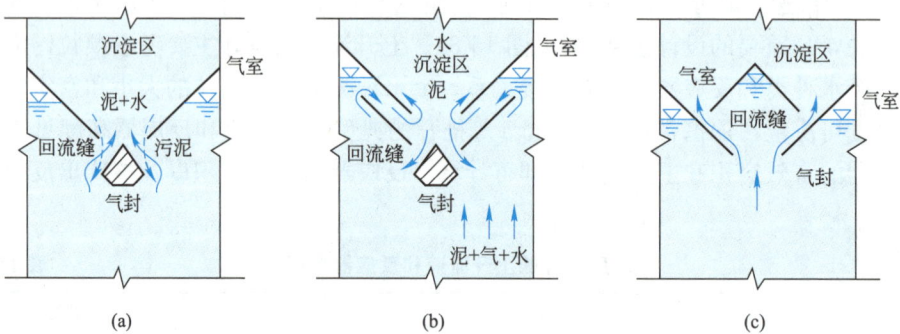

图 15-8　三相分离器基本参数

图 15-9　各种三相分离器形式

（5）布水系统　为使底物与污泥能充分接触，布水应尽量均匀，避免沟流，布水点的设置很重要，这也是提高反应器处理能力的重要因素之一。原则上，UASB 反应器的进水可参考滤池大阻力布水系统形式，在反应器底部均匀设置布水点，布水的不均匀系数为 0.95，可以达到布水均匀的目的。但对于大型 UASB 构筑物来说，应采取在反应器底部多点进水。布水点的服务面积与有机负荷和颗粒污泥特性有关，一般每个进水点服务 $1 \sim 2\text{m}^2$ 底面积，并应考虑每个布水点的阻力相等，即出流量相等。布水点过少，装置长期停运后再启动，底物与污泥不能充分接触，在反应器底部形成死区，并形成沟流，需要很长时间才能达到设计负荷，从而影响装置的快速启动和处理能力。

德国专利中介绍的布水系统如图 15-10 所示，反应器底部均匀设置许多布水点［布水点高度不同，如图 15-10(a)所示］。从水泵来的水通过配水设备流进布水管，从管口流出。配水设备是由一根可旋转的配水管与配水槽构成［图 15-10(b)］。配水槽为一圆环形，配水槽被分割为多个单元，每个与一通进反应器的布水管相连。从水泵来的水管与可旋转的配水管［图 15-10(c)］相连接，工作时配水管旋转，在一定的时间间隙内，污水流进配水槽的一个单元，由此流进一根布水管进入反应器。这种布水对反应器来说是连续进水，而对每个布水点而言，则是间歇(脉冲)进水，布水管的瞬间流量与整个反应器流量相等。

目前，在生产运行装置中所采用的进水方式大致可分间歇式进水、脉冲式进水、连续均匀流进水、连续与间歇回流相结合的进水等。

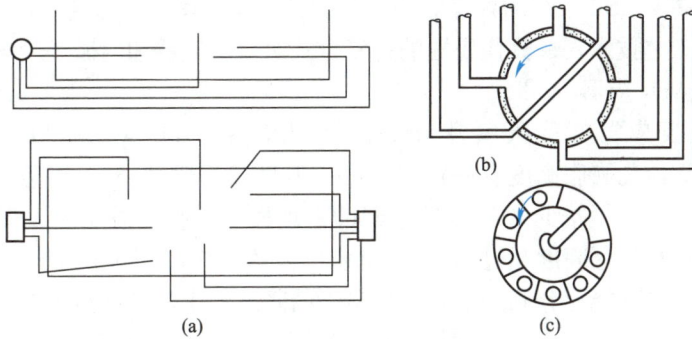

图 15-10　大型 UASB 反应器的布水系统
(a)进水系统立面示意图与平面示意图；(b)配水设备；(c)旋转配水管

(6) 水封高度　对于 UASB 反应器，气室中气囊高度的控制是十分重要的。控制一定的气囊高度可压破泡沫，并可避免泡沫和浮泥进入排气系统而使污泥流失或堵塞排气系统。气室中气囊的高度是由水封的有效高度来控制和调节的。

设计水封高度的计算原理如图 15-11 所示，其计算式为：

$$H = H_1 - H_2 = (h_1 + h_2) - H_2$$

式中　H——水封有效高度，m；

H_1——气室液面至出水面(反应器最高水面)的高度，m；

H_2——水封后面的阻力，mH_2O，包括计量设备、管道系统的水头损失和沼气用户所要求的贮气柜压力；

h_1——气室顶部到出水水面的高度，由沉淀器尺寸决定，m；

h_2——气室高度，m。

气室的高度(h_2)的选择应保证气室出气管在反应器运行中不被淹没，能畅通地将沼气排出池体，防止浮渣堵塞。从实践来看，气室水面上经常有一层浮渣，浮渣层的厚度与水质(形成泡沫多少)及工艺条件(气体释放强度)有关。在选择 h_2 时，应当留有浮渣层的高度，此外需有排放浮渣的出口，以便在必要时能排出浮渣。特别是在处理含有高浓度蛋白质、脂肪的废水时，更要特别注意。

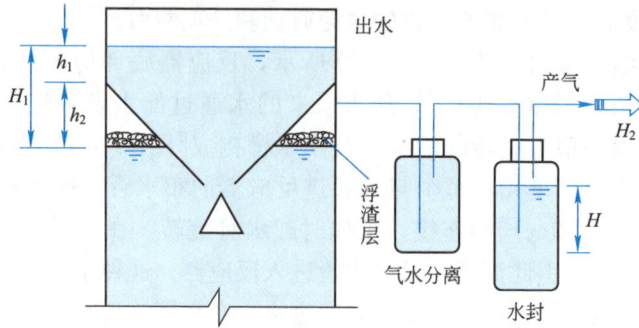

图 15-11　水封高度计算示意图

15.5.4　UASB 反应器的发展形势[*]

为进一步提高 UASB 系统的处理效能，基于其工作原理，人们进一步研发处理更加高效的厌氧污泥床工艺技术，最具代表性的是复合式厌氧反应器和内循环厌氧工艺。

1. 复合式厌氧反应器

复合式厌氧反应器亦称厌氧升流式污泥层滤器（Upflow Blanket Filter，UBF）。UASB 反应器污泥层的膨胀高度有一定限度，一般最高不超过 4m，而悬浮层中生物量较少。在实际工程中，为了减少 UASB 反应器的占地面积，有时需要 UASB 反应器向高度发展，但当反应器反应区高度超过 4m，上部空间发挥的作用相对较小。为使 UASB 反应器既减少占地面积，又能充分利用空间发挥最大的降解作用，王宝贞等提出了复合式厌氧污泥层反应器形式，即在 UASB 反应器的污泥层（或悬浮层）上部添加生物填料，填料上可生长大量厌氧细菌，从而起到污泥拦截和增加生物量的作用。此项技术已在我国废水处理实际工程中得到应用，效果良好。

2. 内循环厌氧工艺

IC 厌氧反应器是由荷兰 Paques 公司 1985 年在 UASB 基础上推出的第三代高效厌氧反应器，1988 年第一座生产性规模的 IC 反应器投入运行。IC 反应器以其处理容量高、投资少、占地省、运行稳定等优点而深受瞩目，并已成功地应用于啤酒生产、造纸及食品加工等行业的工业废水处理中。

IC 反应器可看作由 2 个 UASB 反应器串联构成，具有很大的高径比，直径一般为 4~8m，高度可达 16~25m，由 5 个基本部分组成：（1）混合区，进水与回流污泥混合；（2）颗粒污泥膨胀床区，第一反应室；（3）精处理区，第二反应室；（4）内循环系统，是 IC 工艺的核心构造，由一级三相分离器、沼气提升管、气液分离器和泥水下降管组成；（5）二级三相分离器，包括集气管和沉淀区（图 15-12）。

UASB 反应器虽然有较多的优点，但在保持泥水的

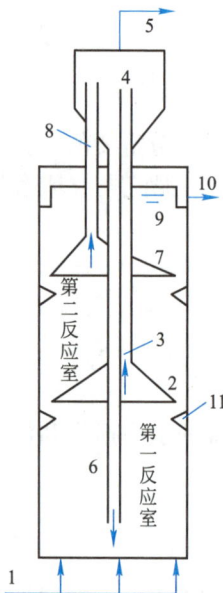

图 15-12　IC 反应器结构示意图
1—进水；2—一级三相分离器；
3—沼气提升管；4—气液分离器；
5—沼气排出管；6—回流管；
7—二级三相分离器；8—集气管；
9—沉淀区；10—出水管；11—气封

良好接触，强化传质过程，最大限度地利用颗粒污泥的生物处理能力，减轻由于传质的限制对生化反应速率的负面影响方面却相对较差。IC 反应器利用自身的特点较好地解决了以上问题，其主要创新点如下：（1）实现自发的内循环污泥回流。在较高的 COD 容积负荷条件下，利用产甲烷细菌产生的沼气形成气提，在无须外加能源的条件下实现了内循环污泥回流，从而进一步加大生物量，延长污泥龄；（2）引入分级处理，并赋予其新的功能。通过膨胀床去除大部分进水中的 COD，通过精处理区降解剩余 COD 及一些难降解物质，从而提高了出水水质。更重要的是，由于污泥内循环，精处理区的水流上升速度（2～10m/h）远低于膨胀床区的上升流速（10～20m/h），而且该区只产生少量的沼气，创造了颗粒污泥沉降的良好环境，解决了在高 COD 容积负荷下污泥被冲出系统的问题，保证运行的稳定性；（3）泥水充分接触，提高传质速率。由于采用了高的 COD 负荷，所以第一反应室的沼气产量高，加之内循环液的作用，使污泥处于膨胀流化状态，既达到了泥水充分接触的目的，又强化了传质效果。

据有关研究报道，IC 反应器处理易生物降解的高浓度有机废水（COD 为 5000～9000mg/L），相应 COD 容积负荷可达到 35～50kgCOD/(m³·d)，并成功地应用于啤酒废水、土豆加工废水等。此外，对于难降解的造纸废水，进水 COD 浓度为 1250～3515mg/L，实际运行容积负荷为 9～24kgCOD/(m³·d)，处理效率为 61%～86%，反应器容积仅为 UASB 反应器的 1/2。

尽管 IC 反应器有很多优点，但也存在不足。反应器结构较复杂，施工、安装和日常维护困难；由于反应器的高度很大，水泵的动力消耗有所增加；反应器的构造和结构尺寸对反应器的运行起着至关重要的作用，相关的结构尺寸和设计参数尚需进一步摸索。

15.5.5　两相厌氧生物处理工艺*

厌氧生物处理与好氧生物处理一样，可采用单个反应器，即参与厌氧消化的各类微生物均存在于同一个反应系统中。因无生物相的空间分离，一般称之为单相厌氧生物处理。为了提高厌氧生物处理的稳定性，亦可采取两个单相反应器串联运行，此种厌氧处理系统称之为两段或两级厌氧生物处理（two-stage anaerobic biotreatment）系统。两段厌氧处理工艺具有运行稳定可靠，能在一定程度上承受 pH、毒物等的冲击，对水质水量变化较大的废水有一定的缓冲能力，避免冲击负荷使整个厌氧处理系统破坏。然而，在两段厌氧生物处理系统中串联的两个反应器中，均存在产酸发酵菌群和产甲烷菌群，即没有显著的生物相分离特征，因此，其处理废水的微生物原理更接近于单相厌氧反应器。

两相厌氧生物处理（two-phase anaerobic biotreatment）是一种新型的厌氧生物处理工艺。它并不是反应器设备构造的改进，而是工艺的变革。它采用两个串联的反应器，分别富集产酸发酵菌群和产甲烷菌群，先后完成产酸发酵作用和产甲烷作用，前者被称作产酸相，后者称作产甲烷相。两相厌氧生物处理工艺的本质特征是实现相的分离。最常使用的相分离技术是动力学控制法，即利用发酵细菌和产甲烷细菌生长速率的差异，控制进水流量、调节水力停留时间。产酸相的水力停留时间远小于产甲烷相，通常是产甲烷相的 1/3。与单相厌氧消化工艺相比，两相厌氧消化工艺具有更高的处理能力，表现在有机负荷显著提高，产气量增加，运行的稳定性也得到改善。对含高浓度有机物和悬浮物或是含有硫酸盐等抑制性物质的废水的处理，采用两相厌氧消化更具优越性。

1. 两相厌氧生物处理的工艺原理

1971 年 Ghosh 和 Pohland 提出相分离的概念，也就是建造两个独立控制的反应器，分别培养产酸细菌和产甲烷细菌，即所谓的两相厌氧生物处理系统。通过分别调控产酸相和产甲烷相的运行参数，供给它们各自的最佳生态条件，提高了废水处理能力和反应器运行的稳定性。

对两相厌氧生物处理技术的研究，早期的工作主要集中在研究应用动力学控制法实现相分离的可行性，所采用的试验装置多为完全混合反应器。试验结果表明，控制水力停留时间或有机负荷能够成功地实现相分离。

为了提高两相厌氧生物处理能力，控制产酸相的发酵类型，以便提供易于产甲烷细菌所利用的底物，是当今人们所关注的课题。为了获得较佳的产酸相末端产物（即发酵类型），人们对产酸相反应器的主要运行参数如水力停留时间、有机负荷、温度、pH 和 ORP 等进行了大量研究（参见 15.3.2 节）。在一个稳定的单相反应器（即产酸与产甲烷在同一反应器进行）中，由于产酸发酵细菌与产甲烷细菌的协同作用，出水中可检测到的发酵产物主要有乙酸和二氧化碳。但由于丙酸的产氢产乙酸速率非常缓慢，一旦有机负荷较高，则常发生反应器内丙酸积累，导致出水中丙酸含量较高。若长期处于超负荷，反应器内丙酸积累过多，将发生反应器内 pH 过低，从而由于产甲烷细菌受到抑制甚至死亡，使反应器的处理功能失效，即发生所谓的反应器"酸化"。由此可见，无论是两相厌氧生物处理的产酸反应器或单相反应器，避免丙酸型发酵是十分重要的。两相厌氧生物处理在避免反应器"酸化"方面有较大的优势。

关于何种废水适合于采用两相厌氧生物处理工艺，观点不一。普遍认为两相厌氧生物处理工艺适合于处理易酸化的可溶性有机废水，两相分离易于控制运行的稳定性。笔者认为，任何一种废水处理技术都有其局限性，两相厌氧生物处理工艺亦并非对任何有机废水的处理都具有优越性。从运行稳定性考虑，易酸化废水采用两相厌氧生物处理工艺是适宜的，这可避免易酸化、易降解废水负荷过高时，因单相反应器中产酸速率远大于产甲烷速率而导致厌氧系统 pH 迅速下降，使反应器中生态系统崩溃。但欲发挥其优越性，采用两相厌氧工艺处理复杂的大分子有机污染物，甚至难降解的有机污染物似乎更为有效。复杂的有机污染物（包括剩余活性污泥）的水解需较长的时间，限速步骤往往为水解阶段，采用相分离技术，创造有利于水解和产酸发酵细菌的生态环境，无疑会提高系统的处理能力，相对缩短水力停留时间，使之优于单相厌氧生物处理工艺。

为了取得较佳的产酸相末端产物，人们对产酸反应器的运行参数，主要有水力停留时间、有机负荷、温度和 pH 等进行了大量研究。水力停留时间对末端产物含量及组成的影响说法不一，pH 的影响也有类似结果。有人认为 pH 为 5~7 对挥发性有机酸的含量及组成几乎无影响，而大多数研究结果表明 pH 的影响较大。Kisualita 等还认为 pH 大于 6.5 时细胞产量最大。普遍认为温度提高可获得较高的产物浓度和生物增长速率；而有机负荷的提高往往导致较高的丙酸产率。

两相厌氧生物处理产甲烷相中的生物菌群，除不发生水解阶段外，与单相反应器中的基本相同，只是在种群数量和各类菌群所存在的区域稍有不同。

2. 两相厌氧生物处理工程技术

从国内外的两相厌氧生物处理工艺研究中所采用的反应器形式来看，主要有两种：

一种是两相均采用 UASB 反应器；一种是称作 Anodek 工艺，其特点是产酸相为接触式反应器(即完全混合式反应器后设沉淀池，同时进行污泥回流)，产甲烷相则采用 UASB 反应器。国内常采用前一方式，欧洲常采用后者。表 15-13 所列的是国外部分工业废水采用两相和单相厌氧生物处理工艺的试验结果，结果表明，经产酸相处理后的废水，可使产甲烷相的处理能力有所提高，特别是沤麻、纸浆等难降解废水的效果更为显著，而对酒精、啤酒等废水的处理，并无显著优越性。Ghosh 等报道，采用两相厌氧生物处理工艺处理剩余活性污泥，总停留时间约 7d 的处理效果，接近单相厌氧反应器 21d 的处理效果。

几种废水两相和单相厌氧生物处理工艺的结果对比　　　　　　　　　　　表 15-13

废水来源	Anodek 工艺			单相 UASB 反应器		
	进水 COD (mg/L)	COD 去除率 (%)	UASB 负荷 [kgCOD/(m³·d)]	进水 COD (mg/L)	COD 去除率 (%)	UASB 负荷 [kgCOD/(m³·d)]
浸、沤麻	6500	85~90	9~12	6000	80	2.5~3
甜菜加工	7000	92	20	7500	86	12
酵母、酒精	28200	67	21	27000	90~97	6~7
霉和酒精	7500	84	14	5300	90	10
啤酒	2500	80	10~15	2500	86	14
软饮料加工	31800	94	5	—	—	—
纸浆生产	16600	70	17	15300	63	2~2.5
纸木加工	11400	76	11	—	—	—
豆浆生产	5500	70~75	20~30	7700	85	8
柠檬酸生产	42574	70~80	15~20	—	—	—
动物残渣	23250	50~60	6~7	7500~12200	87	8.1
麦芽蒸馏	45300	70	30	—	—	—

3. 产酸相最适液相末端发酵产物的选择

在废水两相厌氧生物处理中，为了提高产甲烷相的反应速率，研究产酸相反应器应提供何种最适液相末端发酵产物和如何获得产率较高的目的产物，是十分重要的研究课题。

Pipyn 等从发酵产物转化为 CH_4 时所释放能量的角度考虑，认为最适末端发酵产物宜选择乳酸和乙醇(见表 15-14)，由于乳酸的产氢产乙酸易于转化为丙酸，所以，这一观点值得商榷。此外，Pipyn 等认为，在实际产酸相反应器中，控制乙醇和乳酸形成的运行条件比较苛刻，而且受到厌氧条件下细菌生长特性及环境条件的限制。

末端发酵产物的热力学参数及产物的产生条件　　　　　　　　　　　表 15-14

	乳酸	乙醇	丁酸	丙酸	乙酸
生成 CH_4 所释放的能量(kJ/mol 反应物)	68.8	59.5	32.7	32.3	31.0
占起始反应物能量的百分比 (%)	51.1	44.1	20.2	11.3	15.4
pH	—	5	<7	7	5.2~5.5
MCRT[1]	—	数天	短时	数周	HRT[2]

① 细胞(固体)平均停留时间；
② 水力停留时间。

产甲烷细菌能够直接利用的底物种类很少，仅有二碳的乙酸及一碳的甲酸、甲醇、甲胺、CO_2(aq)，所以，产酸相若仅产生以上液相末端产物，毫无疑问将是最为理想的。但废水厌氧发酵中不可避免地产生丙酸、丁酸、戊酸、己酸、乳酸及乙醇等，而这些有机酸和醇能否被产甲烷菌所利用，主要取决于产氢产乙酸菌等能否将二碳以上有机酸和乙醇等转化为产甲烷细菌可利用的底物。众所周知，丙酸的产氢产乙酸速率很低，它很容易在产甲烷相积累，并因导致 pH 降低而影响产甲烷细菌的活性，所以可排除的不能作为最适末端发酵产物的是丙酸。产酸相最适液相末端发酵产物的选择应考虑以下两方面因素：(1)该产物在产甲烷相中易于发生产氢产乙酸转化（即 $\Delta G_0' \leqslant 0$，且反应速率快）；(2)该产物在产甲烷相中无转化为丙酸的可能性。

根据国内外资料，产甲烷相的氢分压(p_{H_2})一般为 1hPa 左右，此时乙醇、丁酸和乳酸产氢产乙酸过程均能不同程度地自发进行(图 15-2)，其中乙醇在 $p_{H_2} = 10^2$ hPa 时仍可自发地转化为乙酸。然而，由图 15-2 中可见，当氢分压大于 1hPa，乳酸转化为丙酸比转化为乙酸的可能性更大。特别是对于 UASB 型产甲烷相反应器，由于底部产氢产乙酸作用导致氢分压较高，所以，产酸相产生的乳酸进入产甲烷相后更易于转化为丙酸，并且丙酸一旦形成，则进一步转化为乙酸较困难。所以，Pipyn 认为产酸相最适末端发酵产物选择乳酸是不适宜的。

根据研究成果，产酸相应提供的最适液相末端产物除乙酸外，其次应选择乙醇，再次是丁酸。事实上，乙醇不仅无转化为丙酸的可能性，而且在 $p_{H_2} = 10^2$ hPa 以下均可自发转化为乙酸，并且转化速率亦很快。最适液相末端发酵产物的选择实质上是发酵类型的选择，也就是说可人为控制乙醇型发酵或丁酸型发酵。

15.5.6　厌氧折流板反应器

1. ABR 基础工艺及工作原理

Lettinga 在预测未来反应器发展动向时，提出了一个极具挑战力和潜力的工艺思想——分阶段多相厌氧消化系统(Staged Multi-Phase Anaerobic System，SMPA)。SMPA 并非特指某个反应器，而是一种新工艺思想，其主要观点如下：①将传统的厌氧反应器分隔成多个串联的格室，或将多个独立的厌氧反应器串联，并在各级分隔的单体中培养出相应的厌氧细菌群落，以适应相应的底物组分及环境因子，如 pH、H_2 分压等；②在运行中，应防止各个单体中独立发展而形成污泥的互相混合；③将各个单体或隔室内的产气互相隔开；④整体工艺的运行，更接近于推流式，以追求系统更高的去除率和更好的出水水质。SMPA 可以保证厌氧反应器具有以下几个特点：

（1）良好的污泥截留性能，以保证拥有足够的生物量。厌氧微生物的世代期较长，代谢水平远低于好氧微生物。因此，较高的污泥持有量是保证微生物转化总量，即厌氧生物处理效率的基础和前提。

（2）良好的水力流态。局部的完全混合使生物污泥能够与进水基质充分混合接触，以保证微生物能够充分利用其活性降解水中的基质；而整体的推流式运行，在各格室或单体间可形成一定的底物浓度梯度，有利于提高出水水质。

（3）良好的微生物功能分区，即相分离特性。具有提供不同类型微生物所适宜的不同的生长环境条件的功能，以使不同种群的厌氧微生物在最优环境条件下发挥功能、稳定运行。

根据参与厌氧消化过程的不同微生物类群对生态因子要求的不同，进行两相及多相工艺研究，以及根据反应器的混合要求进行复合流态工艺的研究，是目前开发和研制第三代新型厌氧处理工艺技术的主导方向。而 SMPA 理论是对厌氧微生物降解机理与反应器水力学特性的最新诠释和应用。

ABR 就是一类源于 SMPA 理论的第三代新型厌氧反应器[图 15-13(a)]。其工作原理是在反应器内设置一系列垂直的折流挡板使废水在反应器内沿折流板上下折流运动，依次通过每个格室的污泥床直至出口。在此过程中，废水中的有机物与厌氧活性污泥充分接触而逐步得到去除。虽然在构造上 ABR 可以看作是多个 UASB 反应器的简单串联，但工艺上与单个 UASB 有显著不同。UASB 可近似地看作是一种完全混合式反应器，而 ABR 则更接近于推流式工艺。与 Lettinga 提出的 SMPA 工艺对比，可以发现 ABR 几乎完美地实现了该工艺的思路要点。

2. ABR 的改良工艺

厌氧往复层反应器(Anaerobic Migrating Blanket Reactor，AMBR)是 ABR 的改良形式。它在 ABR 反应器的基础上加入机械搅拌，从而保证系统中的污泥不沉降[图 15-13 (b)]。AMBR 工艺中进、出水位置交替转换，从而保证反应器中污泥层的生物相基本相同。

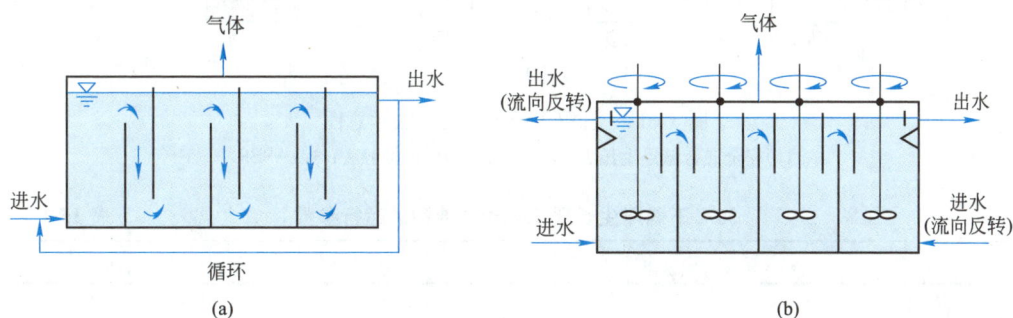

图 15-13　ABR 和 AMBR 工艺流程图
(a) ABR 工艺流程图；(b) AMBR 工艺流程图

AMBR 反应器现已开展了中试研究，尚需进一步进行研究。

15.5.7　其他厌氧生物处理技术

1. 悬浮生长厌氧生物处理法

早期用于处理工业废水的厌氧处理工艺为悬浮生长厌氧处理法，类似于污泥处理的消化池。如图 15-14 所示的 3 种悬浮生长厌氧处理法为：(1)完全混合悬浮生长厌氧消化池(Complete-mix Suspended Growth Anaerobic Digester)；(2)厌氧接触法(Anaerobic Contact Process)；(3)厌氧序批式反应器(Anaerobic Sequencing Batch Reactor，ASBR)。

(1) 完全混合悬浮生长厌氧消化池　完全混合悬浮生长厌氧消化池属完全混合搅拌槽式反应器(Complete Stirred Tank Reactor，CSTR)，没有污泥回流，HRT 和 SRT 相等，HRT 一般为 15~20d。由于此工艺中生物持有量少，代谢速率低，很长一段时间制约了厌氧处理技术应用于废水处理中。完全混合消化池适于处理固体含量高以及溶解性有机物浓度非常高的废水，因为对于这些废水来说出水污泥浓缩十分困难。此消化池的搅拌与污泥厌氧消化池相同,目的是提供良好的混合效果(见第 17 章)。典型的有机负荷和水力停留时间见表 15-15。

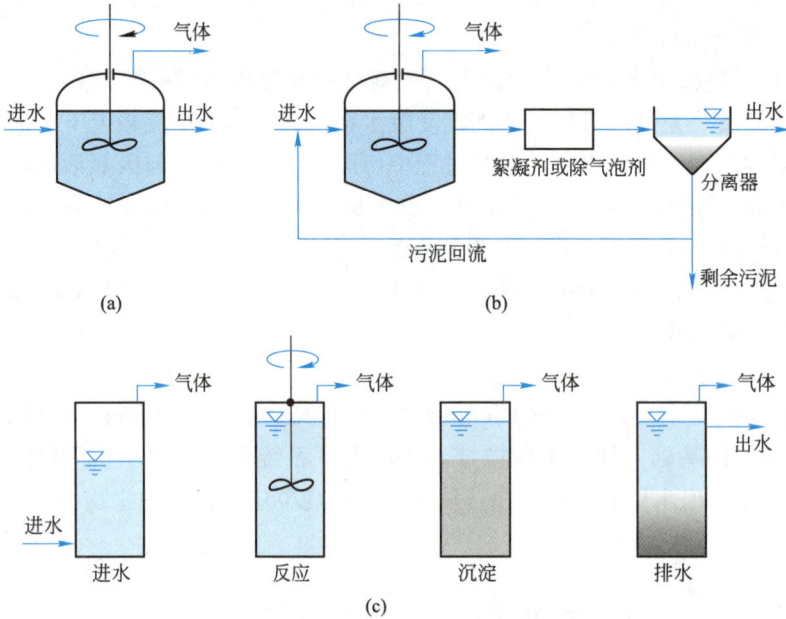

图 15-14　悬浮生长厌氧处理法示意图

(a)完全混合悬浮生长厌氧消化池；(b)厌氧接触法；(c)ASBR

30℃下悬浮生长厌氧处理法典型的运行参数　　　　　　　　　　　　　表 15-15

工艺方法	有机容积负荷[kgCOD/(m³·d)]	HRT(d)
完全混合法	1.0~5.0	15~30
厌氧接触法	1.0~8.0	0.5~5
ASBR	1.2~2.4	0.25~0.50

(2)厌氧接触法　厌氧接触法克服了完全混合法无回流污泥的不足,污泥在泥水分离器中沉淀并回流至完全混合消化池。由于 SRT 大于 HRT,并且可保证较高的生物量,所以降解速率提高,反应器容积减小。但是,由于厌氧污泥在分离器中仍有气泡释放,并且污泥黏度比较大,所以沉降效果往往不佳。为此,人们利用厌氧生物处理所产生的气体为气源,采取溶气浮选进行泥水分离取得了良好的效果。此外,在混合液进入沉淀池之前还可采用加强搅拌释放气泡、创造真空条件释放气泡、投加化学絮凝剂等方法。厌氧接触法中分离器的表面水力负荷为 $0.5~1.0m^3/(m^2·h)$,VSS 可达到 $4000~8000mg/L$,有机容积负荷和 HRT 见表 15-15。

(3)厌氧序批式反应器　近些年人们开始对厌氧序批式反应器(ASBR)工艺进行研究,厌氧序批式反应器工艺可看作是反应和泥水分离在同一装置的悬浮生长厌氧工艺,其成功的关键之一是能形成沉降性能良好的颗粒污泥。厌氧序批式反应器的工艺运行方式类似于好氧序批式反应器,分为进水、反应、沉淀和排水。有机容积负荷和 HRT 见表 15-15,当 HRT 为 6~24h,SRT 可达到 50~200d。

Dague 研究小组的小试研究成果表明,ASBR 工艺有可能突破在低温条件下处理低浓度废水。以脱脂奶粉配制废水，COD 浓度为 600mg/L，在 25℃ 条件下，当有机容积负荷为 1.2～2.4kgCOD/(m³·d)时，COD 去除率可达 92%～98%；而在 5℃ 条件下，当有机容积负荷为 0.9～2.4kgCOD/(m³·d)时，COD 去除率可达 75%～85%。

2. 固着生长厌氧生物处理法

固着生长厌氧生物处理法亦可称厌氧生物膜法，是在厌氧反应器中利用载体上生长的厌氧微生物处理废水。目前常见的工艺有：升流式厌氧填充床反应器(Upflow Anaerobic Packed-Bed Reactor，UAPBR)、厌氧膨胀床反应器（Anaerobic Expanded-Bed Reactor，AEBR)、厌氧流化床反应器(Anaerobic Fluidized-Bed Reactor，AFBR)、降流式厌氧固着生长反应器(Downflow Anaerobic Attached Growth Reactor)等。填充床、膨胀床和流化床反应器具有很多的共同特点：升流式、添加填料、出水回流，如图 15-15 所示。唯一不同的是填料膨胀高度不同，由此决定了运行方式、填料种类和处理废水的水质及能力。

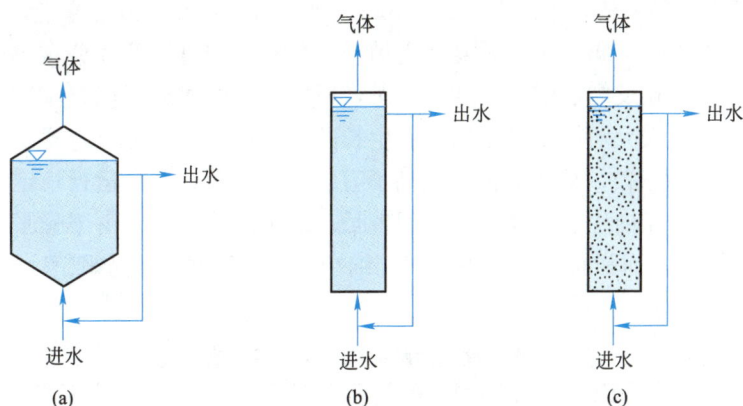

图 15-15　升流式固着生长厌氧生物处理反应器
(a)UAPBR；(b)AEBR；(c)AFBR

由于固着生长厌氧生物处理法的微生物在填料表面固着生长，故有可能在很短的水力停留时间下，获得长达 100d 以上的污泥停留时间，加之厌氧处理中不存在氧传质的限制，因此可以预料，固着生长厌氧生物处理法将具有十分广泛的应用和发展前景。

（1）升流式厌氧填充床反应器　升流式厌氧填充床反应器，亦称厌氧生物滤池，大多具有出水回流系统。填料层基本不膨胀，填充高度可以为 100%。厌氧微生物以生物膜的形态生长在填料表面，废水淹没式通过滤料，在生物膜的吸附、微生物的代谢作用，以及填料的截留作用下，废水中有机污染物得到去除。

在厌氧填充床的研究中发现，污泥和 COD 的去除主要发生在进水端，此区域生物生长量较大，很容易堵塞。为防止堵塞，填料的粒径或填料间空隙不能太小，一般采用粒径为 10～25mm 填料，如最常用的塑料花(管、环)等，填料的平均比表面积为 $100m^2/m^3$。因此，此工艺的生物量较低，这就限制了 UAPBR 的有机物负荷不能太高。厌氧填充床反应器的发展与填料的开发密切相关，从截污的角度讲，要求填料具有足够大的截污能力而不致被堵塞。滤料应具备以下条件：比表面积较大，孔隙率高，表面粗糙，生物膜易于附着，化学及生物学的稳定性强，机械强度高等。

升流式厌氧填充床反应器工艺的特点是：能够承受水量或水质的冲击负荷；无须污泥

回流；设备简单，能耗低，运行费用低；无污泥流失之虞，处理水携带污泥较少。

一般，在 35℃ 左右条件下，有机容积负荷为 1～6kgCOD/(m³·d) 时，COD 去除率可达 90%。实际规模的 UAPBR 直径为 2～8m，高度为 3～13m。目前，这一工艺应用的限制性因素主要有填料价格过高、运行管理复杂、污泥积累和填料堵塞等。UAPBR 工艺仅适用于处理溶解性的、悬浮固体含量不超过 200mg/L 的有机废水。

(2) 厌氧膨胀床反应器 厌氧膨胀床反应器和厌氧流化床反应器对于解决升流式厌氧填充床反应器所存在的问题是有效的。AEBR 工艺中废水从床底部进入，为使填料层膨胀，需将部分出水用循环水泵进行回流，提高床内水流的上升流速。膨胀床的膨胀率为 10%～20%，填料膨胀后高度为反应器有效高度的 50%，上升流速为 2m/h 左右。膨胀床中颗粒互相接触频繁，同时也加快了生物膜的脱落，这与流化床的颗粒运动状况不同。常用的填料为直径 0.2～0.5mm、相对密度 2.65 的石英砂，目前也采用如活性炭颗粒、陶粒和沸石等，但填料粒径一般较小，为 0.2～1mm。对于 AEBR 和 AFBR 来说，填料的选择是十分重要的，为了达到预期效果，需要考虑填料的粒径、密度、粒径分布等（见表 15-16）。由于填料较小，并且在反应器中处于悬浮状态，所以与升流式厌氧填充床反应器相比，既缓解了污泥堵塞，又大大增加了微生物固着生长的表面积，提高了反应器中的微生物浓度（一般为 30gVSS/L 左右），从而大幅度提高了有机容积负荷，并且运行稳定，耐冲击负荷能力强。此外，由于床内生物固体停留时间较长，剩余污泥量少。由于膨胀床填料的比表面积为 10000m²/m³，而膨胀率又较小，如此细小的填料和填料层空隙率，仍需要考虑床体的堵塞问题。

填料物理性质对膨胀和流化特性的影响 表 15-16

	过大时	过小时
粒径	1. 颗粒沉降速度大，欲达一定接触时间需增加床体高度 2. 因水流剪力，生物膜易脱落 3. 比表面积下降，容积负荷低	1. 操作困难 2. 颗粒的雷诺数小于 1 时，液膜阻力增加
密度	1. 颗粒降速度大，欲达一定接触时间需增加床体高度 2. 因水流剪力，生物膜易脱落 3. 膜厚大的颗粒移到床上部，使颗粒分层倒过来	1. 操作困难 2. 颗粒的雷诺数小于 1 时，液膜阻力增加
粒径分布	1. 上部孔隙率增大 2. 生物膜厚度不均匀	有助于颗粒的混合，使床内生物膜厚度均匀

由于膨胀床可承受的上升流速较高，对于高浓度废水尚需出水回流来保证，所以该工艺既可用于高浓度有机废水的厌氧处理，也可用于低浓度的城市污水处理。Alderman 等所进行的实验室规模研究表明，对于城市污水的处理，在 15～20℃ 条件下有机负荷为 4.0～4.4kgCOD/(m³·d)，COD 去除率为 80%～90%，但在 10℃ 以下，即使有机负荷小于 0.4kgCOD/(m³·d)，COD 去除率仍较低。

(3) 厌氧流化床反应器 厌氧流化床反应器(AFBR)工艺的反应器形式和运行方式与厌氧膨胀床反应器(AEBR)基本相同，填料种类亦相同。不同之处主要是膨胀率为 20%～70%，甚至高达 100%，上升流速最高可达 20m/h。为了实现流化状态，填料粒径一般不大于 3mm(对于相对密度小的填料直径稍大)，反应器高度为 4～6m。

流化床中颗粒在床中作无规则自由运动，由于上升流速较大，水流的剪切力使颗粒液膜阻力减小，与 AEBR 相比底物在生物膜表面的传质速率提高。同时，流化床的填料比表面积大，可保证较高的生物量。由于 AFBR 反应器的效率很高，并且弥补了以上两种工艺的不足，所以，受到很多专家的重视。但由于实现流化的动力消耗较大，实际工程应用受到一定限制。

与膨胀床相同，流化床可以处理各种浓度的有机废水。在 35℃ 左右条件下，AFBR 工艺的有机负荷一般为 10～40kgCOD/(m³·d)，参见表 15-17。Tay 等在实验室以葡萄糖为主要底物，采用 AFBR、UASB 和 UAPBR 三种反应器进行对比试验，分别控制相同的运行参数[35℃，进水 COD 为 5000mg/L，10kgCOD/(m³·d)，HRT 为 12h]，结果表明，AFBR 和 UASB 的 COD 去除率均为 96％，而 UAPBR 的 COD 去除率为 90％。

实验室 AFBR 的运行参数举例　　　　　　　　　　　　　表 15-17

废水	温度(℃)	COD 负荷[kgCOD/(m³·d)]	HRT(h)	COD 去除率(％)
柠檬酸	35	42	24	70
淀粉，乳清	35	8.2	105	99
乳品	37	3～5	18～12	71～85
糖蜜	36	12～30	3～8	50～95
葡萄糖	35	10	12	95
亚硫酸盐，纸浆	35	3～18	3～62	69～80

(4) 降流式厌氧固着生长反应器　降流式厌氧固着生长反应器(图 15-16)亦可称作下向流厌氧生物滤池，用于高浓度有机废水的处理，填料可采用各种材质，如煤渣、不规则塑料和管状塑料等，填料填充高度 2～4m，反应器可采用出水循环方式。反应器上部配水应均匀，同时考虑到填料的堵塞，应选用高空隙率填料，如竖向放置的塑料管等。此工艺的优越性是不存在污泥堵塞问题，运行管理简单，产生的脱落生物膜和悬浮固体可随出水进入到后续构筑物。存在的问题是填料成本高，效率低于 UASB 和 AFBR。

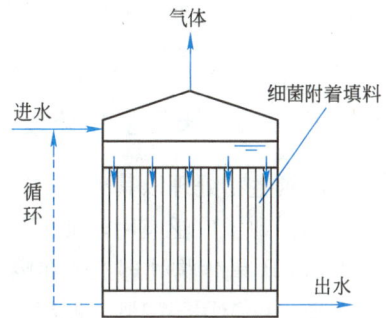

图 15-16　降流式厌氧固着生长反应器示意图

降流式厌氧固着生长反应器主要用于处理易降解废水，运行的有机负荷一般为 5～20kgCOD/(m³·d)，COD 去除率达 70％～90％。

15.6　发展与展望*

15.6.1　厌氧生物处理的发展历程

厌氧生物处理自问世以来，已有 100 多年的历史，它的发展和应用大致经历了 3 个时期。初级阶段是 20 世纪 20 年代以前，主要应用于废水和粪便处理，其中有代表性的构筑物包括：法国的自动净化器、英国的化粪池和 Travis 池以及德国的 Imhoff 池。它们的共同点是停留时间长，出水水质较差。尽管如此，由于结构简单，曾在美、德等国得到较大的推广，有些工艺沿用至今。

随着活性污泥法、生物滤池等好氧工艺的开发和应用，厌氧生物处理逐步被取代而仅应用于污泥的稳定化，应用的构筑物为消化池。20 世纪 50 年代之前，普通消化池是唯一的实用装置，这是厌氧生物处理发展史中第 2 时期的主要特征。

20 世纪 50 年代以后，厌氧生物处理技术进入第 3 阶段。由于工业的飞速发展，环境污染也随之日趋严重，同时面临着能源危机的挑战，使厌氧生物处理作为节省能源的方法日益受到重视，有机废水、废渣厌氧生物处理的各种新工艺的研究日趋深入。特别是 20 世纪 70 年代以来研究的一批厌氧生物处理工艺和装置，使废水厌氧生物处理系统的有机负荷和处理效率大大提高，进一步拓展了厌氧生物处理的应用领域。在第 3 个时期，厌氧生物处理技术的发展主要朝着两个方面发展。(1)最大限度地提高反应器中生物持有量，通过生物量比好氧反应器中的高几倍甚至几十倍，以使处理效率接近或达到好氧处理的效率，在此基础上开发出大量新型厌氧反应器，其共同特征为有机负荷高、处理能力强。1955 年出现了厌氧接触法，由于其中生物固体浓度的增加和污泥龄的延长，使处理能力大大提高，停留时间大为缩短，这被认为是现代高效厌氧生物处理的开端。此后又发明了厌氧填充床反应器、升流式厌氧污泥床反应器、厌氧流化床反应器、厌氧膨胀床反应器以及复合式厌氧反应器、厌氧生物转盘、厌氧序批式反应器、厌氧折流板反应器和内循环升流式厌氧污泥床反应器等一大批先进的高效厌氧生物处理反应器。此方向的典型代表是升流式厌氧污泥床反应器的研究与开发；(2)利用厌氧细菌的特点，采取相分离技术，开发出两相厌氧反应器，发挥不同厌氧菌群的各自特点，在各自的反应器中各司其职，充分发挥作用，从而提高转化效率。

15.6.2　厌氧生物处理技术的应用现状

厌氧生物处理以其独有的特点，在有机废水、有机固体废物，乃至有机废弃物资源化方面均得到了广泛应用，如下分别予以介绍。

(1) 厌氧生物处理工艺在废水处理中的应用　厌氧生物处理工艺在工业废水处理中应用广泛，可应用于酿酒、制糖、淀粉生产、造纸、医药、食品加工以及化学工业等高浓度及难降解有机工业废水的处理。在大多数的高浓度工业废水处理中，厌氧生物处理都是作为初级处理与好氧处理联合应用的。如在柠檬酸废水处理中，由于其属于高浓度有机废水，COD 最高值达到 2.5 万 mg/L，直接采用好氧生物处理的运行费很高，所以经厌氧生物处理，使其 COD 值降到平均 3000mg/L，然后进行好氧处理。

(2) 厌氧生物处理工艺在污泥和垃圾处理中的应用　资料表明，近 10 年随着污水处理厂的大量兴建，污水污泥大量增加，同时城市垃圾的年平均增长率为 9% 左右，并且垃圾中有机成分明显增加，严重污染人们的居住环境，对其处理已经迫在眉睫。厌氧生物处理污泥和垃圾是一种较为理想的处理方式，污泥中 1kg 挥发性有机物可产沼气 $1\sim1.5m^3$，甲烷含量为 60%~75%；1kg 垃圾可产生 $0.331m^3$ 的沼气，其甲烷含量为 50%~60%。同时，厌氧消化后的剩余物用来喂蚯蚓，再以蚯蚓饲养鸡、貂等，取得了较好的综合利用效果。厌氧消化残留物经压榨脱水处理后，总固体(TS)含量为 75%，可作为土壤改良剂。

(3) 秸秆等生物质的资源化和能源化　在 20 世纪末，中国有 70% 的人口生活在农村，有 6500 万人没有供电，7000 万人缺少燃料，主要能源来自秸秆燃烧，但利用率极低。据统计，我国农村目前作柴薪直接烧掉的农作物秸秆占了总量的 65％～84％，这只利用其热能的 10％左右；另一方面，在经济发展快速的农村，农民的能源供应来自煤、油的燃烧以及电力，大部分的秸秆直接在地里燃烧，造成了生物质能源的浪费及环境污染等问题。厌氧生物处理是解决这些问题的途径之一，因为各种有机废弃物通过发酵生产沼气可以明显提高热效率，沼气燃烧可使热效率提高 94％。据不完全统计，到 1996 年底，全国有 600 万座沼气池，每年的总产气量有 1.5 亿～2.7 亿 m^3，相当于 1.05 亿～1.89 亿 t 的标准煤。研究证明，厌氧消化可以去除 99％的寄生虫卵，并可以大幅度减少排泄物中的大肠菌群数。最新研究表明，利用产氢-产酸发酵过程，以秸秆等生物质中的纤维素为底物可产生氢气，从而开发出具有应用前景的清洁能源生产。

15.6.3　厌氧生物处理的发展趋势

提高厌氧生物处理能力和稳定性是此项技术应用的关键。厌氧生物处理技术之所以在当今能够得到广泛应用，节能、运行成本低是一方面因素，但更重要的是 20 世纪 70 年代以后，由于世界性的能源危机以及人们对厌氧微生物的生理、生态特性的不断了解，通过推出新型反应器或利用厌氧细菌的种群特性，使生物处理能力和稳定性大大提高。从目前厌氧生物处理工艺技术和设备发展前景来看，进一步提高生物处理能力和稳定性的途径主要有以下几方面：①提高反应器中生物持有量。与好氧微生物代谢速率相比，厌氧微生物的代谢速率普遍较低，通过提高反应器中生物量，使之比好氧反应器中生物量高几倍甚至几十倍，从而接近甚至超过好氧生物处理反应器的处理能力和效率；②利用厌氧生物处理中微生物种群的特点，实现相分离。产酸细菌与产甲烷细菌具有一定的协同作用，但由于两类种群生理、生态特性以及代谢速率差异较大，同处一个反应器有时将导致生态系统不稳定，通过两类种群分别处于不同的反应器，各司其职，从而提高厌氧生物处理系统的降解速率和稳定性；③研制反应器使之形成特殊的水力流态，从而创造厌氧微生物的最适生态条件。研制不同的厌氧反应器，形成一定的水力流态，满足不同种群厌氧细菌的生态需求，是今后研发高效厌氧生物处理反应器的方向之一。

思考题

1. 废水厌氧生物处理的基本原理是什么？
2. 厌氧生物处理反应器中的非产甲烷菌包括哪些类群，其主要功能是什么？
3. 影响厌氧生物处理效果的因素有哪些？如何防止厌氧反应器运行失败？
4. 在厌氧生物处理反应器中，非产甲烷菌和产甲烷菌在生态学上有什么关系？

第 16 章　自然生物处理系统

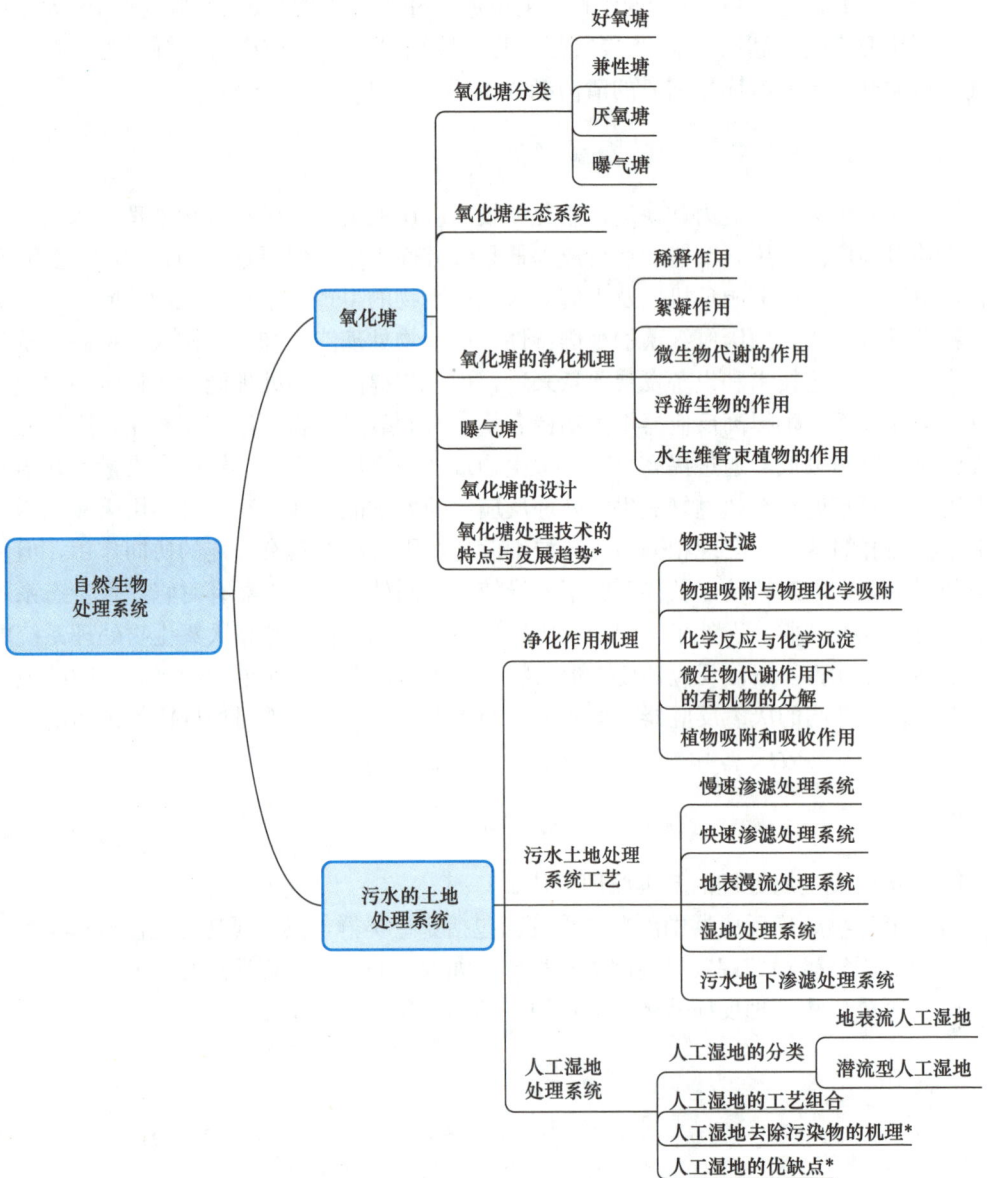

```
自然生物
处理系统 ┬─ 氧化塘 ┬─ 氧化塘分类 ┬─ 好氧塘
        │         │              ├─ 兼性塘
        │         │              ├─ 厌氧塘
        │         │              └─ 曝气塘
        │         ├─ 氧化塘生态系统
        │         ├─ 氧化塘的净化机理 ┬─ 稀释作用
        │         │                   ├─ 絮凝作用
        │         │                   ├─ 微生物代谢的作用
        │         │                   ├─ 浮游生物的作用
        │         │                   └─ 水生维管束植物的作用
        │         ├─ 曝气塘
        │         ├─ 氧化塘的设计
        │         └─ 氧化塘处理技术的特点与发展趋势*
        │
        └─ 污水的土地处理系统 ┬─ 净化作用机理 ┬─ 物理过滤
                              │                ├─ 物理吸附与物理化学吸附
                              │                ├─ 化学反应与化学沉淀
                              │                ├─ 微生物代谢作用下的有机物的分解
                              │                └─ 植物吸附和吸收作用
                              ├─ 污水土地处理系统工艺 ┬─ 慢速渗滤处理系统
                              │                        ├─ 快速渗滤处理系统
                              │                        ├─ 地表漫流处理系统
                              │                        ├─ 湿地处理系统
                              │                        └─ 污水地下渗滤处理系统
                              └─ 人工湿地处理系统 ┬─ 人工湿地的分类 ┬─ 地表流人工湿地
                                                   │                  └─ 潜流型人工湿地
                                                   ├─ 人工湿地的工艺组合
                                                   ├─ 人工湿地去除污染物的机理*
                                                   └─ 人工湿地的优缺点*
```

　　水体和土壤都有一定的自净能力，当废水排入水体或田地后，在微生物的作用下，废水中的有机物可被分解氧化。利用水体和土壤自净能力消除污染，如氧化塘系统和土地处理系统，属于污水自然生物处理系统。特别是在当前污染治理绿色低碳发展要求下，自然生物处理系统必将发挥重要作用。对于我国科技发展重大需求，污水处理厂尾水经自然生物处理去除 N、P 将发挥重要作用。

16.1　氧　化　塘

第 16.1 节内容
视频讲解

16.1.1　概述

氧化塘（Oxidation Lagoon）又称稳定塘（Stabilization Lagoon），是指各种没有沉淀池和相应的污泥回流设施的悬浮生长式生物处理系统，主要依靠自然生物净化功能来稳定化处理有机物。氧化塘的名称来源于它的构建方式，采用人工适当修整或人工修建的设有围堤和防渗层的污水池塘，废水从一端进入，在塘内流动缓慢，从另一端出水。以太阳能为初始能源，通过污水中存活的微生物的代谢活动和包括水生植物在内的多种生物的综合作用，使有机污染物得以降解。氧化塘内一般不采取保留生物量的措施，因此水力停留时间接近于污泥停留时间，贮存时间较长，一般为数天。

氧化塘有多种分类方式，通常按工作原理，即根据塘内微生物类型、BOD_5 负荷及供氧方式分类，可分为 4 种（表 16-1）。

氧化塘的类型及主要特征参数

表 16-1

指标	好氧塘	兼性塘	厌氧塘	曝气塘
水深（m）	0.4~1	1~2.5	>3	3~5
停留时间（d）	3~20	5~20	1~5	1~3
BOD_5 负荷[g/（m² • d）]	1.5~3	5~10	30~40	20~40
BOD_5 去除率（%）	80~95	60~80	30~70	80~90
BOD_5 降解形式	好氧	好氧、厌氧	厌氧	好氧
污泥分解形式	无	厌氧	厌氧	好氧或厌氧
光合成反应	有	有	—	—
藻类浓度（mg/L）	>100	10~50	0	0

（1）好氧塘（Aerobic Lagoon）　深度较浅，阳光能透过池底，主要由藻类供氧，全部塘水呈好氧状态，由好氧微生物起有机污染物的降解作用。

（2）兼性塘（Aacultative Lagoon）　塘水较深，从塘面到一定深度（0.5m 左右）阳光能够透入，藻类光合作用旺盛，溶解氧比较充足，呈好氧状态。塘底存在沉淀污泥层，底部处于厌氧状态，进行厌氧发酵。在好氧与厌氧区之间，随昼夜变化存在溶解氧有无更替的兼性区。兼性塘的污水净化是由好氧和厌氧微生物协同作用完成的。

（3）厌氧塘（Anaerobic Lagoon）　塘水深，有机负荷高，整个塘水呈厌氧状态，在其中进行水解、产酸和产甲烷等厌氧反应全过程。

（4）曝气塘（Aerated Lagoon）　由表面曝气器供氧，塘水呈好氧状态，污水停留时间短。由于塘水被搅动，藻类的生长与光合作用受到抑制。

根据塘的功能，还存在熟化塘和生态塘。熟化塘是专门用于处理二级出水的深度处理塘，以满足受纳水体或回用要求的负荷很低的好氧塘，能进一步降低水中残余的有机污染物、细菌、氮、磷等。生态塘是利用污水养殖水生植物或水生动物，如芦苇、水浮萍、鱼等，并且塘内存在细菌和藻类，利用不同营养级的消费者构成复杂的塘生态系统。生态塘不仅可达到污水处理目的，并可回收水产品作为工业原料或养殖畜禽的饲料，实现污水资源化。

塘处理系统是一种古老的污水处理技术，可以用来处理工业废水和市政污水。由于藻类繁殖和细菌不能有效去除，使出水悬浮物浓度和有机物浓度升高，有时达不到排放标准。它们通常用作污水排放进入地表水之前的后处理方法，或用作传统处理或湿地处理系统之前的预处理或贮存方法。

16.1.2 氧化塘生态系统

氧化塘的生态系统由生物和非生物两部分构成。生物部分主要有细菌、藻类、原生动物、后生动物、高等水生植物及水生动物。非生物部分主要包括光照、风力、温度、有机负荷、pH、溶解氧、二氧化碳、氮和磷等营养元素。兼性塘是典型的氧化塘生态系统，如图 16-1 所示。

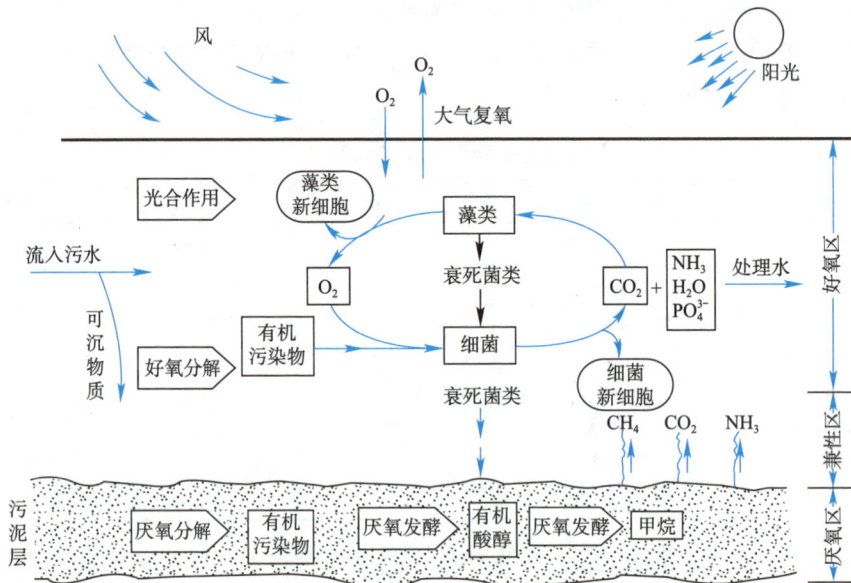

图 16-1 典型的氧化塘生态系统——兼性氧化塘净化功能模式

在氧化塘中对有机污染物降解起主要作用的是好氧、兼性和厌氧的异养细菌，以有机化合物为碳源，并以这些物质分解过程产生的能量为能源。好氧菌在好氧塘和兼性塘中的好氧区活动；厌氧菌常见于厌氧塘和兼性塘污泥区。好氧微生物代谢所需溶解氧由塘表面的大气复氧作用以及藻类的光合作用提供，也可通过人工曝气供氧。当氧化塘内生态系统处于良好的平衡状态时，细菌的数目能够得到自然的平衡和控制。当采用多级氧化塘系统时，细菌数目将随着级数的增加而逐渐减少。

藻类在氧化塘内起着较重要的作用，与细菌形成菌藻互生体系。藻类是一种自养型微生物，可通过光合作用放出氧气，并利用无机碳、氮和磷合成藻类的细胞物质，使自身繁殖。在氧化塘内存活的藻类种属主要是绿藻、蓝绿藻、裸藻和衣藻。异养菌利用溶解在水中的氧降解有机物，生成 CO_2、NO_3^- 和水等，又成为藻类合成的原料。在这些生化反应活动中，细菌和藻类间相互促进、共同生存，形成菌藻互生体系。其结果是污水中溶解性有机物逐渐减少，藻类细胞和惰性生物残渣逐渐增加并随水排出。

细菌对有机物（以葡萄糖为代表）的降解反应式为：

$$C_6H_{12}O_6 + 6O_2 \longrightarrow 6CO_2 + 6H_2O + 能量 \tag{16-1}$$

藻类光合作用可表示为：

$$NH_4^+ + 5CO_2 + 2.5H_2O \longrightarrow C_5H_9O_{2.5}N^+ + 5O_2 \tag{16-2}$$

氧化塘中存在着以细菌和藻类为食料的浮游动物，如枝角类的水蚤、甲壳类后生动物，浮游生物能够吞食藻类、细菌及呈悬浮颗粒状的有机物，并分泌黏性物质，促进细小悬浮物凝聚，使水澄清。浮游生物在氧化塘生态系统中是藻类和细菌的最终消费者，而在水生动物生态塘中又是鱼类的饵料。水生植物生态塘内种植水生维管束植物，能够提高对有机污染物和氮、磷等无机营养物的去除效果，特别是根系等对重金属离子有一定的吸收和吸附作用，水生植物收获后还能取得一定的经济效益。常见的水生维管束植物有下列 3 类水生植物：浮水植物（如凤眼莲，即水葫芦）、沉水植物（如马来眼子菜、叶状眼子菜）、挺水植物（如水葱、芦苇）。为了使氧化塘具有一定的经济效益，塘内还可以放养杂食性鱼类和鸭、鹅等水禽。这些高等动物捕食水中的食物残屑和浮游动物，控制藻类繁殖，建立氧化塘良好的生态系统。

菌藻互生体系是氧化塘内最基本的生态系统，其他水生植物和水生动物的作用则是辅助性的，它们的活动从不同的途径强化了污水的净化过程。

16.1.3　氧化塘的净化机理

氧化塘的净化机理与自然水体的自净机理十分相似，在下面 5 个方面对污染物产生净化作用。

（1）风力和水流的作用　污水进入氧化塘后在风力和水流的作用下被稀释。

（2）重力和生物分泌物的絮凝作用　在塘内滞留的过程中，悬浮物在重力作用下和水中的生物分泌物的絮凝作用下沉淀于塘底成为沉积层。

（3）微生物的代谢作用　在兼性塘和好氧塘内，绝大部分的有机污染物是通过异养型好氧菌和兼性菌的代谢作用去除的。在兼性塘的塘底沉积层和厌氧塘内，厌氧细菌得以存活，并对有机污染物进行厌氧降解，最终产物主要是 CH_4 和 CO_2 以及硫醇等。

（4）浮游生物的作用　浮游动物吞食游离细菌、藻类、胶体有机污染物和细小的污泥颗粒，分泌能够产生生物絮凝作用的黏液，可使塘水进一步澄清。

（5）水生维管束植物的作用　水生植物吸收氮、磷等营养，根部具有富集重金属的功能，根和茎为细菌和微生物提供了生长介质，并可以向塘水供氧。

根据塘的类型不同，其中主要净化作用的功能模式和适用条件不完全相同。

（1）好氧塘　功能模式如图 16-1 所示的好氧区。好氧塘采用较低的有机负荷值，溶解氧高于 1mg/L，阳光能透入池底，深度一般在 0.5m 左右。塘内存在着藻-菌及原生动物的互生体系，依靠藻类的光合作用释放出大量的氧和塘表面风力搅动进行自然复氧，使塘水保持良好的好氧状态。水中生存的好氧异养型微生物通过其本身的代谢活动对有机物进行氧化分解，代谢产物 CO_2 作为藻类光合作用的碳源。好氧塘内的生物相比较丰富，数量可观。好氧塘有机负荷率低，常应用于城市污水的处理，或用作深度处理塘，以处理二级处理工艺出水为对象。进入深度处理塘进行处理的污水水质，一般 BOD_5 不大于 30mg/L，

COD 不大于 120mg/L，而 SS 则为 30～60mg/L。

（2）兼性塘 净化原理如图 16-1 所示。所谓兼性是指塘内好氧和厌氧两个过程兼而有之，好氧层与厌氧层之间存在兼性层得名。好氧层进行的生物代谢及生物种群与好氧塘基本相同，藻类浓度一般低于好氧塘。在厌氧层，与一般的厌氧反应相同。液态代谢产物如 H_2O、氨基酸、有机酸等与塘水混合，而气态的代谢产物，如 CO_2、CH_4 等则逸出水面，或在通过好氧层时为细菌所分解，或为藻类所利用。兼性层中溶解氧量很低，而且时有时无，一般在白昼有溶解氧存在，而夜间又处于厌氧状态，在这层里存活的是兼性微生物，这一类微生物既能够利用水中游离的分子氧，也能够在无氧条件下利用 NO_3^- 或 CO_3^{2-} 中的化合态氧。兼性层白昼进行的各项反应与好氧层相似，夜间则与厌氧层相似。兼性塘的净化功能是多方面的，除适用于城市污水、生活污水的处理外，还适用于处理木材化工、制浆造纸、煤化工、石油化工等工业废水。对于高浓度有机工业废水，常设在厌氧塘之后作为二级处理塘使用。

（3）厌氧塘 功能模式如图 16-2 所示。厌氧塘是依靠厌氧菌的代谢功能使有机污染物得到降解，因此，厌氧塘在功能上受厌氧发酵的特征所控制，在构造上也服从厌氧反应的要求。在参与反应的生物类群方面只有细菌，在系统中有产酸发酵细菌、产氢产乙酸菌和产甲烷细菌等共存。厌氧塘多用于处理高浓度有机废水，如肉类加工、食品工业、牲畜饲养场等废水。由于出水有机物含量仍很高，需要进一步通过兼性塘和好氧塘处理。

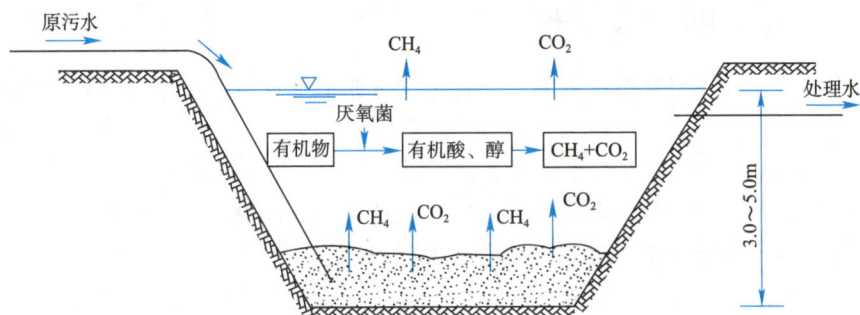

图 16-2　厌氧塘功能模式图

影响氧化塘性能的因素与其他生物处理过程类似。光照影响藻类的生长及水中溶解氧的变化，温度影响微生物的生物代谢作用，有机负荷对塘内细菌的繁殖及氧、二氧化碳含量产生影响，混合程度、pH、营养元素和有毒物质等因子也构成制约因素。除自然方面的因素外，水质方面和维护管理方面的可控因素也影响氧化塘的净化功能。

氧化塘的主要热源之一是太阳辐射。非曝气塘在一年的某些季节，沿塘的深度常会产生温度梯度，水温呈垂直分布。由于水的密度随水温下降而增大，所以沿水深发生分层现象。夏季上层水比较暖和，沿水深温度下降。秋季温度下降时，水面温度相对低于塘底部温度，上部和下部水相互交换，形成所谓的秋季翻塘。当温度下降到 4℃ 以下时，水密度下降，冬季分层现象发生。当冰封融化和水温上升时，也会出现春季翻塘。春秋两季翻塘时，塘底的厌氧物质被带到表面而散发出相当大的臭味。氧化塘的另一热源可能是进水，当进水与塘水温差较大时，可能在塘内形成异重流。异重流和短流会导致有机物与细菌接触不充分，从而降低塘的有效容积。因此，应为氧化塘创造良好水力条件，以有助于塘水的混合，如塘型的规划、进出口的形式与位置，以及在适当位置设导流板等。

16.1.4　曝气塘

曝气塘是经过人工强化的氧化塘，采用机械曝气装置向塘内污水充氧，并使塘水搅动。曝气塘适用于土地面积有限，不足以建成完全以自然净化为特征的塘系统的场合，或由超负荷的兼性塘改建而成，设计目标在于使出水达到常规二级处理水平。由于曝气增加了水体紊动，藻类的生长一般会停止或大大减少。

曝气塘可分为好氧曝气塘和兼性曝气塘两类，主要取决于曝气装置的数量、设置密度和曝气强度。曝气装置多采用表面机械曝气器，但也可以采用鼓风曝气系统。当曝气装置的功率较大，足以使塘水中全部污泥都处于悬浮状态，并提供足够的溶解氧时，即为好氧曝气塘。如果曝气装置的功率仅能使部分固体物质处于悬浮状态，而有一部分固体物质沉积于塘底进行厌氧分解，曝气装置提供的溶解氧满足全部需要，则为兼性曝气塘，参见图 16-3。

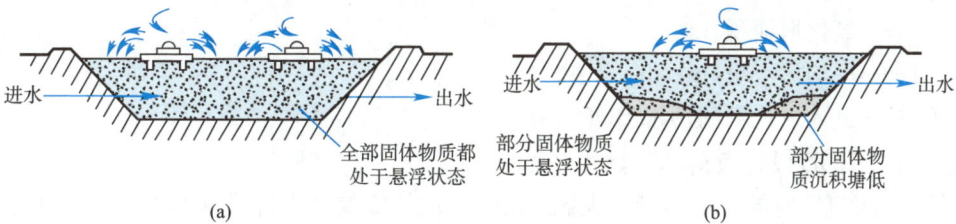

图 16-3　曝气塘
（a）好氧曝气塘；（b）兼性曝气塘

曝气塘虽属于氧化塘的范畴，但又不同于其他以自然净化过程为主的氧化塘，是介于活性污泥法中的延时曝气法与氧化塘之间的处理工艺，实际上相当于没有污泥回流的活性污泥工艺系统。由于经过人工强化，曝气塘的净化功能、净化效果以及工作效率都明显地高于一般类型的氧化塘。污水在塘内的停留时间短，所需容积及占地面积均较小，这是曝气塘的主要优点。但由于采用人工曝气措施，耗能增加，运行费用也有所提高，但大大低于活性污泥法。

16.1.5　氧化塘的设计

在氧化塘内由于进行着复杂的生化反应，如各类细菌的代谢、藻类的生长繁殖、水生动植物的吸收与利用等；此外，这些反应又与气候和当地具体条件（如降雨与蒸发等因素）相关，因此很难建立严谨的理论计算方法，当前仍主要使用经验方法。

城市污水氧化塘的设计数据可参考表 16-2，工业污水生物塘的设计负荷应经试验确定。

城市污水氧化塘设计数据　　　　　　　　　　表 16-2

设计参数		塘型			
		好氧塘	兼性塘	厌氧塘	曝气塘
有效水深(m)		0.4～1	1～2.5	3～5	3～5
水力停留时间(d)	Ⅰ区	20～30	20～30	3～7	1～3
	Ⅱ区	10～20	15～20	2～5	
	Ⅲ区	3～10	5～15	1～3	

147

设计参数		塘型			
		好氧塘	兼性塘	厌氧塘	曝气塘
BOD 表面负荷 [g/(m²·d)]	Ⅰ区	1~2	3~5	20(28~66)*	10~20
	Ⅱ区	1.5~2.5	5~7	30(40~100)*	20~30
	Ⅲ区	2~3	7~10	40(66~200)*	20~40
BOD₅ 去除率(%)		80~95	60~80	30~70	80~90

注：Ⅰ区，平均气温<8℃地区；Ⅱ区，平均气温 8~16℃地区；Ⅲ区，平均气温>16℃地区；
　　* 容积负荷[gBOD₅/(m³ 塘容·d)]。

好氧塘和兼性塘的处理功能主要与塘面积有关，特别是好氧塘的处理效果主要取决于塘面积大小。因此，好氧塘和兼性塘通常按表面有机负荷计算。

$$F=\frac{L_aQ}{q}$$

式中　F——氧化塘面积，m²；

　　　Q——平均污水量，m³/d；

　　　L_a——进入氧化塘的污水 BOD₅，kg/m³；

　　　q——BOD 设计负荷，kg/(m²·d)。

为确保厌氧反应的正常进行，厌氧塘的设计应使厌氧塘维持或基本维持厌氧状态。较高的有机负荷和有机物浓度有利于厌氧反应的进行，深度在条件允许的前提下，宜选用较大值。特别是对于温度较低的地区，塘深较大有利于冬季保温。厌氧塘的净化功能中不涉及藻类和大气复氧供氧，因此塘表面积与厌氧塘的处理效率无关。所以，厌氧塘的设计中负荷率不宜采用面积负荷，而往往采用容积负荷。氧化塘容积(V，m³)可表示为：

$$V=\frac{QL_a}{q_v}$$

式中　q_v——进水 BOD 容积负荷，kg/(m³·d)；

　　　Q——进水流量，m³/d；

　　　L_a——进水 BOD₅ 浓度，mg/L。

曝气塘的主要设计参数为 BOD 表面负荷、水力停留时间和曝气比功率。前二者以水深为条件相互校核，比功率则是决定曝气塘中混合程度和能耗的设计参数。麦金尼指出，当氧化塘的废水停留时间小于 24h，由供氧的需要控制设计，当停留时间大于 24h，则由混合的需要控制设计。曝气塘水力停留时间和曝气比功率的选择皆有一定的范围限制，超过这一限制，便会超过常规的二级处理厂的能耗，而使曝气塘方案失去竞争力。兼性曝气塘临界比功率应为 1~2W/m³，好氧曝气塘临界比功率应为 5~6W/m³。

【例 16-1】某城镇平均气温 15℃，生活污水排放量为 1000m³/d，污水中的 BOD₅ 值经初步沉淀后为 170mg/L，采用氧化塘系统处理，要求 BOD₅ 去除率达 85%，提出可行的塘系统方案以及塘的容积和面积。

【解】

(1)采用曝气塘

塘面积：设 BOD 设计负荷 $q=25$g/(m²·d)，

$$F=\frac{(L_a-L_t)Q}{q}=\frac{170\times85\%\times1000}{25}=5780\text{m}^2$$

　　F——氧化塘面积，m^2；

　　Q——平均污水量，m^3/d；

L_a，L_t——进入和离开氧化塘的 BOD 污水浓度，g/m^3；

　　q——BOD 设计负荷，$\text{g}/(\text{m}^2\cdot\text{d})$。

　　塘有效容积：设有效水深 3m，$V=F\cdot h=5780\times3=17340\text{m}^3$

　　h——有效水深，m。

　　停留时间：$t=V/Q=17340/1000=17.34\text{d}$

　　V——氧化塘有效容积，m^3。

（2）采用兼性塘串联好氧塘

1）兼性塘

面积：设 BOD_5 去除率达 70%，设计负荷 $q=6\text{g}/(\text{m}^2\cdot\text{d})$，

$$F=\frac{(L_a-L_t)Q}{q}=\frac{170\times60\%\times1000}{6}=17000\text{m}^2$$

有效容积：设有效水深 1.5m，$V=F\cdot h=17000\times1.5=25550\text{m}^3$

停留时间：$t=V/Q=25550/1000=25.55\text{d}$

2）好氧塘

面积：用于去除剩余的 25% BOD，设计负荷 $q=1.5\text{g}/(\text{m}^2\cdot\text{d})$，

$$F=\frac{(L_a-L_t)Q}{q}=\frac{170\times25\%\times1000}{1.5}=28333\text{m}^2$$

有效容积：设有效水深 0.5m，$V=F\cdot h=28333\times0.5=14167\text{m}^3$

停留时间：$t=V/Q=14167/1000=14.17\text{d}$

16.1.6　氧化塘处理技术的特点与发展趋势*

　　氧化塘是一项古老的污水处理技术，具有基建投资省、运转费用低、操作简单等优点，目前世界有 40 多个国家应用了氧化塘处理技术，总计 1 万多座。

　　氧化塘具有以下优点：（1）能够充分利用废河道、沼泽地、山谷、河漫滩等地形，建设投资省，基建投资约为常规污水处理厂的 1/3～1/2；（2）运行维护简单，管理维护人员少。风能是氧化塘系统的重要辅助能源之一，经过适当的设计，可以实现风能的自然曝气充氧，基本无电能消耗。运行和维护单价仅为常规二级处理厂的 1/5～1/3；（3）能实现污水资源化。氧化塘处理后的污水能达到农业灌溉的水质标准，充分利用污水的水肥资源。塘中的污泥与水生植物等混合堆肥可生产土壤改良剂。种植水生植物、养鱼、养鸭等的生态塘，其可观的经济收入不仅能支付运行费用，还有盈余；（4）美化环境，形成生态景观；（5）污泥产生量少，仅为活性污泥法的 1/10；（6）适应能力和抗冲击负荷能力强，能承受水质和水量大范围的波动。

　　氧化塘也有以下的弊端：（1）占地面积过大；（2）污水处理效果受季节、气温和光照等影响，在全年内不够稳定，在北方有过冬问题和春秋季翻塘气味问题；（3）防渗处理不当，地下水可能遭到污染；（4）易于散发臭气和孳生蚊蝇。氧化塘处理系统与常规污水处理技

术的比较见表16-3。

氧化塘处理系统与常规污水处理技术的比较　　　　　　　表 16-3

A/A/O 活性污泥法	氧化沟法	氧化塘
工艺流程复杂，处理构筑物多，运行麻烦	工艺流程较简单，处理构筑物较少，运行较简单	工艺流程简单，处理构筑物较少，运行稳定可靠，操作简单，无污泥回流，可连续多年不排出、处理和处置污泥
基建投资高	基建投资能节省 15%～20%	基建投资最低，占地面积大
运行费用高	运行费用高	运行费用很低，其出水能作为农灌用水，带来收入
难以同时高效脱氮除磷，低浓度废水处理效果差	能脱氮除磷，低浓度废水处理效果差	能脱氮除磷，适应废水浓度范围大，抗冲击负荷能力强，处理与利用相结合，能实现污水资源化，可处理低浓度废水

近代污水处理技术的发展推动了氧化塘技术在传统模式上的多方面突破，表现出以下特点：(1)由直接利用天然坑洼塘地稍加修整发展为规范化的处理设施。现代的氧化塘一般都经过正规设计，不仅重视作为工艺主单元的塘体设施，而且配备包括预处理、附属设备等其他常规设施；(2)传统塘型发展为各种节能、高效的新型塘及其组合系统。氧化塘传统塘型与天然湖塘形状基本相似，一般为 0.5～4m 深的规则或不规则形状的池塘。近年来出现的新型塘有水深达 15m 超深厌氧塘，并形成与高负荷塘串联的塘系统等；(3)由单纯依靠自然净化发展为自然净化与人工净化技术(即绿色与灰色结合的处理技术)相结合的工艺形式。为了节省占地、提高处理效果，在氧化塘中采用了曝气、安装填料、种植水生植物、人工培养菌藻等强化措施；(4)由仅有净化功能的污水处理设施发展为具有多种功能的综合利用的良性生态系统。充分利用氧化塘的菌藻系统及生物自然净化的特点，将污水处理与水生植物种植、水生动物养殖、水资源利用、藻类回收等多种利用形式相结合，形成低投入、高产出的运行系统。

16.2　污水的土地处理系统

第16.2节内容
视频讲解

16.2.1　概述

污水土地处理系统属于污水自然处理范畴，简要定义为：污水在一定水力负荷下投配到土地上，通过土壤—植物系统的物理的、化学的、生物的吸附、过滤与净化作用和自我调控功能，使污水可生物降解的污染物得以降解、净化，氮、磷等营养物质和水分得以再利用，促进绿色植物生长并获得增产。

污水土地处理系统是人工规划、设计与自然净化相结合，水处理与利用相结合的环境系统工程技术。污水土地处理可分为慢速渗滤、快速渗滤、地表漫流、湿地处理和地下渗滤系统等5种工艺。其中湿地处理系统主要是依据生态单元加以定名，其他系统则是依据水流路径而定名。不同的土地处理类型具有不同的工艺条件、工艺参数和场地信息要求，其主要特征见表16-4。

污水土地处理系统由以下各部分所组成。

(1) 污水的收集与预处理设备　防止泥砂在布水系统中沉淀和机械磨损，以及过量悬浮固体引起的土壤堵塞。

土地处理系统的工艺条件与工程参数

表 16-4

处理类型	水力负荷 $[m^3/(m^2 \cdot d)]$	土壤渗透系数 (m/d)	土层厚度 (m)	地下水位 (m)	地面坡度 (%)
慢速渗滤	0.6~6	0.036~0.36	>0.6	0.6~3	≤30
快速渗滤	6~150	0.36~0.6	>1.5	1.0	<15
地表漫流	3~21	≤0.12	>0.3	不限	<15
湿地系统	3~20	≤0.12	>0.3	不限	<2
地下渗滤	0.4~3	0.036~1.2	>0.6	>1.0	<15

（2）污水的调节、贮存设备 调节土地处理系统受气候影响时的水力负荷，可采用贮存塘或土地处理联合系统。

（3）配水与布水系统 配水系统包括污水泵站、输水管道等。布水系统的功能是将污水按工艺要求均匀地投配到土壤—植物系统。

（4）土地净化田（土壤—植物系统） 土地净化田是土地处理系统的核心环节，污染物的净化和去除主要在此完成。在一定范围内，选择到满足土地处理要求的土地是这一技术成功的关键。选择土地要考虑地形、地表坡度和土壤性质。

（5）净化水的收集、利用系统 作用是保证污水土地处理系统的处理效果和水流通畅，保护地下水和利用再生水。

（6）监测系统 作用是检查处理效果。

污水土地处理系统在某种意义上源于传统的污水灌溉，但决不等于污水灌溉。土地处理技术已经发展为较完整的水处理工程技术体系，必须从基本认识到具体做法，从理论与实践的结合上将二者加以区别，其主要区别有以下四个方面：

（1）设计目标与利用方向 传统污水灌溉是一项农田水利工程，其主要目的是利用污水提高作物产量，很少考虑系统的连续运行，用水则灌，不用则放。依作物不同物候期对水的需要而确定灌水时间与灌溉定额。而土地处理则强调处理与利用相结合，是一项污水处理工程，实行污水处理的终年连续运行。

（2）污染负荷控制 传统的污水灌溉是把污水作为水肥资源加以利用，只注意水质（mg/L）和水量。而土地处理则重视单位面积污染负荷与同化容量，从各项限制条件中求出最低限制因子作为确定水力负荷的设计参数。

（3）生态结构 传统污水灌溉通常是单一种植，而土地处理则应设计有多样化种植的生态结构，以便针对不同污染负荷设计，在不同种植单元上进行水力负荷的有效分配，保证系统在最佳状态下连续运行。

（4）保护承接水体 经土地处理后的出水，作为再生水资源，可以重复利用，可注入地下，可放流河系，可浇灌绿地、农田，也可以冲洗车辆、街道和厕所。通常快速渗滤系统再生水的回收率可达 80%，慢速渗滤系统可达 30%，地下渗滤系统达 70%。其技术关键是保证土地处理系统的稳定、正常运行，保证有良好的净化水质，以保护受纳水体或实现污水的再用。

16.2.2 土地处理系统对污水的净化作用机理

土壤—植物系统对污水的净化作用是一个十分复杂的综合过程，其中包括：物理过程

151

中的过滤、吸附，化学反应与化学沉淀以及微生物的代谢作用下的有机物分解和植物吸收等。现分别阐述于下。

1. 物理过滤

土壤颗粒间的空隙具有截留、滤除水中悬浮颗粒的性能。污水流经土壤，悬浮物被截留，污水得到净化。影响土壤物理过滤净化的因素有：土壤颗粒的大小，颗粒间空隙的形状和大小、孔隙的分布以及污水中悬浮颗粒的性质、多少与大小等。如悬浮颗粒过粗、过多以及微生物代谢产物过多等都能导致产生土壤颗粒的堵塞。

2. 物理吸附与物理化学吸附

在非极性分子之间范德华力的作用下，土壤中黏土矿物颗粒能够吸附土壤中的中性分子。污水中的金属离子与土壤中的无机胶体和有机胶体颗粒，由于螯合作用而形成螯合化合物；有机物和无机物的复合而生成复合物；重金属离子与土壤颗粒之间进行阳离子交换而被置换吸附并生成难溶性的物质被固定在矿物的晶格中；某些有机物与土壤中重金属生成可吸附性螯合物而固定在土壤矿物的晶格中。

3. 化学反应与化学沉淀

重金属离子与土壤的某些组分进行化学反应生成难溶性化合物而沉淀。如果调整、改变土壤的氧化还原电位，能够生成难溶性硫化物；改变 pH，能够生成金属氢氧化物；某些化学反应还能够生成金属磷酸盐等物质，而沉积在土壤中。

4. 微生物代谢作用下的有机物分解

在土壤中生存着种类繁多、数量巨大的土壤微生物，它们对土壤颗粒中的有机固体和溶解性有机物具有较强的降解能力，这也是土壤具有强大的自净能力的原因。

5. 植物吸附和吸收作用

在慢速渗滤土地处理系统中，污水中的营养物质主要靠作物吸附和吸收而去除，再通过作物收获将其转移出土壤系统。

16.2.3　污水土地处理系统工艺

1. 慢速渗滤处理系统

慢速渗滤处理系统是将污水投配到种有作物的土地表面，污水缓慢地在土地表面流动并向土壤中渗滤，一部分污水直接为作物所吸收，一部分则渗入土壤中，从而使污水达到净化目的的一种土地处理工艺，参见图 16-4。适用于渗水性能良好的土壤，蒸发量小、气

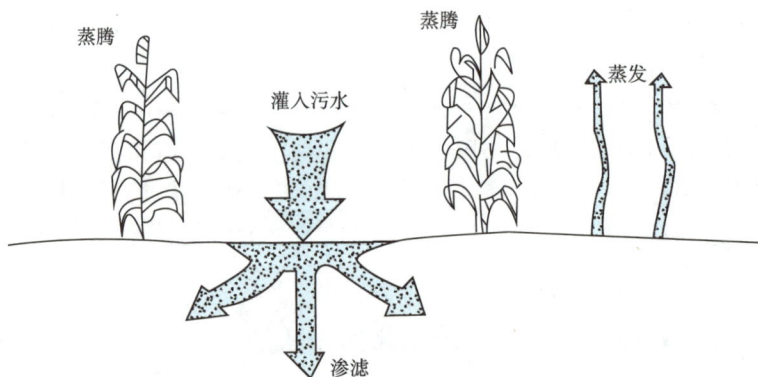

图 16-4　慢速渗滤处理系统

候湿润的地区。慢速渗滤系统的污水投配负荷低，水质净化效果好，处理水可补充地下水。

2. 快速渗滤处理系统

快速渗滤处理系统是将污水有控制地投配到具有良好渗滤性能的土地表面，在污水向下渗滤的过程中，在过滤、沉淀、氧化、还原以及生物氧化、硝化、反硝化等一系列物理、化学及生物的作用下，使污水得到净化处理的一种污水土地处理工艺。快速渗滤处理系统的水流路径及水量平衡如图 16-5 所示。

本系统将渗滤田分为多个单元，污水周期性地向各单元灌水和休灌，使表层土壤处于淹水/干燥，即厌氧、好氧交替运行

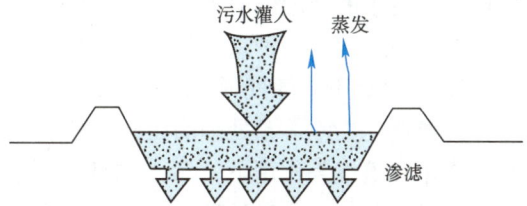

图 16-5　快速渗滤处理系统

状态，有利于氮、磷的去除。本工艺的负荷高于其他类型的土地处理系统，但如果严格控制灌水—休灌周期，本工艺的净化效果仍然很高。适用于渗水性能良好的土壤。进入快速渗滤系统的污水应当经过一级处理。用地下排水管或井群回收经过净化的处理水再利用、排入地表水体或用于农业灌溉，或将净化水补给地下水。

3. 地表漫流处理系统

地表漫流处理系统是将污水有控制地投配到坡度和缓、土壤渗透性差的多年生牧草土地上，污水以薄层方式沿土地缓慢流动，在流动的过程中达到净化目的。净化出水大部分以地面径流的形式汇集、排放或利用，地表漫流处理系统场地和水流途径参见图 16-6。

其净化污水的机理类似于固定膜生物处理工艺。本系统适用于渗透性较低的黏土、粉质黏土，对预处理程度要求低，污水在地表漫流的过程中，大部分汇入建于低处的集水沟，对地下水的污染较轻。

4. 湿地处理系统

湿地处理系统是将污水投放到土壤经常处于水饱和状态而且生长有芦苇、香蒲等耐水植物的沼泽地上，污水沿一定方向流动，在耐水植物和土壤联合作用下，污水得到净化的一种土地处理工艺。天然湿地系统是利用天然洼地、苇塘，并加以人工修整而成。其中设有导流土堤，使污水沿一定方向流动，水深一般在 0.3～0.8m，不超过 1.0m，适宜挺水植物生长，达到污水深度处理的目的。图 16-7 所示为天然湿地处理系统。

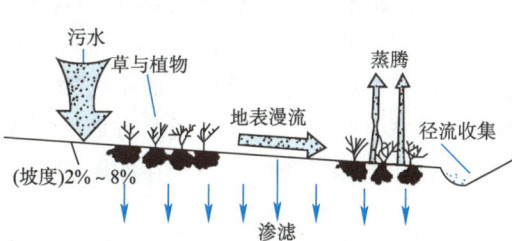

图 16-6　地表漫流处理系统

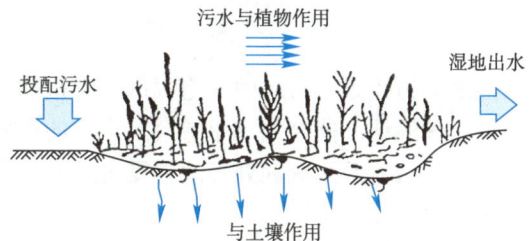

图 16-7　天然湿地处理系统

一些发达国家曾利用自然湿地处理污水，早期取得了较好的效果。但经过几年或十几年运行后发现，湿地的生态系统受到严重破坏，生物多样性降低。为了避免现存的有限的湿地生态系统被破坏，开始开发和利用人工湿地处理系统。

　　人工湿地（Constructed Wetland）是模拟自然湿地的人工生态系统，它是一种由人工建造和监督控制的类似沼泽的地面，利用生态系统中的物理、化学和生物三重协同作用，通过过滤、吸附、沉淀、离子交换、植物吸收和微生物分解来实现对污水的高效净化。与自然湿地生态系统相比，人工湿地生态系统无论在地点的选择、负荷量的承载上，还是在可控性、对污水的处理能力上，都大大超过了自然湿地生态系统。近年来，人工湿地处理系统快速发展，成为一种重要的污水土地处理系统，本章的下一节将进行详细的介绍。

　　5. 污水地下渗滤处理系统

　　将经过化粪池等预处理的污水有控制地通入距地面约 0.5m 深处的渗滤田，在土壤的渗滤作用和毛细管作用下，污水向四周扩散，通过过滤、沉淀、吸附和微生物的降解作用，使污水得到净化的处理法，称之为污水地下渗滤处理系统。地下渗滤处理系统是一种以生态原理为基础，以节能、减少污染、充分利用水资源的小规模的污水处理工艺技术。这种工艺常用于处理小流量的居住小区、旅游点、度假村、疗养院等未与城市排水系统接通的分散建筑物排出的污水。

16.2.4　人工湿地处理系统

　　1. 人工湿地的分类

　　人工湿地可按污水在湿地床中流动的方式不同，分为地表流人工湿地和潜流型人工湿地。潜流型人工湿地又包括水平潜流人工湿地和垂直潜流人工湿地。

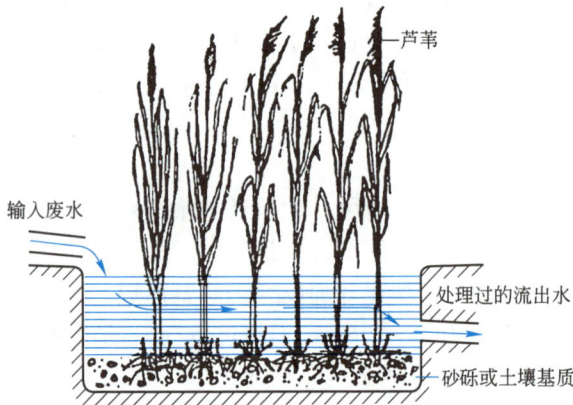

图 16-8　水平流人工湿地系统

　　地表流人工湿地系统也称为水平流人工湿地系统（Water Surface Wetland），如图 16-8 所示。用人工铸成水池或沟槽状，地面铺设隔水防渗层，充填一定深度的土壤层，在土壤层种植芦苇一类的维管束植物。污水由湿地的一端通过布水装置进入，并以较浅的水层在地表面上以推流方式向前流动，从另一端溢入集水沟，在流动的过程中保持着水平流。在地表流湿地系统中，污水在湿地的表面流动，水位较浅，多在 0.1～0.6m，它与自然湿地最为接近，污水中的绝大部分有机物的去除是由长在植物水下茎秆上的生物膜来完成，这种湿地不能充分利用填料及丰富的植物根系，易孳生蚊蝇。在冬季或北方地区则易发生表面结冰及系统的处理效果受温差变化影响的问题，虽然投资低，但是在实际工程中应用较少。

　　潜流型人工湿地系统也称渗滤湿地系统，如图 16-9 所示。潜流型人工湿地系统（Infiltration Wetland）是人工筑成的床槽，床内充填介质提供芦苇类等挺水植物的生长条件。床底设黏土隔水层，并具有一定的坡度。在潜流型湿地系统中，污水在湿地床的内部流动，一方面可以充分利用填料表面生长的生物膜、丰富的植物根系及表层土和填料截留等的作用，以提高其处理效果和处理能力；另一方面则由于水在地表以下流动，故具有保温性能好、处理效果受气候影响小、卫生条件较好的特点。它可以处理较高负荷的废水,是目前研究和应用比较多的一种湿地处理系统。但这种湿地系统的投资要比地表流系统高,一般为地表流湿地建造费用的 4～8 倍,主要是砂砾填充费用。其中,水平潜流人工湿地是指废水水平地流过长满高等植物根系的基质,垂直潜流人工湿地是指废水垂直地流过长满高等植物根系的基质。

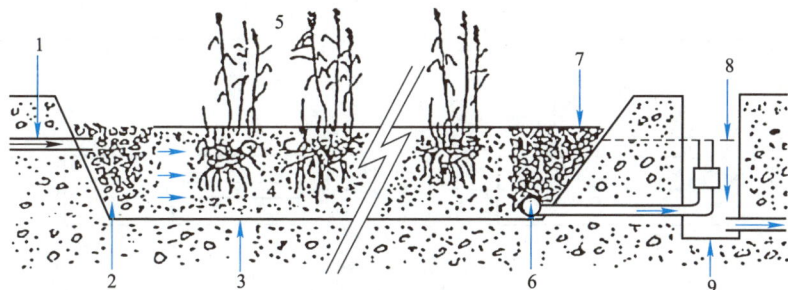

图 16-9　潜流型人工湿地系统

1—机械预处理污水；2—填充大石块的布水区；3—防渗层；4—填料层(粗砂、砾石、碎石块)；5—植物；
6—出水集水管；7—填充大石块的集水区；8—用出水溢流管保持芦苇床中的恒定水位；9—出水排放沟

水平流人工湿地系统和潜流型人工湿地系统的主要特征比较见表 16-5。

人工湿地系统的主要特征　　　　　　　　　　　　　　　　表 16-5

项　目	水平流人工湿地	潜流型人工湿地
地表水深(cm)	2～30	0
基质	原始土壤	人工基质
氧源	地表交换	植物转输
有效处理功能区	植物表面和土壤表层	地表以下、根区以上植物及基质表面
布水方式	地表布水	地下布水
水流路径	地表推流	地下潜流
受气候影响	大	小
运行方式	寒冷季节常需贮存	终年
隔水层	天然隔水层	人工隔水层

2. 人工湿地的工艺组合

为确保人工湿地生态系统的稳定性,提高湿地处理寿命及处理能力,一般都要增加预处理及后处理设施。人工湿地系统一般工艺流程如图 16-10 所示。

图 16-10　人工湿地的工艺流程

当有机负荷太重时往往会堵塞湿地进水口,因此常常采用多个进口,尽可能均匀地分散悬浮固体,同时前面通常有一个沉淀过程,以除去悬浮固体避免堵塞问题。人工湿地的工艺组合有多种形式,其中常用的有推流式、回流式、阶梯进水式和综合式 4 种,如图 16-11 所示。回流式人工湿地可稀释进水的有机物和悬浮物浓度,增加水中的溶解氧,并减少处理出水中可能出现的臭味问题。出水回流还可促进床内的硝化和反硝化脱氮作用，采用低扬程水泵，通过水力喷射或跌水等方式进行充氧。阶梯进水式可避免处理床前部堵塞，使植物长势均匀，有利于床体后部的硝化脱氮作用。综合式则一方面设置了出水回流，另一方面又将进水分布至填料床的中部，以减轻填料床前端的负荷。

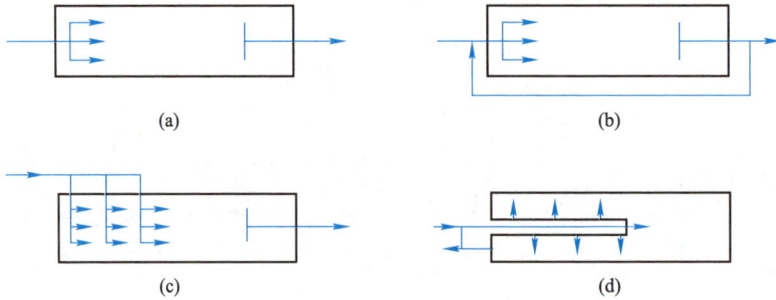

图 16-11　人工湿地的工艺组合
(a) 推流式；(b) 回流式；(c) 阶梯进水式；(d) 综合式

3. 人工湿地去除污染物的机理*

人工湿地是三个相互依存要素的组合体，即土壤、植物和微生物。生殖在土壤层中的微生物(细菌和真菌)在有机物的去除中起主要作用，湿地植物的根系将氧气带入周围的土壤，但远离根部的环境处于厌氧，形成处理环境的变化带，这就加强了人工湿地去除复杂污染物和难处理污染物的能力。大部分有机物的去除是靠土壤微生物，但某些污染物如总金属、硫、磷等可通过土壤、植物作用降低浓度。

(1) 悬浮物　通过过滤和沉淀，污水中可沉降性污染物被快速截留去除，而悬浮性固体则通过微生物生长、湿地介质表面吸附等机理去除。湿地对悬浮物的去除非常有效，悬浮固体出水值一般低于 10mg/L。为防止在进水口附近发生堵塞，进水前必须设置预处理装置以降低总固体浓度，一般设置沉淀池即可。

(2) 有机物的去除　污水中的有机物包括颗粒性有机物和溶解性有机物。前者通过沉淀和过滤可迅速去除，而溶解性有机物可通过微生物作用降解。BOD_5 的去除包括几个生物化学过程：好氧呼吸、厌氧消减和硫酸盐还原。约 50% 的进水 BOD_5 在处理床体前几米内即可除去，一般出水 BOD_5 浓度约为 10mg/L。由于湿地特有的环境，形成了系统中好氧菌、兼性菌及厌氧菌的良好生存状态。尤其是土壤表层，微生物活性较高，对有机物的去除能力较强，但当表层土壤被淹没，就会阻止好氧循环，进而加强并平衡了好氧—厌氧循环，为微生物充分发挥作用提供了条件。

(3) 脱氮　湿地中的氮去除机理包括挥发、氨化、硝化/反硝化、植物摄取和基质吸附。许多研究表明，湿地中的主要脱氮机理是微生物的硝化/反硝化。

(4) 除磷　湿地中磷的去除能力与土壤类型有关。溶解性无机磷可以与土壤中铝、铁、钙盐发生吸附、沉淀反应而被矿物稳定下来。因此，主要由矿物土壤和高铝含量土壤构成的湿地较由高含量有机物构成的湿地除磷能力强。在湿地系统中吸附和沉淀的磷并非永久性去除，如果溶解性磷的浓度减小，譬如在植物吸附或稀释情况下，这些磷就会溶解并释放。因此矿物性的土壤实际上是作为缓冲器来控制磷的浓度。总之，湿地去除磷的机理主要为土壤和颗粒介质的吸附、植物吸收和沉淀存储，磷的去除率在 30%~40%。

（5）金属　潜流系统也可以去除一定量的金属，其主要去除机理为离子交换、植物吸收、化学沉淀和微生物氧化后的沉淀等。发生在叶片及根系的金属离子沉积层以及微生物对离子和锰的氧化，对微生物活动过程起到重要作用。通过燃烧藻细胞分析胞外沉积层，以及对悬浮藻细胞内含有胞内结晶体的研究表明，藻类死亡、沉淀以及埋藏可以将金属固定很长时间。植物吸收所去除的金属可以再释放，但微生物氧化的金属是热力学稳定的。

4. 人工湿地的优缺点 *

人工湿地的优点：

（1）建造费用省，运行费用低（一般整个人工湿地系统的基建费用只有常规处理方法的 1/2 或 1/3。规模小于 $50m^3/d$，建造费用相对较高，其余的建造费用约 $800\sim2500$ 元$/m^3$，处理污水的运行成本约 $0.06\sim0.30$ 元$/m^3$）。

（2）易于维护，技术含量低（除设有回流的人工湿地系统需专人管理外，其余人工湿地均无需专人管理）。

（3）可进行有效可靠的废水处理（根据废水污染物的含量，放置去除率较强的基质，种植根系较发达的植物，可确保出水水质达到一定的指标）。

（4）可缓冲对水力和污染负荷的冲击（湿地污水进水出现短暂的超负荷，对湿地出水水质影响很小）。

（5）可产生一定的经济效益和社会效益（如水产、畜产、造纸原料、建材、绿化、野生动物栖息、娱乐和教育）。

人工湿地的缺点：

（1）占地面积大。

（2）设计运行参数不精确，缺乏长期运行的经验数据。

（3）易受病虫害影响。

（4）工程表面板结和工程易堵塞。

（5）芦苇湿地种植的芦苇普遍存在着衰退现象。

5. 人工湿地系统的设计

人工湿地系统的设计涉及水力负荷、有机负荷、湿地床形状、工艺流程及布置、进出水系统和湿地栽种植物等许多因素。由于不同国家和地区的气候条件、植被类型及地理条件各有差异，因而大多根据现场条件，经小试或中试取得相关数据后进行。设计中，首先根据有关设计公式和实际情况选定各参数，确定湿地的基本构型和尺寸，然后考虑地址选择、进出水系统布置、植物和填料的选定等具体问题，最后还需制定湿地的运行维护措施，其中包括启动期的运行、植物的收割安排及低温环境中的维护措施等。

【例 16-2】　设计一潜流型人工湿地，进水 BOD_5 值为 130mg/L，出水 BOD_5 标准为 20mg/L，湿地植物类型为香蒲，冬天水温为 6℃，夏季水温为 15℃，废水流量为 $950m^3/d$。

【解】　设计步骤如下：

① 选择香蒲为湿地植物，根据加利福尼亚的研究，香蒲的根部深入介质约 0.3m，故床层介质深度为 $d=0.3m$。

② 床体坡度取决于地质状况。通常设计坡度可取 1‰ 或更高一些。为便于建造，本设计坡度为 1‰（$S=0.01$）。

③ Reed 等建议检验 k_1S 值应小于 8.60。选择粗质砂砾，粗砂的孔隙率、水力传导率

和温度为 20℃时的反应速率常数(d^{-1})分别为 $n=0.39$，$k_1=480$，$k_{20}=1.35$，则

$$k_1S=480\times0.01=4.8<8.60$$

式中 k_1——介质的水力传导率，$m^3/(m^2 \cdot d)$；

S——床层坡度，或水力坡度。

④ 受温度影响的一级反应速率系数 K_T 为

$$K_T=K_{20}(1.1)^{(T-20)}$$

式中 K_T——与温度有关的一级反应速率常数，d^{-1}；

冬天

$$K_{T冬}=1.35(1.1)^{(6-20)}=0.36$$

夏天

$$K_{T夏}=1.35(1.1)^{(15-20)}=0.84$$

⑤ 确定床层截面积，即

$$A_c=Q/(k_1 \cdot S)$$

式中 A_c——湿地床截面积，与水流方向垂直，m^2；

Q——系统平均流量，m^3/d。

$$A_c=950/(480\times0.01)=198m^2$$

⑥ 确定床层宽度，即

$$W=A_c/d$$
$$W=198/0.3=660m$$

⑦ 确定所需表面积，潜流型人工湿地的流态满足一级推流动力学，可用下式表示示动力学方程及湿地所需表面积：

$$C_e/C_0=\exp(-K_T\tau)$$

$$A_s=[Q(\ln C_0-\ln C_e)]/(K_Tdn)$$

式中 C_0——入流 BOD，mg/L；

C_e——出流 BOD，mg/L；

d——潜流深度，m；

n——床层孔隙率；

A_1——系统表面积，m^2。

冬天

$$A_{s冬}=[950\times(4.87-3.00)]/(0.36\times0.3\times0.39)=42177m^2=4.22hm^2$$

夏天

$$A_{s夏}=18076m^2=1.81hm^2$$

冬天条件相对恶劣，为保守起见表面积为 $4.22hm^2$。

⑧ 确定床层长度 L 和系统停留时间 t，即

$$L=A_s/W$$
$$L=42177/660=63.9m$$
$$t=V_V/Q=LWdn/Q$$
$$t=63.9\times660\times0.3\times0.39/950=5.2d$$

式中 V_V——床体中的空隙容积，m³。

⑨ 为利于入流区水力控制，将所需宽度按每段 60m 划分湿地块。共分为 11 块，每块几何尺寸为 60m×64m。冬天 11 块湿地均运行，夏天会有部分干涸。

6. 人工湿地系统的应用实例

人工湿地污水处理系统充分发挥资源的生产潜力，防止环境的再污染，获得污水处理与资源化的最佳效益，比较适合于处理水量不大、水质变化较小、管理水平要求不高的城镇污水。一般适用于生活污水深度处理，湖泊水体循环净化及生态维护，河流水体达标处理及生态维护，小区中水回用等四个方面。目前在工业废水、垃圾渗滤液和合流制管道溢流和暴雨径流处理等方面也得到了应用。

(1) 深圳白泥坑人工湿地污水处理系统

白泥坑污水处理场位于深圳市宝安区平湖镇东南，距深圳市中心约 10km，地处东深供水工程流域内，该地带所产生的污水对东江—深圳供水渠的水质有很大的影响，必须予以处理。为此，东南环境科学研究所在白泥坑承建了我国第一座实用型人工湿地污水处理装置。

白泥坑污水处理系统于 1990 年 7 月建成，污水处理量按原设计为 3100m³/d，后因城市污水量增加至 4500m³/d，故又增加一套生物滤池污水前处理系统。污水先进入生物滤池预处理后再进入人工湿地系统。白泥坑人工湿地污水处理场占地 0.84hm²(12.6 亩)，实际使用面积 0.497hm²(7.46 亩)。设计进水 BOD_5 最高浓度为 100mg/L，SS 最高浓度为 150mg/L，两者的出水浓度均为 30mg/L，达到城市污水二级排放标准。具体进出水水质要求见表 16-6。

白泥坑人工湿地进出水水质要求 表 16-6

	BOD_5(mg/L)	COD_{Cr}(mg/L)	SS(mg/L)	TN(mg/L)	TP(mg/L)
进水	<100	<200	<150	<20	<2
出水	<30	<60	<30	<20	<2

白泥坑污水处理场整个人工湿地系统由四级处理池串联而成，每级处理池由 2～3 个小池并联使用。系统工艺流程为：原污水先流经一、二级碎石床湿地，对有机物进行降解，再进入第三级兼性塘，最后经过第四级碎石床湿地变成洁净的水排出。湿地系统的平、剖面示意如图 16-12、图 16-13 所示。各处理池的具体设计参数见表 16-7。

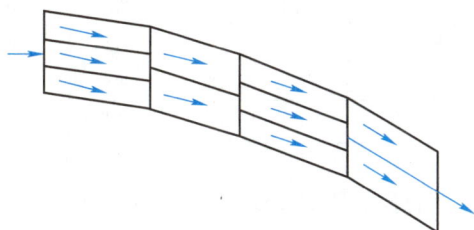

图 16-12 白泥坑人工湿地平面图　　图 16-13 白泥坑人工湿地第四级碎石床剖面图

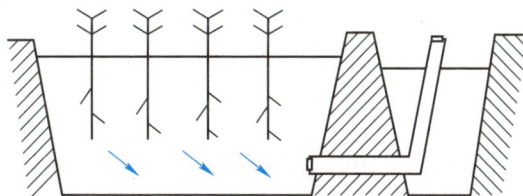

白泥坑人工湿地在我国是首例，为了为湿地设计和建设提供合理的参数，各塘选取的底坡、碎石粒径、尺寸均有区别。此外在塘内分别种植芦苇、茳芏、席草、大米草等水生植物，以便选取各塘底坡、碎石粒径、尺寸的最优数据，筛选最佳作物。

白泥坑人工湿地设计参数　　　　　　　表 16-7

组成			L(m)	W(m)	H(m)	碎石粒径 (cm)	碎石层厚 (cm)	池底坡降 (%)	水力负荷 [$m^3/(m^2 \cdot d)$]
碎石床 (芦苇) (米草)	第一级	1	42	11	0.4～0.8	3～5	40	1.0	2.05
		2	42	12.5	0.4～0.9			1.5	
		3	43	12.5	0.4～1.0			2.0	
碎石床 (芦苇) (茳芏)	第二级	1	47	18.5	0.5～1.0	1～3	50	2.0	1.78
		2	42		0.5～1.2			3.0	
兼性塘	第三级	1	30	19	1.25	—	—	无坡降	1.81
		2	30						
		3	30						
碎石床 (茳芏)	第四级	1	54	19	0.6～0.8	0.5～1	60	0.5	1.007
		2	54		0.6～0.9			1.0	
		3	54		0.6～1.0			1.5	

按原设计，白泥坑污水的平均理论停留时间为 23h，其中第一级为 2.7h，第二级为 3.13h，第三级 10.31h，第四级为 6.38h。但在实际运行过程中，由于死水区是不可避免的，所以实际停留时间比理论停留时间短。该湿地对 BOD_5、COD_{Cr}、SS 的去除率详见表 16-8。

白泥坑人工湿地处理效果　　　　　　　表 16-8

时间 (月)	BOD_5			COD_{Cr}			SS			水量 (m^3/d)
	进水 (mg/L)	出水 (mg/L)	去除率 (%)	进水 (mg/L)	出水 (mg/L)	去除率 (%)	进水 (mg/L)	出水 (mg/L)	去除率 (%)	
1	59.3	6.5	89	126.5	37.4	70	154.2	4.4	97	3000
2	66.9	6.0	91	131.5	42.4	68	96.7	6.7	93	3100
3	59.1	4.4	93	132.5	36.4	73	76.7	23.1	70	4200
4	58.7	7.1	88	121.6	39.4	68	67.8	8.7	87	3600
5	61.5	3.5	94	107.3	28.4	74	167.1	9.9	94	3800
6	69.7	6.8	90	141.9	40.5	71	54.0	14.8	72	3500
7	47.5	5.6	88	115.0	30.0	74	78.8	21.8	72	4000
8	106.3	10.8	90	180.4	45.2	75	91.1	2.4	97	4200
9	94.5	11.4	88	160.6	56.1	65	95.0	7.8	92	4500
10	88.6	9.1	90	182.3	50.9	72	112.8	18.8	83	4500
平均值	71.2	7.1	90	140.0	10.7	71	99.4	11.8	88	3840

由表 16-8 中数据可见，采用人工湿地、兼性塘结合的工艺处理原污水能对城市生活污水进行可靠的二级处理，其结果是令人满意的。

此人工湿地投资省，基建投资费用约 238 万元，年运行费用 7.0 万～8.0 万元，年水质监测费约 2.8 万元。运行过程中耗能少，甚至不耗能。因此，运转与维护费用低，可以形成一个独立的生态系统。它具有很强的吸附过滤效果，抗冲击负荷能力强，出水水质稳定，而且对部分重金属也有去除效果。碎石床种植的植物，再根据现场运行经验，茳芏一年收割两次，细草一年收割一次，芦苇可以较长周期收割。

(2) 西双版纳某州人工湿地橡胶废水处理系统

该橡胶废水水量为 120m³/d，含浮胶颗粒、橡胶乳清、植物蛋白、糖类、脂肪等大分子有机污染物，同时因生产过程中有氨水、甲酸，废水中的污染物含量亦很高，难治理。设计采用沉砂除胶池预处理加导流明沟湿地处理橡胶废水。

废水先经沉砂除胶池除去部分浮胶和泥砂，该池占地 170m²，建筑统计约 250m³，水力停留时间 1.1~1.7d。该池分为 3 格，前 2 格每格约 35m³，主要起沉砂作用；后 1 格约 180m³，使胶粒、乳清浮出，同时起调节缓冲作用。沉砂除胶池的出水进入湿地，用明沟导流控制布水，植被叶冠遮盖荫蔽水面防止藻类生长，植物能将氧从叶转移到根，可在缺氧环境中形成有氧微环境。明沟修筑呈"W"形的迂回土埂明沟，长 1450m；明沟断面和沟上部间隔见图 16-14 所示。系统基本保持水平，出口设 500mm 的拦水堰，保证沟内废水停留

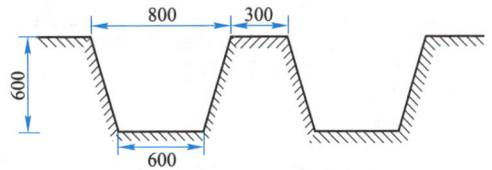

图 16-14　明沟断面图

形成湿地。在明沟土埂上，沿两边以 0.5m 间距定植假芋，叶片一般长 300~500mm，宽 250~400mm，利于水面荫蔽。伴生杂草主要有双穗雀、地毯草、坡散生草本和水生草本等。废水在明沟内水力停留时间 2.5~3.8d，整个系统水力停留时间仅 3.6~5.5d。

2000 年 6 月到 2002 年 10 月监测数据和运行效果见表 16-9，出水水质达到《污水综合排放标准》GB 8978—1996 二级标准，工程占地 3850m²，总投资 418 万元。运行成本几乎为零，假芋可作蔬菜和饲料，可有一定产出。

橡胶废水进出水水质要求和人工湿地处理效果　　　　　　　　　　　　　　表 16-9

	COD_{Cr}(mg/L)	BOD_5(mg/L)	$NH_3—N$(mg/L)	pH	SS(mg/L)
湿地进水	3930~6840	850~2100	34.8~99.0	4.61~5.90	154~939
湿地出水	50~140	15~30	5~30	6.90~7.15	50~120
去除率(%)	97.4~98.8	97.5~98.8	63.9~88.8	—	67.5~87.2

(3) 成都市凤凰河二沟人工湿地污水处理系统

该工程是我国规模较大的城市污水植物碎石床人工湿地处理工程，人工湿地面积达 5.4 万 m²，污水处理量为日处理 2.4 万 m³。工程任务是建造凤凰河二沟环境综合治理工程人工湿地，对前处理(快速渗滤)出水(一级 A 类)进行人工湿地深度处理，使人工湿地出水达到地表水 V 类水。人工湿地的工艺流程如图 16-15 所示，水力负荷为 0.44t/(m²·d)，水力停留时间为 53h。工程总投资 900 万元，即每吨水投资 375 元，处理每吨水运行费用为 0.0315 元。

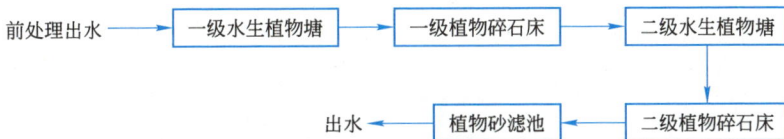

图 16-15　凤凰河二沟人工湿地流程图

人工湿地系统从 2007 年 7 月下旬开始正常运转后对各污染物的去除率见表 16-10。由表数据可见，采用高水力负荷人工湿地工艺处理城镇污水，其结果均达到出水标准。

凤凰河二沟人工湿地初期运行情况　　　　表 16-10

	COD$_{Cr}$(mg/L)	BOD$_5$(mg/L)	NH$_3$—N(mg/L)	SS(mg/L)	TP(mg/L)	pH
进水	202	97	36.3	76	2.97	7.3
前处理出水	20	5	2.8	<5	1.1	7.1
人工湿地出水	18.4	4	0.67	<5	0.85	7.7
人工湿地去除率(%)	9	20	76.1	—	22.7	—
评价	50(一级 A)	10(Ⅲ类水)	5(Ⅲ类水)	10(一级 A)	—	—

注：一级 A 指《城镇污水处理厂污染物排放标准》GB 18918—2002 中的一级排放标准 A 标准。
　　Ⅲ类水指《地表水环境质量标准》GB 3838—2002 中的Ⅲ类标准。

思考题

1. 分析氧化塘的生态模式，并叙述净化废水的机理。
2. 氧化塘有哪些分类？分别适用于什么情况？

第 17 章 污泥处理、处置与利用

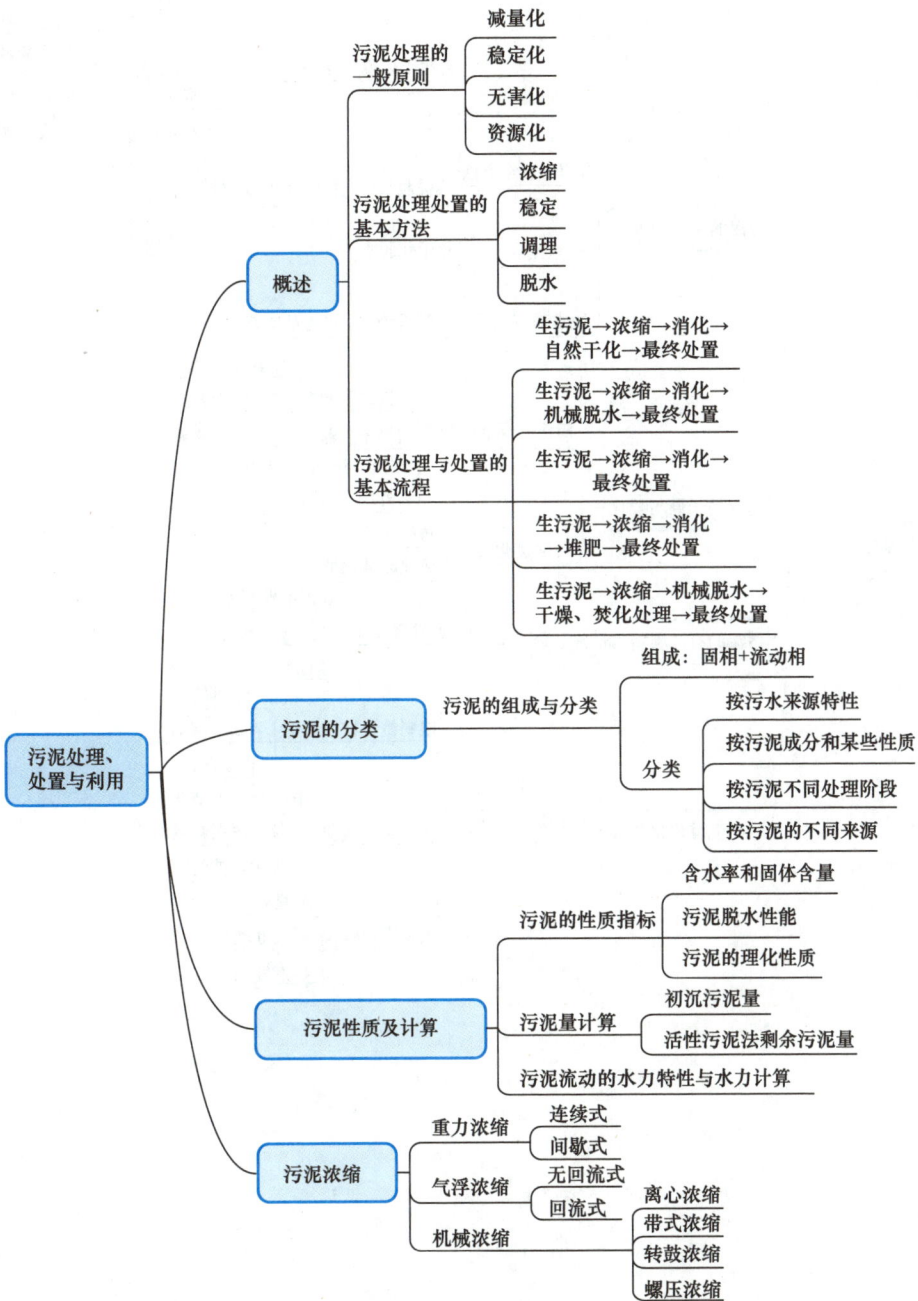

```
污泥处理、
处置与利用
├─ 概述
│   ├─ 污泥处理的一般原则
│   │   ├─ 减量化
│   │   ├─ 稳定化
│   │   ├─ 无害化
│   │   └─ 资源化
│   ├─ 污泥处理处置的基本方法
│   │   ├─ 浓缩
│   │   ├─ 稳定
│   │   ├─ 调理
│   │   └─ 脱水
│   └─ 污泥处理与处置的基本流程
│       ├─ 生污泥→浓缩→消化→自然干化→最终处置
│       ├─ 生污泥→浓缩→消化→机械脱水→最终处置
│       ├─ 生污泥→浓缩→消化→最终处置
│       ├─ 生污泥→浓缩→消化→堆肥→最终处置
│       └─ 生污泥→浓缩→机械脱水→干燥、焚化处理→最终处置
├─ 污泥的分类
│   └─ 污泥的组成与分类
│       ├─ 组成：固相+流动相
│       └─ 分类
│           ├─ 按污水来源特性
│           ├─ 按污泥成分和某些性质
│           ├─ 按污泥不同处理阶段
│           └─ 按污泥的不同来源
├─ 污泥性质及计算
│   ├─ 污泥的性质指标
│   │   ├─ 含水率和固体含量
│   │   ├─ 污泥脱水性能
│   │   └─ 污泥的理化性质
│   ├─ 污泥量计算
│   │   ├─ 初沉污泥量
│   │   └─ 活性污泥法剩余污泥量
│   └─ 污泥流动的水力特性与水力计算
└─ 污泥浓缩
    ├─ 重力浓缩
    │   ├─ 连续式
    │   └─ 间歇式
    ├─ 气浮浓缩
    │   ├─ 无回流式
    │   └─ 回流式
    └─ 机械浓缩
        ├─ 离心浓缩
        ├─ 带式浓缩
        ├─ 转鼓浓缩
        └─ 螺压浓缩
```

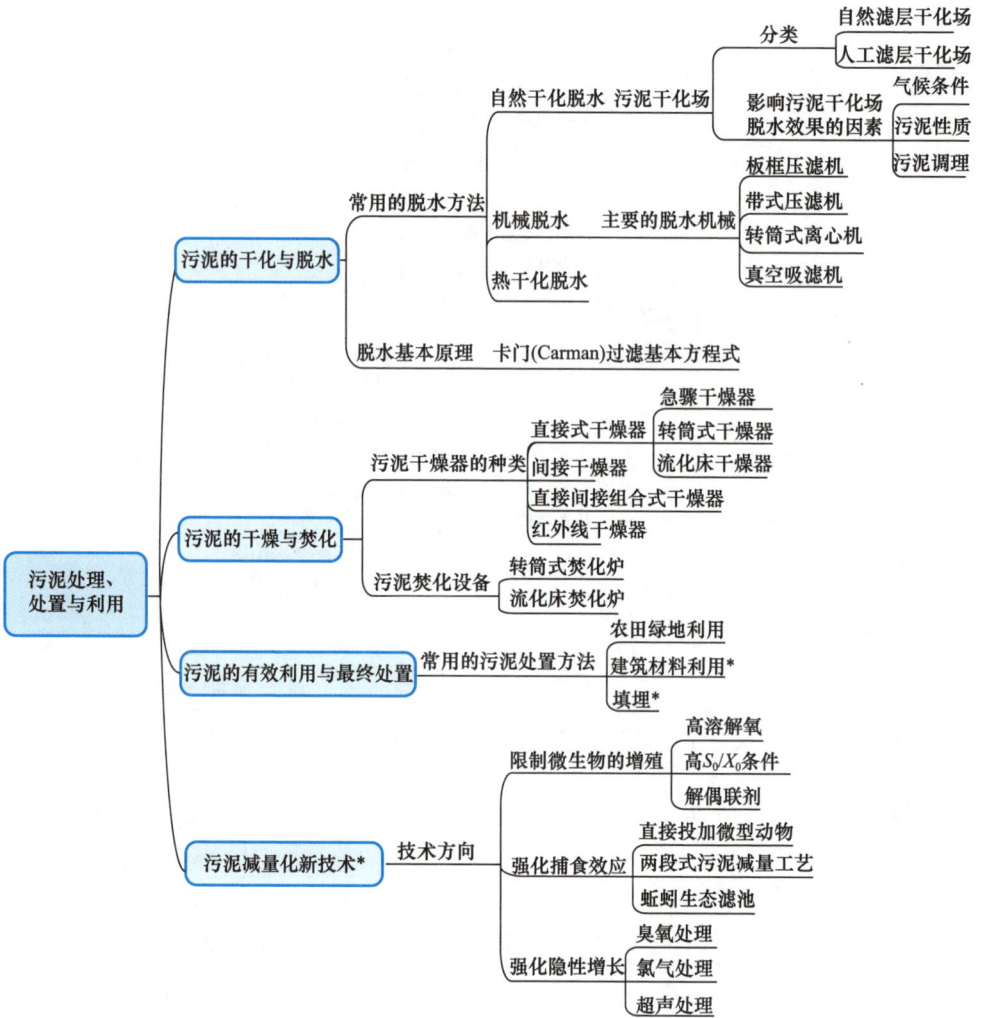

污泥处理、处置与利用

- 污泥的干化与脱水
  - 常用的脱水方法
    - 自然干化脱水　污泥干化场
      - 分类
        - 自然滤层干化场
        - 人工滤层干化场
      - 影响污泥干化场脱水效果的因素
        - 气候条件
        - 污泥性质
        - 污泥调理
    - 机械脱水　主要的脱水机械
      - 板框压滤机
      - 带式压滤机
      - 转筒式离心机
      - 真空吸滤机
    - 热干化脱水
  - 脱水基本原理　卡门(Carman)过滤基本方程式
- 污泥的干燥与焚化
  - 污泥干燥器的种类
    - 直接式干燥器
      - 急骤干燥器
      - 转筒式干燥器
      - 流化床干燥器
    - 间接干燥器
    - 直接间接组合式干燥器
    - 红外线干燥器
  - 污泥焚化设备
    - 转筒式焚化炉
    - 流化床焚化炉
- 污泥的有效利用与最终处置
  - 常用的污泥处置方法
    - 农田绿地利用
    - 建筑材料利用*
    - 填埋*
- 污泥减量化新技术*
  - 技术方向
    - 限制微生物的增殖
      - 高溶解氧
      - 高 S_0/X_0 条件
      - 解偶联剂
    - 强化捕食效应
      - 直接投加微型动物
      - 两段式污泥减量工艺
      - 蚯蚓生态滤池
    - 强化隐性增长
      - 臭氧处理
      - 氯气处理
      - 超声处理

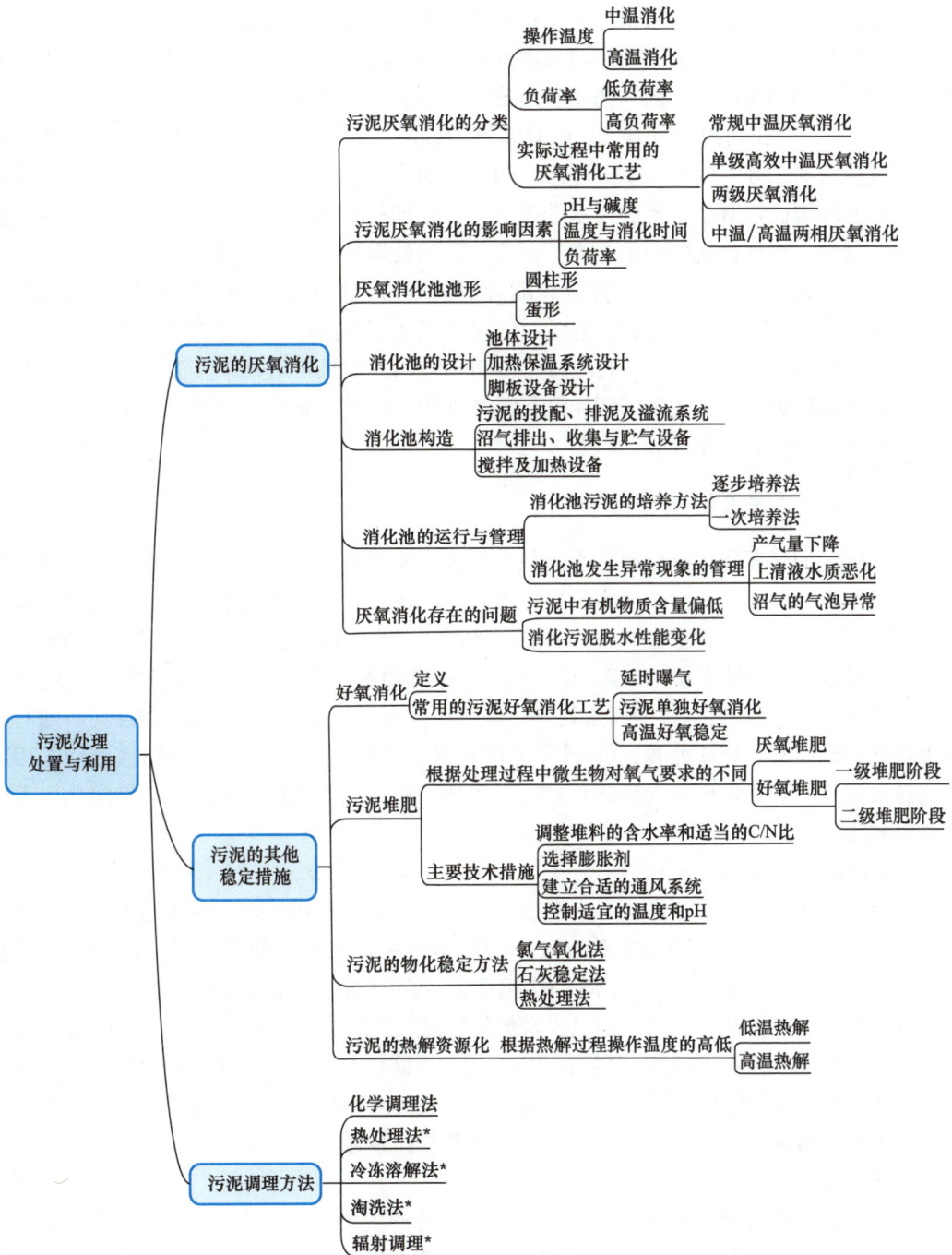

```
                                                            ┌ 中温消化
                                            ┌ 操作温度 ──────┤
                                            │               └ 高温消化
                                            │               ┌ 低负荷率
                           ┌ 污泥厌氧消化的分类 ┤ 负荷率 ────────┤
                           │                │               └ 高负荷率      ┌ 常规中温厌氧消化
                           │                │                             │
                           │                └ 实际过程中常用的 ─────────────┤ 单级高效中温厌氧消化
                           │                  厌氧消化工艺                    │
                           │                                               │ 两级厌氧消化
                           │                               ┌ pH与碱度       │
                           │                               │               └ 中温/高温两相厌氧消化
                           │  污泥厌氧消化的影响因素 ──────────┤ 温度与消化时间
                           │                               └ 负荷率
                           │                ┌ 圆柱形
                           │  厌氧消化池池形 ──┤
                           │                └ 蛋形
                           │                ┌ 池体设计
           ┌ 污泥的厌氧消化 ──┤   消化池的设计 ──┤ 加热保温系统设计
           │               │                └ 脚板设备设计
           │               │                ┌ 污泥的投配、排泥及溢流系统
           │               │   消化池构造 ────┤ 沼气排出、收集与贮气设备
           │               │                └ 搅拌及加热设备
           │               │                                  ┌ 逐步培养法
           │               │                ┌ 消化池污泥的培养方法 ┤
           │               │  消化池的运行与管理 ┤                  └ 一次培养法
           │               │                │                  ┌ 产气量下降
           │               │                └ 消化池发生异常现象的管理 ┤ 上清液水质恶化
           │               │                                       └ 沼气的气泡异常
           │               │                ┌ 污泥中有机物质含量偏低
           │               └ 厌氧消化存在的问题 ┤
           │                                └ 消化污泥脱水性能变化
           │
           │                             ┌ 定义                    ┌ 延时曝气
           │               ┌ 好氧消化 ──────┤ 常用的污泥好氧消化工艺 ──┤ 污泥单独好氧消化
           │               │             └                        └ 高温好氧稳定
           │               │                                                      ┌ 厌氧堆肥
           │               │             ┌ 根据处理过程中微生物对氧气要求的不同 ──────┤           ┌ 一级堆肥阶段
┌ 污泥处理 ──┤               │             │                                        └ 好氧堆肥 ──┤
│ 处置与利用 │  ┌ 污泥的其他 ──┤  污泥堆肥 ──┤                                                    └ 二级堆肥阶段
│          ├──┤ 稳定措施    │             │             ┌ 调整堆料的含水率和适当的C/N比
│          │  │            │             └ 主要技术措施 ─┤ 选择膨胀剂
│          │  │            │                           │ 建立合适的通风系统
│          │  │            │                           └ 控制适宜的温度和pH
│          │  │            │                ┌ 氯气氧化法
│          │  │            │  污泥的物化稳定方法 ┤ 石灰稳定法
│          │  │            │                └ 热处理法
│          │  │            │                           ┌ 低温热解
│          │  │            └ 污泥的热解资源化 根据热解过程操作温度的高低 ┤
│          │  │                                        └ 高温热解
│          │  │            ┌ 化学调理法
│          │  │            │ 热处理法*
│          │  └ 污泥调理方法 ─┤ 冷冻溶解法*
│          │               │ 淘洗法*
│                          └ 辐射调理*
```

17.1　概　　述

　　污水处理的实质是将污水中的污染物转化为不可溶的污泥或无害气体，从而达到净化的目的。污水处理厂中污泥是由原污水中通过格栅、沉砂、沉淀、气浮等工艺分离出的和在生物处理过程中所产生的固体物质所组成，其数量约占处理水量的 0.3%～0.5%（以含水率 97% 计）。由于污泥中含有大量的有害有毒物质，如寄生虫卵、病原微生物、合成有机物及重金属离子等，因而废水处理产生的污泥如果处理和处置不当，也会对环境造成严重污染。一般来说，对于常规的污水处理工艺，处理程度越高，就会产生越多的污泥残余物需加以处理。对现代化的污水处理厂而言，污泥处理与处置已经成为污水处理系统中运行复杂、投资大、运行费高的一部分。随着我国城市化进程的加快和环境质量标准的提高，污水处理率和处理程度逐年提高，污泥产量也急剧增加。目前我国污泥年产量达532 万 t 干重，折合含水率 80% 的湿污泥为 2662 万 t，而且年增长率大于 10%。采用技术措施，将产量巨大、成分复杂的污泥进行科学处理，使其减量化、无害化、资源化，从而减少污泥处理与处置的投资和运行费。

17.1.1　污泥处理的一般原则

　　虽然产生的污泥体积比处理污水体积小得多，但污泥处理设施的投资却占到总投资的20%～50%，因此无论从污染物净化的完善程度，还是污水处理技术开发的重要性及投资比例看，污泥处理与处置都占有十分重要的地位。考虑污泥中含有大量有害有毒物质，同时存在可资利用的植物营养素（氮、磷、钾）、有机物及水分，污泥需要及时的处理与处置，以便达到如下目的：(1)使污水处理厂能够正常运行，确保污水处理效果；(2)使有害有毒物质得到妥善处理或处置；(3)使容易腐化发臭的有机物得到稳定处理；(4)使有用物质能够得到综合利用，变害为利。总之，污泥处理的目的是使污泥减量化、稳定化、无害化和资源化。

　　1. 减量化

　　从沉淀池来的污泥呈液态，含水率很高，体积很大，不利于贮存和运输等，减量化十分重要。降低污泥含水率的最简单有效的方法是浓缩，浓缩可使剩余污泥的含水率约从99.2% 下降到 97.5% 左右，污泥体积缩减至原来的 1/3 左右，但浓缩后污泥仍呈液态。进一步降低含水率的方法是脱水，经过脱水的污泥从液态转化为固态。脱水污泥的含水率仍很高，一般在 60%～80% 左右，需进一步干化，以降低其质量和体积。干化污泥的含水率一般低于 10%。经过各级处理，100kg 湿污泥转化为干污泥，质量常常不到 5kg。因此可以根据不同的减量化程度选择适宜的污泥处理工艺和装置。

　　2. 稳定化

　　污泥中有机物含量达 60%～70%，极易腐败并产生恶臭。因此，为了便于污泥的贮存和利用，避免恶臭产生，需要对污泥进行稳定化处理，减少有机组分含量或抑制细菌代谢。常用的稳定方法有好氧或厌氧生物处理（消化，digestion）工艺，使污泥中的有机组分转化为稳定的最终产物；也可添加化学药剂，终止污泥中微生物的活性来稳定污泥，如投加石灰，提高 pH，即可实现对微生物的抑制。pH 在 11.0～12.2 时可使污泥稳定，同时还可杀灭污泥中病原体微生物。但化学稳定法不能使污泥长期稳定，因为若将处理过的污泥长期存放，污泥的 pH 会逐渐下降，微生物逐渐恢复活性，使污泥失去稳定性。

3. 无害化

污泥中，尤其是初沉污泥中，含有大量病原微生物、寄生虫卵及病毒，易造成传染病传播。感染个体排泄出的粪便中病原微生物可多达 10^6 个/g，肠道病原菌可随粪便排出牲畜和人体外，并进入废水处理系统。污泥中还含有多种重金属离子和有毒有害的有机污染物，这些物质可从污泥中渗滤出来或挥发，污染水体、土壤和空气，造成二次污染。因此污泥处理处置过程必须充分考虑无害化原则。

4. 资源化

近年来污泥处理处置的理论在发生变化，从原来的单纯处理逐渐向污泥有效利用、实现污泥资源化方向发展，广泛将污泥用于农业生产、建筑材料制造、作为燃料等方面。城市污泥资源化处理处置技术包括：污泥堆肥土地利用；作为原材料生产建材制品和水泥等；利用污泥热能制备沼气；在环境保护中污泥用于制作吸附剂、胶粘剂、水处理制剂等；低温热解制油；利用污泥中的蛋白质、维生素和痕量元素加工制作成鱼及家禽饲料；作为生物农药和有机复混肥；合成生物可降解塑料；用作填埋场覆盖材料等。

17.1.2　污泥处理处置的基本方法

（1）浓缩（thickening）　利用重力或气浮方法尽可能多地分离出污泥中的水分。

（2）稳定（stabilization）　利用消化，即生物氧化方法将污泥中的有机固体物质转化为其他惰性物质，以免在用作土地改良剂或其他用途时，产生臭味和危害健康；或采用消毒方法，暂时抑制微生物的代谢避免产生恶臭。

（3）调理（conditioning）　利用加热或化学药剂处理污泥，使污泥中的水分容易分离。

（4）脱水（dewatering）　用真空、加压或干燥方法使污泥中的水分进一步分离，减少污泥体积，降低储运成本；或利用焚化等方法将污泥固体物质转化为更稳定的物质。

17.1.3　污泥处理与处置的基本流程

污泥处理与处置的基本流程大致有以下几个：

（1）生污泥→浓缩→消化→自然干化→最终处置；

（2）生污泥→浓缩→消化→机械脱水→最终处置；

（3）生污泥→浓缩→消化→最终处置；

（4）生污泥→浓缩→消化→堆肥→最终处置；

（5）生污泥→浓缩→机械脱水→干燥、焚化处理→最终处置。

前 3 个方案主要以消化处理为主体，消化过程产生的生物能（即沼气，或称消化气）可作能源利用，如用作燃料或发电；第 4 方案以堆肥农用为主，当污泥符合农用肥料条件及附近有农、林、牧或蔬菜基地时可考虑使用；第 5 方案是以干燥焚化为主，当污泥不适合消化等处理，或受污水处理厂用地面积的限制等可考虑采用，焚化产生的热能可用作能源。

污泥处理有各种各样的流程和设备组合，但其处理方案的选择，应根据污泥的性质与数量、投资情况与运行管理费用、环境保护要求及有关法律法规、城市农业发展情况及当地气候条件等综合考虑后选定。

17.2 污泥的分类、性质及计算

17.2.1 污泥的组成与分类

城市污水处理厂污泥由固相和流动相组成。固相包括有机物和无机物。污泥有机物主要包括：毒害性有机物、有机生物质、有机官能化合物、微生物。污泥无机物主要包括：毒害性无机物、植物养分、无机矿物等。污泥流动相主要由水及溶于水中的各种有机和无机物质组成，污泥中所含的水分包括空隙水、毛细水、吸附水和结合水四部分。表17-1总结了污泥按照污水来源特性的不同、污泥成分和某些性质的不同、污水处理厂内污泥的不同来源、污泥的不同处理阶段等进行的分类及其特性。

污泥的分类及特性   表17-1

分类原则	具体分类	主要特性
按污水来源特性	生活污水污泥	有机物浓度较高，重金属浓度相对较低
	工业废水污泥	受工业性质影响较大
按污泥成分和某些性质	有机污泥	颗粒小、密度小，持水能力强，压密脱水困难
	无机污泥	金属化合物多、密度大，易于沉淀
	亲水性污泥	不易浓缩和脱水
	疏水性污泥	浓缩和脱水性能好
	生污泥或新鲜污泥	未经任何处理的污泥
按污泥的不同处理阶段	浓缩污泥	去除原污泥、剩余污泥或混合污泥中的部分自由水后的污泥
	消化污泥	经厌氧消化和好氧处理的污泥
	脱水污泥	经过调理（或不调理）的污泥，通过机械脱水
	干化污泥	对脱水污泥进行热干化处理
按污泥的不同来源	栅渣	用筛网或格栅截留的悬浮物质
	沉砂池沉渣、浮渣	沉砂池底部的砂砾、无机颗粒和水池液面的油脂、泡沫、漂浮物
	初沉污泥	初次沉淀池中的物质
	剩余污泥	污水经活性污泥处理后沉淀在二沉池中的物质
	腐殖污泥	污水经生物膜法处理后沉淀的物质
	化学污泥	化学法处理后产生的沉淀物

17.2.2 污泥的性质指标

正确把握污泥性质是科学合理地处理、处置和利用污泥的先决条件，只有根据污泥的性质指标才能正确选择有效的处理工艺和合适的处理设备。因此，表征污泥性质的指标越准确，取得的效益越显著。通常需要对污泥的下述性质指标进行分析测定：(1)污泥的含水率和固体含量；(2)污泥的脱水性能；(3)污泥的理化性质(包括有机物和无机物含量、植物养分含量、有害物质如重金属含量、热值等)。

1. 污泥的含水率和固体含量

污泥中所含水分的质量与污泥总质量之比的百分数称为污泥含水率(p，%)。污泥的含水率一般都很高，相对密度接近于1。相应的污泥中所含固体物质的质量与污泥总质量之比的百分数称为含固率(%)。

污泥的体积、质量及所含固体物浓度之间的关系,可用式(17-1)表示:

$$\frac{V_1}{V_2}=\frac{C_2}{C_1}\approx\frac{W_1}{W_2}=\frac{100-p_2}{100-p_1} \tag{17-1}$$

式中　V_1,W_1,C_1——污泥含水率为 p_1 时的污泥体积、质量与固体物浓度;

V_2,W_2,C_2——污泥含水率为 p_2 时的污泥体积、质量与固体物浓度。

例如,污泥含水率为 $p_1=99\%$,浓缩后含水率降至 $p_2=96\%$,两者体积比按式(17-1)计算为 $V_1/V_2=(100-96)/(100-99)=4$,即污泥体积减至原来的 $1/4$。

需要指出的是,式(17-1)两端误差随 p_1 和 p_2 的差别而增大,例如当污泥有机物含量为 60%,$p_1=99\%$,$p_2=70\%$ 时,误差可达 5.5%。

式(17-1)适用于含水率大于 65% 的污泥。因含水率低于 65% 以后,污泥内出现很多气泡,体积与质量不再符合式(17-1)关系。

2. 污泥的脱水性能

用过滤法分离污泥的水分时,常用比阻(r)评价污泥脱水性能(详见本章第 6 节)。

3. 污泥的理化性质

污泥的理化性质包括有机物和无机物含量、可消化程度、肥分、有害物质(如重金属)含量、热值等。污水处理厂三种污泥理化性质比较见表 17-2。

污泥理化性质比较　　　　　　　　　　　　　　　表 17-2

项目	初次沉淀污泥	剩余活性污泥	厌氧消化污泥
干固体总量(%)	3~8	0.5~1	5~10
挥发性固体总量(%)	60~90	60~80	30~60
固体颗粒密度(g/cm³)	1.3~1.5	1.2~1.4	1.3~1.6
相对密度	1.02~1.03	1.0~1.005	1.03~1.04
BOD_5/VS	0.5~1.1		
COD/VS	1.2~1.6	2.0~3.0	6.5~7.5
碱度(mg/L)	500~1500	200~500	2500~3500
pH	5.0~8.0	6.5~8.0	6.5~7.5

(1) 挥发性固体(或称灼烧减重)和灰分(或称灼烧残渣)　挥发性固体是指污泥中在 600℃ 的燃烧炉中能被燃烧,并以气体逸出的那部分固体,近似地等于有机物含量;灰分表示无机物含量。

(2) 可消化程度　污泥中的有机物是消化处理的对象,一部分是可经生物消化降解的(或称可被无机化的);另一部分是不易或不能被消化降解的,如合成有机物等。用可消化程度 R_d 表示生污泥中可被消化降解的有机物数量。

(3) 湿污泥相对密度与干污泥相对密度　湿污泥质量等于污泥所含水分质量与干污泥质量之和。湿污泥相对密度(p)等于湿污泥质量与同体积的水的质量之比。因为水的相对密度为 1,所以湿污泥相对密度可由下式计算:

$$p=\frac{p+(100-p)}{\left(p+\dfrac{100-p}{p_s}\right)\times 1}=\frac{100p_s}{pp_s+(100-p)} \tag{17-2}$$

式中 p——湿污泥相对密度；

p_s——污泥中干固体物质平均相对密度，即干污泥相对密度。

（4）污泥肥分 城市污水处理厂污泥中含有大量植物生长所必需的肥分（氮、磷、钾）、微量元素及土壤改良剂，有一定的肥效。我国城市污水处理厂各种污泥所含肥分见表 17-3。

我国城市污水处理厂污泥肥分表　　　　　　　　表 17-3

污泥类别	总氮(%)	磷(以 P_2O_5 计)(%)	钾(以 K_2O 计)(%)	有机物(%)
初沉污泥	2~3	1~3	0.1~0.5	50~60
活性污泥	3.3~7.7	0.78~4.3	0.22~0.44	60~70
消化污泥	1.6~3.4	0.6~0.8		25~30

（5）有害物质 城市污水处理厂污泥中含有病原微生物、病毒、寄生虫卵，在处置前应采取必要的处理措施（如污泥消化）。污泥中重金属也是主要的有害物质，污泥中重金属离子含量决定于城市污水中工业废水所占比例及工业生产性质。污水经二级处理后，污水中重金属离子约有 50% 以上转移到污泥中，因此，污泥中的重金属离子含量一般都较高。重金属含量超过规定的污泥不能用作农肥。

（6）热值 污泥有较高的热值，干燥后相当于褐煤，可直接当燃料，或者厌氧消化产生沼气作燃料。

17.2.3 污泥量计算

计算城市污水处理厂的污泥量时，一般以表 17-4 所列的经验数据为依据。

城市污水处理厂的污泥量　　　　　　　　表 17-4

污泥种类	污泥量(L/m^3)	含水率(%)	密度(kg/L)
沉砂池的沉砂	0.03	60	1.5
初沉池污泥	14~16	95~97.5	1.015~1.02
活性污泥法二沉池污泥	10~21	99.2~99.6	1.005~1.008
生物膜法二沉池污泥	7~19	96~98	1.02

在已知污泥性能参数的情况下，初沉池污泥量和剩余污泥量可参照如下估算。

1. 初沉污泥量

根据污水中悬浮物质、污水流量、去除率及污泥含水率，用式(17-3)计算：

$$Q_p = \frac{100C_0 lQ}{10^3(100-p)C}$$ (17-3)

式中 Q_p——初沉污泥量，m^3/d；

Q——污水流量，m^3/d；

l——去除率，%；

C_0——进水悬浮物质浓度，mg/L；

C——沉淀污泥密度，以 $1000kg/m^3$ 计。

对于城市污水处理，初沉池污泥容积也可采用公式(17-4)估算：

$$V=\frac{SN}{1000} \tag{17-4}$$

式中　S——每人每天产生的污泥量，一般采用 $0.3\sim0.8L/(d\cdot人)$；

　　　N——设计人口数，人。

2. 活性污泥法剩余污泥量

活性污泥法剩余污泥量可按照公式(17-3)取 l 为 80％近似计算。也可按照公式(17-5)计算：

$$Q_s=\frac{\Delta X_V}{fX_r} \tag{17-5}$$

式中　Q_s——每日从系统中排除的剩余污泥量，m^3/d；

　　　ΔX_V——每日产生的挥发性活性污泥量(干重)，kg/d；

　　　f——即 MLVSS/MLSS，生活污水约为 0.75，城市污水可近似取 0.75；

　　　X_r——回流污泥浓度，g/L。

ΔX_V 按公式(17-6)计算，或按有关经验数据确定。

$$\Delta X_V=Y(S_a-S_e)Q-K_dVX_v \tag{17-6}$$

式中　　　Y——产率系数，即微生物每代谢 $1kgBOD_5$ 所合成 MLVSS 的千克数；

$(S_a-S_e)Q$——每日的有机污染物降解量，kg/d；

　　　VX_v——曝气池内，混合液中挥发性悬浮固体总量，kg；X_v＝MLVSS；

　　　K_d——活性污泥微生物的自身氧化率，d^{-1}，亦称衰减系数。

17.2.4　污泥流动的水力特性与水力计算

1. 污泥流动的水力特性

污泥在含水率较高(高于 99％)的状态下，属于牛顿流体，流动特性接近于水流。随着固体浓度的增加，污泥的流动显示出半塑性或塑性流体的特性，必须克服初始剪切力 r_0 以后才能开始流动。固体浓度越高，r_0 值越大，所以污泥的流动特性不同于水流。在层流条件下，由于 r_0 的存在，污泥流动的阻力很大，因此污泥输送管道的设计，常采用较大的流速，使泥流处于紊流状态。污泥流动的下临界速度约为 $1.1m/s$，上临界流速约为 $1.4m/s$。污泥压力管道的最小设计流速为 $1.0\sim2.0m/s$。

2. 污泥的输送

污泥输送的主要方法有管道(压力管道或重力管道)、卡车、驳船以及它们的组合。采用何种方法主要取决于污泥的数量和性质、污泥处理的方案、输送距离与费用、最终处置与利用方式等因素。污泥进行管道输送或装卸卡车、驳船时，需要抽升设备、污泥泵或渣泵。输送污泥的污泥泵，在构造上必须满足不易被堵塞与磨损，不易受腐蚀等基本条件。可有效地用于污泥抽升的设备有隔膜泵、旋转螺栓泵、螺旋泵及柱塞泵等。

(1)隔膜泵　没有叶轮，所以没有叶轮堵塞和磨损问题。工作原理是依靠活动的隔膜与上、下 2 个开、闭活门。隔膜泵的缺点是流量脉动不稳定，故仅适用于泵送小流量污泥。

(2)旋转螺栓泵　由螺栓状转子与另一与其错位吻合的螺栓状定子组成(图 17-1)。转子用硬质铬钢制成，定子用橡胶制成，转子旋转时与定子交替形成不同空隙而将污泥连续挤压出去。

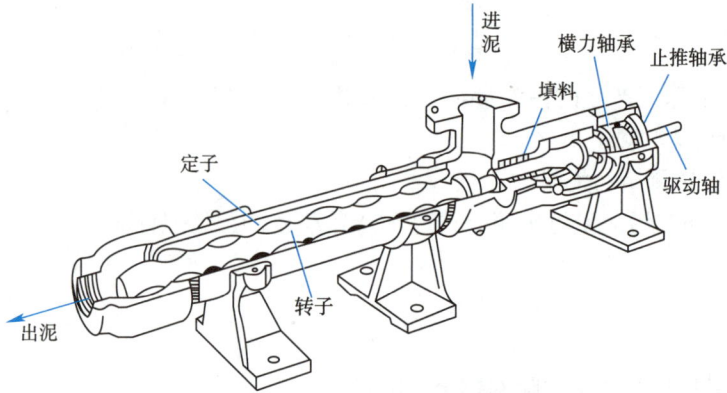

图 17-1　旋转螺栓泵结构图

（3）螺旋泵　由阿基米德螺旋线原理制作而成的连续螺片与敞开的圆槽型池壁组成（图 17-2），不易堵塞与磨损，但仅能提升有限的高度，无加压功能。

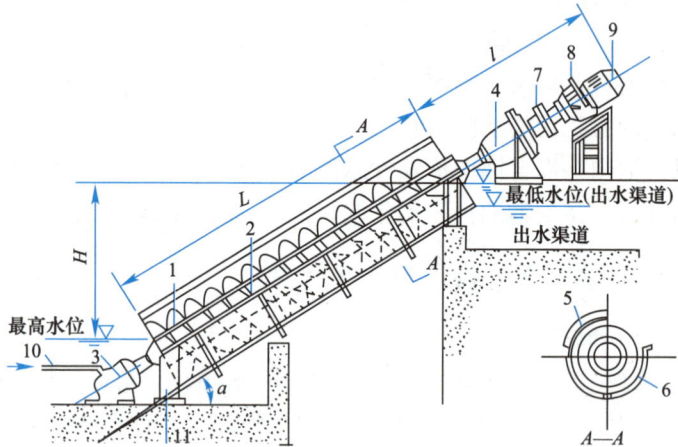

图 17-2　螺旋泵结构图

1—螺旋轴；2—轴心管；3—下轴承座；4—上轴承座；5—罩壳；6—泵壳；
7—联轴器；8—减速器；9—电机；10—润滑水管；11—支架

（4）多级柱塞泵　属活塞式泵（图 17-3），用于长距离输送污泥，可分为单缸、双缸和多缸等，视需输送的距离而定。输送流量为 $9 \sim 14 \mathrm{m^3/h}$，扬程为 $0.25 \sim 0.7 \mathrm{MPa}(2.5 \sim 7 \mathrm{kg/cm^2})$。

3. 污泥流动的水力计算

（1）压力输泥管道的沿程水头损失　可采用哈森-威廉姆斯（Hazen-Williams）紊流公式：

$$h_{\mathrm{f}} = 6.82 \left(\frac{L}{D^{1.17}} \right) \left(\frac{v}{C_{\mathrm{H}}} \right)^{1.85} \tag{17-7}$$

式中　h_{f}——输泥管沿程水头损失，m；

　　　L——输泥管长度，m；

　　　D——输泥管直径，m；

　　　v——污泥流速，m/s；

　　　C_{H}——哈森-威廉姆斯系数，适应于各种类型的污泥，其值取决于污泥浓度，根据
　　　　　　污泥浓度，查表 17-5 得到。

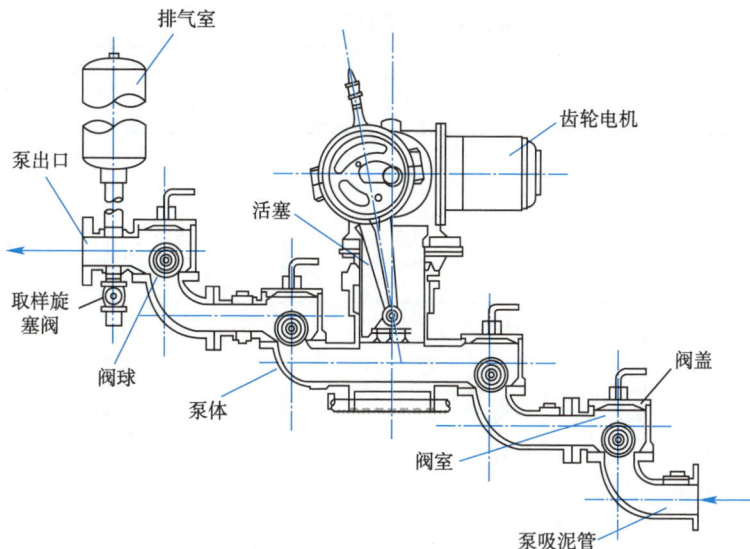

图 17-3　多级柱塞泵结构图

污泥浓度与 C_H 值表　　　　　　　　　　　　　　　　表 17-5

污泥浓度(%)	C_H 值	污泥浓度(%)	C_H 值
0	100	6.0	45
2.0	81	8.5	32
4.0	61	10.1	25

　　长距离管道输送时，对于生污泥、浓缩污泥，可能含有油以及固体浓度高，使用时间长时，管壁被油脂黏附以及管底沉积，水头损失增大。为安全考虑，用哈森—威廉姆斯紊流公式计算出的水头损失值，应该乘以水头损失系数 K。K 值与污泥类型及污泥浓度有关，可查图 17-4。根据计算所得水头损失值，选择污泥泵。根据乘以 K 值后的水头损失值选泵，则运行更为可靠。

　　(2) 压力输泥管道的局部水头损失　长距离输泥管道的水头损失，主要是沿程水头损失，局部水头损失可忽略不计。但污水处理厂内部的输泥管道，因输送距离短，局部水头损失必须计算。局部水头损失值的计算公式见式(17-8)。

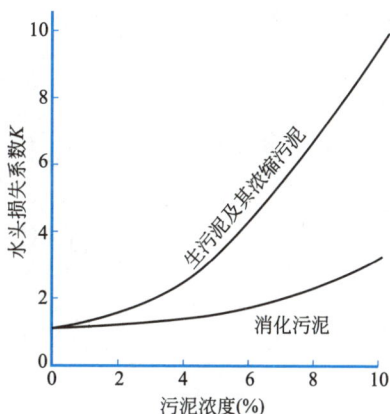

图 17-4　污泥类型及污泥
浓度与 K 值图

$$h_j = \xi \frac{v^2}{2g} \qquad (17\text{-}8)$$

式中　h_j——局部阻力水头损失，m；

　　　ξ——局部阻力系数，见表 17-6；

　　　v——污泥管内污泥流速，m/s；

　　　g——重力加速度，9.81m/s²。

配件名称		i 值	污泥含水率（%）	
			98	96
承插接头		0.4	0.27	0.43
三通		0.8	0.60	0.73
90°弯头		1.46(h/d=0.9)	0.85(h/d=0.7)	1.14(h/d=0.8)
四通		—	2.50	—
闸门开度	0.9	0.03	0.04	
	0.8	0.05	0.12	
	0.7	0.20	0.32	
	0.6	0.70	0.90	
	0.5	2.03	2.57	
	0.4	5.27	6.30	
	0.3	11.42	13.00	
	0.2	28.70	29.70	

注：h/d——管道充满度。

【例 17-1】 某城市污水处理厂，设计消化污泥量为 226.8m³/h(0.063m³/s)，含水率为 P=98%，用管道输送至 5km 处的农场，长期灌溉，求沿程水头损失。

【解】 采用哈森-威廉姆斯紊流公式的两种形式进行计算，并进行污泥修正。

方法 1：直接公式法

使用公式：

$$h_f = 6.82L \cdot D^{-1.17} \cdot \left(\frac{v}{C_H}\right)^{1.85}$$

代入参数：L=5000m，D=0.2m，v=2m/s，C_H=81。

计算：

$$D^{-1.17} = (0.2)^{-1.17} \approx \frac{1}{0.1520} \approx 6.5789$$

$$\frac{v}{C_H} = \frac{2}{81} \approx 0.024691$$

$$(0.024691)^{1.85} \approx 0.001062$$

$$h_f = 6.82 \times 5000 \times 6.5789 \times 0.001062 \approx 238\text{m}$$

对污泥进行修正（乘以系数 K=1.03）：

$$h_{f,\text{corr}} = 238 \times 1.03 \approx 245\text{m}$$

方法 2：水力坡度法

使用哈森-威廉姆斯速度公式：

$$v = 0.85C_H \cdot R^{0.63} \cdot i^{0.54}$$

其中水力半径 R（满管流）：

$$R = \frac{D}{4} = \frac{0.2}{4} = 0.05\text{m}$$

代入参数求解水力坡度 i：

$$2=0.85 \times 81 \times (0.05)^{0.63} \times i^{0.54}$$

计算：

$$(0.05)^{0.63} \approx 0.1493$$

$$0.85 \times 81 = 68.85$$

$$68.85 \times 0.1493 \approx 10.279$$

$$i^{0.54} = \frac{2}{10.279} \approx 0.1946$$

$$i = (0.1946)^{1/0.54} \approx (0.1946)^{1.85185} \approx 0.047$$

沿程水头损失：

$$h_f = i \cdot L = 0.047 \times 5000 = 235\text{m}$$

对污泥进行修正（乘以系数 $K=1.03$）：

$$h_{f,\text{corr}} = 235 \times 1.03 \approx 242\text{m}$$

两种结果相近，但考虑到设计保守性和长距离输送（$L=5\text{km}$），采用较大值作为设计值。局部水头损失因距离较长可忽略。

沿程水头损失取：

$$h_f = 245\text{m}$$

根据此水头损失和污泥量，可选择污泥泵。

17.3　污泥浓缩

初次沉淀池污泥含水率为 95%～97%，剩余活性污泥含水率达 99% 以上，因此污泥体积非常大，对污泥的后续处理造成困难。污泥浓缩（thickening）的目的在于减容，如后续处理是厌氧消化，消化池的容积、加热量、搅拌能耗都可大大降低；如后续处理为机械脱水，浓缩后调理污泥的混凝剂用量、机械脱水设备的处理量可大大减小。污泥中所含水分大致分 4 类：颗粒间的间隙水，约占总水分的 70%；毛细结合水，即颗粒间毛细管内的水，约占 20%；污泥颗粒表面吸附水和内部结合水，约占 10%，如图 17-5 所示。

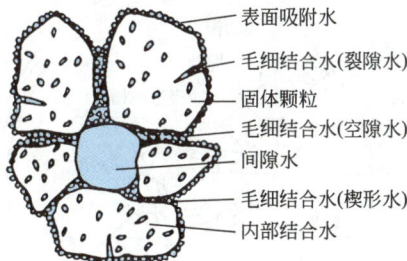

图 17-5　污泥水分示意图

降低含水率的方法有：浓缩法，用于降低污泥中的空隙水，因空隙水所占比例最大，故浓缩是减容的主要方法；自然干化法和机械脱水法，主要脱除毛细水；干燥与焚化法，主要脱除吸附水与内部水。不同脱水方法的脱水效果列于表 17-7。

不同脱水方法及脱水效果表 表 17-7

脱水方法		脱水装置	脱水后含水率(%)	脱水后状态
浓缩法		重力浓缩、气浮浓缩、离心浓缩	95~97	近似糊状
自然干化法		自然干化场、晒砂场	70~80	泥饼状
机械脱水	真空吸滤法	真空转鼓、真空转盘等	60~80	泥饼状
	压滤法	板框压滤机	45~80	泥饼状
	滚压带法	滚压带式压滤机	78~86	泥饼状
	离心法	离心机	80~85	泥饼状
干燥法		各种干燥设备	10~40	粉状、粒状
焚化法		各种焚化设备	0~10	灰状

17.3.1 污泥重力浓缩

初沉污泥的相对密度平均为 1.02~1.03，污泥颗粒本身的相对密度约为 1.3~1.5，因而易于实现重力浓缩(gravity thickening)。重力浓缩本质上是一种沉淀工艺，属于压缩沉淀。浓缩前由于污泥浓度很高，颗粒之间彼此接触支撑。浓缩开始后，在上层颗粒的重力作用下，下层颗粒间隙中的水被挤出界面，颗粒间相互拥挤得更加紧密。通过这种拥挤和压缩过程污泥浓度进一步提高，从而实现污泥浓缩。根据运行方式的不同，重力浓缩池可分为连续式重力浓缩池和间歇式重力浓缩池。

(1) 连续式重力浓缩池 基本构造如图 17-6 所示，其基本工况为：污泥由中心进泥管连续进泥，浓缩污泥通过刮泥机刮到污泥斗中，并从排泥管排出，上清液由溢流堰出水。刮泥机上装有垂直搅动栅随着刮泥机转动，周边线速度为 1~2m/min，每条栅条后面可形成微小涡流，有助于颗粒之间的絮凝，使颗粒逐渐变大，并可造成空穴，促使污泥颗粒的空隙水与气泡逸出，浓缩效果约可提高 20% 以上。搅动栅可促进浓缩作用。浓缩池的底坡采用 1/100~1/12，一般用 1/20。

(2) 间歇式重力浓缩池 设计原理同连续式。运行时，应先排除浓缩池中的上清液，腾出池容，再投入待浓缩的污泥。为此应在浓缩池深度方向的不同高度设上清液排除管。浓缩时间一般不宜小于 12h。间歇式浓缩池如图 17-7 所示。

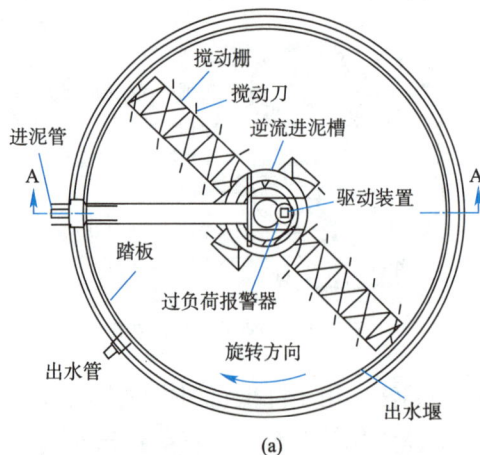

(a)

图 17-6 连续重力浓缩池基本构造图

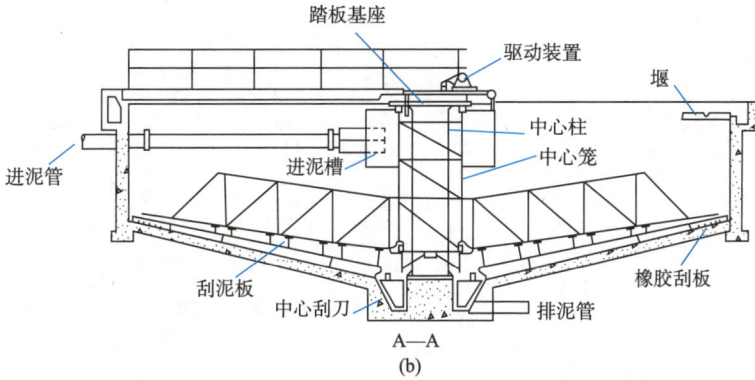

图 17-6　连续重力浓缩池基本构造图（续）

小型污水处理厂采用方形或圆形间歇浓缩池；大、中型污水处理厂采用辐流式和竖流式连续浓缩池。

连续式浓缩池的主要设计参数是固体通量。

在污泥浓缩池设计中，为求得极限固体通量，常采用带搅动栅的污泥静态沉降浓缩试验装置，如图 17-8 所示。图 17-9 是用污泥实测得到的污泥静态沉降浓缩曲线及总固体通量与固体浓度的关系曲线，由图可见，对该污泥而言，浓缩池控制断面固体浓度为 $C_L=30\text{kg/m}^3$，极限固体通量为 $G_L=210\text{kg/(m}^2 \cdot \text{d)}$。

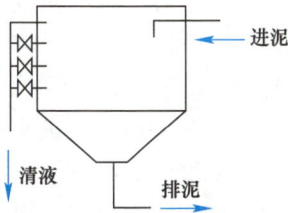

图 17-7　间歇式污泥浓缩池

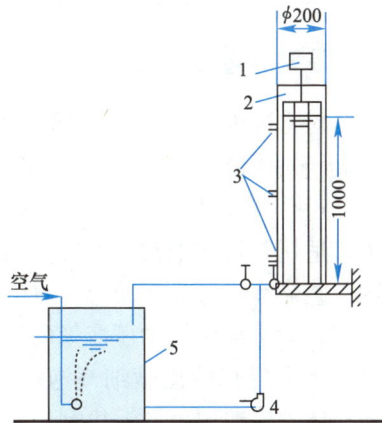

图 17-8　浓缩沉降试验装置图
1—电机；2—圆筒；3—取样口；4—水泵；5—曝气筒

G_L 值亦可参考同类性质污水处理厂的浓缩池的运行数据。表 17-8 为污水处理厂浓缩池的生产运行资料一览。

水力负荷指单位时间内，通过浓缩池表面积的上清液溢流量。按固体通量计算出浓缩池面积后，应与按水力负荷核算的面积相比较，取其大值。初沉污泥最大水力负荷可取 $1.2\sim1.6\text{m}^3/(\text{m}^2 \cdot \text{h})$，剩余活性污泥取 $0.2\sim0.4\text{m}^3/(\text{m}^2 \cdot \text{h})$。有效水深采用 4m，竖流式有效水深按沉淀部分的上升流速不大于 0.1mm/s 进行复核。池容积按浓缩 $10\sim16\text{h}$ 核算。采用定期排泥时，2 次排泥间隔可取 8h。浓缩池的上清液应送到初沉池或调节池重新处理。

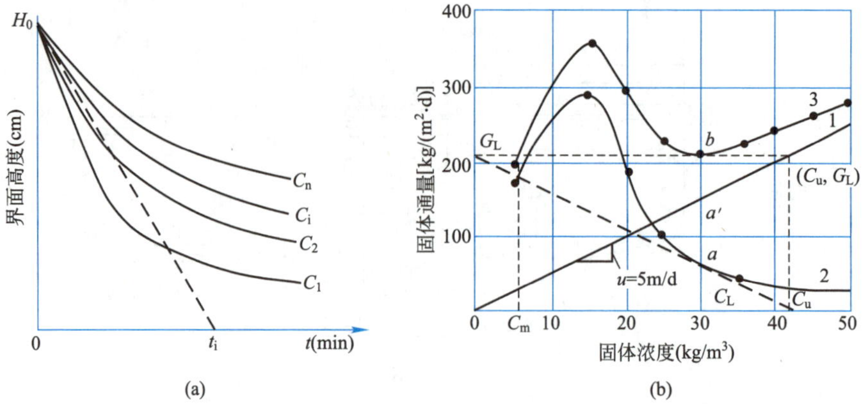

图 17-9　静态沉降浓缩试验

（a）不同浓度的界面高度与沉降浓缩曲线图；（b）固体通量与固体浓度关系

重力浓缩池生产运行数据表（入流污泥浓度 $C_0 = 2 \sim 6g/L$）　　　表 17-8

污泥种类	污泥固体通量[$kg/(m^2 \cdot h)$]	浓缩污泥浓度(g/L)
生活污水污泥	1~2	50~70
初沉污泥	4~6	80~100
活性污泥	0.5~1.0	20~30
腐殖污泥	1.6~2.0	70~90
初沉污泥与活性污泥混合	1.2~2.0	50~80
初沉污泥与腐殖污泥混合	2.0~2.4	70~90

17.3.2　污泥气浮浓缩

活性污泥的相对密度为 $1.004 \sim 1.008$，大多采用重力浓缩工艺浓缩剩余活性污泥。但由于泥龄越长，其相对密度越接近于 1，因而，对于相对密度过低的活性污泥一般不易实现重力浓缩，而较适合气浮浓缩（flotation thickening）。气浮浓缩对于浓缩密度接近于水的疏水的污泥尤其适用，目前最常用的方法是压力溶气气浮。

气浮浓缩的工艺流程可分为无回流，对全部污泥加压气浮；有回流水，用回流水加压气浮两种方式运行。对全部污泥加压溶气的气浮浓缩工艺如图 17-10 所示。进水室的作用是使减压后的溶气水大量释放出微细气泡，并迅速附着在污泥颗粒上，在气浮池上浮浓缩，在池表面形成浓缩污泥层由刮泥机刮出池外。不能上浮的颗粒沉至池底，随设在池底的清液排水管一起排出。减压阀（或释放器）的作用是使加压溶气水减压至常压，进入进水室起到气浮作用。

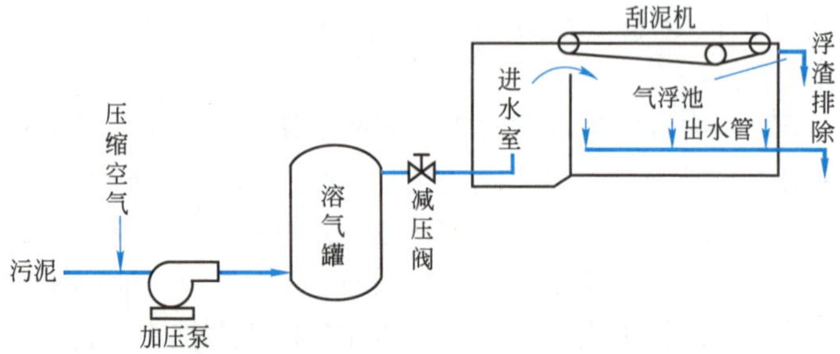

图 17-10　对全部污泥加压溶气的气浮浓缩工艺

气浮浓缩可采用混凝剂如铝盐、铁盐、活性二氧化硅、有机物高分子聚合电解质(如聚丙烯酰胺 PAM)等，在水中形成易于吸附或俘获空气泡的表面及构架，改变气泡—液体界面、固体—液体界面的性质，使其易于相互吸附，提高气浮浓缩的效果。使用何种混凝剂及剂量，最宜通过实验确定。当气浮浓缩后的污泥用以回流到曝气池时，则不宜采用混凝剂，因各种混凝剂都会影响曝气池循环污泥的活性。

气浮浓缩要求有足够的气固比，其值可由经验公式确定：

$$\frac{A_a}{S} = \frac{S_a R(fP-1)}{C_0} \tag{17-9}$$

式中　A_a——对气浮有效的空气量，mg/h；

　　　S——入流污泥中固体物总量，mg/h。一般为 $0.005 \sim 0.060$mg/h，常用 $0.03 \sim 0.04$mg/h，或通过试验确定，$S = Q_0 C_0$；

　　　S_a——在 0.1MPa(1 大气压)下，空气在水中的饱和溶解度，mg/L；

　　　P——溶气罐的压力，当应用式(17-9)时，以 $2 \sim 4$kg/cm² 代入；

　　　f——空气饱和系数，一般为 $50\% \sim 80\%$；

　　　C_0——入流污泥固体浓度，mg/L；

　　　R——回流比，等于加压溶气水流量 Q 与入流污泥量 Q_0 之比，一般用 $1.0 \sim 3.0$。

气浮浓缩池表面积：

$$A = \frac{Q_0(R+1)}{q} \tag{17-10}$$

式中　A——气浮浓缩池表面积，m²；

　　　q——气浮浓缩池的表面水力负荷，参见表 17-9，m³/(m²·h)或 m³/(m²·d)；

　　　Q_0——入流污泥量，m³/h 或 m³/d。

当采用对全部污泥加压溶气的气浮浓缩工艺时，$R = 0$。

气浮浓缩可以使污泥含水率从 99% 以上降低到 $95\% \sim 97\%$，澄清液的悬浮物浓度不超过 0.1%，可回流到污水处理厂的入流泵房或调节池等再行处理。

气浮浓缩池水力负荷、固体负荷表　　　　　　　　　　　　　　　　表 17-9

污泥种类	入流污泥固体浓度 (%)	表面水力负荷 [m³/(m²·h)]	表面固体负荷 [kg/(m²·h)]	气浮污泥固体浓度 (%)
活性污泥混合液	<0.5	1.0~3.6	1.04~3.12	3~6
剩余活性污泥	<0.5	1.0~3.6	2.08~4.17	3~6
纯氧曝气剩余活性污泥	<0.5	1.0~3.6	2.50~6.25	3~6
初沉污泥与剩余污泥的混合污泥	1~3	1.0~3.6	4.17~8.34	3~6
初次沉淀污泥	2~4	1.0~3.6	<10.8	3~6

【例 17-2】　某污水处理厂的剩余活性污泥量为 480m³/d，含水率为 99.3%，泥温 20℃。现采用回流加压溶气气浮法浓缩污泥，要求含固率达到 4%，压力溶气罐的表压 P 为 3×10^5Pa。试计算气浮浓缩池的面积 A 和回流比 R。若浓缩装置为每周运行 7d，每天运行 16h，计算气浮池面积。

【解】　设计一座矩形平流式气浮浓缩池。

(1) 气浮浓缩池面积 A

面积由每日固体质量流量和污泥负荷决定：

$$A = \frac{M_s}{L} = \frac{3360}{75} = 44.8 \text{m}^2$$

因此，气浮浓缩池面积为 $A = 44.8 \text{m}^2$。

(2) 回流比 R

使用气固比公式：

$$\frac{A}{S} = \frac{R \cdot S_a \cdot (f \cdot P_{abs} - 1)}{C_0}$$

代入已知值（$A/S = 0.02$，$S_a = 21.8 \text{mg/L}$，$C_0 = 7000 \text{g/m}^3$，$f = 0.9$，$P_{abs} = 4.0 \text{atm}$）：

$$0.02 = \frac{R \times 21.8 \times (0.9 \times 4.0 - 1)}{7000}$$

$$R = \frac{140}{56.68} \approx 2.469 \text{（即 } 246.9\%\text{）}$$

取 $R = 247\%$。

回流水量（连续 24 小时运行）：污泥流量 $Q = \dfrac{480}{24} = 20 \text{m}^3/\text{h}$

$$Q_R = R \cdot Q = 2.469 \times 20 \approx 49.4 \text{m}^3/\text{h}$$

溶气罐净体积（停留时间 3min）：

$$V_N = Q_R \cdot t = 49.4 \times \frac{3}{60} = 49.4 \times 0.05 = 2.47 \text{m}^3$$

水力负荷校核：

总流量 $Q_{total} = Q + Q_R = 20 + 49.4 = 69.4 \text{m}^3/\text{h}$

水力负荷 $\dfrac{Q_{total}}{A} = \dfrac{69.4}{44.8} \approx 1.55 \text{m}^3/(\text{m}^2 \cdot \text{h})$

每日水力负荷 $= 69.4 \times 24 = 1665.6 \text{m}^3/\text{d}$，单位面积负荷 $\dfrac{1665.6}{44.8} \approx 37.2 \text{m}^3/(\text{m}^2 \cdot \text{d})$，在合理范围内 [通常气浮池水力负荷为 $30 \sim 80 \text{m}^3/(\text{m}^2 \cdot \text{d})$]。

(3) 若浓缩池每天运行 16 小时，每周运行 7 天

污泥每日总量不变（480 m^3/d），固体质量流量不变（3360 kg/d）。

气浮池面积 A：污泥负荷基于每日固体量，运行时间变化不影响面积，故 $A = 44.8 \text{m}^2$（原解法此处错误地重新计算面积，导致结果偏大）。

污泥平均流量：$Q = \dfrac{480}{16} = 30 \text{m}^3/\text{h}$。

回流比 R：气固比不变，故 $R = 2.469$（同前）。

回流水量：$Q_R = R \cdot Q = 2.469 \times 30 \approx 74.1 \text{m}^3/\text{h}$

溶气罐净体积：$V_N = Q_R \cdot t = 74.1 \times \dfrac{3}{60} = 74.1 \times 0.05 = 3.705 \text{m}^3 \approx 3.7 \text{m}^3$

水力负荷校核(基于运行时间)：

总流量 $Q_{total} = Q + Q_R = 30 + 74.1 = 104.1\text{m}^3/\text{h}$

运行时水力负荷 $\dfrac{104.1}{44.8} \approx 2.32\text{m}^3/(\text{m}^2 \cdot \text{h})$，在合理范围内。

17.3.3　污泥机械浓缩*

(1) 离心浓缩

离心浓缩是在离心力的作用下使污泥颗粒沉降，适用于不易重力浓缩的剩余污泥进行浓缩。相比占地较大的重力浓缩，其在很小的离心机内即可以完成，且只需十几分钟。污泥含水率可由 99.2%～99.5% 浓缩至 91%～95%。离心浓缩一般不需絮凝剂调质，如果要求浓缩污泥含固率大于 6%，则可适量加入部分絮凝剂以提高含固量，但切忌加药过量，造成输送困难。

(2) 带式浓缩

带式浓缩主要由重力带构成，重力带在变速装置驱动的辊子上移动，用聚合物调理过的污泥均匀分布在移动的带子上，在疏水犁的作用下将污泥中的水释放出来。带式浓缩通常在污泥含水率大于 98% 的情况下使用，常用于剩余污泥的浓缩，其将剩余污泥的含水率从 99.2%～99.5% 浓缩至 93%～95%。

(3) 转鼓浓缩

转鼓浓缩系统包括絮凝调理和转动的圆柱形筛网或滤布。污泥与絮凝剂充分反应后，进入转鼓中，污泥被截留在转鼓的筛网或滤布上，而水分通过筛网或滤布流出，达到浓缩的目的。转鼓浓缩可用于对初沉污泥、剩余污泥以及两者的混合污泥进行浓缩。一般可将污泥含水率从 97%～99.5% 浓缩到 92%～94%。

(4) 螺压浓缩

螺压浓缩与转鼓浓缩类似，但其转鼓外壳固定不动，絮凝污泥在螺旋输送器的缓慢推动下，从转鼓的进口向出口缓慢运动的过程中不断翻转，释放出水分，实现浓缩。螺压式浓缩机的浓缩效果与转鼓式浓缩机的效果类似，一般也可将污泥含水率从 97%～99.5% 浓缩到 92%～94%。

17.4　污泥的厌氧消化

17.4.1　污泥厌氧消化的分类

1. 操作温度

根据厌氧微生物(特别是产甲烷细菌)的特性及最适温度范围，污泥厌氧消化按操作温度可分为在 30～36℃ 的中温消化(Mesophilic Digestion)和在 50～55℃ 的高温消化(Thermophilic Digestion)等，赵庆良曾采用 70～75℃ 的超高温用于污泥处理，并在德国得到应用。高温消化可以提高产气量，缩短消化时间，还可杀灭污泥中病原菌和寄生虫卵，但运行的能耗大大高于中温消化，只有当条件非常有利于高温消化或特殊要求时才会采用。

2. 负荷率

可分为低负荷率和高负荷率两种。低负荷率消化池是一个不设加热、搅拌设备的密闭池子，池液分层，如图 17-11(a)所示。它的负荷率低，一般为 0.5～1.6kgVSS/(m³·d)，消化速度慢，消化期长，停留时间 30～60d。污泥间歇进入，在池内经历产酸发酵、产甲烷、浓缩和上清液分离等所有过程，产生的沼气气泡的上升有一定的搅拌作用。池内形成浮渣区、上清液区和污泥消化区三个区，顶部汇集消化产生的沼气并导出。经消化的污泥在池底浓缩并定期排出。上清液回流到处理厂前端，与进厂污水混合并处理。

高负荷消化池的负荷率达 1.6～6.4kgVSS/(m³·d)或更高，与低负荷率池的区别在于连续进料和出料，设有加热、搅拌设备；最少停留时间 10～15d；整个池液处于混合状态，不分层；浓度比入流污泥低。高负荷率消化常采用两级消化，以节省污泥加热与搅拌所需能量。在中温厌氧消化（温度维持在 33～37℃）过程中，前 8 天产气量占总产气量的 80%～90%。设计成两级厌氧消化时，第一级消化池设有加热搅拌设备，并有集气罩收集装置；二级消化池不设加热搅拌设备，依靠余热继续消化，消化温度约 20～26℃，产气量约占 20%，可收集可不收集。由于二级消化池不搅拌，所以有泥水分离和浓缩污泥的作用。两级消化池的设计通常是先计算出总有效容积，然后按容积比为一级比二级等于 1:1、2:1 或 3:2，常用 2:1 计算各级的容积。两级厌氧消化如图 17-11(b)所示。

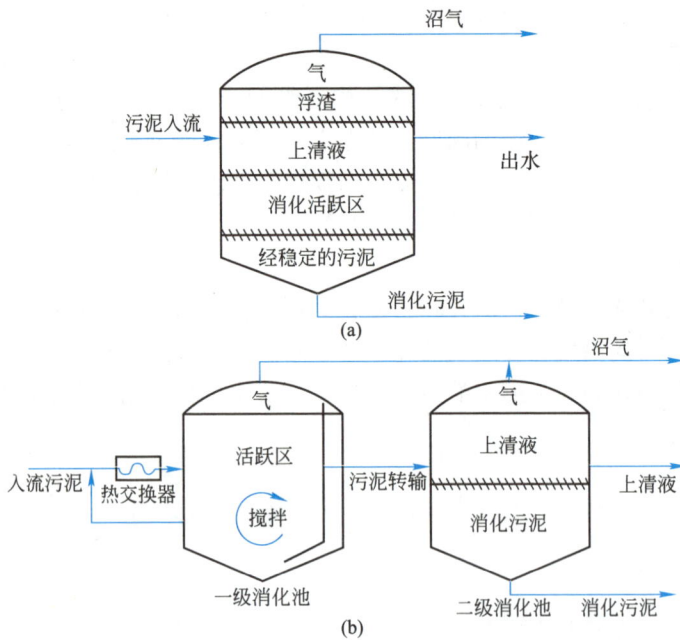

图 17-11 厌氧消化池
(a) 低负荷率厌氧消化池；(b)两级高负荷厌氧消化系统

在实际过程中常用的厌氧消化工艺有以下四种：

(1) 常规中温厌氧消化

脱水污泥不经预热直接进入间歇式的消化罐内，消化罐内通常不设置搅拌装置，利用产生的沼气上升起到一定的混合作用。由于搅拌作用不充分，罐内的污泥分为三个区域：漂浮污泥层、中部液体层和下部污泥层。稳定后的污泥由罐底部周期性地排出，上层和中层则在每次进料时一并排出，直接或经预处理后返回到污水处理设施中。由于此种消化的混合效果差，消化罐只有约 50% 的容积能得到有效利用，因此仅适用于小型的污水处理厂。

（2）单级高效中温厌氧消化

由于微生物的生长率即有机物的去除率随温度的增加而提高，因此高效消化罐设置污泥预热系统，通常的预热温度为 30~38℃；消化罐内加设机械搅拌装置以提高污泥的混合程度。

（3）两级厌氧消化

在一级厌氧消化的基础上引入第二个消化罐，对厌氧消化过的污泥进行重力浓缩。虽然第二个消化罐中污泥的有机质消化减量和产生的气体很少，但它使总的出泥体积减小很多，且有效地控制了污泥消化过程中的短流现象，进一步提高了杀菌效果，还为污泥的贮存和操作弹性的加大（必要时可将第二个消化罐按一级消化条件运行，以提供附加的消化容积）创造了条件。

（4）中温/高温两相厌氧消化

中温/高温两相厌氧消化的特点是在污泥中温厌氧消化前设置高温厌氧消化阶段。污泥进泥的预热温度为 50~60℃，前置高温段中的污泥停留时间为 1~3d，后续厌氧中温消化时间可从 20d 左右减少至 12d 左右，总的停留时间为 15d 左右。这种工艺同时增加了总有机物的去除率和产气率，并可完全杀灭污泥中的病原菌。

随着废水厌氧生物处理理论与技术的发展与成功应用，污泥处理也引入了两相厌氧消化工艺。由于厌氧消化各阶段的菌种分别处于最佳环境条件，厌氧消化效率较高，故两相厌氧消化具有池容小、加温与搅拌能耗少、运行管理方便、消化更彻底等特点。两相厌氧消化工艺的关键是实现相分离，主要方法有调节控制停留时间和投加相应的菌种抑制剂等。两相厌氧消化如图 17-12 所示。

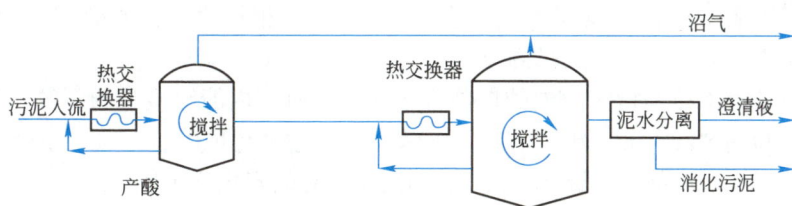

图 17-12　两相厌氧消化系统

两相厌氧消化工艺的基本原理是：厌氧过程中两大类菌群，即产酸菌群和产甲烷菌群，它们在营养要求、生理代谢、繁殖速度和最适环境条件等方面，都存在很大的差异，在单相厌氧消化工艺中，两大类菌群在一个反应器内，不利于充分发挥各自的最佳活性。两相厌氧消化工艺则将产酸和产甲烷过程分离，使两类菌群分别在各自适宜的生态环境下生长繁殖，能显著提高活性。两相厌氧消化工艺具有单相工艺所不具备的优点。一般来说，相分离的实现，对于整个处理工艺来说主要可以带来以下两个方面的好处：（1）可以提高产甲烷相反应器中污泥的产甲烷活性；（2）可以提高整个处理系统的稳定性和处理效果。且高温消化的卫生条件比中温好。在两相厌氧消化工艺中，使产酸相和产甲烷相有效分离的途径有三种投加抑制剂法在产酸相中通过某种条件对产甲烷菌进行选择性抑制。如投加抑制剂、控制微量氧、调节氧化还原电位和 pH 等。

17.4.2　污泥厌氧消化的影响因素

影响污泥厌氧消化的因素较多，包括 pH、碱度、温度、营养与 C/N 比、毒性物质等，可参见第 15 章，这里仅介绍特定的影响参数。

1. pH 与碱度

消化池的运行经验表明，最佳的 pH 为 7.0~7.3。为了保证厌氧消化的稳定运行，提高系统的缓冲能力和 pH 的稳定性，要求消化液的碱度保持在 2000mg/L 以上（以 $CaCO_3$ 计），使其有足够的缓冲能力。

2. 温度与消化时间

温度是影响厌氧消化的主要因素，30~36℃的中温消化条件下，挥发性有机物负荷为 0.6~1.5kg/(m³·d)，产气量为 1~1.3m³/(m³·d)；而 50~55℃的高温消化条件下，挥发性有机物负荷为 2.0~2.8kg/(m³·d)，产气量为 3~4m³/(m³·d)。

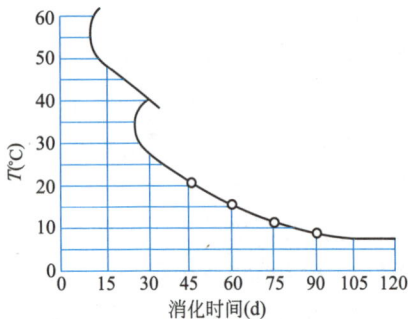

图 17-13　消化温度与消化时间的关系

消化时间是指产气量达到总量所需的时间，消化温度与时间的关系如图 17-13 所示，由图可见，温度的高低不但影响产气量，还决定消化过程的快慢。

3. 负荷率

厌氧消化池的容积决定于厌氧消化的负荷率。负荷率的表达方式有两种：污泥投配率；有机物负荷率。

消化池的投配率是消化池设计的重要参数，是每日投加新鲜污泥体积占消化池污泥总体积的百分数，其倒数为污泥停留时间。投配率过高，消化池内脂肪酸可能积累，pH 下降，污泥消化不完全，产气率降低；投配率过低，污泥消化较完全，产气率较高，但消化池容积大，基建费用增高。根据我国污水处理厂的运行经验，城市污水处理厂污泥中温消化的投配率以 5%~8%为宜。

有机物负荷率(S)是指消化池的单位容积在单位时间内能够接受的新鲜污泥中挥发性干污泥量，单位是"kg/(m³·d)"。有机物负荷率在中温消化采用 0.6~1.5kgVSS/(m³·d)，高温消化采用 2.0~2.8kgVSS/(m³·d)。则消化池有效容积(V)为：

$$V = \frac{S_v}{S} \tag{17-11}$$

式中　S_v——新鲜污泥中挥发性有机物质量，kgVSS/d。

17.4.3　厌氧消化池池形

消化池的基本池形有圆柱形和蛋形两种，如图 17-14 所示。

图 17-14(a)为圆柱形消化池，图 17-14(b)为蛋形消化池。大型消化池可采用蛋形，容积可做到 10000m³ 以上，蛋形消化池在工艺上与结构方面有以下优点：(1)搅拌充分、均匀，无死角，污泥不会在池底固结；(2)池内污泥的液面表面积小，即使生成浮渣，也容易清除；(3)在池容相等的条件下，池子总表面积比圆柱形小，故散热面小，易保温；(4)结构受力条件好，防渗水性能好，聚集沼气效果好。

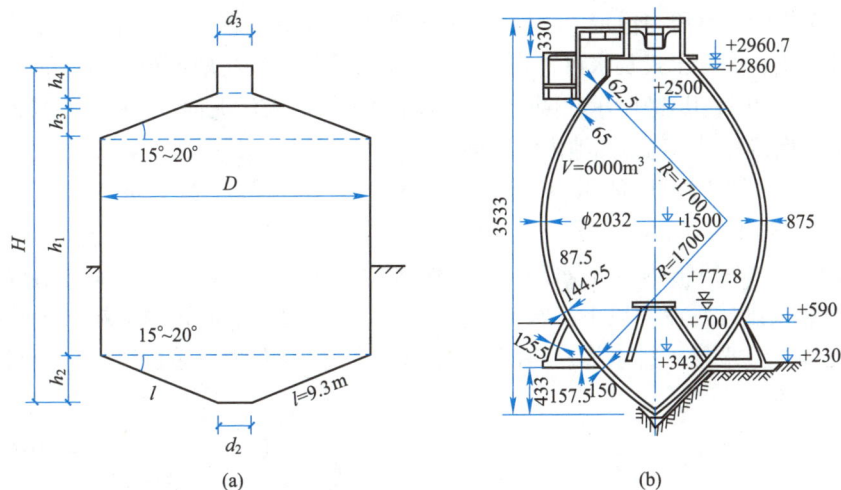

图 17-14　污泥消化池池形

（a）圆柱形；（b）蛋形

17.4.4　消化池的设计计算

消化池的设计内容包括：池体设计、加热保温系统设计及脚板设备的设计。消化池池体的设计包括池体选型、池数目确定和单池容积，确定池体各部分尺寸和布置消化池的各种结构和管道等。

目前国内计算消化池容积，一般按照污泥投配率或有机负荷率计算，考虑事故或检修，消化池座数不得少于 2 座。确定消化池单池容积后，就可以计算消化池的构造尺寸。消化池数量和单池容积视污水处理厂规模而定，圆柱形池体直径一般为 6~35m，柱体高与直径之比为 1:2，池总高与池径之比取 0.8:1，池底坡度一般为 0.08。池底、池盖倾角一般取 15°~20°，池顶集气罩直径取 2~5m，高 1~3m；池顶至少设置两个直径 0.7m 的检修口。

消化池必须附设各种管道，包括：污泥管（进泥、出泥和循环搅拌管）、上清液排放管、溢流管、沼气管和取样管等。

17.4.5　消化池构造

消化池的构造主要包括污泥的投配、排泥及溢流系统，沼气排出、收集与贮气设备，搅拌及加热设备等。

1. 污泥的投配、排泥及溢流系统

污泥投配：生污泥需先排入消化池的污泥投配池，然后用污泥泵提升到消化池。污泥投配池一般为矩形，至少设置两个，池容根据生污泥量及投配方式确定，常用 12h 贮泥容积。投配池应加盖、设排气管及溢流管。如采用消化池外加热生污泥的方式，则投配池可兼作污泥加热池。

排泥：消化池的排泥管设在池底，依靠消化池内的静水压力将熟污泥排至污泥的后续处理装置。

溢流装置：消化液的投配过量、排泥不及时或沼气产量与用气量不平衡等情况发生时，沼气室内的沼气受压缩，气压增加甚至可能压破池顶盖。因此消化池必须设置溢流装置，及时溢流，以保持沼气室压力恒定。溢流装置必须绝对避免集气罩与大气相通。溢流装置常用形式有倒虹管式、大气压式及水封式等3种。溢流装置的管径一般不小于200mm。

倒虹管式如图17-15(a)所示，倒虹管的池内端必须插入污泥面，保持淹没状态，池外端插入排水槽也保持淹没状态。当池内污泥面上升，沼气受压，污泥或上清液可从倒虹管排出。

大气压式如图17-15(b)所示，当池内沼气受压，压力超过 Δh（Δh 为"U"形管内水层厚度）时，即产生溢流。

水封式如图17-15(c)所示，水封式溢流装置由溢流管、水封管与下流管组成。溢流管从消化池盖插入设计污泥面以下，水封管上端与大气相通，下流管的上端水平轴线标高高于设计污泥面，下端接入排水槽。当沼气受压时，污泥或上清液通过溢流管经水封管、下流管排入排水槽。

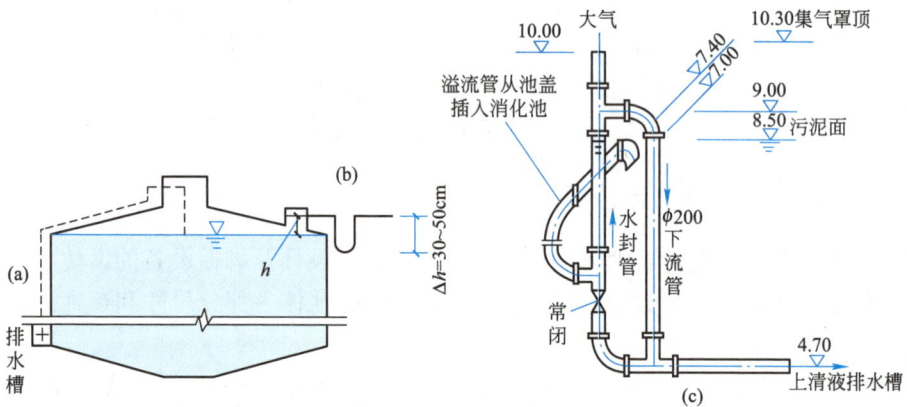

图 17-15　消化池的溢流装置

2. 沼气收集与贮存设备

由于产气量与用气量常常不平衡，所以必须设置一体式集气罩，或外置式贮气柜进行调节。对于圆柱形的消化池，沼气的收集可采用与消化池一体的集气罩来收集。通常使用的集气罩有3种：(1)浮动式；(2)固定式；(3)膜式。

浮动式集气罩安装在消化液的表面，在防止空气进入的前提下允许消化池在一定空间内改变体积[图 17-16(a)]。消化产生的气体与空气禁止混合，否则会形成易爆性物质，这样的爆炸事件曾经在污水处理厂发生过。

固定式集气罩保证了消化池顶部与液面之间有一定的空间[图 17-16(b)]，具有一定的气体贮存能力。一般来说，这种集气罩可采用气体压缩机输送到燃气器具，不使用的气体应火焰燃烧。

1998 年以来，美国提出一项新的膜式集气罩[图 17-16(c)]，这种罩的结构为一个有支撑结构的拱和可变形的空气膜和沼气膜。鼓风系统用作压缩和改变两膜间的空气体积。只有沼气膜和中央气室与消化液接触。沼气膜用柔韧的聚酯纤维制成。

蛋形消化池等可用作产气贮存的调节空间很小，为了有效地利用消化产气，需要安装外部气体贮存设备。沼气从集气管输送到贮气柜，贮气柜有低压浮盖式和高压球形罐两种。沼气管的管径按日平均产气量计算，管内流速按 7～15m/s 计。

3. 搅拌设备

厌氧消化搅拌的方法主要有：泵加水射器搅拌法、消化气搅拌法和机械混合搅拌法等，如图 17-17 所示。

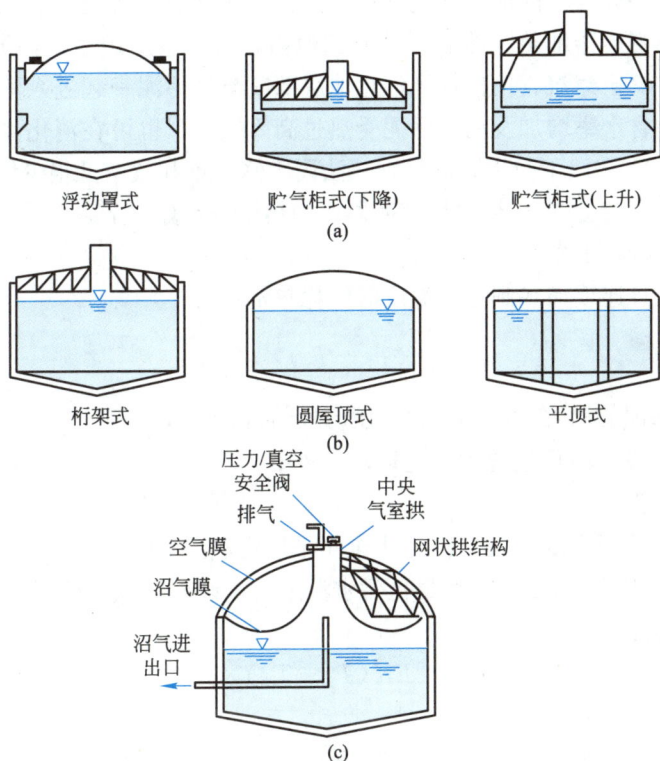

图 17-16 集气罩类型

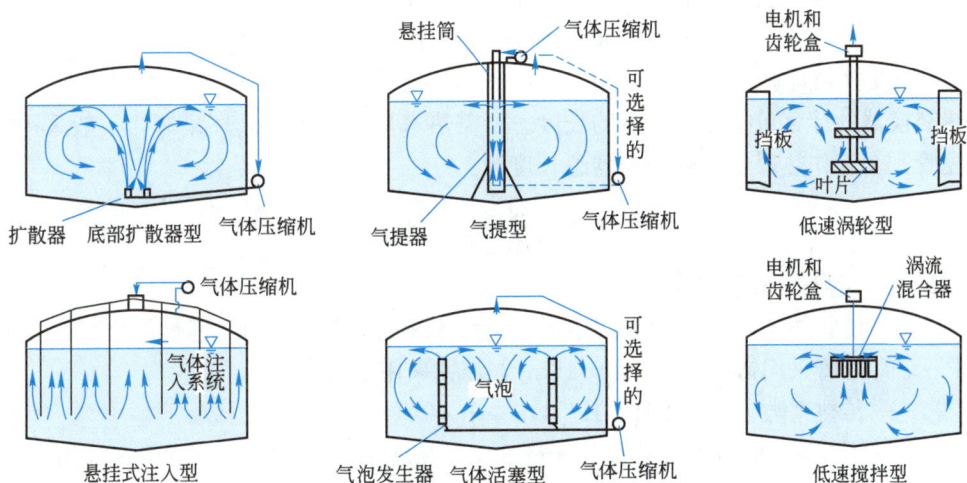

图 17-17 搅拌方式

搅拌的目的是使微生物与有机污泥充分混合以加快反应器中的物质传递；使消化池内污泥温度与浓度均匀，防止污泥分层或形成浮渣层；缓冲池内碱度，从而提高污泥分解速度等。当消化池内各处污泥浓度相差不超过 10％时，可认为混合均匀。

4. 加热设备及计算

消化池加热方法分为池内加热和池外加热两种。池外加热法是将消化池污泥抽出，通过安装在池外的热交换器加热，然后循环回到池内，可以有效地杀灭污泥中的寄生虫卵。池内加热法可以将低压蒸汽直接投加到消化池底部或与生污泥一起进入消化池，虽操作简单，但有使污泥的含水率增加及局部污泥受热过高等缺点；也可在消化池内采用盘管间接加热，盘管内通以 70℃ 以下热水，盘管加热法因维修困难和效率低很少使用。

池外间接加温用套管式泥-热水热交换器，加热设备计算如下。

（1）所需总耗热量计算

为把生污泥全日连续加热到所需温度时的耗热量 Q_1：

$$Q_1 = \frac{V}{24}(T_D - T_s) \times 4186.6 \tag{17-12}$$

式中　Q_1——生污泥的温度升高到消化温度的耗热量，kJ/h；

V——每天投入消化池的生污泥量，m^3/d；

T_D——消化温度，℃；

T_s——生污泥原温度，℃。当 T_s 为全年平均污水温度时，计算 Q_1 为全年平均耗热量；当 T_s 为全年平均最低污水温度时，计算 Q_{max} 为最大耗热量。

池体耗热量 Q_2：

$$Q_2 = \sum FK(T_D - T_A) \times 1.2 \tag{17-13}$$

式中　Q_2——池体耗热量，kJ/h；

F——池盖、池壁及池底散热面积，m^2；

T_A——池外介质（空气或土壤）温度，℃；

K——池盖、池壁及池底的传热系数，$kJ/(m^2 \cdot h \cdot ℃)$。

总耗热量　　　　　　$$Q_{max} = Q_{1max} + Q_{2max} \tag{17-14}$$

（2）热交换器计算

热交换器的计算包括热交换器的长度、所需热水量、熟污泥循环量等，一般采用内管作污泥管，套管作热媒管。热交换器总长度为：

$$L = \frac{Q_{max}}{SDK\Delta T_m} \times 1.2 \tag{17-15}$$

式中　L——套管总长度，m；

D——内管外径，m。一般采用防锈钢管（管径常用 0.1m），流速采用 1.5～2m/s；外管采用铸铁管（常用 0.15m），流速采用 1～1.5m/s；

K——传热系数，约为 2512.1$kJ/(m^2 \cdot h \cdot ℃)$；

S——污泥管外壁换热面积系数（无量纲），实际为 π·D（圆长）；公式中 S 应为 π·D；

ΔT_m——进出口平均温差的对数，℃。

$$\Delta T_m = \frac{\Delta T_1 - \Delta T_2}{\ln \frac{\Delta T_1}{\Delta T_2}} \tag{17-16}$$

式中　ΔT_1——热交换器入口处的污泥温度 T_s 和出口的热水温度 T'_w 之差，℃；

ΔT_2——热交换器出口处的污泥温度 T'_s 和入口的热水温度 T_w 之差，℃。

如果污泥循环量为 Q_s（$\mathrm{m^3/h}$），热水循环量为 Q_w（$\mathrm{m^3/h}$），则 T_s' 与 T_w' 可按下式计算：

$$T_s' = T_s + \frac{Q_{max}}{Q_s \times 4186.8} \tag{17-17}$$

$$T_w' = T_w - \frac{Q_{max}}{Q_w \times 4186.8} \tag{17-18}$$

式中 T_w 采用 60~90℃。

所需热水量 Q_w（$\mathrm{m^3/h}$）为：

$$Q_w = \frac{Q_{max}}{(T_w - T_w') \times 4186.8} \tag{17-19}$$

【例 17-3】 已知条件，一城市污水处理厂，初沉污泥量为 $310\mathrm{m^3/d}$，剩余污泥量经浓缩后为 $180\mathrm{m^3/d}$，其含水率均为 96%，采用中温两级消化处理。消化池的停留天数为 30d，其中一级消化为 20d，二级消化为 10d。消化池控制温度为 33~35℃。新鲜污泥年平均温度为 17.3℃，日平均最低温度为 12℃。池外介质为空气时，全年平均气温为 11.6℃，冬季室外计算温度，采用历年平均每年不保证 5d 的日平均温度 -9℃。池外介质为土壤时，全年平均温度为 12.6℃，冬季计算温度为 4.2℃。一级消化池进行加热、搅拌，二级消化池不加热、不搅拌。均为固定盖形式。

要求计算消化池的各部分尺寸。

【解】 （1）消化池容积计算

污泥总量：

$Q_{总} = 310 + 180 = 490\mathrm{m^3/d}$（含水率 96%，固体浓度 4%）。

投配率：

一级消化池 5%，二级消化池 10%。

一级消化池总容积：$V_1 = \dfrac{490}{0.05} = 9800\mathrm{m^3}$ 采用 4 座一级消化池，每座有效容积：$V_0 = \dfrac{9800}{4} = 2450\mathrm{m^3}$ 取 $2500\mathrm{m^3}$

二级消化池总容积：$V_2 = \dfrac{490}{0.10} = 4900\mathrm{m^3}$ 采用 2 座二级消化池，每座有效容积：$V_0' = \dfrac{4900}{2} = 2450\mathrm{m^3}$ 取 $2500\mathrm{m^3}$

（2）消化池尺寸设计

几何参数（固定盖式）：

直径 $D = 18\mathrm{m}$

集气罩直径 $d_1 = 2\mathrm{m}$

池底锥径 $d_2 = 2\mathrm{m}$

集气罩高 $h_1 = 2\mathrm{m}$

上锥体高 $h_2 = 3\mathrm{m}$

圆柱体高 $h_3 = 10\mathrm{m}$（满足 $> D/2$）

下锥体高 $h_4 = 1\mathrm{m}$

总高 $H = h_1 + h_2 + h_3 + h_4 = 16\mathrm{m}$

容积计算（验证有效容积≥2500m³）：

集气罩容积：$V_1=\dfrac{\pi d_1^2}{4}h_1=\dfrac{3.14\times2^2}{4}\times2=6.28\text{m}^3$

上锥体容积（球冠公式）：$V_2=\dfrac{\pi}{24}h_2(3D^2+4h_2^2)=\dfrac{3.14}{24}\times3\times(3\times18^2+4\times3^2)=396\text{m}^3$

圆柱体容积：$V_3=\dfrac{\pi D^2}{4}h_3=\dfrac{3.14\times18^2}{4}\times10=2543.4\text{m}^3$

下锥体容积：$V_4=\dfrac{1}{3}\pi h_4\left[\left(\dfrac{D}{2}\right)^2+\dfrac{D}{2}\cdot\dfrac{d_2}{2}+\left(\dfrac{d_2}{2}\right)^2\right]=\dfrac{1}{3}\times3.14\times1\times(9^2+9\times1+1^2)=$ 95.2m³

有效容积：$V_{有效}=V_3+V_4=2543.4+95.2=2638.6\text{m}^3$，2638.6m³＞2500m³（符合）

（3）消化池表面积计算

池盖表面积（集气罩+上锥体）：

集气罩（圆柱）：顶面+侧面 $F_1=\dfrac{\pi d_1^2}{4}+\pi d_1h_1=\dfrac{3.14\times2^2}{4}+3.14\times2\times2=15.7\text{m}^2$

上锥体（圆台侧面积）：

半径 $R=D/2=9\text{m}$，$r=d_1/2=1\text{m}$，斜高 $l=\sqrt{(R-r)^2+h_2^2}=\sqrt{8^2+3^2}=\sqrt{73}\approx$ 8.544m $F_2=\pi(R+r)l=3.14\times(9+1)\times8.544=268.2\text{m}^2$

池盖总面积：$F_{盖}=F_1+F_2=15.7+268.2=283.9\text{m}^2$

池壁表面积（分地面上下）：

地面以上部分（$h_5=6\text{m}$）：$F_3=\pi Dh_5=3.14\times18\times6=339.1\text{m}^2$

地面以下部分（$h_6=4\text{m}$）：$F_4=\pi Dh_6=3.14\times18\times4=226.1\text{m}^2$

池底表面积（下锥体侧面积）：

半径 $R=D/2=9\text{m}$，$r=d_2/2=1\text{m}$，斜高 $l=\sqrt{(R-r)^2+h_4^2}=\sqrt{8^2+1^2}=\sqrt{65}\approx$ 8.062m

$F_5=\pi(R+r)l=3.14\times(9+1)\times8.062=253.1\text{m}^2$

（4）热工计算

设计参数：

消化温度 $T_D=35℃$

新鲜污泥温度：年平均 $T_{S,avg}=17.3℃$，最低 $T_{S,min}=12℃$

大气温度：年平均 $T_{A,avg}=11.6℃$，冬季 $T_{A,min}=-9℃$

土壤温度：年平均 $T_{B,avg}=12.6℃$，冬季 $T_{B,min}=4.2℃$

传热系数：池盖 $K_1=2.93\text{kJ}/(\text{m}^2\cdot\text{h}\cdot℃)$ ［$0.7\text{kcal}/(\text{m}^2\cdot\text{h}\cdot℃)$］

池壁地上 $K_2=2.51\text{kJ}/(\text{m}^2\cdot\text{h}\cdot℃)$ ［$0.6\text{kcal}/(\text{m}^2\cdot\text{h}\cdot℃)$］

池壁地下及池底 $K_3=1.88\text{kJ}/(\text{m}^2\cdot\text{h}\cdot℃)$ ［$0.45\text{kcal}/(\text{m}^2\cdot\text{h}\cdot℃)$］

安全系数：1.2

加热污泥耗热量（每座一级消化池）：

投配污泥量 $V=2500\times5\%=125\text{m}^3/\text{d}=5.208\text{m}^3/\text{h}$

年平均：$Q_1=\dfrac{125}{24}\times(35-17.3)\times1000=92187.5\text{kcal/h}=385970.6\text{kJ/h}$

最大：$Q_{1\max}=\dfrac{125}{24}\times(35-12)\times1000=119791.7\text{kcal/h}=501543.9\text{kJ/h}$

池体耗热量（每座一级消化池）：

池盖部分（$F_{盖}=283.9\text{m}^2$）：

$Q_{2\text{avg}}=283.9\times2.93\times(35-11.6)\times1.2=23357.7\text{kJ/h}$

$Q_{2\max}=283.9\times2.93\times[35-(-9)]\times1.2=43920.5\text{kJ/h}$

池壁地上（$F_3=339.1\text{m}^2$）：

$Q_{3\text{avg}}=339.1\times2.51\times(35-11.6)\times1.2=23900.0\text{kJ/h}$

$Q_{3\max}=339.1\times2.51\times[35-(-9)]\times1.2=44940.2\text{kJ/h}$

池壁地下（$F_4=226.1\text{m}^2$）：

$Q_{4\text{avg}}=226.1\times1.88\times(35-12.6)\times1.2=11425.8\text{kJ/h}$

$Q_{4\max}=226.1\times1.88\times(35-4.2)\times1.2=15710.5\text{kJ/h}$

池底（$F_5=253.1\text{m}^2$）：

$Q_{5\text{avg}}=253.1\times1.88\times(35-12.6)\times1.2=12790.3\text{kJ/h}$

$Q_{5\max}=253.1\times1.88\times(35-4.2)\times1.2=17586.6\text{kJ/h}$

池体总耗热量：

$Q_{体,\text{avg}}=23357.7+23900.0+11425.8+12790.3=71473.8\text{kJ/h}$

$Q_{体,\max}=43920.5+44940.2+15710.5+17586.6=122157.8\text{kJ/h}$

总耗热量（每座一级消化池）：

$\sum Q_{\text{avg}}=385970.6+71473.8=457444.4\text{kJ/h}$

$\sum Q_{\max}=501543.9+122157.8=623701.7\text{kJ/h}$

（5）热交换器计算

污泥流量：

生污泥量 $Q_{\text{s1}}=5.208\text{m}^3/\text{h}$，回流污泥量 $Q_{\text{s2}}=2\times5.208=10.416\text{m}^3/\text{h}$

总污泥量 $Q_{\text{s}}=5.208+10.416=15.624\text{m}^3/\text{h}$

混合污泥温度：$T_{\text{S,in}}=\dfrac{1\times12+2\times35}{3}=27.33℃$

污泥出口温度：$T_{\text{S,out}}=T_{\text{S,in}}+\dfrac{\sum Q_{\max}}{Q_{\text{s}}\times1000}=27.33+\dfrac{149014.7}{15.624\times1000}=36.87℃$

循环热水量：

热水入口 $T_{\text{w,in}}=85℃$，出口 $T_{\text{w,out}}=75℃$，$Q_{\text{w}}=\dfrac{\sum Q_{\max}}{(T_{\text{w,in}}-T_{\text{w,out}})\times1000}=\dfrac{149014.7}{(85-75)\times1000}=$

$14.90\text{m}^3/\text{h}$

17.4.6　消化池的运行与管理*

1. 消化污泥的培养与驯化

新建的消化池需要培养消化污泥，培养方法有两种。

（1）逐步培养法　对于好氧处理系统已经运行的污水处理厂，可采用逐步培养法。将每天排放的初次沉淀池污泥和浓缩后的活性污泥投入消化池，直至设计泥面，同时加热使温度逐渐升高到消化温度,维持消化温度并停止加泥,使有机物水解、液化。培养驯化约30~40d,待污泥成熟、产生沼气后,方可投入正常运行。

(2)一次培养法　取池塘或排水沟渠底泥经 2mm×2mm 孔网过滤后投入消化池,投加量占消化池容积的 1/5~1/10,然后加入初次沉淀池污泥和浓缩后的活性污泥至设计泥面,同时加热使温度逐渐升高到消化温度,控制池内 pH 为 6.5~7.5,稳定 3~5d。待污泥成熟并产生沼气后,再投加新鲜污泥。如当地已有消化池,则接种消化污泥更为简便。

2. 正常运行的化验指标

正常运行的化验指标有:产气量,沼气成分(CH_4 占 60%~75%),投配污泥含水率90%~96%,有机物含量 60%~70%,脂肪酸以醋酸计为 2000mg/L 左右,pH 为 6.3~8,总碱度以重碳酸钙计大于 2000mg/L,氨氮 500~1000mg/L。

3. 消化池发生异常现象的管理

消化池污泥消化过程发生问题后,若不及时控制,将会带来严重后果,恢复期将长达1~3 个月。消化过程发生问题的异常表现主要有产气量下降、上清液水质恶化等。

(1)产气量下降　产气量下降的原因与解决办法主要有:

1)投加污泥浓度过低,产甲烷细菌底物不足,应设法提高投配污泥浓度;

2)消化污泥排量过大,使消化池内产甲烷细菌减少,破坏了产甲烷细菌与营养的平衡。应减少排泥量;

3)消化池温度降低,可能是由于投配污泥过多或加热设备发生故障。解决办法是减少投配量与排泥量,检查加热设备,保持消化温度;

4)消化池容积减少。由于池内浮渣与沉砂量增多,使消化池容积减小,应检查池内搅拌效果及沉砂池的沉砂效果,并及时排除浮渣与沉砂;

5)有机酸积累,碱度不足。解决办法是减少投配量,观察池内 pH 和碱度变化,如不能改善,则应投加碱度,如石灰、$CaCO_3$ 等。

(2)上清液水质恶化　上清液水质恶化表现在 BOD_5 和 SS 浓度增加,原因可能是排泥量不够,固体负荷过大,消化程度不够,搅拌过度等。解决办法是分析上列可能原因,分别加以解决。

(3)沼气的气泡异常　沼气的气泡异常有三种表现形式:

1)连续喷出像啤酒开盖后出现的气泡,这是消化状态严重恶化的征兆。原因可能是排泥量过大,池内污泥量不足,或有机污泥负荷过高,或搅拌不充分。解决办法是减少或停止排泥,加强搅拌,减少污泥投配;

2)大量气泡剧烈喷出,但产气量正常。池内由于浮渣层过厚,沼气在层下集聚,一旦沼气穿过浮渣层,就有大量沼气喷出,对策是充分搅拌破碎浮渣层;

3)不产气泡,可暂时减少或终止投配污泥,并按第(1)条中寻找原因和解决办法。

17.4.7　厌氧消化存在的问题*

虽然厌氧消化工艺是一种高效的污泥稳定化处理方法,但是在污泥处理过程中,该工艺也不断面临着各种新问题亟待解决。污泥厌氧消化处理研究所面临的挑战主要有两个方面:即污泥中有机物质含量偏低、消化污泥脱水性能变化情况,它们都会影响该工艺的处理效能,是该工艺在实际应用中的瓶颈。

17.5　污泥的其他稳定措施

17.5.1　污泥的好氧消化

好氧消化一般可定义为：微生物通过其细胞原生质的内源或自身氧化取得能量的一种方法。污泥的好氧消化类似活性污泥法，在曝气池中进行，曝气时间长达 10～20d 左右，使污泥中微生物处于内源呼吸期，依靠有机物的好氧代谢和微生物的内源代谢稳定污泥中有机成分，并达到污泥减量的目的。好氧消化过程中微生物机体可生物降解部分（即 MLVSS）约 80% 可被氧化去除，消化程度高，剩余消化污泥量减少。

污泥好氧消化处于内源呼吸期的细胞质反应方程式为：

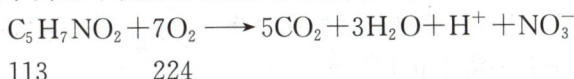

$$C_5H_7NO_2 + 7O_2 \longrightarrow 5CO_2 + 3H_2O + H^+ + NO_3^-$$
$$113 \qquad\quad 224$$

可见氧化 1kg 细胞质约需氧 2kg。在好氧消化中，氨氮被氧化为 NO_3^-，pH 将降低，故需要有足够的碱度来调节，以便使好氧消化池内的 pH 维持在 7 左右。池内溶解氧不得低于 2mg/L，并应使污泥保持悬浮状态。

鉴于污泥好氧消化耗能高、运行管理要求高，并且消化池需密闭、池容大、池数多，因此，当污泥量不大时可采用好氧消化。

近年来，高温需氧消化又开始被用作污泥中温厌氧消化的预处理。随着污泥好氧消化研究不断深入，在传统污泥需氧消化工艺基础上出现了一些新的工艺方法，使这一实用技术得到进一步充实和完善。常用的污泥好氧消化工艺有以下三种：

(1) 延时曝气

非洲和中东国家多采用延时曝气消化污泥，即活性污泥在曝气池中同时稳定。曝气池中污泥负荷一般在 0.05kg/(kg·d) 左右，其污泥泥龄需保持在 25d 以上，污水在曝气池中的停留时间为 24～30h。此工艺由于大大增加了曝气池容积，污水处理厂的能耗急剧增加，一般认为仅限于小型污水处理厂使用，有些国家在较大的污水处理厂中也有采用此工艺的，但从整体上看，难以真正保证污泥的稳定效果。

(2) 污泥单独好氧消化

污泥单独好氧消化工艺可视为活性污泥法过程的继续。污泥在稳定池中的停留时间取决于污水处理工艺中所采用的泥龄，一般来讲，污泥在稳定池中的泥龄和污水处理时活性污泥在曝气池中停留的泥龄之和不低于 25d。污泥单独好氧稳定一般也只限于小型污水处理厂，对大型污水处理厂目前已较少使用。

(3) 高温好氧稳定

利用污泥中有机物被微生物降解过程中，所释放的热量使反应器（消化器）温度维持在 50～60℃，污泥在反应器中的停留时间一般在 8d 左右。反应器需采取隔热措施，为使反应器温度即使在冬天也能维持在高温范围内，进入反应器的污泥含固率有一定的要求，根据不同的进泥温度、池子形状、环境温度等，进泥含固率一般维持在 2.5%～6.75%。污泥高温好氧稳定方法基本上能完全杀灭病原菌，污泥中有机物降解效率也较高，因而可以达到较高的污泥稳定程度。

17.5.2　污泥堆肥

污泥堆肥是利用嗜热性微生物分解污泥中的有机物，可以达到脱水、破坏污泥中恶臭成分、杀死病原体的作用，是污泥农业利用的有效途径。堆肥方法有污泥单独堆肥、污泥与城市垃圾或者粉煤灰混合堆肥两种。根据处理过程中微生物对氧气要求的不同，污泥堆肥可以分为厌氧堆肥和好氧堆肥。

我国农村利用杂草、秸秆等和禽畜粪便混合，制成有机肥料的做法已有很长历史，但这种堆肥过程主要靠自然通风或表面扩散向堆料供氧，由于供氧不充分，这种堆肥实际上是厌氧发酵过程，其堆肥时间长，卫生条件差，不能作为污泥大规模处理处置生产高质量堆肥产品的手段。而现代的科学堆肥多指好氧快速堆肥过程，污泥堆肥过程的主要技术措施比较复杂，主要包括：(1)调整堆料的含水率和适当的 C/N 比；(2)选择膨胀剂，用稻草、木屑或城市垃圾等，增加污泥堆肥堆的孔隙率，改变污泥的物理性状；(3)建立合适的通风系统；(4)控制适宜的温度和 pH 等。

1. 基本原理

污泥好氧堆肥可分为两个阶段，即一级堆肥阶段和二级堆肥阶段。

一级堆肥可分为三个过程：发热、高温消毒及腐熟。(1)堆肥初期为发热过程：在强制通风条件下，肥堆中有机物开始分解，嗜温细菌迅速生长，肥堆温度上升到约 45～55℃；(2)高温消毒过程：有机物分解所释放的能量，一部分合成新细胞，一部分使肥堆的温度继续上升可达 55～70℃，此时嗜温细菌受到抑制，嗜热细菌大量繁殖，同时将病原菌、寄生虫卵与病毒杀灭。当大部分有机物已经被氧化分解后，需氧量逐渐减少，温度开始回落；(3)腐熟过程：温度降至 40℃左右，中温菌又变成优势菌，进一步将残余物质分解，使腐殖质逐渐增加，堆肥进入腐熟阶段，堆肥基本完成。一级堆肥阶段约 7～9d，在堆肥仓内完成。

二级堆肥阶段：一级堆肥完成后，停止强制通风，采用自然堆放方式，使进一步熟化、干燥、成粒。堆肥成熟的标志是物料呈黑褐色，无臭味，手感松散，颗粒均匀，蚊蝇不繁殖，病原菌、寄生虫卵、病毒以及植物种子均被杀灭，氮磷钾等肥效增加且易被作物吸收，符合卫生部颁布的《粪便无害化卫生要求》GB 7959—2012，见表 17-10。

粪便无害化卫生要求 GB 7959—2012　　　　　　　　　　　　　　表 17-10

项目	卫生评价标准
堆肥温度	最高达 50～55℃以上，持续 5～7d
粪大肠菌群菌值(g 堆肥/个粪大肠菌)	大于 10(44.5℃，24 小时培养)
蛔虫卵死亡率(%)	观察的蛔虫卵总数 150 个以上中，死卵所占比例数
苍蝇	肥堆周围没有活的蛆或新羽化的成蝇

注：蛔虫卵无具体指标。

2. 堆肥工艺流程

(1) 污泥单独堆肥　污泥单独堆肥工艺流程如图 17-18 所示。对于干化或脱水后的污泥(见 17.7 节)，含水率约 70%～80%，加入膨胀剂，调节含水率至 40%～60%，C/N 为 (20～35)∶1，C/P 为(75～150)∶1，颗粒粒度约 2～60mm。

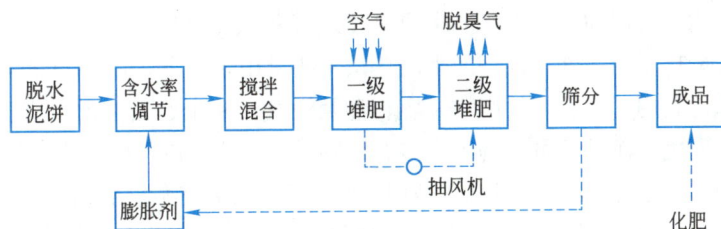

图 17-18　污泥单独堆肥工艺流程

堆肥过程中产生的渗滤液 $BOD_5 > 10000mg/L$，$COD > 20000mg/L$，总氮 $> 2000mg/L$，液量约占肥堆质量的 2%～4%，需就地处理或送至污水处理厂处理。

（2）污泥与城市生活垃圾混合堆肥工艺流程　我国城市生活垃圾中有机成分约占 40%～60%，因此污泥可与城市生活垃圾混合堆肥，实现污泥和城市垃圾资源化。城市垃圾先经分拣去除塑料、金属、玻璃与纤维等不可堆肥成分，经粉碎后与脱水污泥混合进行堆肥，城市垃圾起到膨胀剂的作用，污泥与城市生活垃圾混合堆肥工艺流程如图 17-19 所示。

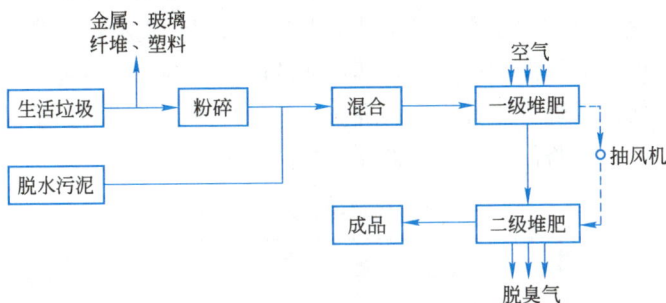

图 17-19　污泥与城市生活垃圾混合堆肥工艺流程

17.5.3　污泥的物化稳定

污泥的物化稳定方法主要有氯气氧化法、石灰稳定法和热处理法。氯气氧化法在密闭容器中完成，向污泥投加大剂量的氯气，接触时间不长，其实质是消毒，杀灭微生物以稳定污泥。石灰稳定法中，向污泥投加足量石灰，使污泥 pH 高于 12，抑制微生物的生长。热处理法既可杀死微生物借以稳定污泥，还能破坏污泥颗粒间的胶状物质，改善污泥的脱水性能。

17.5.4　污泥的热解资源化

热解法是利用污泥中有机物的热不稳定性，在无氧或缺氧条件下对其加热干馏，使有机物产生热裂解，经冷凝后产生利用价值较高的燃气、燃油及固体半焦，这些产品都具有易贮存、易运输及使用方便等特点，给污泥的无害化、减量化、资源化提供了有效途径。

热解法与焚烧法是两个完全不同的过程。首先，焚烧一般是指在有氧条件下，物料在温度升高的情况下，达到着火点从而发生燃烧反应；热解是物料在缺氧或者是无氧状态下进行的反应。其次，两种方法的产物不同，焚烧的产物主要是二氧化碳和水，而热解的产物主要是可燃的低分子化合物：气态的有氢气、甲烷、一氧化碳；液态的有甲醇、丙酮、醋酸、乙醛等有机物及焦油、溶剂油等；固态的主要是焦炭及炭黑。最后，焚烧是一个放热过程，而热解需要吸收大量热量。另外，焚烧产生的热量大的可用于发电，量小的只可供加热水或产生蒸汽，适于就近利用，而热解的产物是燃料油及燃气，便于贮藏和远距离输送。热解则可以避免污染大气环境，而且还可能获得许多有用物质，如焦油以及碳氢化合物等。

根据热解过程操作温度的高低可分为低温热解和高温热解。高温热解的热源是外加的，能量支出较高。而低温热解的热量可以由污泥本身热解产生的热量提供。目前国际上已基本放弃了高温（大于700℃）热解工艺在污泥处理中的应用。低温热解工艺维持过程所需温度的能量较低，从能量平衡的角度看较适合污泥处理的应用。目前已开发的污泥热解设备主要有带夹套的外热卧式反应器和流化床热解工艺。

17.6　污泥的调理

一般认为，污泥的比阻值为 $(0.1 \sim 0.4) \times 10^9 S^2/g$ 时，直接进行机械脱水较为经济与适宜。但污水处理厂初沉污泥、活性污泥、腐殖污泥及消化污泥均由亲水性带负电的胶体颗粒组成，挥发性固体物质含量高、比阻大（见表17-11），脱水较困难，故机械脱水前必须进行污泥调理。所谓的污泥调理就是破坏污泥的胶态结构，减少泥水间的亲和力，改善污泥的脱水性能。污泥调理方法有化学调理法、热处理法、冷冻溶解法及淘洗法，其中化学调理法因功效可靠、设备简单、操作方便而被广泛采用。

各种污泥的大致比阻　　　　　表 17-11

污泥种类	比阻值	
	S^2/g	m/kg^*
初沉污泥	$(4.7 \sim 6.2) \times 10^9$	$(46.1 \sim 60.8) \times 10^{12}$
消化污泥	$(12.6 \sim 14.2) \times 10^9$	$(123.6 \sim 139.3) \times 10^{12}$
活性污泥	$(16.8 \sim 28.8) \times 10^9$	$(164.8 \sim 282.5) \times 10^{12}$
腐殖污泥	$(6.1 \sim 8.3) \times 10^9$	$(59.8 \sim 81.4) \times 10^{12}$

* $1m/kg = 9.8 \times 10^3 S^2/g$。

17.6.1　化学调理法

化学调理法就是在污泥中加入混凝剂、助凝剂等化学药剂，使污泥颗粒絮凝，比阻降低，改善脱水性能。污泥化学调理常用的混凝剂有无机混凝剂和有机高分子混凝剂。助凝剂一般不起混凝作用，其作用是调节污泥的 pH、供给污泥以多孔状格网骨架、改变污泥颗粒结构、提高混凝剂的混凝效果，增强絮凝体强度。

无机混凝剂是一种电解质化合物，主要有铝盐、铁盐，或铝盐、铁盐的高分子聚合物。有机高分子混凝剂是有机高分子聚合电解质，按照聚合度分为低聚合度和高聚合度两种，按照离子型分为阳离子型、阴离子型、非离子型和阴阳离子型等，我国用于污泥调理的有机高分子混凝剂主要是高聚合度的聚丙烯酰胺系列絮凝剂产品。

助凝剂主要有硅藻土、酸性白土、锯屑、污泥焚化灰、电厂粉煤灰、石灰等。

污泥的化学调理剂量与污泥品种和性质、消化程度、固体浓度等有关，需要现场实验或在实验室试验，或参考同类污水处理厂的药剂投加量。

17.6.2 热处理法*

污泥经热处理既可起到调理的作用，又可起到稳定的作用，可使有机物分解，破坏胶体颗粒稳定性，污泥内部水与吸附水被释放，比阻可降至 $1 \times 10^8 S^2/g$，脱水性能大大改善，寄生虫卵、致病菌与病毒等可被杀灭。热处理后污泥进行机械脱水，泥饼含水率仅为 $30\% \sim 45\%$。但由于耗能较大，所以现在很少应用。

17.6.3 冷冻溶解法*

冷冻溶解法是将含有大量水分的污泥冷冻，使温度下降到凝固点以下，污泥开始冻结，然后加热溶解。污泥经过冷冻—溶解过程，由于温度发生大幅度变化，使胶体颗粒脱稳凝聚，颗粒由细变大，失去毛细状态，同时细胞破裂，细胞内部水分变成自由水分，从而提高了污泥的沉降性能和脱水性能。

17.6.4 淘洗法*

淘洗法适用于消化污泥的预处理。因消化污泥的碱度超过 2000mg/L，在进行化学调理时所加的混凝剂需先中和掉碱度，才能起到混凝作用，因此混凝剂量大大增加。淘洗法是以污水处理厂的出水或自来水、河水把消化污泥中的碱度洗掉以节省混凝剂用量，但需增加淘洗池和搅拌设备。

17.6.5 辐射调理*

采用放射性物质的辐射，来改善污泥的脱水性质，实验室证明是有效的，但用于实际尚需进一步降低成本。

17.7 污泥的干化与脱水

污泥经浓缩、消化后，尚有 $95\% \sim 97\%$ 含水率，体积仍很大。为了综合利用和最终处置，需对污泥作干化(drying)或脱水(dewatering)处理。污泥脱水的作用是去除污泥中的毛细水和表面吸附水，减小其体积。经过脱水处理，污泥含水率能降低到 $60\% \sim 80\%$，其体积为原体积的 1/5～1/10，有利于后续运输和处理。在发达国家，经过脱水处理的污泥量占全部污泥量的比例普遍较高，欧洲的大部分国家达 70% 以上，日本则高达 80% 以上。常用的脱水方法有自然干化脱水、机械脱水及热干化脱水三种。自然干化是指将污泥摊置到由级配砂石铺垫的干化场上，通过蒸发、渗透和上清液溢流等方式，实现脱水。这种污泥脱水方式，适于村镇小型废水处理厂的污泥处理，也适合于气候比较干燥、占地不紧张以及环境卫生条件允许的地区，但维护管理工作量很大，且产生大范围的恶臭。机械脱水的种类很多，可分为带式压滤脱水、离心脱水、板框脱水、螺旋压榨式脱水和滚压式污泥脱水等。经传统的浓缩和脱水工艺处理后，污泥的含水率不可能达到 60% 以下，要达到对污泥的深度脱水，比较经济的方法是采用热干化技术。按照热介质是否与污泥相接触，污泥热干化技术可以分为两类：直接热干化技术和间接热干化技术。

17.7.1　脱水的基本原理与比阻

1. 脱水的基本原理

除蒸发等脱水外，无论是自然干化还是机械脱水，污泥脱水主要是利用过滤介质两面的压力差作为推动力，使污泥水分被强制通过过滤介质，形成滤液；而固体颗粒被截留在

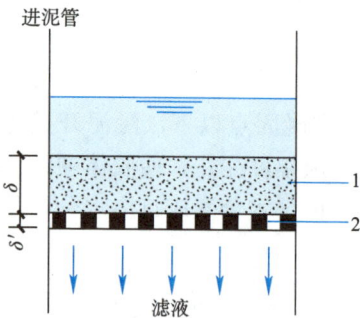

图 17-20　过滤基本过程
1—滤饼；2—过滤介质

介质上，形成滤饼，从而达到脱水的目的。造成压力差推动力的方法有四种：(1)依靠污泥本身厚度的静压力(如干化场脱水)；(2)在过滤介质的一面造成负压(如真空脱水)；(3)加压污泥把水分压过介质(如压滤脱水)；(4)造成离心力(如离心脱水)。过滤基本过程如图 17-20 所示。

过滤开始时，滤液仅需克服过滤介质的阻力。当滤饼逐渐形成后，还必须克服滤饼本身的阻力。通过分析可得出著名的卡门(Carman)过滤基本方程式：

$$\frac{t}{V}=\frac{\mu\omega r}{2PA^2}V+\frac{\mu R_\mathrm{f}}{PA}\tag{17-20}$$

式中　V——滤液体积，m^3；

　　　t——过滤时间，s；

　　　P——过滤压力，$\mathrm{kg/m}^2$；

　　　A——过滤面积，m^2；

　　　μ——滤液的动力黏滞度，$\mathrm{kg\cdot s/m}^2$；

　　　ω——滤过单位体积的滤液在过滤介质上截留的干固体质量，$\mathrm{kg/m}^3$；

　　　r——比阻，$\mathrm{m/kg}$，单位过滤面积上，单位干重滤饼所具有的阻力称比阻；

　　　R_f——过滤介质的阻抗，$1/\mathrm{m}^2$。

2. 比阻及固体回收率

根据卡门(Carman)公式可知，在压力一定的条件下过滤时，t/V 与 V 成直线关系，直线的斜率与截距是：

$$b=\frac{\mu\omega r}{2PA^2}\qquad a=\frac{\mu R_\mathrm{f}}{PA}\tag{17-21}$$

可见比阻值为：

$$r=\frac{2PA^2 b}{\mu\omega}\tag{17-22}$$

比阻与过滤压力、斜率 b 及过滤面积的平方成正比，与滤液的动力黏滞度 μ 及 ω 成反比。为求得污泥比阻值，需首先计算出 b 及 ω 值。

b 值可通过如图 17-21(b)装置测得。测定时先在布氏漏斗中放置滤纸，用蒸馏水喷湿，再开动水射器，将量筒中抽成负压，使滤纸紧贴漏斗，然后关闭水射器，把 100mL 经化学调理的泥样倒入漏斗，再次开动水射器，进行污泥脱水试验，记录过滤时间与滤液量。当滤纸上面的泥饼出现龟裂或滤液达到 80mL 时所需的时间，作为衡量污泥脱水性能的参数。在直角坐标纸上，以 V 为横坐标，t/V 为纵坐标作直线，斜率即 b 值，截距即 a 值。

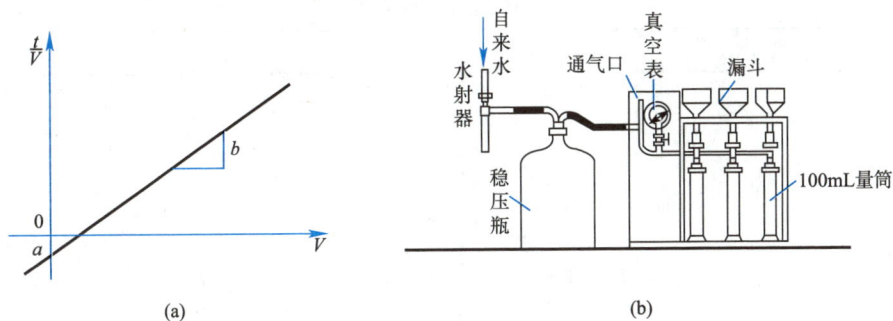

图 17-21　t/V-V 直线图及比阻测定装置

(a) t/V-V 直线图；(b) 比阻测定装置

由 ω 的定义可写出下式：

$$\omega=\frac{(Q_0-Q_f)C_k}{Q_f} \tag{17-23}$$

式中　Q_0——原污泥量，mL；

Q_f——滤液量，mL；

C_k——滤饼中固体物质浓度，g/mL。

根据液体平衡关系可写出：

$$Q_0=Q_f+Q_k \tag{17-24}$$

根据固体物质平衡关系可写出：

$$Q_0C_0=Q_fC_f+Q_kC_k \tag{17-25}$$

式中　C_0——原污泥中固体物质浓度，g/mL；

C_f——滤液中固体物质浓度，g/mL；

Q_k——滤饼量，mL。

由式(17-24)、式(17-25)可得：

$$Q_k=\frac{Q_0(C_0-C_f)}{C_k-C_f}, \quad Q_f=\frac{Q_0(C_0-C_k)}{C_f-C_k} \tag{17-26}$$

或将式(17-26)代入式(17-23)，并设 $C_f=0$ 可得：

$$\omega=\frac{C_kC_0}{C_k-C_0} \tag{17-27}$$

将所得之 b、ω 值代入式(17-22)可求出比阻值 r。在工程单位中，比阻的量纲为(m/kg)或(cm/g)，在 CGS 制中比阻的量纲为(S^2/g)，量纲的换算见表 17-11。

【例 17-4】　活性污泥干固体浓度 C_0 为 2%(含水率 p 为 98%)，比阻试验后，滤饼干固体浓度 C_k 为 17.1%，(含水率 p_g 为 82.9%)。过滤压力为 259.5mmHg($352g/cm^2$)。过滤面积 A 为 $67.8cm^2$，液体温度 20℃，μ 为 0.001Pa·s(N·s/m^2，即 0.01 泊)。试验结果记录于表 17-12。

【解】

用式(17-27)计算 ω 值

比阻试验结果记录表　　　　　　　　　　　表 17-12

$T(s)$	$V(cm^3)$	$t/V(s/cm^3)$	$T(s)$	$V(cm^3)$	$t/V(s/cm^3)$
0	0	0	135	65	2.080
15	24	625	150	68	2.210
30	33	0.910	165	70	2.360
45	40	1.120	180	72	2.500
60	46	1.310	195	73	2.680
75	50	1.500	210	75	2.800
90	55	1.640	225	77	2.920
105	59	1.780	240	78	2.070
120	62	2.000	285	81	2.520

$$\omega = \frac{C_k C_0}{100(C_k - C_0)} = \frac{17.1 \times 2}{100(17.1 - 2)} = 0.0226 \text{g/cm}^3$$

进而得 $b = 0.033$，$a = -0.18$。

由式(17-22)得比阻：

$$r = \frac{2PA^2}{\mu} \cdot \frac{b}{\omega} = \frac{2 \times 352 \times 67.8^2 \times 0.033}{0.01 \times 0.0226} = 4.73 \times 10^8 \text{S}^2/\text{g}$$

比阻单位用"m/kg"时：

$$p = 352 \times 9.81 \times 10 = 3.45 \times 10^4 \text{N/m}^2$$

$$\mu = 0.01 \times 1.00 \times 10^{-1} = 0.001 \text{Pa} \cdot \text{s}$$

$$\omega = 0.0226 \times 1.0 \times 10^3 = 22.6 \text{kg/m}^3$$

$$A = 67.8 \times 10^{-4} = 0.00678 \text{m}^2$$

$$b = 0.033 \times 100^6 = 33 \times 100^6 = 33 \times 10^9 \text{s/m}^6$$

所以，$r = \dfrac{2 \times 3.45 \times 10^4 \times (0.00678)^2 \times 33 \times 10^9}{0.001 \times 22.6} = 46.4 \times 10^{11} \text{m/kg}$

3. 固体回收率

机械脱水的效果既要求过滤产率高，也要求固体回收率高。固体回收率(R,％)等于滤饼中的固体质量与原污泥中固体质量之比值。

$$R = \frac{Q_k C_k}{Q_0 C_0} \times 100 \tag{17-28}$$

将式(17-26)代入上式得：

$$R = \frac{C_k(C_0 - C_f)}{C_0(C_k - C_f)} \times 100 \tag{17-29}$$

4. 污泥脱水过滤产率的计算

过滤产率的定义：单位时间在单位过滤面积上产生的滤饼干质量，单位为 kg/(m² · s)或 kg/(m² · h)。过滤产率决定于污泥性质、过滤动力、预处理方法、过滤阻力及过滤面积。可用卡门公式计算过滤产率。

由式(17-20)，若忽略过滤介质的阻抗，即 $R_f = 0$，可写成：

$$\frac{t}{V} = \frac{\mu \omega r}{2PA^2}V, \quad 即 \left(\frac{V}{A}\right)^2 = \left(\frac{滤液体积}{过滤面积}\right)^2 = \frac{2Pt}{\mu \omega r} \tag{17-30}$$

设滤饼干重为 $W(kg)$，则 $W=\omega V$。将 $V=W/\omega$ 代入上式得：

$$\frac{W}{A}=\frac{\text{滤饼干重}}{\text{过滤面积}}=\left(\frac{2Pt\omega}{\mu r}\right)^{1/2} \tag{17-31}$$

由于式中 t 为过滤时间，设过滤周期为 t_c（包括准备时间，过滤时间 t 及卸滤饼时间），过滤时间与过滤周期之比 $m=t/t_c$，根据过滤产率的定义代入式(17-31)，可得过滤产率计算式：

$$L=\frac{W}{At_c}=\left(\frac{2Pt\omega}{\mu rt_c^2}\right)^{1/2}=\left(\frac{2P\omega m}{\mu rt_c}\right)^{1/2} \tag{17-32}$$

式中　L——过滤产率，$kg/(m^2 \cdot s)$；

　　　t_c——过滤周期，s。

17.7.2　污泥的自然干化

污泥的自然干化是一种简便经济的脱水方法，曾经广泛采用。污泥干化场(sludge drying bed)可分为自然滤层干化场和人工滤层干化场两种。前者适用于自然土质渗透性能好、地下水位低的地区。人工滤层干化场的滤层是人工铺设的，又可分为敞开式干化场和有盖式干化场两种。

污泥干化场是一片平坦的场地，污泥在干化场上由于水分的自然蒸发和渗透逐渐变干，体积逐渐减少，流动性逐渐消失，污泥含水率可降低到 60%～70%。尽管这种方法需要大量的场地和劳动力，但仍有少量中小规模的污水处理厂采用。

1. 污泥干化场的构造

人工滤层干化场的构造如图 17-22 所示，它由不透水底板、排水系统、滤水层、输泥槽、隔墙及围堤等部分组成。(1)不透水底板：一般采用黏土做成，其厚度 0.3～0.5m；采用混凝土做成时，其厚度为 0.10～0.15m，并应有 0.01～0.02 的坡度；(2)排水系统：在滤水层下面敷设直径 100～150mm 的陶土管或盲沟，管子接头不封口以便排水，管道间距 4～8m，纵坡 0.002～0.003，排水管起点覆土深(至砂层顶面)为 0.6m；(3)滤水层：上层由细矿渣或砂层铺设，粒径 0.5～1.5mm，铺设厚度 200～300mm，并做成 1/100～1/200 的坡度，以利于污泥铺布；下层用粗矿渣或砾石，层厚 200～300mm，粒径 15～25mm；(4)输泥槽：输泥槽常设在围堤之上，其坡度取 0.01～0.03，输泥槽上每隔一定距离设一放泥口，输泥槽及放泥口可用木板或钢筋混凝土制成；(5)围堤和隔墙：干化场的周围及中间筑有围堤，一般用土筑成，两边坡度取 1:1.5，用围堤或木板将干化场分隔成若干个块。为使每次排入干化场的污泥有足够的干化时间，并能均匀分布在干化场上以便铲除，干化场的分块数最好等于干化天数，一般每块宽度不大于 10m；(6)对于降水量较大的地区，干化场应加盖。如果加盖，还需有支柱和透明顶盖；(7)有些干化场上敷设有轻轨以便运输污泥。

2. 污泥脱水特点及影响因素

干化场脱水主要依靠渗透、蒸发。渗透过程约在污泥排入干化场最初的 2～3d 内完成，可使污泥含水率降低到 85% 左右。此后水分不能再被渗透，只能依靠蒸发脱水，约经 1 周或数周(与气候有关)后，含水率可降低到 60%～70%。影响污泥干化场脱水效果的因素主要是气候条件和污泥性质。

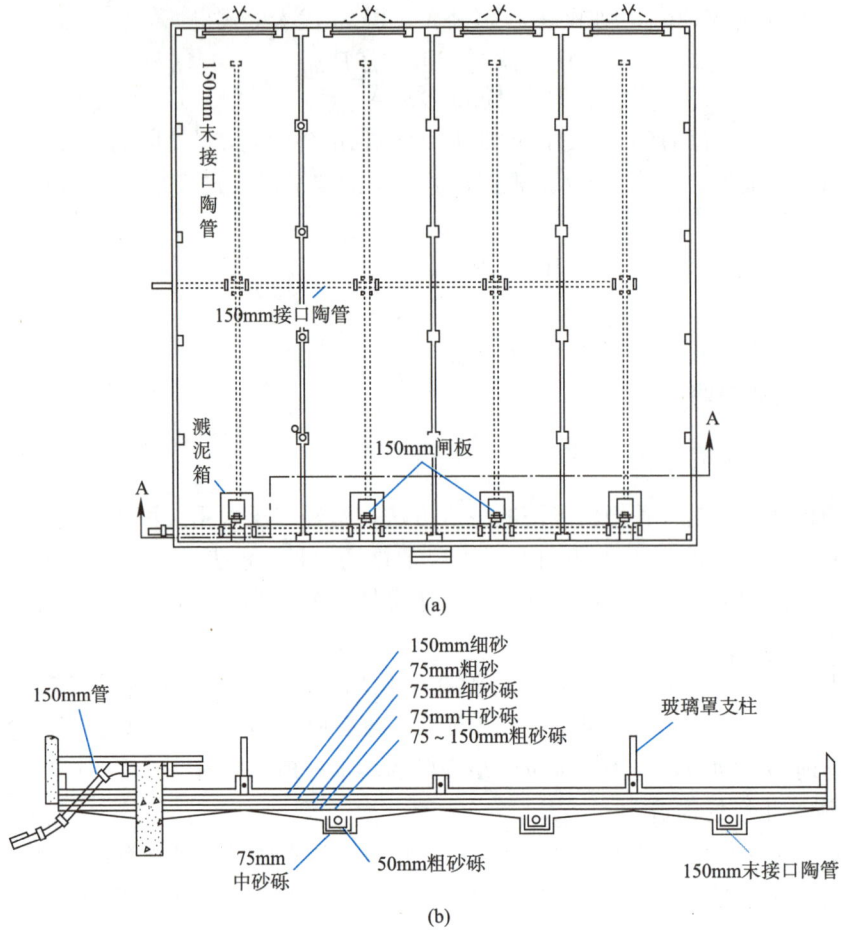

(a)

(b)

图 17-22 人工滤层干化场

(a) 平面图；(b) A—A 剖面图

（1）气候条件 由于污泥中占很大比例的水分是靠自然蒸发而干化的，因此气候条件如降雨量、蒸发量、相对湿度、风速和年冰冻期等对干化场的效果影响很大。研究结果表明，水分从污泥中蒸发的数量为从清水中蒸发量的 75% 左右，降雨量的 57% 左右会被污泥所吸收。在计算污泥干化场蒸发量时，应予以考虑。在多雨潮湿地区不宜设露天干化场。

（2）污泥性质 脱水性能差的污泥，渗滤效果差，这种污泥的干化主要依靠表面自然蒸发作用。从消化池底部排出的消化污泥中，在消化池内的水压及沼气压力下，气体处于压缩和溶解状态，当污泥排到干化场后，所释放出的气泡把污泥颗粒挟带到泥层表面，从而减小了污泥中水的渗透阻力，提高了渗滤效果。

（3）污泥调理 采用化学调理可以提高污泥干化床的效率，投加混凝剂可以显著提高渗滤脱水效率。如当投加硫酸铝 $[Al_2(SO_4)_3 \cdot 18H_2O]$ 时，除了有絮凝作用外，硫酸铝还能与溶解在污泥中的碳酸盐作用，产生二氧化碳气体，使污泥颗粒上浮到表面，24h 内就能见到混凝脱水效果，干化时间大致可以减少一半。

3. 污泥干化场的设计原理

污泥干化场设计的主要内容是确定总面积与分块数。污泥干化场的总面积决定于污泥面积负荷，即单位污泥干化场面积每年可接纳的污泥量[$m^3/(m^2 \cdot a)$]。面积负荷值的选择主要与当地气候及污泥性质有关。

17.7.3　污泥的机械脱水

机械脱水已成为污泥脱水的主要措施，脱水方法主要有真空吸滤法、压滤法和离心分离法等，其基本原理均遵循卡门过滤基本方程。主要的脱水机械有真空吸滤机、板框压滤机、带式压滤机和转筒离心机。自 20 世纪 90 年代以来，带式压滤机和转筒离心机由于其优点显著，在我国以及很多国家普遍采用，目前真空吸滤机已逐步被淘汰。

1. 板框压滤机

板框压滤机是最先应用于化工脱水的机械。虽然板框压滤机一般为间歇操作、基建设备投资较大、过滤能力也较低，但由于其具有过滤推动力大、滤饼的含固率高、滤液清澈、固体物质回收率高、调理药品消耗量少等优点，在一些国家被广泛应用。

（1）板框压滤机的构造　图 17-23 是板框压滤机的滤板、滤框和滤布的构造示意图，图 17-24 为板框压滤机构造图，图 17-25 则表示板框压滤机及附属设备的一种布置方式，除板框压滤机主机外，还有进泥系统、投药系统和压缩空气系统。

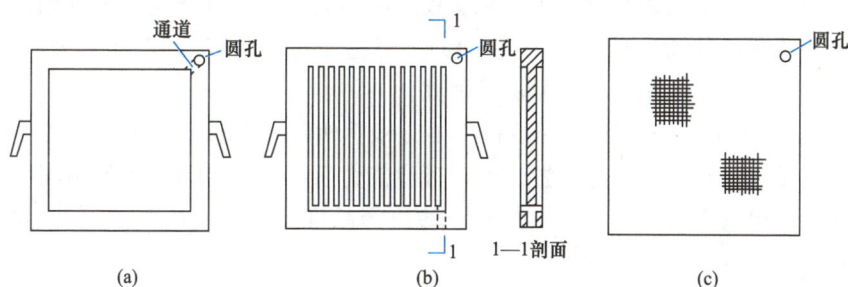

图 17-23　板框压滤机的滤板、滤框和滤布
(a)滤框；(b)滤板；(c)滤布

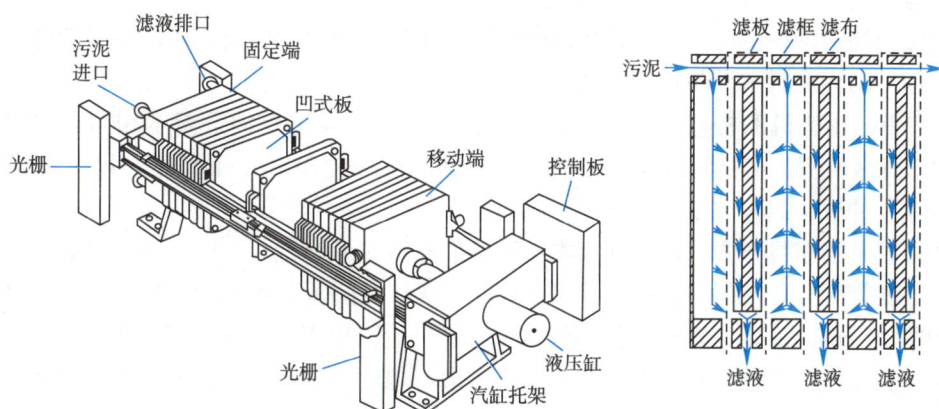

图 17-24　板框压滤机结构及板框结构示意图

（2）板框压滤机的脱水过程　从板框压滤机构造图(图 17-24)看，板与框相间排列而成，在滤板的两侧覆有滤布，用压紧装置把板与框压紧，即在板与框之间构成压滤室。在板与框的上端中间相同部位开有小孔，压紧后成为一条通道，加压到 0.2～0.4MPa($2～4kg/cm^2$)的

污泥，由该通道进入压滤室，滤板的表面刻有沟槽，下端钻有供滤液排出的孔道，滤液在压力下，通过滤布、沿沟槽与孔道排出滤机，使污泥脱水。

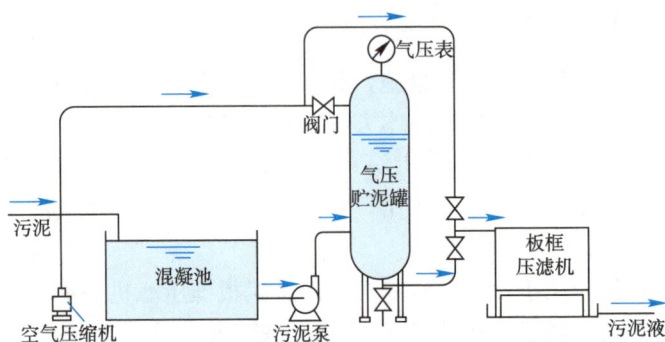

图 17-25　板框压滤机及附属设备的一种布置方式

近年来，国内外已开发出自动化的压滤机，国外最大的自动化板框压滤机的板边长度为 1.8～2.0m，滤板多达 130 块，总过滤面积高达 800m²，而国内的自动板框压缩机尺寸相对较小。板框压滤机比真空过滤机能承受较高的污泥比阻，这样就可降低调理剂的消耗量，可使用较便宜的药剂(如 $FeSO_4 \cdot 7H_2O$)。当污泥比阻为 $(5 \times 10^{11}) \sim (8 \times 10^{12}) \, m/kg$ 时，污泥可以不经过预先调理而直接进行过滤。

(3) 板框压滤机的选用　板框压滤机主要是根据污泥量、过滤机的过滤能力来确定所需过滤面积和压滤机台数及设备布置。确定过滤能力后，将每小时产生的污泥干质量除以过滤能力即可求得所需过滤面积，再根据压滤机产品规格至少选用 2～3 台，并绘制全套设备及脱水车间布置图。

2. 带式压滤机

带式压滤机成功开发的关键是滤带的开发，是合成有机聚合物材料发展的结果。由于带式压滤机具有能连续运行、操作管理简单、附属设备较少等特点，从而使投资、劳动力、资源消耗和维护费用都较低，在国内外的污泥脱水中得到广泛应用，我国新建的城市污水处理厂的污泥脱水设备几乎都采用了带式压滤机。

(1) 带式压滤机的构造　带式压滤机的种类很多，其主要构造基本相同，常用的有图 17-26 所示两例。主机的组成主要有导向辊轴、压榨辊轴和上下滤带，以及滤带的张紧、调速、冲洗、纠偏和驱动装置。

压榨辊轴的布置方式一般有两大类：P 形布置和 S 形布置。P 形布置有两对辊轴，辊径相同，滤带平直，污泥与滤带的接触面较小，压榨时间短，污泥所受到的压力则大而强烈，如图 17-26(a)所示。这种布置的带式压滤机一般适用于疏水的无机污泥。S 形布置的一组辊轴相互错开，辊径有大有小，滤带呈 S 形，辊轴与滤带接触面大，压榨时间长，污泥所受到的压力较小而缓和，如图 17-26(b)所示，城市污水处理厂污泥和亲水的有机污泥脱水，一般适宜采用这种结构的带式压滤机。

在压榨辊轴 S 形布置的压滤机上，污泥在每个辊轴上所受到的压强与滤带张力和辊轴直径有关。当滤带张力一定时，污泥在大辊轴上受到的压强小，在小辊轴上受到的压强大。一般污泥在脱水时，为了防止从滤带两侧跑料，希望施加在它上面的压强从小到大逐步增加，污泥中的水分则逐步脱去，含固率逐步提高。因此辊轴直径应该大的在前、小的在后并逐步减小。经处理后的污泥，其含水率可以从 96％降低到 75％左右。

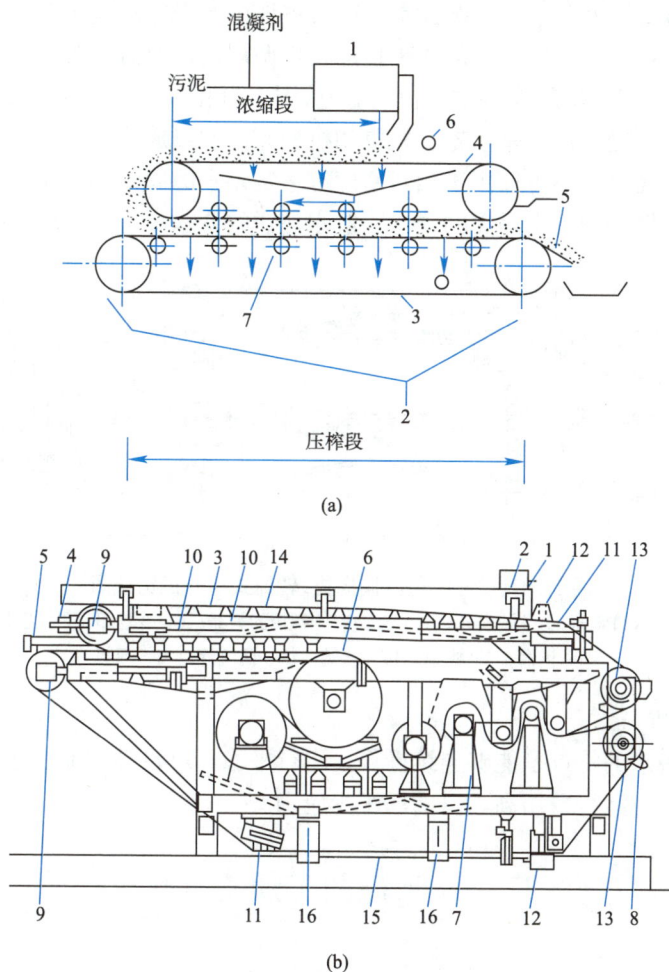

图 17-26　带式压滤机构造图

(a)压榨辊轴 P 形布置

1—混合槽；2—滤液与冲洗水排出；3—涤纶滤布；4—金属丝网；5—刮刀；6—洗涤水管；7—滚压轴

(b)压榨辊轴 S 形布置

1—污泥进料管；2—污泥投料装置；3—重力脱水区；4—污泥翻转；5—楔形区；6—低压区；7—高压区；
8—卸泥饼装置；9—滤带张紧辊轴；10—滤带张紧装置；11—滤带导向装置；12—滤带清冲装置；
13—机器驱动装置；14—顶带；15—底带；16—滤液排出装置

　　带式压滤机的滤带是以高黏度聚酯切片生产的高强度低弹性单丝原料，经过编织、热定型、接头加工而成。它具有抗拉强度大、耐折性好、耐酸碱、耐高温、滤水性好、质量轻等优点。其型号规格的选用应根据试验确定。

　　(2) 带式压滤机的选用　通常根据带式压滤机的生产能力、污泥量来确定所需压滤机的宽度和台数(一般不少于 2 台)，并绘制脱水车间设备布置图。

　　3. 转筒式离心机

　　污泥离心脱水的原理与离心浓缩相同，即利用转动使污泥中的固体和液体分离。颗粒在离心机内的离心分离速度可达到在沉淀池沉速的1000倍以上，可以在很短的时间内使污泥中很小的颗粒与水分离。此外，离心脱水技术与其他脱水技术相比，还具有固体回收率高、分离液浊度低、处理量大、基建费用少、占地少、工作环境卫生、操作简便、自动化程度高等优点，特别是可以不投加或少投加化学调理剂，但需要较高的动力运行费用。

图17-27是低速（同向流）转筒式离心机，从图中可见，它主要有转筒、螺旋输送片、空心转轴（进料管）、变速箱、驱动轮、机罩和机架等部件组成。此外，还有高速（逆向流）转筒式离心机。转筒式离心机适用于相对密度有一定差别的固液相分离，尤其适用于含油污泥、剩余活性污泥等难脱水污泥的脱水，脱水泥饼的含水率可达70%～80%。

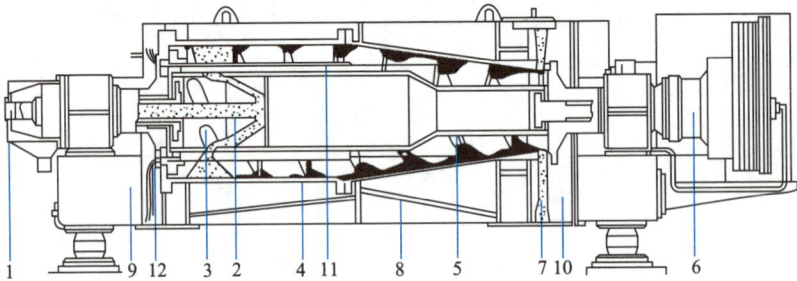

图17-27　卧式低速（同向流）转筒式离心机构造图

1—进料管；2—入口容器；3—输料孔；4—转筒；5—螺旋卸料器；6—变速箱；7—固体物料排放口；
8—机器；9—机架；10—斜槽；11—回流管；12—堰板

4. 真空吸滤机

真空吸滤机脱水的特点是能够连续操作，运行平稳，可自动控制。主要缺点是附属设备较多，工序复杂，运行费用高，目前已很少应用。

17.8　污泥的干燥与焚化

17.8.1　概述

污泥干燥（heat drying）是将脱水污泥通过处理，去除污泥中绝大部分毛细结合水、表面吸附水和内部结合水的方法。污泥经干燥处理后含水率从60%～80%降低至10%～30%。焚化（incineration）处理能将干燥污泥中的吸附水和颗粒内部水及有机物全部去除，使含水率降至零，变成焚化灰。污泥在焚化前应有效地脱水干燥，焚化所需的热量依靠污泥自身所含有机物的燃烧热值或辅助燃料。如果采用污泥焚化工艺时，则前处理不必用污泥消化或其他稳定处理，以免由于有机物减少而降低污泥的燃烧热值。

污泥干燥与焚化是一种可靠而有效的污泥处理方法，但其设备投资和运行费用十分昂贵，至20世纪末，在我国很少有用于城市污水处理厂污泥焚化的实例，仅应用于工业污泥和城市垃圾的处理。在下列情况可以考虑采用污泥焚化工艺：（1）当污泥不符合卫生要求，有毒物质含量高，不能作为农副业利用；（2）卫生要求高，用地紧张的大中城市；（3）污泥自身的燃烧热值高，可以自燃并利用燃烧热量发电；（4）与城市垃圾混合焚烧并利用燃烧热量发电。

17.8.2 污泥干燥器*

污泥干燥器的种类较多，可分为直接式、间接式、直接间接组合式和红外线式。城市污水处理厂的各种污泥干燥常采用直接式干燥器，主要有转筒式干燥器(rotary dryer)、急骤干燥器(flash dryer)和流化床干燥器(fluidized-bed dryer)，所用的能源主要有煤、油、天然气等。

1. 急骤干燥器

急骤干燥器包括一个研磨室或者与热气完全接触的自动悬浮装置。在该设备中，颗粒物质与涡流运动的热气接触足够长的时间以完成水分的蒸发。带有研磨室的装置在操作过程中接受湿污泥或者泥饼，并与回流的干污泥混合。混合污泥中含有水分40%~50%。热气和污泥压入干燥管中进行干燥，然后进入旋风分离器将蒸汽和固体分离。处理后的污泥含有大约8%~10%的水分。干污泥可以作为肥料，或者以任何比例(0~100%)进行焚烧。经过急骤干燥器处理的泥饼非常干燥，有可能着火或者爆炸。

2. 转筒式干燥器

图 17-28 为转筒式干燥器和工艺流程示意图。转筒式干燥器通常使热气体与污泥的流动方向一致，即为顺流操作。转筒的出泥端略低于进泥端。脱水污泥经粉碎后与返送回来

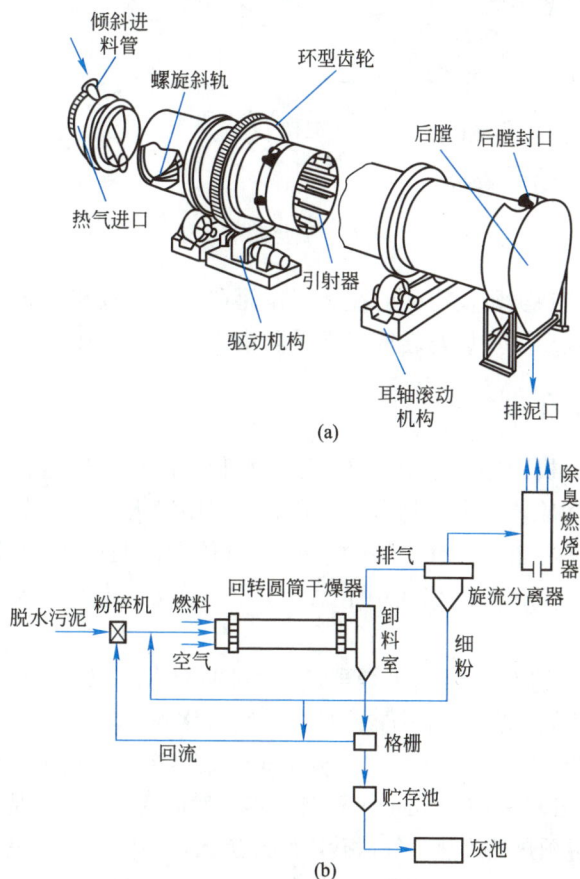

图 17-28 转筒式干燥器和工艺流程示意图

的干燥污泥混合，使进泥含水率降低至65％以下。污泥在转筒抄板的搅拌下与热气流充分接触，并缓缓滑向出口端。经卸料室通过格栅进入贮存池、排气经旋流分离器分离后，经除臭燃烧器排入大气。转筒式干燥器可使污泥含固率达到90％～95％。

3. 流化床干燥器

流化床干燥器是欧洲开发的新型产品(图17-29)，这种干燥器能够生产粒状污泥，这种污泥与转筒式干燥器生产的有些类似。这种流化床干燥器中砂粒与流态化空气紧密接触，并且床体保持同一温度(约120℃)。该干燥器具有如下优点：(1)产生的颗粒被用作燃料或与土壤混合增大土地覆盖；(2)气味少；(3)容易实现自动控制；(4)占地面积小。

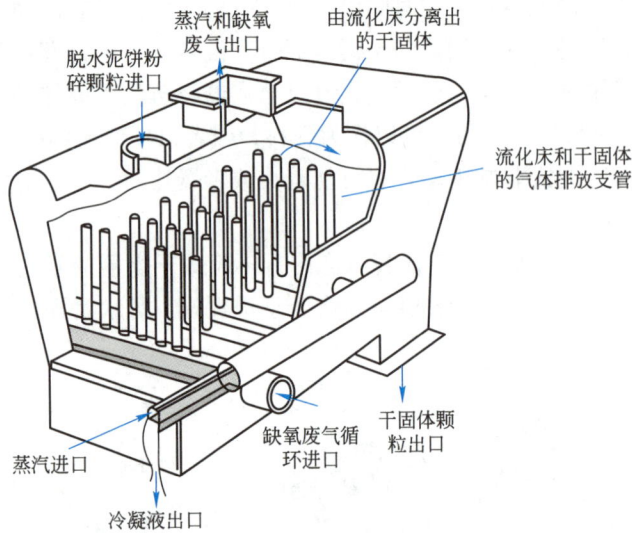

图 17-29　流化床干燥器

目前，这种干燥器在美国仅有一台在运行，而在欧洲已有几台在运行。缺点是由于需要使用较大的进气通风扇，所以与转筒式干燥器相比，动力消耗较大。

17.8.3 污泥焚化设备

污泥的焚化可将有机固体转化为二氧化碳、水和污泥灰。焚化的优点主要是：最大限度减少污泥量；破坏病原体和毒性物质；具有能源利用潜力。而缺点主要是：投资和运行费高；运行和管理水平要求高；残余物(如释放的气体和污泥灰)对环境有影响，特别是有可能产生危险的气体。焚化工艺往往用于大、中型污水处理厂，污泥经脱水可直接焚化，通常不必污泥稳定化。

转筒式焚化炉的构造与转筒式干燥器基本相同(参见图17-28)，但径长比较大，约1:16。进料1/3长度为干燥段，污泥被预热干燥(含水率10％～39％)，后2/3长度为焚化段，此段热气体温度约700～900℃。与转筒式干燥器相反，焚化炉常采用逆流操作。

流化床焚化炉(fluidized-bed incineration)是近年来发展的高效污泥焚化炉，常以石英砂为热载体。运行时，经过预热的灼热空气从砂床底部进入，使整个砂床呈悬浮状态(图17-30)。脱水污泥首先通过快速干燥器，污泥中水分被焚化炉烟道气带走，污泥含水率从70％左右降至40％左右，烟道气温则从800℃降至150℃。干燥后的污泥用输送带从焚化炉顶部加入炉内，与灼烧流化的石英砂层（约 700℃）混合、气化，产生的气体在流化床上部焚烧（850℃），污泥灰与灼热空气一起进入旋流分离器分离。

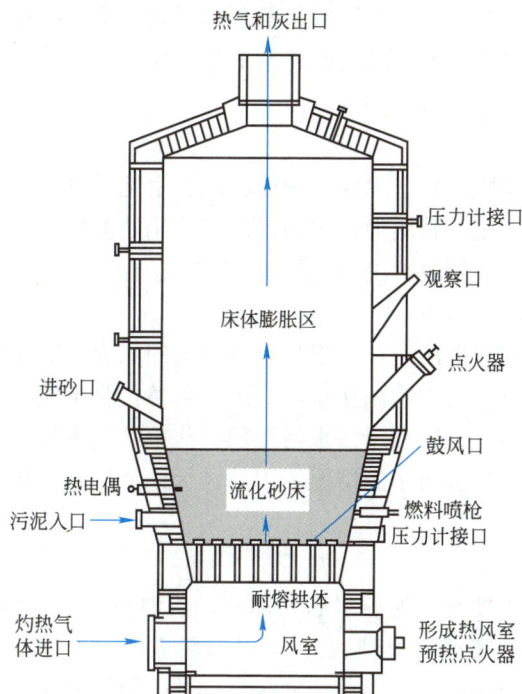

图 17-30 流化床焚化炉结构示意图

17.9 污泥的有效利用与最终处置

污泥最终处置即污泥的最终出路，目前较符合我国国情、常用的污泥处置方法主要有农田绿地利用、建筑材料利用和填埋等。

17.9.1 农田绿地利用

污泥中含有丰富的植物所需的肥分及改善土壤所需的有机腐殖质，故污泥作为农田绿地利用是最佳的最终处置方法。但污泥中也含有对植物及土壤有害的病原菌、寄生虫卵、病毒及重金属离子等，因此在作农田绿地利用前，应进行稳定化处理或堆肥，去除病原菌及寄生虫卵。对于其中重金属离子，必须符合我国农业部制定的现行《农用污泥污染物控制标准》。未经消化处理的脱水污泥泥饼用于农田绿地利用时，由于所含有机物较多，易于腐化，又由于含水率较高（约 70%～80%），难于进行施肥操作，一般应在野外作长期堆放，再进行施肥。污泥焚化灰中所含磷、镁、铁、钙等植物生长所必需的元素，也可作为肥料，但应防止施肥时焚化灰的飞扬，可采用湿式施肥法。

污水污泥土地利用被很多国家与地区所提倡，一定程度上属于资源化利用，但仍存在很多问题。污水污泥一般是堆肥以后再进行土地使用，堆肥能较好稳定污水污泥，增加肥效，但堆肥过程中需要通风等，堆肥成本较高，资源化程度有限。堆肥过程，虽然能有效大量消灭致病细菌，分解有机物，但是并不能够有效处理重金属和难降解有机物等有害成分，环境风险依旧很大。为此，各国政府都制定了农用污泥重金属浓度标准，并对单位面积污泥的使用量作了严格的限制。近年来，随着污泥农用标准的日趋严格，污泥的大量农用被限制，很多国家污泥农用的比例已经开始下降。

17.9.2　建筑材料利用[*]

利用污水污泥及其焚烧灰制造水泥、陶粒、砖、生化纤维板、玻璃、填料等方面有了一些初步的研究和应用，建材利用为污水污泥的资源化处置提供了较好的方向，有较好的发展空间，但都还存在很多需要解决的问题。

（1）水泥

利用水泥回转窑处理污水污泥，不仅具有焚烧法的减容、减量化特征，且燃烧后的残渣成为水泥熟料的一部分。污水污泥在水泥生产中可替代黏土质原料，由于水泥原料中黏土质原料是辅助原料，因此可以利用污水污泥部分代替黏土使用。目前，利用污水污泥生产水泥技术水平只能保证掺量很小的情况，因此，无论从技术上还是从经济上，都难以达到工业化生产的条件。

（2）陶粒

普通陶粒主要是利用黏土、泥质岩石为原料，有时也加入工业废料（粉煤灰、煤矸石等），和添加剂、胶粘剂等辅料一起混合，通过造粒成球、干燥、预热、焙烧等工艺过程制成。以污水污泥为部分原料，掺以黏土和少量固体燃料研制生产出污泥陶粒，使污泥变废为宝，有利于改善环境污染，显示出一定的社会效益和经济效益。

已有的污水污泥陶粒研究结果显示，污水污泥有机质含量高，高温焙烧收缩率大，不能单独烧制陶粒，需要与其他原料组成混合料然后烧制，现有的研究主要是用黏土或粉煤灰与烘干后的污水污泥混合作为原料。污水污泥中的机质，能提供陶粒烧胀所需的发气组分，因此，利用污水污泥一般烧制相对较轻的陶粒，制备工艺通常采用预热和焙烧的两段式烧胀法。

（3）制砖

污泥制砖的方法有两种，一种是用干化污泥直接制砖；一种是用焚化灰制砖。用干化污泥直接制砖时，应与黏土混合以适当调整污泥的成分，使其成分与制砖黏土的化学成分相当。最适宜的配料质量比约为焚化灰∶黏土∶石英砂＝100∶50∶（15～20）。

由于黏土烧结砖大量毁坏土地资源，我国已在大中城市全面禁止使用黏土烧结砖，利用黏土与污水污泥配合制备烧结砖已有很大的局限。目前，对污水污泥烧制砖的研究大多还集中于配方和性能，而且多采用烘干污水污泥与黏土的配方，实际应用的价值不大。

（4）污泥制生化纤维板

在碱性条件下，加热、干燥、加压后，污泥中所含粗蛋白（有机物）与球蛋白（酶）会发生一系列的物理、化学性质的改变，称为蛋白质的变性作用，从而制成活性污泥树脂（又称蛋白胶），使之与经漂白、脱脂处理的废纤维压制成板材，即制成生化纤维板。

利用污水污泥制造生化纤维板，在技术上有一定可行性，但所制板材成品仍有一些气味，板材强度还有待提高。还有研究者尝试将干化后的污水污泥作为生产陶瓷和玻璃的原材料，但目前还不太成熟。另外，国内外还有很多关于将焚烧后污水污泥用于作为水泥混凝土的掺合料，且不论焚烧后污水污泥中重金属对水泥混凝土使用环境的限制，实际上污水污泥焚烧成本和投资就已非常之高，并不适合我国的污水污泥处置。这些研究大多还处于探索阶段，应用前景还很有限。

17.9.3　填埋 *

污泥填埋可单独填埋或与其他废弃物(如垃圾)一起填埋，污泥填埋之前需要经过稳定处理。填埋场地设计目标年限一般为 10 年以上。

污泥填埋的要求如下：(1)填埋场地周围应有围栏；(2)从填埋场地渗出的污水属高浓度有机污水，必须加以收集进行处理，以防止其对地下水和地表水的污染；(3)防止臭味向外扩散，防止鼠类和蚊蝇等在填埋场栖息繁殖；(4)未经焚化的污泥，除小规模填埋外，需进行分层填埋。生污泥进行填埋时，污泥层厚度应等于或小于 0.5m，其上面铺砂土层厚 0.5m，交替进行填埋，并设置通气装置。消化污泥进行填埋时，污泥层厚度应等于或小于 3m，其上面铺设砂土层厚 0.5m，交替进行填埋；(5)焚化灰的挥发成分在 15％以下时，可进行不分层填埋；(6)定期监测填埋场附近地下水、地表水、土壤中的有害物质含量。

17.10　污泥减量化新技术 *

由于污泥中含有对人畜有潜在危害的物质，如重金属、致病菌和持久性有机物等。土地利用受到一定的限制；用于建筑材料的焚烧设备投资和运行费用高，能耗大，还存在烟气污染问题；卫生填埋要占用大量的土地和花费大量的运输费用，而且填埋场周围的环境易遭受渗沥水、臭气的困扰，另外，适合填埋的土地逐年减少。因此，剩余污泥的减量是一个亟待解决的问题。

目前剩余污泥的减量主要分为以下两种方法：一种方法称为污泥的后续减量法，主要是在污泥产生后再通过一定的物理、化学、生物或者联合工艺等手段减少污泥质量；另一种方法是通过过程的变化，或者通过工艺的结合从源头上减少活性污泥，即在废水的处理过程中，通过改变工艺的运行或者采用一定的技术手段，在保证不影响污水处理效果的前提下，降低污泥产生。基于以上两种方法，国内外学者已经做了大量的研究工作，并且取得了一定的成果，但是由于污泥产量每年都在增长，因此污泥减量化新方法、新技术仍然是研究的热点。

17.10.1　限制微生物的增殖

污泥量的增长是由于微生物的增殖而引起的，而在微生物的增殖过程中，需要以有机物作为底物，同时还需要分解代谢过程中生成的 ATP 提供能量。因此要降低污泥产量，要从以下两方面实现：(1)限制每个微生物可获得的底物量，即降低污泥负荷；(2)可以通过控制分解代谢产生的能量，使其不能用于合成代谢，使分解代谢产生的 ATP 不为合成代谢提供能量。

1. 高溶解氧

研究表明，反应器中的溶解氧水平会影响到微生物细胞表面的疏水性、微生物活性和胞外多聚物，溶解氧(DO)的提高可以降低污泥产率，较高的溶解氧可以保持良好的污泥沉降性能，较好控制污泥膨胀从而使污水处理工艺可以更稳定地运行。因此，高溶解氧工艺在实现剩余污泥产率最小化和改善工艺运行效能方面有很大的应用潜力。但维持污水处理系统较高浓度溶解氧将会消耗大量的电能能耗，从而引起总的费用的增加，同时较高的溶解氧对工艺设备也有较高的要求。

2. 高 S_0/X_0 条件

S_0/X_0（初始底物的质量浓度 S_0/初始微生物的质量浓度 X_0）是微生物培养中最重要的参数之一。高 S_0/X_0 条件下，底物过剩会引起合成代谢和分解代谢的解偶联。在高 S_0/X_0 条件下，微生物胞内 ATP 过量累积后导致能量溢出，从而使得污泥量减少。高 S_0/X_0 条件下解偶联机理有两种解释：(1)一些离子(如 H^+ 或 K^+)能穿过细胞质膜，降低跨膜电位，能量不用于合成微生物而是使得能量溢出(Energy Spilling)；(2)减少了生物体内部分新陈代谢的途径(如甲基乙二酸途径)而回避了糖酵解这一步。

3. 解偶联剂

微生物的合成和分解是通过 ATP 产生和利用偶联在一起的，解偶联剂是一类亲脂性的弱酸性物质，解偶联剂的投加会实现氧化和磷酸化的分离，抑制细胞获得由代谢产生的能量，从而限制了微生物的合成量，同时在不改变废水处理效果的情况下达到污泥量的减少。解偶联剂可以通过改变膜的通透性，破坏跨膜质子梯度，即该物质通过与 H^+ 结合，降低细胞膜对 H^+ 的阻力，携带 H^+ 跨过细胞膜，使膜两侧的质子梯度降低，降低后的质子梯度不足以驱动 ATP 合成酶合成 ATP，从而减少了氧化磷酸化作用所合成的 ATP 量，从而以热量的形式释放出去，使得合成代谢与分解代谢发生解偶联。

化学解偶联剂能够有效的实现污泥减量化，但是在实际应用中应用化学解偶联剂会存在以下问题：(1)不断地向生物处理工艺中投加同一种化学解偶联剂，会引起生物积累，或是被微生物适应而被微生物所降解，从而失去了解偶联剂对污泥的减量效果；(2)加入化学解偶联剂易引起 COD 去除率下降并且使污泥沉降；(3)解偶联剂是具有毒性的化合物，可能引发对环境的二次污染，因此对于环境的安全问题也是限制应用的制约因素。因此，在工程中对于解偶联剂的使用要十分谨慎，对环境的长远影响需要进行深入的研究。

17.10.2 强化捕食效应

生物捕食法是运用生态学食物链原理而进行的污泥减量技术，在生态系统中，从能量在传递角度来看，所产生的 90% 能量在捕食过程中会被消耗掉，因此其食物链越长，能量损失也越多，能量的损失使得用于生物体合成的能量会随之减少，从而污泥量得以减少。生物捕食法是利用微型动物如原生动物、后生动物等来捕食活性污泥中的细菌以及污泥碎片来降低剩余污泥的产量，其原理是增加了活性污泥系统中微生物捕食者的数量，从而达到减量的目的，是一种耗能低、成本低且无二次污染的污泥减量技术。因此，利用生物捕食法进行剩余污泥的减量化研究已经越来越受到国内外学者们的关注。目前，生物捕食法进行污泥减量的技术主要基于直接投加微型动物、两段法污泥减量工艺、蚯蚓生态滤池等研究。

1. 直接投加微型动物

直接投加微型动物是指向活性污泥系统的曝气池中直接接种微型动物，或在系统中添加载体后再接种微型动物，因此要更好地达到污泥减量效果，应该通过试验并结合实际情况研究投加的微型动物的生物量,并要对最佳的投加点进行试验研究。

2. 两段式污泥减量工艺

两段式污泥减量工艺是由两段反应器所组成,该系统的第一段采用完全混合式反应器,其为分散培养细菌阶段,这一段的水力停留时间和污泥停留时间是相等的,没有污泥停留,为了使大量分散菌生长,利用污水中的有机物促进分散细菌的增殖;第二段为生物捕食反应器,其污泥停留时间较长,这一段的环境条件适宜微型动物的大量的繁殖,该阶段可利用传统活性污泥系统或是膜生物反应器来实现。

3. 蚯蚓生态滤池

蚯蚓生态滤池(MEEF, microbial-earthworm ecofilter system)是对普通生物滤池改进的基础上,向系统中引进蚯蚓,通过其较强的捕食细菌以及有机物的能力,达到污泥减量以及更有效的处理污水的目的。蚯蚓生态滤池是将普通生物滤池改进为三层处理结构,上层由无定形有机材料以及添加蚯蚓组成,其作用是供蚯蚓生存;中层也由无定形的有机材料组成,其作用是为了补充有机质的消耗;下层铺有一定大小的碎石,其作用是承托与排水。其优点是构造简单、建造和运行费用较低、无二次污染,并可以实现较好的污泥减量以及污水处理效果,因此这种生态技术有着较好的工程应用前景。但这种工艺对于投加的微型动物的种类和数量的控制,且对氮、磷的去除以及水力负荷的提高还需要进一步的研究。

17.10.3　强化隐性增长

在现有的污泥减量方法中,强化细菌的隐性生长(cryptic growth or death regeneration)污泥减量方法也是在污泥减量过程中广为应用的手段。所谓细菌的隐性生长是指细菌利用衰亡细菌自身溶胞所产生的二次基质而生长的方法,污泥自身溶解所产生的溶解液为微生物可以利用的底物,使这部分固体形式存在的碳有机碳转化为 CO_2 和 H_2O,也就达到了污泥减量的目的。而污泥溶胞技术中的限速步骤是污泥微生物细胞壁的破裂,而细胞内的大分子颗粒性的有机物必须要水解成可溶性的有机物才能透过细胞壁而为微生物所利用,因此,污泥在水解成可溶性有机物之前必须要首先打破这层细胞壁,才能将胞内有机物释放出来。为了加速污泥细胞的分解,国内外学者报道的基于溶胞技术的污泥减量方法包括化学、物理、生物以及相互联合的工艺方法对剩余污泥进行预处理,实现污泥细胞的破壁。

目前,这类工艺的代表主要有:臭氧溶胞、氯气溶胞、超声波等方法。这些方法在实验室小试以及实际应用中都取得了较好的污泥减量效果,研究证明溶胞技术污泥减量法是可行性的方法。

1. 臭氧处理

臭氧是一种强氧化剂,且具有很强的杀伤力。臭氧氧化处理污泥过程中,首先破坏微生物的细胞壁和细胞膜,导致细胞溶解、死亡,致使细胞内的细胞质如多糖、蛋白质等物质释放到污泥的上清液中,作为底物再次回流到生物系统中被污泥再次利用,反应的最终产物为 CO_2 和 H_2O,是一种环境友好型的污泥减量技术。因此,利用臭氧氧化技术破解污泥,也可实现剩余污泥减量化。

臭氧氧化污泥减量工艺的优点是其对污泥破解的效率高、可提高污泥的可生化性,且由于臭氧分解后的产物是氧气，因此对环境无二次污染，但是臭氧氧化技术在实际应用过程中也存在一些问题，如臭氧处理成本较高等问题，因此研究利用低剂量的臭氧实现污泥减量化对该工艺的推广使用具有重要的意义。

2. 氯气处理

利用氯气对污泥进行减量的机理与臭氧氧化污泥减量技术相同，氯气是一种强氧化剂，利用氯气进行污泥减量技术的研究是利用氯气气体的氧化性对细菌细胞的氧化作用，促进细菌细胞的溶解。且与臭氧相比，其成本相对比较低。

但氯气氧化污泥减量技术也有其自身的缺点，经过氯气处理过的污泥其沉降性能可能恶化；污泥产生泡沫；且氯气氧化工艺设备复杂，能耗耗氧量大，且氯气的投加可能导致三氯甲烷(THMs)等致癌物质的生成，对环境可能造成不良的影响。

3. 超声处理

对于超声波污泥减量技术的研究，国外学者已经获得了大量试验室规模的研究成果，为其实际应用提供了参考。而国内对于超声波技术对污泥处理方面的应用研究尚处于初始阶段。超声波的频率一般为20kHz至10MHz，且不同频率的超声波在污泥处理过程中会产生不同的效果且在较低频的超声波范围内，其处理效果尤为明显。

超声波技术是利用超声波在液相中产生共振空化作用来破解微生物细胞、污泥絮凝体及菌胶团的技术，其具有能量高、效率高且分解速度快等特点，可杀灭污泥中的病原微生物如大肠杆菌、结核菌等有害细菌，防止对环境造成二次污染。超声波污泥处理作用是利用超声波破解活性污泥微生物的细胞壁，使胞内细胞质释放到环境中作为底物供微生物生长，即隐性生长，从而减少系统的污泥产量。其自身具有的优点是设施简单，占地面积小且集高级氧化、焚烧和超临界氧化等多种水处理技术特点于一身，同时可单独或与其他工艺联合，且可实现50%~80%的污泥减量甚至达到零排放，在废水处理上极具应用潜力。

第4篇　水处理工艺系统

第18章　典型给水处理系统

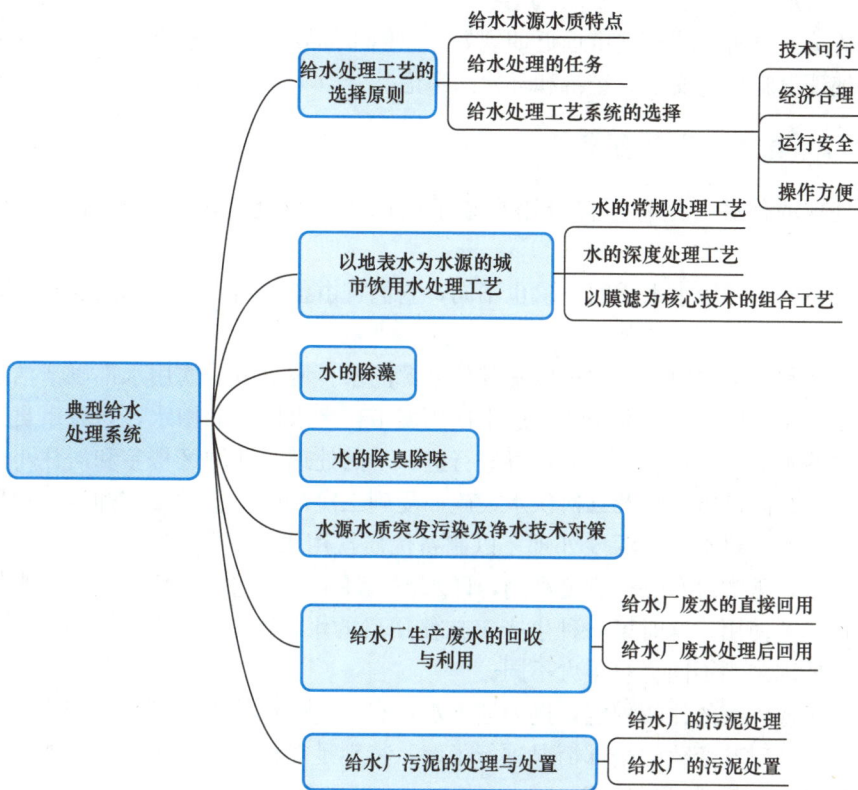

18.1　给水处理工艺系统的选择原则

18.1.1　给水水源水质特点

给水水源可分为地下水源和地表水源两大类，地表水又包括江河、湖泊及水库水和海水。

（1）地下水。大部分地区的地下水由于受形成、埋藏和补给等条件影响，水质澄清，且不易受外界污染和气温影响，水温与水质稳定。但地下水的径流量较小，流经岩层时会溶解各种矿物质，导致矿化度和硬度较高。同时，由于我国水文地质条件比较复杂，部分地区地下水中可能会出现铁、锰、氟、氯化物、硫酸盐、各种重金属含量较高的情况。

（2）地表水。地表水因各地区的自然条件和对水资源的利用情况不同，其水质差别较大，并且比地下水更易受到污染，但一般具有径流量大、矿化度和硬度低、铁锰含量低的优点。其中，江河水中悬浮物和胶态杂质含量较高，受汛期影响浊度变幅大，有机物和细菌含量高，有时还有较高的色度，水温受季节影响变化幅度大。湖泊及水库水主要由河水供给，水质与河水类似，但由于水流动性小、贮存时间长，经过长期自然沉淀后浊度较低，但也给水中藻类的繁殖创造了良好的条件，在受到氮、磷等污染后有富营养化的风险。海水的含盐量高，须经淡化处理才可作为居民生活用水，反渗透法、蒸馏法、电渗析法是常用的海水淡化方法。

水源的选择要密切结合城市远近期规划和总体布局要求，从整个给水系统（取水、输配水、水处理设施）的安全、经济和环保来考虑。

18.1.2　给水处理的任务

给水处理的任务，是将不符合用户要求的原水加以处理，使之符合用户对水质的要求。

因用户不同，对用水水质的要求也不同，它们可由各种用水水质标准反映出来，如第1章所述。

原水可以是天然水源水，也可以是其他来源的水。城市生活饮用水都以清洁的天然水源水为原水。位于城区的工业企业一般也使用城市自来水作工业用水，当城市自来水水质不能满足某些工业用水水质要求时，可进行进一步的处理。在城区楼宇和居住小区，供应的城市自来水常因设置贮水及二次供水设施而受到二次污染。有的楼宇和居住小区，以城市自来水为原水，对水进行深度处理，以制备优质饮用水供人们直接饮用。在工业企业，为了节约用水，常常对水进行重复利用，即水被一种生产工艺使用后，经过适当处理再供另一种生产工艺使用，这时第一种生产工艺使用后的水，便是第二种生产工艺的原水了。所以原水水质因来源不同会有很大不同。

原水的水质，有的比较稳定，例如地下水，有的则变化较大，例如地表水。原水水质变化较大时，应对其变化的全部情况进行了解，特别是对选择处理工艺有重要影响的水质参数值，例如最高值或最低值等。

选择给水处理工艺的依据，就是根据原水水质与用户对水质要求两者的差别，找出原水中不符合用水要求的水质项目，选择一种或几种水处理方法，从而将不符合要求的水质项目处理到符合用水水质标准。

第2、第3篇中，已叙述了各种物理的、化学的、物理化学的以及生物的单元处理方法，每一种单元处理方法都有多种处理水中杂质的功能，同时水中一项杂质也可有多种处理方法，此外有的杂质需要多种方法联合处理才能达到要求。所以，应针对具体原水中所有不符要求的水质项目，选择多种单元处理方法，将之有机地组合起来，形成一个水处理工艺系统，以达到使处理水的水质符合用水要求的目的。由于方法的多样性，所以形成的水处理工艺系统不可能是唯一的，而是多种多样的，最终确定选用哪一种水处理工艺系统，必须进行试验和优选，通过方案比较才能确定。

18.1.3　给水处理工艺系统的选择

给水处理工艺系统应该技术可行、经济合理、运行安全、操作方便。

给水处理工艺系统应通过试验来检验。强调试验检验的重要性，是由于每一原水水质都不尽相同，原则上应该不存在完全相同的水处理工艺系统。通过试验，可以了解哪种工艺系统可以达到处理要求，可以优化单元处理方法的组合，可以优化工艺参数，以及了解各影响因素与水处理效果的关系等，从而为水处理工艺系统的确定提供依据。水处理试验对新的水处理工艺系统特别重要，因为新的工艺系统的实践比较少，对原水水质的适应性应通过试验来检验。水处理试验对大型水厂工艺系统的选择也尤为重要，因为大型水厂出水水质的优劣对用户的影响比较大，并且无论建设总费用还是运行总费用也都比较高，所以通过试验可得优化工艺组合和优化工艺参数，能节省大量资金。

给水处理工艺系统的技术可行性，除了通过试验验证以外，已建的原水水质相近的水处理工艺系统的运行经验，也可作为重要的参考。即使在两种原水水质相近的情况下，相同的水处理工艺系统的组成和工艺参数，也不可能同时都是最适用和最优化的，所以不同水厂的水处理工艺在技术上有差别应是一种普遍现象，这也是给水处理的一个特点。

由于原水水质和水量常常是不断变化的，水处理工艺系统对水质水量变化的适应性，即抗冲击性能，是评价技术可行性的重要指标。水处理工艺系统的抗冲击性，也是其安全性和可靠性的内容之一。

给水处理工艺系统的经济合理性，是在保证处理水质满足用户要求的前提下，使在资金偿还期限内建设费用和运行费用之和为最低。工艺系统的经济合理性涉及的因素很多，和许多具体条件有关，如水资源、用地、环境、交通、供电、工程地质条件、节水、节药、节能等以及它们在该项目中需要优先考虑的排序，所以是比较复杂的问题，这在《水工程经济》中有专门论述。

18.2　以地表水为水源的城市饮用水处理工艺

通常情况下地下水的水质良好，处理达标较为容易，本节将主要对以地表水为水源的城市饮用水处理工艺进行论述。对于地下水铁、锰、氟、各种重金属含量较高的情况，将在第 19 章进行处理工艺专题介绍。

第 18.2—18.6 节内容视频讲解

18.2.1　水的常规处理工艺（第一代城市饮用水净化工艺）

社会需求是科技发展的强大动力，城市饮用水处理工艺就是在相应的社会背景下发展起来的。

城市饮用水的安全保障是城市发展的基本条件之一。然而在 19 世纪以前，人们对饮用水的安全性重视不足，水不经处理或仅经简单处理即饮用，致使水介烈性传染病（如霍乱、伤寒、痢疾等）流行，对人民生命健康造成重大危害，这是人类面临的第一个重大饮用水安全性问题——生物安全性问题。在这个社会背景下，20 世纪初研发出以去除水中悬浮物和杀灭致病细菌为目的的水处理工艺，如图 18-1 所示。

图 18-1　水的常规处理工艺(第一代城市饮用水净化工艺)

　　原水中的悬浮物，特别是难于沉降的胶体，与投入水中的混凝剂混合接触脱稳后，在絮凝池中生成足够大的絮凝体，进而在沉淀池中被沉淀除去，剩余细小的絮凝体进一步在滤池中被过滤除去，从而得到浊度符合要求的处理水。上述工艺比较适用于浊度几十至几百 NTU 的地表水。

　　原水中的致病细菌，作为水中悬浮物的一种，大部分可被混凝、沉淀、过滤的常规工艺去除。水中剩余的病菌再经投加消毒剂(常用 Cl_2)杀菌，从而达到饮用水卫生标准的要求。水的细菌学指标达到饮用水卫生标准，是保障饮用水安全性的首要目标，否则将会导致水介传染病的爆发，后果极为严重。由上述工艺可知，投氯消毒只是去除和杀灭水中病菌的最后一级处理措施。要使消毒后水中细菌含量达到标准，必须使消毒前水中细菌含量减至较低的水平，为此必须使滤池能截留进水中大部分细菌；要使滤后(即消毒前)水中的细菌含量降至较低的水平，就必须使滤前水中的细菌含量不得过高，为此沉淀池应能截留其进水中的大部分细菌；沉淀池的沉淀效率，取决于混凝的好坏，为此需要准确地投药、快速混合，充分进行絮凝反应，以便生成颗粒粗大易于下沉的絮凝体。所以，水中的致病细菌在上述工艺中是被逐级去除的，只有在每一级单元处理中都能获得相应去除率和杀灭率，才能保证最终出水在细菌学指标上达到饮用水卫生标准，这可称为多级屏障。

　　20 世纪中叶，在城市生活饮用水的细菌学指标符合卫生标准的情况下，曾经发生过水介病毒性疾病的爆发，这表明过去常规处理工艺及氯消毒不能有效地灭活病毒，以总大肠菌群和细菌总数为指标的水质细菌学卫生标准也不能反映水中病毒的微生物学安全性。人们进一步的研究表明，水中的病毒常附着于颗粒物之上，导致水的浑浊度与病毒疾病的发病率有关，见表 18-1。因此，去除水中颗粒物以降低水的浑浊度就能减少病毒的含量，减少发病率，进而控制水介病毒性疾病的流行。从此，浑浊度在水质中得到了极大重视。美国已将原来作为感官性指标的浑浊度作为微生物学指标列入卫生标准中。此后各国的饮用水卫生标准都对浑浊度提出了更高的要求。西方发达国家要求饮用水的浑浊度降至1.0NTU 以下，实际一般多控制在 0.5NTU 以下，甚至达到 0.1NTU。我国 1974 年制定的《生活饮用水卫生标准(试行)》，要求浑浊度不超过 5NTU；1986 年修订时改为不超过3NTU；2006 年颁布的《生活饮用水卫生标准》GB 5749—2006 及 2022 年的新修订版 GB 5749—2022 要求水的浑浊度不超过 1NTU。

滤后水浑浊度与病毒性传染病的关系 表 18-1

城市	平均浑浊度(NTU)	肝炎(病例/10 万人)	小儿麻痹病例(病例/10 万人)
1	0.1	4.7	3.7
2	0.15	3.0	—
3	0.2	8.6	7.9

城市	平均浑浊度（NTU）	肝炎（病例/10 万人）	小儿麻痹病例（病例/10 万人）
4	0.25	4.9	—
5	0.3	31.0	—
6	0.66	13.3	10.2
7	1.0	13.0	—

降低处理水浑浊度的要求，对水处理工艺的发展产生了巨大影响。过去追求的主要是高负荷与高产水率（如高的沉淀池表面负荷、高滤速、短的絮凝反应时间等），并以之来评价一项技术的先进性，而现在已向降低浑浊度、提高水质的方向转变。为了降低处理水的浑浊度，需要降低负荷，增加絮凝反应时间，使絮凝更完善；需要增加沉淀时间，使沉后水的浑浊度更低；需要降低滤速，以便获得低浑浊度的滤后水。为了降低水的浑浊度，提高水质，还必须采用新技术，如新型混凝剂、絮凝剂、助凝剂和助滤剂等；采用投药自动控制技术，使投药量准确恰当，不受水质水量变化的影响；对沉后水和滤后水浑浊度进行监测，并以之对沉淀池排泥和滤池冲洗进行控制等，从而推动了水处理技术的发展。

上述城市饮用水处理工艺取得了巨大成功，基本控制住了城市水介传染病的流行，所以近百年来得以在世界各地推广应用。我国迄今仍有 95％以上的城市水厂采用或以该水处理工艺为主体，被称为常规处理工艺。

18.2.2　水的深度处理工艺（第二代城市饮用水净化工艺）

随着水环境污染的加剧，以及水质分析技术的发展，于 20 世纪 70 年代，发现城市饮用水中含有种类繁多的有毒有害的有机污染物和氯化消毒副产物，对人们身体健康构成重大威胁，这是人类面临的又一个重大饮水安全性问题——化学安全性问题。

我国城市水源 90％受到不同程度的污染，并且多以有机污染为主。水源水中的有机物可分为天然有机物和人工合成有机物。天然有机物一般含量较高（mg/L 级），且种类较少，常不超过 10～20 种。人工合成有机物种类繁多，含量很低（μg/L 级）且大多为有毒有害有机物，其中包括致癌、致畸、致突变（三致）有机物、内分泌干扰物等。

前述的常规处理工艺，对水中有机物有一定去除作用，但对微量有机污染物去除效果比较差，一般只能去除百分之几。经常规处理工艺处理的水，其致突变活性有时不但没有降低，反而有所升高。

常规处理工艺常用氯消毒，氯与水中有机物作用会生成有毒害的氯化消毒副产物。特别是当采用预氯化时，由于水源水中有机物含量较高，会生成较多的有毒副产物，而这些微量消毒副产物则难于被后续的常规处理工艺去除。在受污染的地表水源水中，有时氨氮含量较高，常规处理工艺也不能有效地去除水中的氨氮。在常规处理工艺中，有时采用折点加氯的方法去除氨氮，当水中氨氮含量较高时，折点加氯投氯剂量很大，不仅不经济，并且会生成更多的氯化消毒副产物。仅用常规处理工艺，已无法将受污染的水源水处理到符合新的生活饮用水卫生标准的程度，所以需要开发新的城市饮用水处理工艺。

活性炭吸附是提高常规处理工艺对水中有机污染物去除率的比较有效的方法。当采用粉末活性炭时，于常规处理工艺前投加混凝剂的同时（或之前或之后）向水中投加粉末活性炭，粉末炭在混合池中与水充分混合，再在经絮凝池和沉淀池的流动过程中吸附水中有机污染物，并在沉淀池中随水源水中悬浮物沉淀下来，水中残留的少量粉末炭最后在滤池中被截留。粉末活性炭吸附除污染工艺，只需向水中投加少量粉末炭，不改变常规处理工艺流程，不需增设大型水处理构筑物，机动灵活，简便易行，常用于水源污染较重的季节，所以在国内外应用较广。但是采用粉末活性炭除污染时，粉末炭常只使用一次，难于回收再生，所以运行费用较高。

采用颗粒活性炭除污染时，常把颗粒活性炭滤池设置于常规处理工艺过滤池之后。颗粒炭常用于水源水质污染期长，需要全年持续除污染的情况。颗粒炭设置于滤池之后，水中部分有机物已被常规处理除去，所以进入颗粒炭滤池的水中有机物含量较低，有利于延长活性炭吸附周期。水经颗粒炭过滤后，水中有机物将被部分地除去，其中氯化消毒副产物前驱物质也被部分除去，所以对颗粒炭吸附后的水再加氯消毒，氯化消毒副产物的生成量会显著减少。颗粒活性炭吸附对去除水中有毒有害微量有机物也非常有效，并使出水的致突变活性显著降低，但水中的常量有机物（例如腐殖酸等）对微量有机物有竞争吸附作用，使活性炭对某些微量有机污染物的吸附能力降低。颗粒炭的吸附使用寿命，取决于水中常量有机物的含量，一般只有数月。颗粒炭吸附饱和后，可取出再生重复使用，所以虽然采用颗粒炭除污染设备费比采用粉末炭高，但运行费用比粉末炭要低。在有的国家，用颗粒炭取代或部分取代过滤池中的砂滤料，这样就可以大大减少建设费用，但要求滤前水浊度较低，以免浊质堵塞活性炭孔隙，影响活性炭的吸附容量。颗粒活性炭除污染在国内外已得到比较广泛的应用，被认为是一种通用的除污染工艺。

化学氧化是提高常规处理工艺去除水中有机污染物的另一个比较有效的方法。常用的氧化剂有氯、二氧化氯、臭氧和高锰酸钾等。氯用作氧化剂可以氧化水中的某些有机物，但同时会与水中另一些有机物生成许多有毒害的氯化副产物，所以已逐渐被其他氧化剂所取代。二氧化氯具有良好的氧化除污染作用，但是由于其氧化产物——亚氯酸盐有毒害作用，所以其用量受到限制，比较适宜用作消毒剂。

臭氧具有极强的氧化能力，能氧化水中许多有机污染物，但在臭氧实际投量条件下无法将有机物彻底氧化为 CO_2 和 H_2O，所以臭氧氧化主要是将水中有毒害的有机污染物转化为另一些无毒害的有机物。用色谱—质谱（GC/MS）对臭氧氧化前后的水进行分析，可观察到臭氧氧化一般对水中微量有机污染物的去除效果较好，但臭氧氧化后水的致突变活性却有时降低有时升高。这是由于臭氧氧化能去除一些致突变物质，氧化时又会产生一些致突变物质，如果去除的比生成的多，则致突变活性会降低，相反地则会升高。

臭氧氧化的一个重要特点是能将大分子量有机物氧化降解为小分子量有机物，其结果是氧化后的水再经氯化消毒，氯化消毒副产物的生成量反而会增大，这是由于小分子量有机物卤仿生成势较高所致。臭氧氧化的另一个结果是水的可生物同化有机物（AOC）浓度增大，这是由于小分子量有机物更易于被微生物利用。水的 AOC 增大，意味着水的生物稳定性下降，使水的微生物安全性降低，所以，臭氧氧化现已很少在常规处理工艺中单独使用。

将臭氧和活性炭联用，即先用臭氧对水进行氧化，再用颗粒活性炭进行吸附。臭氧氧化不能去除的微量有机污染物，可被活性炭吸附除去，从而提高了去除微量有机污染物的效果；臭氧氧化生成的致突变物质也会被活性炭吸附除去，从而降低了水的致突变性；不能被活性炭吸附除去的大分子量有机物被臭氧氧化为小分子量有机物，从而有利于被活性炭吸附除去，提高了对常量有机物和氯化副产物前驱物质的去除，降低了后续氯化消毒副产物的生成量。臭氧和活性炭联用，不仅发挥了两者除污染的长处，并且还克服了两者各自的弱点，使之相互促进。所以，臭氧与活性炭联用工艺，在欧美等发达国家获得了推广，也成为一种通用的除污染工艺。在这个工艺系统中，颗粒炭滤池一般都放在流程的末端，而臭氧的投加点比较灵活，可以多点投加。

人们在采用颗粒活性炭除污染而前面又无预氯化时，发现活性炭上会生长微生物，这是由于活性炭表面吸附了大量有机物，为微生物繁殖提供了有利条件。微生物具有降解有机物的能力，并可去除水中的氨氮。在活性炭前投加臭氧不仅能提高活性炭层中的溶解氧浓度，并且能将微生物无法利用的大分子量有机物降解为微生物能够利用的小分子量有机物，从而强化了微生物对有机物的降解。利用活性炭上生成的微生物来去除水中的有机物，称为生物活性炭技术。生物活性炭可以提高水中有机物的去除率，特别是去除水中氨氮非常有效。水中有机物部分地被微生物降解去除，降低了活性炭的负荷，从而延长了活性炭的再生周期。有的臭氧—生物活性炭工艺中活性炭再生周期可延长到 2 年以上。一般常将臭氧—颗粒活性炭设于常规处理工艺之后，如图 18-2 所示。

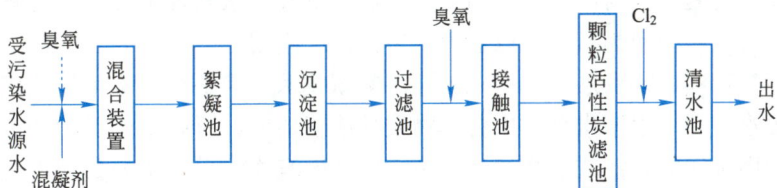

图 18-2　水的深度处理工艺(第二代城市饮用水净化工艺)

为了提高对水中有机物的去除，还常采用强化混凝的技术，即在前部的常规处理中，增大混凝剂的投加量，选用去除有机物效能更高的混凝剂，控制有利于提高有机物去除的工艺条件，投加能提高去除有机物的预氧化剂、助凝剂、助滤剂等。强化混凝被认为是去除水中有机物最经济有效的技术之一。

由常规处理工艺和臭氧—颗粒活性炭组成的工艺，基本上解决了有机污染和氯化消毒副产物造成的饮用水化学安全性问题，已成为一种通用工艺，被称为深度处理工艺。

但是，臭氧氧化也会生成一些对人体有害的有机物，例如甲醛等，特别是能与水中溴化物反应生成具有致癌作用的溴酸盐。我国饮用水标准规定水中溴酸盐含量不得超过 $10\mu g/L$，所以水源水中溴化物含量较高的沿海地区，应慎用臭氧氧化工艺。

高锰酸钾是一种强氧化剂，可以用来氧化去除水中的有机污染物，它是近些年发展起来的一项新技术。于常规处理工艺前投加混凝剂的同时(或之前或之后)向水中投加少量高锰酸钾($0.5\sim 2mg/L$)，高锰酸钾能氧化部分水中微量有机污染物。此外，高锰酸钾氧化有机物后被还原为二氧化锰，由水中析出，形成新生态水合二氧化锰胶体，具有巨大表面积，能有效吸附水中微量有机污染物。新生成的二氧化锰，还是一种催化剂，能提高氧化除污染能力。所以，高锰酸钾具有良好的除污染效果，是氧化和吸附综合作用的结果，不仅能去除易于被高锰酸钾氧化的有机物，并且还能去除不能被高锰酸钾氧化的有机物。高锰酸钾能去除水中致突变物质，使水的致突变活性降低。此外，迄今未发现高锰酸钾氧化能生成有毒有害氧化副产物，所以高锰酸钾是一种比较安全的除污染氧化剂。由于高锰酸钾氧化后会生成二氧化锰胶体，所以高锰酸钾宜投加于常规处理工艺之前。高锰酸钾与混凝剂的投加顺序，由实验确定。实验表明高锰酸钾的除污染效能与臭氧相近。

高锰酸钾也可以与活性炭联用。当高锰酸钾与粉末活性炭联用时，粉末炭宜投于高锰酸钾之后。高锰酸钾与颗粒活性炭联用时，颗粒炭滤池一般设于过滤池之后，高锰酸钾氧化水中大分子量有机物，使之生成小分子量有机物，有利于活性炭的吸附；活性炭能吸附未被高锰酸钾去除的微量有机污染物，两者具有协同效应。所以，高锰酸钾与活性炭联用，可获得高质量的处理水。

高锰酸钾的另一个特征，是具有优良的助凝助滤功能。实验表明，在常规处理工艺前于混凝剂投加同时（或之前）投加高锰酸钾，就能加快絮凝速度，并获得更粗大更密实的絮凝体，以及更低浊度的沉淀水；沉后水经滤池过滤，滤后水的浊度也更低。高锰酸钾的助凝作用，是由于能破坏水中有机物对胶体的保护作用，以及生成的二氧化锰水解产物具有较长的分子链，能在脱稳胶体之间起吸附架桥作用，高锰酸钾助凝，还能提高去除常量有机物的效果，其中包括提高去除氯化消毒副产物前驱物质的效果，减少氯化消毒副产物生成量。

高锰酸钾除污染，只需向水中投加少量药剂，不改变水处理工艺，不需修建大型水处理装置，经济有效，简便易行，所以在我国得到推广应用。

生物处理是近些年来发展起来的一种除污染新技术，它是将污水生物处理技术移植用于受污染水源水处理。由于水源水中营养物质的浓度很低，所以用于受污染水源水主要是生物膜法，常用接触氧化池或生物滤池。生物处理构筑物常设于常规处理工艺之前。生物处理对去除水中的氨氮特别有效，去除率可达70％～90％。生物处理还能去除部分常量有机物和微量有机污染物，以及水的浊度、色度等，从而减轻后续处理的负荷，提高处理水水质。生物处理效果受温度影响较大，所以比较适宜用于我国的南方地区。当水中可生物降解有机物的含量较低时，生物处理的效果不好。生物处理由于需要增设大型处理构筑物，所以建设费用较高，使其推广受到一定影响。

对于受污染水源水，上述去除有机物的工艺以及在常规处理工艺基础上增加去除水中常量和微量有机污染物的水处理工艺，以使处理水质达到我国颁布的新的国标要求，也可统称为水的深度处理工艺。

从历史发展的进程看，如果将以除浊和灭活致病细菌为目的的常规处理工艺称为第一代城市饮用水净化工艺，那么以去除和控制有机物为目的的深度处理工艺，可称为第二代城市饮用水净化工艺。

18.2.3　以膜滤为核心技术的组合工艺（第三代城市饮用水净化工艺）

20世纪末叶，又出现了以"两虫"（贾第鞭毛虫和隐孢子虫）为代表的新的重大饮用水生物安全性问题。

贾第鞭毛虫是一种对人类致病的原生动物，广泛分布于自然界。贾第鞭毛虫寄生于人体和动物体内，包囊随粪便排出，一旦受包囊污染的物质经口进入人体内，便会使人受到感染。贾第鞭毛虫包囊为卵圆形，长8～12μm，宽7～10μm，能够被混凝沉淀和过滤除去。当水处理工艺发生故障时，包囊便能穿透滤层。贾第鞭毛虫包囊具有比较强的抗氯性，氯消毒无法将之有效灭活，且致病性很强。在世界各地都有爆发贾第鞭毛虫病的记录。

隐孢子虫分布很广，是能使人致病的原生动物。在受感染的人体和动物体内，虫体发育成卵囊随粪便排出，一旦受卵囊污染的物体进入人体便可使人受到感染。隐孢子虫卵囊为球形，直径为 $4\sim6\mu m$，可为混凝沉淀和过滤除去，但水处理事故时可穿透滤层。卵囊具有很强的抗氯性，且致病性很强。1993 年美国密尔瓦基市曾暴发隐孢子虫病，病例达 40 万人。

由于水环境污染，水体中藻类大量繁殖，特别是蓝绿藻。蓝绿藻中有些种类能产生藻毒素，以及严重的臭和味。在我国，藻类已引发多起突发水质事故，已成为一个重大的生物安全性问题。

剑水蚤是一种水生甲壳类动物，体长 $1\sim2mm$，以藻类等为食，它同时又是鱼类的饵料。由于水环境污染，使藻类大量繁殖，而同时鱼类又被过量捕捞，水体中剑水蚤数量便大量增加。剑水蚤是致病的麦地那拉线虫的宿主。剑水蚤活动能力很强，有的能穿透滤层，其抗氯性又很强，人们误饮含有受感染的剑水蚤可致病。

城市水厂合格的出厂水，在输送和贮存过程中有微生物增殖现象，是不具有生物稳定性的水。水的微生物学指标如大肠菌群、粪大肠杆菌等，主要是针对水介烈性细菌性传染病的控制。对于指标中"细菌总数"，当 1mL 水中不超过 100CFU（菌落数）时，便认为饮用水是安全的。据研究，天然水中能生成菌落的微生物不足 1%，即 1mL 水中尚存在不超过 1 万个微生物，这些微生物中包括许多条件致病菌，这些病菌对某些敏感人群是可以致病的。此外，在这些微生物中，尚存在未被发现的致病因子。致病病毒、军团菌、"两虫"等，都是近几十年来新发现的致病因子。今后还会陆续发现一些新的致病因子。

所以，符合水质标准的饮用水的生物安全性只是相对的。对于生物不稳定的水，水中的微生物越多，水的生物安全性便越低，这也是一个重大饮水生物安全性问题。

近年来发现，深度处理中的颗粒活性炭滤池，由于滤层中孳生大量微生物，使其出水中微生物显著增多，即深度处理工艺使水的化学安全性提高了，却使水的生物安全性降低了。

面对新出现的重大饮用水生物安全性问题，第一代和第二代工艺都无法完全将之解决，有待于研发新的第三代城市饮用水净化工艺。

对于水中的致病微生物的尺寸，病毒为 20nm 至数百纳米，细菌为数百纳米到数微米，原生动物为数微米至数十微米，藻类为数微米至数百微米，甚至更大。

纳滤膜的孔径为几纳米，超滤膜的孔径为几纳米至上百纳米，如采用孔径小于 20nm 的超滤膜，无论是超滤还是纳滤都可将水中微生物几乎全部除去。而微滤膜的孔径为一百纳米至数千纳米，不能充分截留去除病毒和细菌。所以纳滤和超滤是去除水中微生物的最有效的方法。过去没有将膜滤用于大型城市自来水厂，主要因为膜价格昂贵。

近年来，随着超滤膜在我国逐步形成规模化生产能力，性能和质量也已达到国外同类产品水平，能够为每天处理数万甚至数十万立方米规模的水厂提供膜材料，且成本已降至可与第一代工艺竞争的价位，具备了大规模用于城市饮用水净化的工艺条件。

超滤可以去除包括胶体在内的绝大部分颗粒物质，膜后出水浊度低至 0.1NTU 以下，且不受膜前浊度变化的影响，加之超滤能几乎完全去除水中的微生物，所以超滤可以取代常规处理工艺，如图 18-3 所示。

图 18-3　超滤直接过滤原水

当原水浊度高时，会使膜滤周期缩短，膜污染加重，物理清洗和化学清洗频繁。为了改善超滤的经济性，可将超滤置于常规处理工艺之后。生产实验表明，超滤膜前水的浊度不超过 10NTU 时，一般对超滤影响很小，而混凝沉淀一般都能将水的浊度降至 3～5NTU 以下，所以一般可将常规处理工艺中的过滤去掉，以简化流程。从另一角度，也可将混凝沉淀看作是应对高浊度原水而采取的膜前预处理措施。膜前混凝沉淀单元的设置，将大大拓展超滤对原水浊度的适用范围。

超滤对于溶解性的污染物如溶解性有机物和无机物的去除效果较差，也需要增设膜前和膜后处理单元。对于季节性或短期发生的以有机物污染为主的微污染原水，可于膜前混凝沉淀工艺中投加粉末活性炭及预氧化剂、助凝剂等。超滤能去除部分天然大分子有机物（如腐殖酸等），强化混凝能提高对天然有机物的去除效果，预氧化剂和助凝剂能使混凝对天然有机物的去除效果得到提高。超滤和混凝对水中中、小分子有机物，特别是微量有机污染物的去除效果较差，粉末活性炭则可吸附中、小分子有机物，从而使水中有机物得到有效去除。

对于长期发生微污染的原水，可将超滤设于深度处理工艺之后，膜前的强化混凝能去除大分子有机物，随后的臭氧—颗粒活性炭能去除微量有机污染物，并且臭氧能将大分子有机物氧化分解为中、小分子有机物，提高活性炭吸附去除有机物的效果。经深度处理的原水，水中有机物已减少，再经超滤去除水中残留的颗粒物及微生物，从而使水的化学安全性和生物安全性都得到显著提高。

当采用浸没式外压式超滤膜时，向膜池中投加粉末活性炭，由于超滤膜的截留作用，粉末活性炭在膜池中积累，浓度可高达数千毫克每升，并且活性炭可在膜池中停留很长的时间，不但能将其吸附容量充分发挥出来，由于炭粉表面会生长生物膜，还能对有机物发挥生物降解作用，从而构成高效的超滤膜—生物粉末活性炭反应器。当水中含有超高浓度的氨氮时（6～8mg/L），现今用于去除氨氮的各种工艺都难以应对，试验表明，超滤膜—生物粉末活性炭反应器却能有效地进行处理。当反应器不断有新的粉末活性炭加入的情况下，活性炭对有机物的物理吸附作用能长期持续下去。进入反应器的粉末炭上逐渐生长出生物膜，开始对有机物有生物降解作用。最后，在反应器中将存在由新粉末活性炭到各种龄期的生物炭构成的一个稳定体系，使各种有机物在反应器中都有相应的除去率，可能获得很好的有机物去除效果。

综上所述，生物安全性是饮用水安全保障的首要任务。近年为解决新的重大生物安全性问题而发展起来的新一代工艺——以膜滤为核心技术的组合工艺，可归纳如图 18-4 所示。

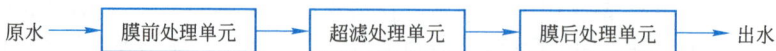

原水　→　膜前处理单元　→　超滤处理单元　→　膜后处理单元　→　出水

图 18-4　第三代城市饮用水净化工艺

针对水中不同污染物，膜前可采用混凝、吸附、化学氧化、生物处理等不同处理方法。

由于超滤能将水中微生物几乎全部去除，水的生物安全性已得到保证，所以原则上不必再对膜后水进行消毒，为防止水在后续的输送和贮存过程中受到二次污染，只需再向膜后水中投加少量消毒剂以维持消毒能力，从而使氯化消毒副产物的生成大大减少，使长期困扰供水业界的氯化消毒副产物控制问题基本得到解决。

将超滤规模化地用于城市饮用水净化工艺，始于 20 世纪末，历史较为短暂，但呈现加速发展趋势，现国外已建有多座 30 万 m³/d 左右规模的超滤水厂。2009 年 12 月，我国第一座使用国产膜的 10 万 m³/d 超滤水厂在山东东营投产，标志着超滤在我国开始应用于大型水厂。现我国建成的超滤膜水厂规模最大已达 60 万 m³/d。

而纳滤作为高压膜，相比于较低压力的超滤有着更高的运行费用，在饮用水处理方面的应用规模暂不及超滤。但随着国内高质量发展的不断推进，公众对饮用水的水质需求日趋提高，部分经济发达地区陆续发布了更加严格的地方饮用水水质控制标准。由于纳滤在脱盐软化、除砷除氟、除微量有机污染物方面具有理想处理效果，并能保留下水中对人体有益的矿物元素，近年来在国内市政给水领域的应用得到迅速发展。借鉴超滤水厂规模化建设运行经验，以纳滤为核心的组合工艺项目在太仓、张家港和嘉兴等市成功落地。

可见以膜滤为核心技术的组合工艺——第三代城市饮用水净化工艺在我国将会有广阔发展前景。

18.3　水 的 除 藻*

天然地表水体受到城市污水、工业废水以及农田排水的污染，水中营养物质大量增加，会导致水体的富营养化，特别是在水交换过程缓慢的湖泊和水库中，藻类等浮游植物会异常繁殖，夜间藻类呼吸会消耗水中溶解氧，大量藻类尸体及有机物的分解也会大量消耗水中的溶解氧，甚至使水生物窒息死亡，使水环境恶化，水生态系统遭到破坏。

藻类的大量繁殖，常使水的感官性状不良，藻类会产生许多臭和味物质，使水产生异臭和异味；某些藻类会产生藻毒素，如蓝绿藻中的微囊藻属、颤藻属、鱼腥藻属等能产生肝毒素；鱼腥藻属、颤藻属、含珠藻属、柱孢藻属和束绿藻属中的某些种类能产生神经毒素；有多种藻类能产生脂多糖毒素，对人体健康有害；藻类及其分泌物与氯作用，还会生成氯化消毒副产物；藻类的密度小，不易沉淀除去，进入滤池后会堵塞滤池，运行周期缩短，反冲洗水量增加，严重时甚至会导致水厂停运；藻类及分泌物不利于混凝，使混凝剂等投加量增大；未被去除的藻类进入输配管网，成为可被细菌利用的可同化有机物，从而降低了水的生物稳定性等。

可以采用向水体投加硫酸铜或柠檬酸铜的方法以控制藻类的繁殖，因为铜离子对藻类有毒性。但是，铜离子对鱼类也有毒性，这是其缺点。可采用深层曝气的方法，使上、下水层交替，干扰藻类生长环境，控制藻类生长。还可采取由水体不同深度取水的方法，以避开高藻水层，减少取水中藻类的含量。

对于进入水厂的含藻水，可以采用预氧化法杀藻。常用的预氧化剂有氯、臭氧、高锰酸钾等。用氯杀藻效果好，但会生成大量对人体有害的氯化副产物。臭氧杀藻效果也很好。氯和臭氧杀藻效果虽好，但会破坏藻细胞，使藻内包容物外泄，污染增加。高锰酸钾杀藻效果不如氯和臭氧，但能使藻失活，且不使藻细胞破坏，有利于后续混凝除藻，效果也很好。

混凝是提高除藻效果的重要方法。藻类一般带负电，经混凝后可显著提高沉淀和过滤的除藻效率。

气浮用于除藻特别有效，因为藻类密度小，混凝后不易沉淀，但用气浮法使之上浮比较适宜，所以气浮除藻效率一般都比沉淀高得多。但是，气浮池排出的藻渣，有机物含量高，在气温高时易于腐败，使水厂环境恶化，所以藻渣处理是有待解决的问题。

向水中投加粉末活性炭或采用颗粒活性炭过滤吸附除藻，也有一定作用，但一般只于同时除臭和味时使用。

在常规处理工艺之前设置生物处理构筑物，也有一定除藻作用，可以减轻后续工艺的除藻负荷。

用超滤除藻，超滤能将藻类全部截留，是最有效的方法，但藻类分泌物对超滤膜的污染较重，需采用各种减轻污染的措施。

各种除藻方法，对不同水体水的除藻效果也不同，需通过试验来选定。

18.4　水的除臭除味 *

水源中的异臭和异味，常常是由于藻类及其分泌物所致。含藻水常具有其优势种属的特殊臭和味，如霉味、青草味、老鹳草味、豆味、鱼腥味等。水中的放射菌属及其分泌物则具有泥土味或霉味。此外，水中有的异臭异味是土壤中植物和有机物分解所致。

当水源水受到工业废水和城市污水污染时，也常产生异臭异味。

在水处理过程中，由于药剂与水中物质发生化学反应，也会使水产生异臭异味。例如，氯与水中的酚类化合物作用，能生成具有药味的氯酚；氯与含氮化合物作用，能生成具有老鹳草味的三氯化氮等。

活性炭吸附是有效的除臭除味方法。一般由藻类大量繁殖引起的臭和味具有季节性，比较适宜用粉末活性炭去除。如果由污染引起的臭和味持续时间很长，甚至终年不断，比较适于应用颗粒活性炭去除。

臭氧氧化除臭除味效果很好。当水的臭和味比较浓时，常用臭氧与活性炭联用。当臭氧与粉末炭联用时，常在常规处理工艺前投加粉末炭，在滤池后再用臭氧氧化；当臭氧与颗粒炭联用时，常于滤池后投臭氧，再经颗粒炭吸附过滤。臭氧除臭除味受水温影响较大，当水温低于5℃时，效果变差。臭氧氧化产物有时也有异臭异味，可被活性炭除去。

用折点加氯的方法，可有效地去除水中的臭和味。

二氧化氯除臭除味也比较有效，但对三氯化氮无效。

高锰酸钾是有效的除臭除味药剂。在常规处理工艺前，于投加混凝剂同时（或前或后）向水中投加高锰酸钾，常可显著提高除臭除味效果。高锰酸钾与活性炭在除臭除味方面有互补性，高锰酸钾对某些臭和味特别有效，活性炭则对另一些臭和味特别有效，将高锰酸钾与活性炭联用，可能是一种普适性的除臭除味技术。

当水因含硫化氢而有臭和味时，采用使水曝气的方法除臭除味也比较有效。

由于水中致臭致味物质多种多样，每一种方法的除臭和味效果都不相同，所以需要通过试验选用有效的处理方法。

18.5　水源水质突发污染及净水技术对策 *

近年来我国地表水源突发污染事件频发。水源突发污染有天然的和人为的两类。城市水厂净水工艺都是按水源常年水质（三类以上）选定，且95％以上为常规处理工艺。水源突发污染，污染物种类、浓度及持续时间等都超出水厂设计预计，水厂净水工艺难以应对，致使出水污染物超标，甚至造成水厂不得不停产，危害很大，已成为城市饮用水水质安全的重大问题。

在发生水源突发污染时，水厂现有净水工艺及大型净水构筑物难以临时改变，这时比较可行的是针对污染物投加多种药剂。

建立水源突发污染预警机制十分重要，应与环保部门联手，尽早提供污染物种类等信息。

针对不同污染物，需要尽快通过实验获得需要投加的药剂种类和剂量，以及相关工艺技术条件，以指导水厂生产。现今用于应对水源突发污染的实验方法，主要仍是 20 世纪 50 年代的烧杯搅拌试验法（四联或六联），该法费人、费时、费力，明显过于陈旧，有待更新换代。

悬浮物与微生物的污染突发事件常由暴雨、洪水引发。当浊度较高时，可增大混凝剂投放，或投加有机高分子阳离子絮凝剂，当浊度很高时，投加聚丙烯酰胺比较有效。受到微生物突发污染时，大剂量预氧化比较有效。但是，上述措施实际上并不都能取得成功。将超滤设置于第一代或第二代工艺之后，应对该污染突发事件最为有效。因为超滤出水浊度一般都在 0.1NTU 以下，且不受膜前浊度的影响。一旦膜前处理失败，膜前水质恶化，超滤仍能保障出水浊度及微生物达标，所以是最可靠应对这类突发污染的技术。

我国湖、库富营养化比较普遍，故藻类突发污染经常发生。在水源水体可采用生物法（养殖滤食性鱼类等）、物理法（深层曝气法等）、化学法（投药等）控藻。在水厂内可对原水进行预氧化；采用气浮比沉淀有更好的除藻效果。但是当水中藻浓度很高时，上述措施并不都能取得成功，常致相当数量藻类泄漏进入出水中，使水质恶化。将超滤设置于第一代或第二代之后，应对藻突发污染最为有效。超滤能将藻类完全去除，一旦膜前处理不成功，超滤也能保证出水不含藻类，是应对藻类突发污染最可靠的技术。

臭和味突发污染也经常发生。水源水的臭和味有多种来源，其中藻臭比较常见。粉末活性炭是除臭除味的有效方法。臭氧氧化除臭效果很好，但只能用于有臭氧发生设备的水厂。高锰酸钾对部分臭和味有很好效果。粉末活性炭与高锰酸钾联用，两者在除臭除味方面有互补性，即粉末活性炭处理效果较差的臭和味物质，常可被高锰酸钾的氧化和吸附去除，反之亦然，所以可能成为一种通用的除臭除味方法。颗粒活性炭除臭和味，在活性炭投产前期效果很好，在后期成为生物炭时效果较差。

有机物突发污染，主要是种类繁多的微量有毒有害有机物的污染。粉末活性炭是去除微量有机污染物的有效方法。颗粒活性炭前期去除效果较好，后期效果较差，但仍有一定去除效果。臭氧氧化能去除大部分微量有机污染物，但只能用于有臭氧发生装置的水厂。高锰酸钾对许多微量有机污染物有去除作用，其中包括氧化作用和氧化生成的 MnO_2 胶体的吸附作用。高锰酸钾及其复合剂与粉末活性炭或颗粒活性炭联用，可达到臭氧与活性炭联用的除微量有机污染物的效果。

氨氮突发污染常发生在珠江和淮河流域。于暴雨季节发生支流泄洪导致在江河中形成高浓度氨氮和有机物污染团，氨氮浓度有的高达 10mg/L，现有工艺皆难以应对。常规工艺能去除水中不超过 1mg/L 的氨氮；深度处理工艺，因受水中溶解氧浓度的限制，能去除不超过 2～3mg/L 的氨氮。生物预处理技术，可不断曝气向水中充氧，但对于接触氧化池或曝气生物滤池，因生物膜面积较小，可去除水中不超过 3～4mg/L 的氨氮。超滤膜一粉末活性炭生物反应器，因粉末炭表面积大，生物量巨大，试验表明能去除高达 $6\sim8mg/L$ 的氨氮，是去除水中氨氮最有效的技术。

重金属突发污染事件发生时，用混凝法可除去许多种重金属。向水中加碱，提高水中的 pH，再配合混凝法，对多种重金属有良好去除效果。向水中投加煤质活性炭，对某些重金属有吸附去除作用。高锰酸盐复合剂技术是一种新的除重金属技术，对一些浓度很低，一般难以去除的重金属，例如镉、铊、钼等，都取得了良好效果。

目前我国大多数城市水厂的药剂制备和投加设备不足，工艺也比较落后，难以同时投加 2 种以上的药剂，极不适应应对水源水质突发污染的要求。为了应对水源水质突发污染，应尽快增设投加多种药剂的设备，并建立多种药剂的贮备仓库。

18.6 给水厂生产废水的回收与利用

18.6.1 概述

给水厂的生产废水主要来自沉淀池或澄清池的排泥水和滤池反冲洗废水，这部分废水占整个水厂日产水量的 3%～7%，对这部分水进行回收和利用，不仅可以节约水资源，提高水厂的运营能力，还可减少废水的排放量。目前国内外很多大型水厂在设计时都考虑了生产废水的回收与利用措施，但由于水质问题，也有相当大部分水厂没有或不常回收与利用，主要考虑这部分废水中不仅富集了原水中几乎所有的杂质，而且还包含了生产工艺中投加的各种药剂，让这些物质重新回到生产系统中，同时再加上由此产生的生物因素，的确具有一定的风险，因此在考虑回收利用时，必须要仔细研究。

给水厂生产废水回用的方式可以分为直接回用和处理后回用。

直接回用是国内目前采用较多的方式，主要有滤池反冲洗废水直接回收利用和生产废水上清液回收利用两种方式。前者设置回收池，将滤池反冲洗废水加以收集，提升至原水絮凝前，与原水一起重新处理；后者设置污泥浓缩池，沉淀池排泥水和滤池反冲洗水经过浓缩，上清液提升至原水絮凝前重新处理，底部污泥进入污泥处理系统或直接排入河道或下水道。这种回用方式本身费用较低，可以结合给水厂厂区的污泥处理系统一起实施，但需加强水质监测措施，一旦水质不能满足回用标准，必须降低回用负荷或不回用。

处理后回用是对生产废水进行处理，使其水质满足原水的常规化学指标和生物指标后再回用，处理方法与生产废水的水质有较大关系。

18.6.2 给水厂废水的直接回用

在国内，多数的给水厂是将滤池反冲洗废水直接回收利用，将其抽送至混合池起端。曾有人以湘江原水为研究对象，对滤池的反冲洗废水的回用进行试验，结果表明，采用滤池反冲洗废水直接回收至混合池，不仅可以回收废水，而且还能提高反应沉淀效果，具有较好的经济效益和环境效益。研究结果还表明，回收反冲洗废水后的沉淀池及滤池出水中，铝、铁、镁、钙、铅、锌、镉、汞、锰等金属元素及有机物指标并没有增加，即没有形成无机物和有机物累积，这些杂质主要从沉淀池排泥水中排出，即直接回收滤池反冲洗废水至反应沉淀池，不会对水处理过程造成"二次污染"。

以下为某给水厂对生产废水所采用的直接回用工艺(图 18-5)。

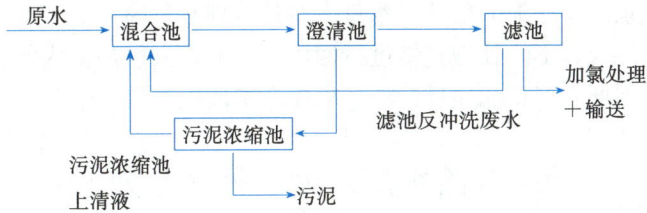

图 18-5　某给水厂排泥水浓缩回用、反冲洗水直接回用工艺

18.6.3　给水厂废水处理后回用

在给水厂生产废水回用的过程中,需要注意铁、锰等常规指标及微生物指标(贾第鞭毛虫和隐孢子虫)的控制。贾第鞭毛虫和隐孢子虫这两项生物指标近年来越来越受人们的重视。发达国家当前主要措施是降低出厂水浊度,但浊度低并不能保证隐孢子虫等原生动物被去除。想要安全地去除贾第鞭毛虫和隐孢子虫等原生动物,可采用微滤、超滤或臭氧消毒等方法。

目前,国外多采用膜分离技术对给水厂生产废水进行处理回用。

在德国,一些法规中明确要求加强水的回用以减少生产废水。德国的给水厂生产废水一般贮存在沉淀槽中。1997 年以前,沉淀槽中的清水直接返回到原水中,后来环境联盟机构饮用水委员会要求禁止回用未经深度处理的水,对于拟进行回用的生产废水要求实现固液分离并去除水中微生物和寄生虫。

德国的 Hitfeld 给水厂的年处理水量为 270 万 m^3,滤池反冲洗水相当于 10% 的处理水量,为了避免废水资源的浪费,回收利用很有意义。该厂经过多项试验,于 1999 年 2 月,投入运行了一个生产性的超滤工艺。反冲洗水在沉淀槽中沉淀后,再经膜处理回到原水中,超滤膜处理工艺中截留的浓缩物与沉淀槽的污泥一起处理,每 3～4 个月,必须对膜上截留的化学物质进行清洗。该水厂的生产废水回用的处理工艺流程如图 18-6 所示。

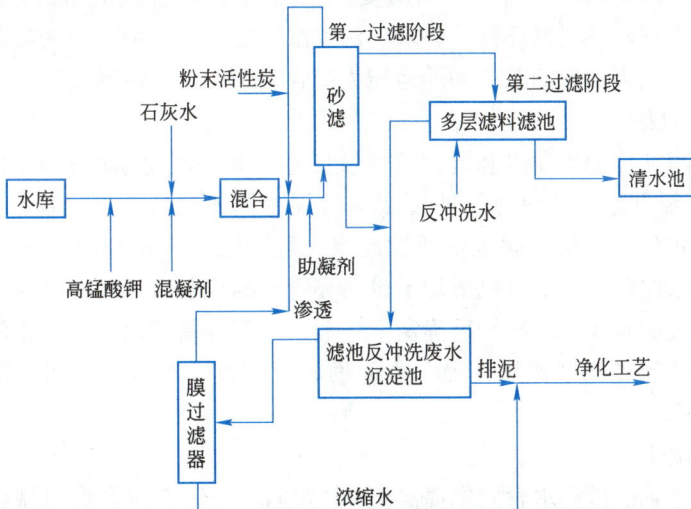

图 18-6　德国 Hitfeld 给水厂生产废水回用处理工艺

在美国，有将近50%～60%的地表水处理工艺实行了滤池反冲洗废水的回收利用。美国大多数给水处理系统，滤池的反冲洗水量大约是处理水量的2%～5%。通常反冲洗废水经过贮存、平衡、混合，不经处理直接进行回用。一般，人们都认为滤池主要去除隐孢子虫和其他病原体，因此，回用滤池反冲洗水可能会造成生产废水中隐孢子虫的富集。

18.7 给水厂污泥的处理与处置

18.7.1 概述

给水厂在生产出符合生活饮用水卫生标准的净化水的同时，也产生了大量的沉淀池或澄清池排泥水和滤池反冲洗废水。近年来，随着城市给水厂数目和规模的日益增多和扩大，给水厂集中排入水体的排泥水越来越多，不仅淤积河床，妨碍航运，而且还严重地污染了水体。

早在20世纪30年代，发达国家就开始注意给水厂的污泥处理问题，到目前已有80%左右的给水厂污泥得到处理。美国、日本以及欧洲等国家较大规模的给水厂一般均配置有较完善的、自动化程度很高的污泥处理与处置设施。而我国到20世纪80年代才开始实施污泥的自然干化和探索污泥机械脱水。1996年石家庄市润石水厂率先建成带式压滤机污泥脱水车间，而后北京、深圳、上海、杭州等城市的一些给水厂也相继建造了污泥脱水车间。

18.7.2 给水厂的污泥处理

给水厂污泥处理的目的是降低污泥的含水率，以达到便于运输、堆放和最终处置的要求。因此给水厂的污泥脱水设施建设十分重要，在设计时必须注意以下几个方面的问题。

1. 污泥量的确定

污泥量的多少将直接影响建设的规模，其主要影响因素是原水中的悬浮固体和混凝剂的投加量。给水厂常年只监测和记录原水浊度（NTU），要确定浊度和悬浮固体的相应关系，需要做大量的对比测定。然后根据历史记录的浊度、色度和投加混凝剂、助凝剂的量，选择合适的频率，并根据环保的要求、污泥浓缩能力、浓缩污泥的贮存能力、脱水机械设备的备用能力、干污泥的贮存和外运能力综合确定设计干污泥量。

2. 排泥水的收集

排泥水包括沉淀池的排泥水和滤池反冲洗废水，其中沉淀池排泥水的含固率比较高，达0.1%～2%甚至更高，而滤池反冲洗废水含固率则比较低，平均在0.03%～0.05%。一般这两种排泥水分开收集，滤池反冲洗废水先经预浓缩后再与沉淀池的排泥水一起浓缩。这样能提高浓缩效率，不过也增加了设备和管理的复杂性。两种排泥水一起收集还是分开收集，应通过试验经综合比较后确定。一般，水厂设调节池来收集排泥水，一方面对给水厂的间断来泥起到调节作用，另一方面回收上清液，对污泥起到一定的浓缩、贮存作用。

3. 排泥水的浓缩

浓缩是将收集到的排泥水含固率提高至3%左右，含固率越高对机械脱水越有利。污泥的浓缩方法有重力浓缩、气浮浓缩、微孔浓缩、隔膜浓缩和生物浮选等。重力浓缩工艺简单、运行稳定、成本低廉，给水厂的排泥水浓缩一般采用重力浓缩。连续式重力浓缩池的设计理论很多，最常用的是固体通量理论。如受场地限制，常通过增设斜板等措施提高浓缩效率。

4. 污泥的机械脱水

污泥脱水的目的是去除泥水中所含的全部自由水和部分毛细水，使污泥含固率进一步提高。目前国内外比较常用的脱水机械有板框压滤机、离心脱水机、带式压滤机。脱水机械的选择涉及污泥的脱水特性、工程的造价、日常的运行费用、设备维修的复杂程度、对环境的影响程度、占地面积、脱水污泥含固率要求等，需要经过综合比较后确定。

18.7.3 给水厂的污泥处置

1. 污泥处置方法

给水厂污泥处理的重点是污泥的最终处置，污泥最终处置费用高，环境影响大，处置方法多。污泥的处置方法有如下几种：

(1) 排入排水管道由城市污水处理厂处理

若给水厂附近有城市污水处理厂，且在污水处理厂处理能力许可的情况下，污泥可以直接排入排水管道同城市污水一道处理并处置。这种情况只适合于某些中小型水厂，否则污水处理厂将不堪重负。这种方法还必须认真考虑污泥在排水管道中可能沉积阻塞的问题。

据克拉萨奥克斯(Krasauakas)1969 年的一份报告，美国有 8.3% 的给水厂采用将污泥排入排水管道的方法进行处置。并有人做实验证明：给水厂污泥的混入对城市污水处理并无明显的不利影响，相反还有一定的促进作用。给水厂的污泥大部分会在初沉池中沉淀下来，因而提高了初沉污泥量，大大降低了初沉污泥中有机物含量的比例，从而使其更易沉降，这也是加入给水污泥后初沉池出水悬浮固体和浊度降低的原因。

还有一种做法是通过专门管路输送到污水处理厂后，不经过污水处理工艺，而直接与污水处理厂污泥混合，一起处置。由于给水污泥脱水性能远优于污水污泥，它可以起调节作用，提高污泥的可脱水性。

(2) 脱水泥饼的陆上埋弃

泥饼的陆上埋弃应遵循有关法律法规。目前大部分是利用附近较充裕的空地、荒漠、土坑、洼地、峡谷或是废弃的矿井等来埋置泥饼。如果水厂附近没有适宜的泥饼埋置地或不允许在附近埋弃，就需要考虑将泥饼运到适宜的地方埋弃。

(3) 泥饼的卫生填埋

所谓泥饼的卫生填埋，就是将给水厂内的脱水泥饼同城市垃圾处理场中的生活垃圾一起填埋，用作垃圾处理场的覆土。该法也是给水厂污泥处置的一个被广泛采用的方法。垃圾填埋场对覆土的土质要求，一是要达到卫生填埋的要求，二是要兼顾填埋垃圾土地的最终利用，恢复土地的利用价值。给水厂的脱水泥饼土质一般能够满足垃圾填埋场的覆土要求。但是城市垃圾填埋场往往远离市区，如何经济地解决脱水泥饼的运输问题是实施卫生填埋的关键。

(4) 泥饼的海洋投弃

靠近海滨的城市，脱水泥饼的海洋投弃也是污泥处置的一种选择。可将沉淀池排出的泥水不作任何浓缩脱水处理，直接通过管道排入海中；也可以将污泥脱水后，用船将泥饼运到海中投弃。进行海洋投弃时，要注意有关的法规。经脱水处理的污泥和未经脱水处理的污泥海洋投弃时，对海水的污染情况是不同的。脱水泥饼将不再吸水而分散开来，对海水的污染程度低，但污泥的脱水处理需要很高的费用。

2. 给水厂污泥的综合利用

给水厂污泥处理的初衷是为了减少对自然水体的污染。污泥处理的费用昂贵，会大大增加水厂的投资和制水成本。因而，如何在污泥处理过程中综合利用污泥处理中的各种副产物，回收部分污泥，是一个极有益的课题。

(1) 再生铝盐

大概有70%的给水厂使用硫酸铝作为混凝剂，而混凝剂的费用在制水成本中占很大的比例。沉淀池底泥中一般都含有较多的氢氧化铝沉淀物，它的存在往往给污泥脱水带来困难。从污泥中回收铝盐，可以使污泥更容易浓缩和脱水，同时可以大大减少污泥的总固体量，降低后续污泥脱水设备的规模，减少投资。回收的铝盐可以用作给水处理的混凝剂，从而可以抵消部分污泥处理运转费用。

(2) 再生铁盐

在给水处理中，铁盐也常被用作混凝剂。铁盐经使用后，基本上变成沉淀物，混合在沉淀污泥中。同铝盐的回收一样，对给水厂污泥处理具有相似的优越性。

(3) 从石灰—苏打软化工艺污泥中再生石灰

石灰—苏打软化法是一种较为经济的软化原水硬度的工艺。我国水质标准对水的硬度要求不高，因而采用石灰—苏打软化工艺的给水厂不多见，而在西方国家的给水厂，石灰—苏打软化工艺的使用却相当普遍。石灰—苏打软化工艺也会产生较多的污泥，但同给水厂的其他污泥相比，该污泥较稳定，纯度高，密度大。由于其中 $CaCO_3$ 含量高，用这种污泥回收石灰是可行的。

(4) 将污泥作为建筑材料等的原料

将污泥作为建筑材料等的原料，从而实现污泥的资源化是可行的，但是目前仍存在下面的一些问题：制砖和建筑材料的原料有一定的技术要求，因而对污泥要求较高，多数情况下需要加入一定量的添加剂才能满足要求；污泥的性质会不断变动，给制造质量稳定的产品带来困难；制造过程复杂，成本较高；用给水厂脱水污泥制作产品时，水厂污泥的数量常显得不足，不能形成规模生产，在价格上和市场上与现有的同类产品无法竞争；另外，还需注意产品的市场性和加工过程中是否会产生二次污染。

18.7.4 给水厂的污泥处理与处置实例

上海市自来水公司在闵行水厂（处理规模 $7 \times 10^4 t/d$）进行了排泥水处理技术和工程生产性研究，投入运行后取得良好效果。该水厂根据 1994 年~1996 年原水浊度统计，一车间平均日产干污泥量为 11.96t/d，最低日产干污泥量 2.36t/d，最高日产干污泥量 40.99t/d。根据排泥水沉降特性试验和污泥粒径大小测试，确定污泥处理与处置工艺流程，如图 18-7 所示，从图中可以看到，处理工艺流程主要由五部分组成：截留池、污泥浓缩池、污泥平衡池、聚合物加注系统、离心机。该系统有 2 个物料进口，即截留池的排泥水进口和高分子絮凝剂 PAM 加注口；有 2 个物料出口，即浓缩池上清液排放口和螺旋输送器的泥饼出口。离心机分离水回收至排泥水截留池。

232

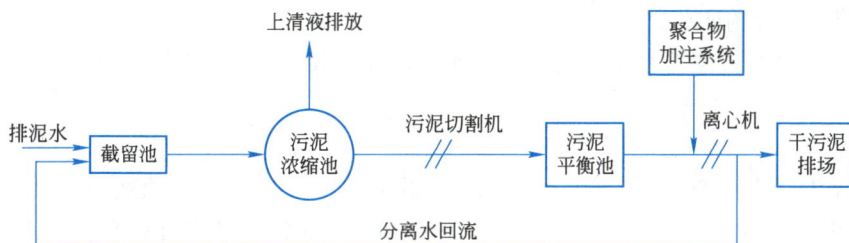

图 18-7　上海闵行水厂排泥水处理工艺

（1）沉淀池排泥水的收集

沉淀池排泥水收集主要由虹吸式吸泥机或经穿孔排泥管排出，靠重力流向截留池。池内装有搅拌机（达到一定水位开始搅拌）以防止污泥沉淀。截留池出水选用两台潜水泵提升（一用一备），其中一台由变频控制并能相互切换。截留池内安装液位仪，控制搅拌机的开启和传送水位信号至 PLC 控制中心。潜水泵出口处安装电磁流量仪，既可现场观测，又可传送信号至 PLC 控制中心。

（2）排泥水的浓缩

污泥浓缩池为地面式现浇钢筋混凝土结构，设计流量 $160m^3/h$，设计输出污泥浓度$\geqslant$5％DS，进入浓缩池排泥水浓度$\leqslant$1％DS。污泥浓缩池底部设有刮泥机一台，用于收集底部浓缩污泥。污泥浓缩池的主要处理部分是斜板浓缩装置。其有效沉淀面积为 $356m^2$。排泥水浓缩池担负着双重使命，即清浊分流。当底部污泥浓度计测得含固率达到一定控制指标时，通过 PLC 接受一定信号，指令污泥切割机（用于打碎颗粒较大的固体，保护后续处理设备的安全）和污泥泵开启，将污泥排入平衡池，当污泥浓度低于某一数值时，PLC 指令污泥切割机和污泥泵停止工作。随着截留池排泥水不断进入浓缩池，其上清液不断外排。对污泥浓缩池进行了连续测试，结果表明连续稳定运行有利于提高浓缩池的清污分离效果。

（3）污泥平衡池

斜板浓缩后的污泥经安装在管道上的污泥切割机，由三台偏心螺旋泵（两用一备）送至污泥平衡池。为防止污泥沉降，平衡池内设有搅拌机一台，同时安装液位仪（控制搅拌机的启动和停止）和污泥浓度计（作为脱水机污泥处理量和 PAM 加注量的依据）等在线控制检测仪表。

（4）离心机脱水

闵行水厂一车间的原水取自黄浦江上游，浊度较高，污泥中无机成分含量高，无明显的亲水性，污泥离心脱水较容易。根据排泥水污泥颗粒粒径大小的分析，选用 DSNX-4550 离心机作为固液分离主要脱水机械。

（5）工艺的自动化控制

闵行水厂在项目进行过程中，对如何自动控制整个系统进行了研究，提出了可行的自控模式，使系统在 PLC 中央控制下达到无人自动运行的程度。

典型给水处理
工艺案例—松
花江水污染应
急事件

思考题

1. 试思考有哪些方面的推动力导致了城市饮用水处理工艺的代际变革，

未来将有哪些可能的变革方向。

2. 请思考针对含藻类水处理时用何种预氧化方法合适，并解释原因。

习题

1. 某湖泊水中藻类 300～600 万个/L，水的 pH 为 7.2～9.0，浊度 3～120NTU，色度 25～38 度，重碳酸盐碱度 120mg/L，臭和味为 Ⅱ～Ⅲ 级，请设计一套合理工艺处理该水质，用于生产饮用水。

2. 请用流程图的形式列举出历代城市饮用水净化工艺，并讲述其适用的水源水质条件。

第 19 章　特种水源水处理工艺系统 *

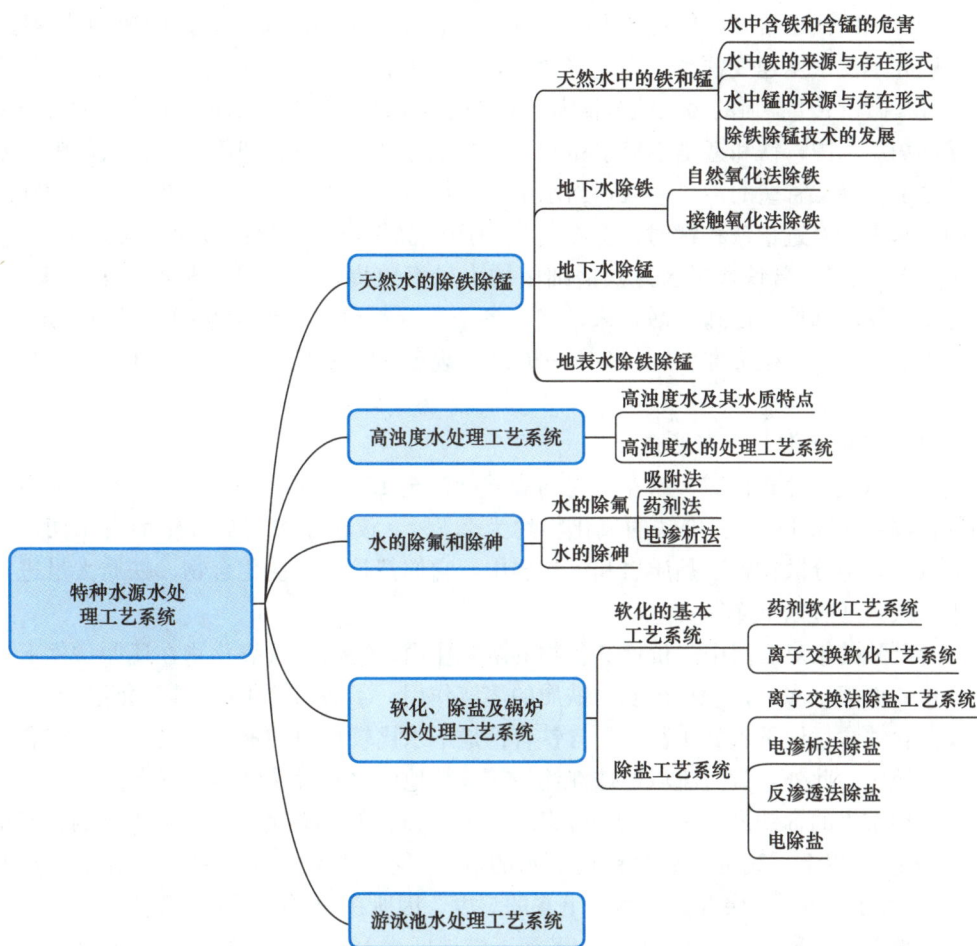

```
特种水源水处
理工艺系统 ┬─ 天然水的除铁除锰 ┬─ 天然水中的铁和锰 ┬─ 水中含铁和含锰的危害
           │                  │                   ├─ 水中铁的来源与存在形式
           │                  │                   ├─ 水中锰的来源与存在形式
           │                  │                   └─ 除铁除锰技术的发展
           │                  ├─ 地下水除铁 ┬─ 自然氧化法除铁
           │                  │             └─ 接触氧化法除铁
           │                  ├─ 地下水除锰
           │                  └─ 地表水除铁除锰
           ├─ 高浊度水处理工艺系统 ┬─ 高浊度水及其水质特点
           │                      └─ 高浊度水的处理工艺系统
           ├─ 水的除氟和除砷 ┬─ 水的除氟 ┬─ 吸附法
           │                 │           ├─ 药剂法
           │                 │           └─ 电渗析法
           │                 └─ 水的除砷
           ├─ 软化、除盐及锅炉 ┬─ 软化的基本 ┬─ 药剂软化工艺系统
           │   水处理工艺系统   │   工艺系统   └─ 离子交换软化工艺系统
           │                   └─ 除盐工艺系统 ┬─ 离子交换法除盐工艺系统
           │                                   ├─ 电渗析法除盐
           │                                   ├─ 反渗透法除盐
           │                                   └─ 电除盐
           └─ 游泳池水处理工艺系统
```

19.1　天然水的除铁除锰

19.1.1　天然水中的铁和锰

第 19.1 节内容
视频讲解

1. 水中含铁和含锰的危害

我国不少地区的水源水中含有过量的铁和锰，不符合人们生活和工业生产的要求。铁和锰都是人体必需的微量元素，一般认为饮用水中含有微量的铁和锰时对人体无害。但铁和锰的摄入量超过一定限量，就会对人体健康造成危害，一般成人每日安全的铁摄入量为

235

12～15mg，锰为 2～5mg。

地下水中的铁常以二价铁的形式存在，由于二价铁在水中的溶解度较高，所以刚从地下含水层中抽出来的含铁地下水仍然清澈透明，但与空气接触后，水中的二价铁便被空气中的氧气氧化，生成难溶于水的三价铁的氢氧化物而由水中析出。因此，地下水中的铁虽然对人体健康无影响，但也不能超过一定含量。当水中的含铁量大于 0.3mg/L 时，水变浑浊；超过 1mg/L 时，水具有铁腥味。当水中含有过量的铁，在洗涤的衣物上能生成锈色斑点，给生活带来不便。

地下水中的锰也常以二价锰的形式存在。二价锰被水中溶解氧氧化的速度非常缓慢，所以一般并不使水迅速变浑浊，但它产生沉淀后，能使水的色度增大，其着色能力比铁高数倍，对衣物和卫生器皿的污染能力很强。当锰的含量超过 0.3mg/L 时，能使水产生异味。

在锅炉用水中，铁和锰是生成水垢和罐泥的成分之一。在冷却用水中，铁能附着于加热管壁之上，降低管壁的传热系数，当水中含铁量高时，甚至能堵塞冷却水管。而在给水工程中，水中含有过量铁和锰时，会在管道中产生沉积，当沉积物被冲起会产生"黄水"和"黑水"。同时，含铁含锰水为铁锰细菌的大量繁殖提供了条件，从而造成管道堵塞。为避免水中铁和锰给生产和生活带来危害，各个国家都对水中铁和锰的含量有一定限制。我国《生活饮用水卫生标准》GB 5749—2022 中规定含铁量不超过 0.3mg/L、含锰量不超过 0.1mg/L。

2. 水中铁的来源与存在形式

铁在地球表面分布很广，铁在地壳的表层（深至 15m）的含量约为 6.1%，其中二价铁的氧化物约为 3.4%，三价铁的氧化物约为 2.7%，仅次于氧、硅和铝而占第四位。地壳中的铁质多半分散在各种晶质岩和沉积岩中，它们都是难溶性化合物。铁质大量进入地下水中，大致通过以下途径：

①含碳酸的水对岩层中二价铁氧化物的溶解作用；②三价铁氧化物在还原条件下被还原为二价铁而溶于水中；③有机质对铁质的溶解作用；④铁的硫化物被氧化而溶于水中。

我国含铁含锰地下水分布甚广，含铁含锰地下水比较集中的地区是松花江流域和长江中、下游地区。此外，黄河流域、珠江流域等部分地区也有含铁含锰地下水。

我国地下水的含铁量多为 5～15mg/L，超过 30mg/L 的较为少见；地下水的含锰量多数在 1.5mg/L 以下。我国含铁含锰地下水的 pH，绝大多数为 6.0～7.5，其中多数低于 7.0，少数高于 7.0。浅层含铁含锰地下水的温度，因所在地区不同而呈现规律性变化。松花江流域地下水温度一般为 8～10℃，黄河下游地区为 15℃左右，长江中下游地区为 20℃左右，珠江中下游地区为 25～30℃。

铁在水中存在的形态，主要有二价铁和三价铁两种。三价铁在 pH>5 的水中，溶解度极小，况且地层又有过滤作用，所以中性含铁地下水主要含二价铁，并且一般为重碳酸亚铁 $Fe(HCO_3)_2$。

重碳酸亚铁是较强的电解质，它在水中能够离解：

$$Fe(HCO_3)_2 \Longrightarrow Fe^{2+} + 2HCO_3^- \tag{19-1}$$

所以二价铁在地下水中主要是以二价铁离子（Fe^{2+}）形态存在。在酸性的矿井水中，二价铁则常以硫酸亚铁 $FeSO_4$ 形式存在，且含铁量很高。

当水中有溶解氧时，水中的二价铁易于氧化为三价铁：

$$4Fe^{2+}+O_2+2H_2O \Longrightarrow 4Fe^{3+}+4OH^- \tag{19-2}$$

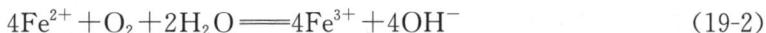

氧化生成的三价铁由于溶解度极小，因而以 $Fe(OH)_3$ 形式析出。所以，含铁地下水中不含溶解氧是二价铁离子能稳定存在的必要条件。

3. 水中锰的来源与存在形式

锰是地壳中含量第十二丰富的元素，通常以锰氧化物的形式存在于土壤、岩石和矿物质中。在地下水及湖泊、水库的深水层等低氧化还原电位的水体中，土壤和岩石中的固态锰会溶解为游离锰，在一些富营养化的浅层地表水中，也会出现锰超标的问题。全球气候变化导致底部水体缺氧，沉积物中铁、锰等重金属释放速度加快，地表水体中的锰污染或将日益普遍，且浓度呈季节性波动。

锰也是重要的工业原材料，我国是全球第一大锰矿资源消费国，而随着新能源市场的增长，锰的开发利用将进一步加快。锰矿业与工业活动产生的大量未妥善处置的含锰残渣及渗滤液，引起自然水体中锰含量超标，威胁生态环境。

天然水中的锰，通常是由于岩石和矿物中锰的氧化物、硫化物、碳酸盐、硅酸盐等溶解于水所致。例如，含二价锰的零锰矿（$MnCO_3$）溶于含碳酸的水中：

$$MnCO_3+CO_2+H_2O \Longrightarrow Mn^{2+}+2HCO_3^- \tag{19-3}$$

高价锰的氧化物，如水锰矿（$MnOOH$）、软锰矿（MnO_2）、黑锰矿（Ma_3O_4）等，在缺氧的还原环境中，能被还原为二价锰而溶于含碳酸的水中。此外，在富含有机物的水中，还可能存在有机锰。水中的锰可以有从正二价到正七价的各种价态，但除了正二价和正四价锰以外，其他价态的锰在中性的天然水中一般不稳定，所以实际上可以认为它们不存在。在正二价与正四价中，正四价锰在天然水中溶解度甚低，不足为害。所以在天然水中溶解状态的锰主要是二价锰。我国地下水中的锰含量一般不超过 $2mg/L$。

此外，饮用水配水系统中生物、化学作用，季节性原水水质变化，管道内流速变化均可能导致锰在管道中的沉积以及沉积物的脱落，配水系统中锰浓度超过 $20\mu g/L$ 便会造成锰的沉积。管壁上的锰沉积物会堵塞管道，增大配水系统的能量消耗，水中悬浮的锰氧化物颗粒会造成用户龙头水变色。锰沉积物会富集重金属、放射性核素、阴离子化合物（如砷酸盐和铬酸盐）、有机物及多种生物，促进余氯产生消毒副产物，多种微量金属和放射性核素伴随锰，对公众健康构成毒理学风险。

锰是我们人体必需的微量元素，美国毒物与疾病登记署（ATSDR）建议成年人锰的摄入量不超过 $10mg/d$，长期摄入过量的锰会对人体产生不可逆的神经毒性作用，尤其是会损害儿童的智力与运动系统，研究表明通过饮用水或食物摄入的锰的代谢途径不同，接触高浓度锰自来水的儿童智商得分较低，接触锰含量为 $1\mu g/L$ 与 $216\mu g/L$ 的水的儿童之间的智商平均相差 6.2。

世界卫生组织（WHO）规定出厂水锰的指导限值为 $50\mu g/L$，美国环保署（EPA）的推荐限值为 $50\mu g/L$，加拿大规定锰的浓度需低于 $20\mu g/L$，日本很多区域供水公司以 $1\mu g/L$ 作为除锰要求，与上述国家或地区相比，我国《生活饮用水卫生标准》GB 5749—2022 中对锰的限值较高为 $100\mu g/L$。

4. 除铁除锰技术的发展

除铁除锰水厂始于 19 世纪下半叶，荷兰于 1868 年建成第一座地下水除铁水厂，1874 年德国建成第一座地下水除锰水厂，1893 年美国也建设了地下水除锰水厂。国外常规的地下水除铁除锰工艺，是地下水曝气后进行砂滤，这一方法常与接触池或气浮池以及添加化学药剂结合在一起使用，当水中含锰时，在曝气和过滤之间加入高锰酸钾或二氧化氯等强氧化剂。1946 年，国外科学家又发现并提出了氯接触氧化法除锰原理和技术。

20 世纪 60 年代，芬兰成功试验了地层除铁除锰技术。该技术是在取水井附近打几口注水井，将含氧的水注入地层，在取水井周围形成一个氧化带，当由取水井抽水时，四周的含铁含锰地下水流经氧化带，铁、锰在氧化带中被氧化去除，由取水井抽出的便是除铁除锰水。地层除铁除锰是一种比较经济有效的除铁除锰技术，现已在北欧一些国家推广使用。

在地下水除铁除锰工艺方面，各国由于环境条件与经验习惯不同而各有差异。例如，美国多用加氯或高锰酸钾氧化后过滤，同时加硅酸钠和聚合磷酸盐对水中残留的铁和锰进行稳定性处理的方法。日本多采用自然氧化法、接触氧化法和氯接触氧化法除铁除锰。法国普遍采用曝气加过滤的工艺，通常不设中间接触槽。荷兰常使用慢滤除铁，使铁的氧化和过滤去除同时进行。

我国地下水除铁除锰技术是在中华人民共和国成立后才有的迅速发展。东北地区许多工厂和城镇以地下水为水源，遇到了含铁、锰过高的地下水处理问题。此时采用的地下水除铁技术主要是从苏联和东欧引进的自然氧化法除铁工艺，当时的工艺系统复杂、设备庞大，水在整个处理系统中停留时间达 2～3h，设备投资高，并且除铁效果有时达不到用水要求。

为了降低工程费用，提高除铁效率，以李圭白、虞维元为首的哈尔滨建筑工程学院（现为哈尔滨工业大学）部分师生将催化技术引入了除铁工艺。团队参考国外使用的人造锰砂接触氧化除铁工艺，成功试验了天然锰砂接触氧化除铁工艺。当使用天然锰砂作滤料除铁时，对水中二价铁的氧化反应有很强的接触催化作用，能大大加快二价铁的氧化反应速度。同时，该工艺利用空气中的氧作为氧化剂，不再向水中投加其他药物。系统中水的总停留时间仅有 5～30min，处理设备投资大为降低。也因其经济高效、运行管理简易，在生产中得到迅速推广和应用。迄今我国多数地下水除铁设备，都采用了天然锰砂接触氧化除铁工艺。

相比较而言，地下水除锰要比除铁困难得多，所以发展也较为缓慢。这是由于锰的氧化还原电位比铁高，在天然水条件下难以被溶解氧氧化，所以去除比较困难。1958 年，哈尔滨建成第一座地下水除铁除锰水厂，采用曝气塔曝气、反应沉淀、石英砂过滤三级处理流程，是我国最早具有除锰效果的水厂。

然而，使用石英砂为滤料，起主要除锰作用的锰质活性滤膜在其表面自然生成需要很长的时间，此期间水厂出水锰含量会超标，如何使滤池一开始就能获得合格的除锰水，是一直困扰工程界的一个难题。天然锰砂除锰技术解决了这一难题，从而在国内迅速推广，成为地下水除锰的一个通用工艺。1978 年，我国第一座大型天然锰砂除铁除锰水厂在哈尔滨建成，自投产便持续获得达标的除铁除锰出水。

1978 年，工程建设全国通用设计标准规范管理委员会下达重点科研项目"地下水除锰技术"，由哈尔滨建筑工程学院李圭白负责。课题组综合分析了国内外大量地下水除锰资料，对我国东北地区、两广、长江中下游的十余套地下水除锰装置进行了比较全面和系统的调研测试，在黑龙江哈尔滨、吉林海龙和九台、辽宁新民等地又进行了大规模的模型试验和生产性试验研究。在全面总结科研成果和生产实践基础上，完整、系统地提出了地下水曝气接触氧化除锰工艺，以及不同水质条件下的除锰流程。这项成果于 1982 年被编成

《地下水除锰技术》出版，推动了锰质活性滤膜接触氧化除锰工艺后续的工程应用。

19.1.2　地下水除铁

（1）自然氧化法除铁

可用于地下水除铁的氧化剂，有氧、氯和高锰酸钾等，其中以利用空气中的氧最为经济，在生产中广泛采用。自然氧化法除铁就是使水曝气，让空气中的氧溶于水，用溶解氧将水中的二价铁氧化为三价铁，由于三价铁在水中的溶解度极小，便以氢氧化物形式由水中析出，再用沉淀和过滤的方法将氢氧化铁由水中除去，从而达到除铁的目的。

含铁地下水与空气接触后，空气中的氧便迅速溶于水中。氧化反应见式(19-2)，按此式计算，每氧化 1mg/L 的二价铁约需 0.14mg/L 氧，但实际上所需溶解氧的浓度比理论值要高，因此除铁所需溶解氧的浓度须按下式计算：

$$[O_2]=0.14a[Fe^{2+}]mg/L \tag{19-4}$$

式中 a 表示水中实际所需溶解氧的浓度与理论值的比值，称为过剩溶氧系数，一般取 $a=2\sim5$。

水中二价铁浓度对时间的变化率，便是水中二价铁的氧化速度。水中二价铁的氧化速度，一般与水中二价铁、溶解氧、氢氧根离子等的浓度有关，可表示如下：

$$-\frac{d[Fe^{2+}]}{dt}=K[Fe^{2+}][O_2][OH^-]^2 \tag{19-5}$$

式中左端为二价铁的氧化速度，负号表示水中二价铁的浓度随时间而减少。式右端的 K 称为反应速度常数。一般，地下水中二价铁的氧化速度比较缓慢，所以地下水与空气接触（称为水的曝气过程）后，应有一段反应时间，这样才能保证水中二价铁的浓度降至要求的数值。另外，从式(19-5)可见，氧化速度与$[OH^-]$呈二次方关系，因此水的 pH 对氧化除铁过程有很大影响。氧化除铁过程只有在水的 pH 不低于 7 的条件下才能顺利进行。

加强水的曝气过程，可以使水中 CO_2 充分逸散，从而提高水的 pH，这是提高二价铁氧化速度的重要措施，特别是当 pH 小于 7.0 时。

氧化生成的三价铁，经水解后，先产生氢氧化铁胶体，然后逐渐凝聚成絮状沉淀物，可用普通砂滤池除去。

曝气自然氧化除铁工艺系统如图 19-1 所示。

图 19-1　曝气自然氧化除铁工艺系统

含铁地下水一般不含溶解氧。为使空气中的氧能溶于水，并去除水中的二氧化碳以提高水的 pH，需设专门的曝气装置，使水能与空气充分接触。同时，为了能有效地除铁，还需要使水中二价铁与溶解氧有充分的反应时间，以使二价铁能尽量全部被氧化为三价铁，因此需设置使水有足够停留时间的氧化反应池。

氧化生成的三价铁水解后，首先生成氢氧化铁胶体，然后逐渐絮凝成絮状沉淀物。一般，三价铁的水解过程比较迅速，而絮凝过程则比较缓慢。所以三价铁的絮凝过程也应考虑在反应池中完成。此外，絮凝形成的氢氧化铁悬浮物，也能部分地沉淀于反应池中，所以反应池也兼起沉淀池的作用。三价铁经水解、絮凝后形成的悬浮物，可用普通滤池过滤除去。所以自然氧化除铁工艺系统，一般都由曝气装置、反应沉淀池和滤池处理构筑物组成。主要用于水中二价铁的氧化反应时间较长（大于 20min），或水的含铁浓度较高（大于10mg/L）的场合。当水中二价铁的氧化反应时间不大于 30min，可将曝气装置和反应池组成一体，例如将喷淋式曝气装置下面的集水池适当加大，用作二价铁的氧化反应池，是一种常见的处理系统。也可利用表面叶轮曝气池兼作反应池，与滤池进行组合。

当不需要去除水中的二氧化碳以提高水的 pH 时，还可采用压力式的处理系统。当水中二价铁的氧化反应迅速时（氧化反应时间不大于 10min），可采用以单级滤池为主体的自然氧化除铁系统。例如当需要去除水中二氧化碳以提高水的 pH 时，可采用在滤池上设莲蓬头或穿孔管曝气装置的处理系统。当不需要去除水中二氧化碳时，可采用跌水曝气、射流泵加气、压缩空气曝气等与滤池组成的重力式或压力式处理系统。

（2）接触氧化法除铁

20 世纪 60 年代，在我国试验成功天然锰砂接触氧化除铁工艺，这是将催化技术用于地下水除铁的一种新工艺。实验表明，用天然锰砂作滤料除铁时，对水中二价铁的氧化反应有很强的接触催化作用，它能大大加快二价铁的氧化反应速度。将曝气后的含铁地下水经过天然锰砂滤层过滤，水中二价铁的氧化反应能迅速地在滤层中完成，并同时将铁质截留于滤层中，从而一次完成了全部除铁过程。所以，天然锰砂接触氧化除铁不要求水中二价铁在过滤除铁以前进行氧化反应，因此不需要设置反应沉淀构筑物，这就使处理系统大为简化。天然锰砂接触氧化除铁工艺一般由曝气溶氧和锰砂过滤组成。因为天然锰砂能在水的 pH 不低于 6.0 的条件下顺利地进行除铁，而我国绝大多数含铁地下水的 pH 都大于6.0，所以曝气的目的主要是为了向水中溶氧，而不要求散除水中的二氧化碳以提高水的pH，这可使曝气装置大大简化。曝气后的含铁地下水，经天然锰砂滤池过滤除铁，从而完成除铁过程。在天然锰砂除铁系统中，水的总停留时间只有 5～30min，处理设备投资大为降低。

实验发现，旧天然锰砂的接触氧化活性比新天然锰砂强；旧天然锰砂若反冲洗过度，催化活性会大大降低，它表明锰砂表面覆盖的铁质滤膜具有催化作用，称为铁质活性滤膜。过去人们一直认为二氧化锰（MnO_2）是催化剂。铁质活性滤膜催化作用的发现，表明催化剂是铁质化合物，而不是锰质化合物，天然锰砂对铁质活性滤膜只起载体作用，这是对经典理论的修正。所以，在滤池中就可以用石英砂、无烟煤等廉价材料代替天然锰砂做接触氧化滤料。新滤料对水中二价铁离子具有吸附去除能力，但吸附容量因滤料品种不同而异，天然锰砂的吸附容量较大，石英砂、无烟煤吸附容量很小。天然锰砂的吸附容量大，投产初期的除铁水水质较好是其优点。

铁质活性滤膜是一种由高价铁构成的具有特殊构造的催化物质，其化学组成可表示为$Fe(OH)_3 \cdot 2H_2O$。铁质活性滤膜接触氧化除铁的过程，目前已经基本明了。铁质活性滤膜首先以离子交换方式吸附水中的二价铁离子：

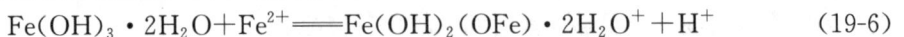

$$Fe(OH)_3 \cdot 2H_2O + Fe^{2+} = Fe(OH)_2(OFe) \cdot 2H_2O^+ + H^+ \tag{19-6}$$

当水中有溶解氧时，被吸附的二价铁离子在活性滤膜的催化下迅速地氧化并水解，从而使催化剂得到再生：

$$Fe(OH)_2(OFe) \cdot 2H_2O^+ + \frac{1}{4}O_2 + \frac{5}{2}H_2O \Longrightarrow 2Fe(OH)_3 \cdot 2H_2O + H^+ \tag{19-7}$$

反应生成物又作为催化剂参与反应，因此，铁质活性滤膜接触氧化除铁是一个自催化过程。

铁细菌是自然界广泛分布的微生物，它也存在于除铁滤层中，铁细菌的生物酶对溶解氧氧化二价铁有催化作用，所以也是铁质活性滤膜催化作用组成的一部分，但实验表明，其作用不是主要的。

曝气接触氧化法除铁工艺系统如图 19-2 所示。

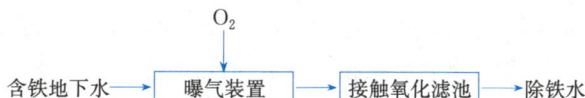

图 19-2　曝气接触氧化除铁工艺系统

在曝气接触氧化除铁工艺中，曝气的目的主要是向水中充氧，但为保证除铁过程的顺利进行，过剩溶氧系数 α 应不小于 2。

曝气后地下水中二价铁浓度在接触氧化滤层中的变化速率为：

$$-\frac{d[Fe^{2+}]}{dx} = \frac{\beta[O_2]\ T^n}{dv^p}[Fe^{2+}] \tag{19-8}$$

式中 $[Fe^{2+}]$ 为滤层深度 x 处的二价铁浓度；d 为滤料粒径；v 为滤速；p 为指数；当水在滤层中过滤流态为层流时，$p=1$；当流态为紊流时，$p=0$；当流态处于过渡区时，$0<p<1$。$[O_2]$ 为水中溶解氧的浓度；T 为过滤时间；n 为指数；β 为滤层的接触氧化活性系数。此式左端为滤层中二价铁的减小速率，其值与该处二价铁浓度、溶解氧浓度、过滤时间的 n 次方 T^n 成正比，与滤料粒径、滤速的 p 次方 v^p 成反比。滤层的接触氧化活性系数 β，与滤料积累的活性滤膜物质的数量有关。对于新滤料，滤料表面尚无活性滤膜物质，所以新滤料也没有接触氧化除铁能力，只能依靠滤料自身的吸附能力去除少量铁质，出水水质较差。滤池工作一段时间后，滤料表面活性滤膜物质积累数量逐渐增多，滤层的接触氧化除铁能力逐渐增强，出水水质也逐渐变好。当活性滤膜物质积累到足够数量，出水含铁量降低到要求值以下，表明滤层已经成熟。新滤料投产到滤层成熟，称为滤层的成熟期。一般滤层的成熟期为几日至十几日不等。

在过滤过程中，由于活性滤膜物质在滤料表面不断积累，使滤层的接触氧化除铁能力不断提高，所以过滤水含铁量会越来越低，出水水质越来越好。所以，接触氧化除铁滤池的水质周期会无限长，滤池总是因压力周期而进行反冲洗，这与一般澄清滤池不同。

在天然地下水的 pH 条件下，氯和高锰酸钾都能迅速地将水中二价铁氧化为三价铁，从而达到除铁目的。但这种用氧化药剂除铁的方法，药剂费用较高，且投药设备运行管理也较复杂，故只在必要时才采用。

19.1.3　地下水除锰

地下水除锰主要以氧化法为主，即将水中的二价锰氧化成四价锰，四价锰能从水中析出，再用固液分离的方法除去，从而达到除锰的目的。

曝气自然氧化法除锰要求将水的 pH 提高到 9.5 以上，为此需对含锰地下水进行碱化，因而处理后水的 pH 将超过《生活饮用水卫生标准》GB 5749—2022 中要求的 pH 不大于 8.5 的上限值。所以碱化后还需要酸化处理，将 pH 调回 8.5 以下。这使得处理流程复杂，制水成本很高。因此，自然氧化法除锰很少被单独使用，常与药剂软化一同配合使用。

20 世纪 50 年代，在哈尔滨建成一座地下水除铁除锰水厂，处理效果良好。这是我国最早具有除锰效果的水厂。含铁含锰地下水曝气后经滤池过滤，经长期运行（数十日）后，在滤池滤料表面自然形成了具有催化作用的活性滤膜，水中二价锰在天然水的中性条件下（pH=7.0 左右）在活性滤膜接触催化作用下能迅速被溶解氧氧化而由水中除去。活性滤膜主要由高价锰氧化物构成，此外还含有铁、硅、钙、镁等化合物，可称为锰质活性滤膜。上述除锰方法，称为锰质活性滤膜接触氧化法除锰。

锰质活性滤膜的接触氧化除锰过程，首先是锰质活性滤膜吸附水中的二价锰离子。锰质活性滤膜的化学结构目前尚未确定，有待进一步研究，可以用（$MnO_x \cdot yH_2O$）表达。上述的吸附过程：

$$Mn^{2+}+(MnO_x \cdot yH_2O) \cdot 2H^+ \Longrightarrow (MnO_x \cdot yH_2O) \cdot Mn^{2+}+2H^+ \tag{19-9}$$

被吸附的 Mn^{2+} 在活性滤膜催化作用下被水中溶解氧氧化，生成活性滤膜，并成为新的催化剂参与反应，所以锰质活性滤膜接触氧化是个自动催化过程。催化氧化反应过程：

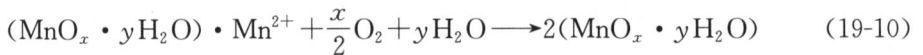

$$(MnO_x \cdot yH_2O) \cdot Mn^{2+}+\frac{x}{2}O_2+yH_2O \longrightarrow 2(MnO_x \cdot yH_2O) \tag{19-10}$$

国内外都有人提出生物除锰机理。铁、锰细菌是在自然界广泛存在的微生物，铁、锰细菌具有特殊的酶，能催化氧化水中的二价锰，并进行繁殖，所以无疑是接触氧化除锰的贡献者之一。实验表明，高价锰化合物、高锰酸钾、臭氧等都能氧化水中二价锰，并生成锰质活性滤膜。水中溶解氧也能在滤膜表面氧化二价锰并生成锰质活性滤膜，所以溶解氧化学氧化和铁锰细菌氧化两者对在石英砂表面生成锰质活性滤膜都有贡献，并且随着滤料的成熟，化学作用越来越强而生物作用越来越弱，当滤料充分成熟，生物作用便居于次要地位。

按二价锰的化学反应式计算，每氧化 1mg/L 二价锰，需要溶解氧 0.29mg/L。

除了以上除锰方法，二氧化氯、高锰酸钾、臭氧等强氧化剂可以快速的将水中的二价锰氧化为 MnO_x，在 pH 为 7，氧化剂浓度为 1mg/L 时，水中二价锰与二氧化氯、高锰酸钾或臭氧反应的半衰期分别为 3.5s、6s 和 26.5s，国内多处水厂通过投加此类强氧化剂控制饮用水中的锰污染。

二氧化氯在使用时会产生亚氯酸盐或氯酸盐等有害的副产物，限制了其投加浓度与除锰效果。在 TOC 为 4~5mg/L 的河水中，臭氧不能有效地氧化二价锰，臭氧过量投加时又会生成高锰酸盐，影响出水水质。与臭氧或二氧化氯相比，水中天然有机物对高锰酸钾氧化二价锰的影响较小，但高锰酸钾会将水中的二价锰离子氧化为棕黄色的胶体态锰氧化物，仅靠聚合氯化铝等常规混凝药剂无法有效去除此部分胶体颗粒，且胶体态锰氧化物的尺寸为纳米级，有穿透滤池的风险。此外，过量的高锰酸钾会导致出水为粉色，锰二次超标等问题，因此必须持续监测进水锰浓度，调节高锰酸钾的投加量。温度也会影响氧化剂与锰离子的反应速度，低温含锰水需要投加数倍于反应计量比的强氧化剂才能保证出水效果。

砂滤除锰技术广泛应用于全球各地的饮用水厂，与强氧化剂直接在均相水溶液中氧化二价锰不同，微生物群落或氧气可以在滤料的多相界面将游离的二价锰固定到滤床中，达到除锰的目的。目前砂滤除锰的机理尚未完全清晰，通常认为是锰氧化细菌和/或二价锰被氧气氧化生成的活性锰氧化物作用的结果，原水水质和工艺条件会影响活性滤膜除锰的机制。基于酶的生物除锰和基于活性锰氧化物催化氧气除锰技术的出水水质均易受温度、溶解氧等水质因素和水力停留时间、滤速等工艺条件的影响。水源的切换、锰浓度的季节性变化给砂滤除锰技术带来了越来越大的挑战。此外，砂滤工艺的成熟期长，需要数周或长达几个月的时间，因此工艺运行前往往需要长期的中试实验或预留适当的成熟时间。

在饮用水深度除锰关键技术方面，原水水质条件对锰的氧化具有显著影响，锰的去除效果与 pH、含氧量、温度、溶解性有机质及锰含量等因素息息相关。目前，强氧化剂直接氧化法和砂滤除锰工艺均无法实现出水锰浓度稳定低于 $20\mu g/L$ 的深度除锰目标，饮用水深度除锰仍是当前亟需突破的关键前沿技术。

高铁酸盐指的是金属离子与高铁酸根 FeO_4^{2-} 所组成的盐类，为粉末状晶体。与传统氧化剂，如 $Cl_2(1.36V)$、$ClO_2(0.95V)$、$O_3(2.08V)$、$KMnO_4(1.5V)$ 相比，高铁酸盐的氧化还原电位更高(可达到 2.2V)，对低温、高有机质水体的氧化除锰效能更强。与目前广泛应用的高锰酸盐除锰药剂相比，高铁酸盐本身不含锰，氧化产物不会增加水中的总锰数量。此外，高铁酸盐反应生成的 $Fe(OH)_3$ 胶体具有良好的吸附和絮凝能力，可加快锰氧化物胶体的沉降速度。然而，高铁酸盐存在制备困难、提纯流程复杂、运输困难等问题，限制了其推广应用。高铁酸盐及其复合药剂的经济、绿色与批量制备方法是未来深度除锰的重要研究方向。

界面的传质过程、锰离子与氧化剂之间的电子转移过程是催化氧化深度除锰的限速步骤。随着反应物质离催化剂表面距离的减小，传质速率线性减小，在催化剂表面停滞的分子边界层阻碍了锰离子的氧化进程。在催化氧化过滤除锰的过程中，二价锰与水中的氧化剂在锰氧化物表面发生单电子转移反应，二价锰首先被氧化为三价锰，三价锰再失去一个电子变为四价锰，三价锰在其中起到重要的桥梁的作用，对催化氧化除锰的性能具有显著影响，已有研究人员发现 Mn(Ⅲ)含量高的锰氧化物的催化活性更强。通过优化混凝剂、氧化剂等药剂投加与水力反应条件，动态调控催化剂界面结构，提高中间态锰的数量，获得强传质与高电子转移效能的纳米片层催化剂，可解决传统砂滤催化活性不高、除锰能力不强、运行管理复杂等难题。此外，在重力驱动超滤膜表面构筑新生态纳米催化剂，可同步实现控制膜污染与深度除锰的技术目标，保障出厂水的化学安全性。

锰和铁的化学性质相近，所以在含锰地下水中常含有铁。铁的氧化还原电位比锰要低，二价铁对高价锰 (三价和四价锰) 便成为还原剂，因此二价铁能大大阻碍二价锰的氧化，只有在水中二价铁含量很低的情况下，二价锰才能被氧化。所以，在地下水中铁、锰共存时，总是先除铁后除锰。所以，在选择除铁除锰工艺时，要特别注意二价铁对除锰的干扰。

除铁除锰工艺系统典型的有：一次曝气单级过滤、一次曝气两级过滤、二次曝气两级过滤三种，如图 19-3 所示。

当水中含铁量较低时，可采用一次曝气单级过滤除铁除锰工艺[图 19-3(a)]。这时铁被截留于滤层的上部，形成除铁带，锰被截留于滤层的下部，形成除锰带，即在一个滤层中是先除铁后除锰。

在单级滤池中除铁除锰，在建设费用上较两级过滤低，但存在二价铁对锰质活性滤膜污染的风险。例如，当滤速增大或二价铁浓度增高时，水中二价铁会穿透滤层上部的除铁

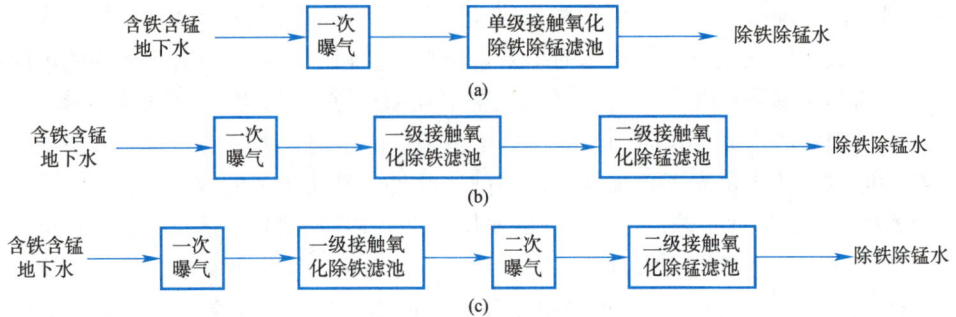

图 19-3　地下水除铁除锰工艺系统
(a) 一次曝气单级过滤工艺；(b) 一次曝气两级过滤工艺；(c) 二次曝气两级过滤工艺

带而污染下部的除锰带，除锰带中的活性滤膜被二价铁污染后便丧失了除锰能力，致除锰带被压缩，出水含锰量增高，甚至使出水含锰量超标（>0.1mg/L）。试验表明，当滤速或二价铁浓度恢复正常后，被污染的锰质活性滤膜的除锰能力并不能立即恢复，而是有待于锰质活性滤膜的重新生成，这需要很长时间（如数十日），结果滤池出水含锰量会长时间不达标。试验发现，用含二价铁的水浸泡锰质活性滤膜，会有高价锰被还原为二价锰而溶于水中，从而使活性滤膜催化物质的结构遭到破坏而丧失催化活性，致使除锰效果长时间恶化。

此外，在滤层成熟过程中，滤层反冲洗时，上下层滤料不可避免地会产生混杂，在滤层下部除锰带滤料上新生成的活性滤膜，反冲洗时被带到上层受到二价铁的污染而丧失活性，使滤层成熟缓慢，成熟期增长。水中铁浓度常远高于锰浓度，滤层会因铁质堵塞而频繁反冲洗，这也会影响下部除锰带的形成，使成熟期增长。

对于单级除铁除锰滤池，为减少二价铁对活性滤膜的污染，宜采用不均匀级配的滤料，并以恒滤速的方式工作。

从二价铁对锰质活性滤膜的污染角度出发，含铁含锰水的曝气装置可分为两类，一类是依靠外部输入能量对水进行曝气（如压缩空气曝气、叶轮表面曝气、机械通风曝气塔等）。一般，地下水水源和水厂常分别由独立电源供电。依靠外部输入能量进行曝气，一旦水厂断电，曝气设备停运，未曝气的无氧水就会进入除铁除锰滤池，造成除锰带活性滤膜的严重污染。另一类是依靠水自身能量进行曝气（如跌水曝气、穿孔管或莲蓬头曝气、曝气架曝气、射流泵曝气等）。依靠自身能量进行曝气，一旦断电，曝气停止，进水也会停止，不会发生未曝气水进入除铁除锰滤池的现象，对除锰是比较安全的，应优先选用。

当水中含铁量较高时，或含铁量和含锰量都较高时，宜采用一次曝气两级过滤除铁除锰工艺[图 19-3(b)]。两级过滤除铁除锰与单级过滤原理上是相同的，只是把单级过滤上部滤层除铁带接触氧化除铁和下部滤层除锰带接触氧化除锰分置于两个滤池中，形成两级过滤工艺。两级过滤与单级过滤比较，最大的特点是基本消除了二价铁对锰质活性滤膜的污染的风险。两级滤池各自独立，皆可按各自最佳的方式运行，互不干扰，既可采用均匀级配滤料，也可采用非均匀级配滤料，既可采用等速过滤，也可采用变速过滤。第一级滤池滤速的变化及水质特别是二价铁浓度的变化，都不会对第二级除锰滤池产生影响。由于第二级除锰滤池受到的污染和干扰最少，所以锰砂滤料的吸附及除锰能力更强，滤层成熟的也更快，是比较安全可靠的工艺。

我国有的地下水因受到污染而致水中氨氮浓度增高，氨氮在硝化细菌作用下能被氧化除去，但所需溶解氧量很高，氧化 1mg/L 氨氮需 4.57mg/L 的溶解氧，故当水中氨氮含量较高时（>1.5mg/L），采用简单的跌水曝气，水中溶解氧满足不了除铁除锰要求。当水中溶解氧浓度不足时，二价铁优先利用溶解氧，故不会影响接触氧化除铁过程。氨氮的氧化耗氧先于锰的氧化，所以会对除锰产生影响。当水中氨氮浓度较高时，需采用溶氧能力强的大型曝气装置或二次曝气两级过滤除铁除锰工艺[图 19-3(c)]。

当曝气后水的 pH 超过 7.0，有时会受溶解性硅酸影响而致三价铁穿透滤层，也需采用二次曝气两级过滤工艺，第一次曝气为弱曝气接触氧化除铁，第二次曝气为强曝气除氨氮和接触氧化除锰。

对于水中二价铁和二价锰浓度较高，在滤料选择上，第一级除铁滤料既可采用天然锰砂，也可采取石英砂、无烟煤等更廉价的滤料。滤料的粒径及厚度，锰砂滤料宜为 0.6～2.0mm（或石英砂滤料为 0.5～1.2mm），滤层厚度宜为 0.8～1.0m。

单级除铁除锰滤池和第二级除锰滤池的滤料宜采用 0.6～2.0mm 天然锰砂，滤层厚度 1.0～1.2m。滤池的滤速宜采用 5m/h。

试验发现某些含 MnO_2 高的优质天然锰砂对于水中 Mn^{2+} 有很大的吸附及氧化去除能力，在水厂投产后，水中 Mn^{2+} 可被天然锰砂去除而使含锰量降至 0.1mg/L 以下，使出水达标。由于一般水中含锰量不高（<1.5mg/L），而天然锰砂的除锰能力又很强，如控制滤层的吸附速率使之不超过滤层的氧化速率，随着滤层的逐渐成熟，则可使水厂出水锰浓度从投产开始始终低于 0.1mg/L，即达标合格。将天然锰砂吸附除锰与锰质活性滤膜接触氧化除锰结合起来，就形成了一种工艺——天然锰砂除锰工艺，该工艺为我国所独有。

有的采用石英砂、无烟煤为除锰滤池滤料，由于新的石英砂、无烟煤对二价锰既无吸附能力，其表面尚未生成锰质活性滤膜又无接触氧化去除能力，所以水厂投产初期出水锰浓度是不达标的。只有当滤料表面生成足够的锰质活性滤膜，即滤层成熟，出水才能达标，但这需要很长时间（2～8 个月）。

19.1.4 地表水除铁除锰

我国城镇以湖泊、水库作为水源的达地表水源的 40% 以上。湖、库水在夏季会沿水深形成温度梯度现象，上层温度较高的水与下层温度较低的水交流受到阻碍，下层水中微生物会氧化库底沉积物中的有机物而致溶解氧耗尽使之处于厌氧还原状态，使高价铁高价锰的化合物被还原为二价铁和二价锰而溶于水中，进而扩散至中上水层。二价铁易于氧化为三价铁化合物，能在水厂中随浊质一并被除去，而二价锰不易被溶解氧氧化而滞留水中，常使原水锰含量具有季节性超标的特点。此外，地表水受污染有时也使原水含有过量的锰。地表水厂常规处理工艺难以将锰除去，所以除锰近年来已成为水厂水处理的新课题。

地表水一般含铁量和含锰量并不高，铁浓度一般为 1mg/L 至几毫克每升，锰浓度为零点几毫克每升至 1mg/L，个别情况有更高的。

在对地表水的处理中，水厂为去除水中的浑浊物，一般都使用混凝工艺（混凝、沉淀、过滤）。水中非溶解态的铁、锰悬浮物在混凝工艺中能被有效去除，所以一般不成为去除的难题。相反地，水中溶解态的铁和锰难于被混凝工艺去除，需要用专门的方法进行处理。一般为去除水中的二价铁和二价锰常采用氧化的方法，即先将溶解态的二价铁和二价锰氧化成非溶解态的高价铁、锰化合物，再用混凝等固液分离方法将其由水中除去，从而达到除铁除锰的目的。常用的氧化剂有高锰酸钾（及其复合剂）、二氧化氯、氯、臭氧等。

在我国地表水厂中采用最多的是高锰酸钾氧化法除锰。经许多学者研究表明，迄今尚未发现高锰酸钾氧化会生成对人体有毒害的氧化副产物，所以高锰酸钾是一种比氯、二氧化氯、臭氧等更安全的氧化剂。美国水质协会1999年对美国地表水厂的调查，在服务人口超过1万人的水厂中，约有36.8%使用高锰酸钾，占美国人口的21%。

高锰酸钾能迅速地将二价铁氧化为三价铁：

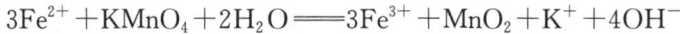

$$3Fe^{2+} + KMnO_4 + 2H_2O \Longrightarrow 3Fe^{3+} + MnO_2 + K^+ + 4OH^-$$

即每氧化1mg/L的二价铁，理论上需要0.94mg/L的高锰酸钾。

高锰酸钾能在中性和弱酸性条件下迅速将水中二价锰氧化为四价锰：

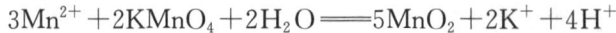

$$3Mn^{2+} + 2KMnO_4 + 2H_2O \Longrightarrow 5MnO_2 + 2K^+ + 4H^+$$

即每氧化1mg/L的二价锰，理论上需要1.9mg/L的高锰酸钾。

上述反应中生成的MnO_2对水中二价铁和二价锰有吸附作用，此外水中其他易于氧化的物质也会消耗一部分高锰酸钾，所以一般都经过实验来确定高锰酸钾的投加量。高锰酸钾氧化二价锰的速率与水的pH有关，当pH低于6.5时，氧化速率比较慢，当pH在6.5以上时，高锰酸钾氧化能在5min内完成。

高锰酸钾氧化二价锰生成高价的氧化物，由水中析出，随后在常规工艺的混凝、沉淀、过滤过程中被除去，所以除锰效果还与水的混凝效果相关。试验表明，高锰酸钾与混凝剂同时投加，或投于混凝剂之前效果较好，而投于混凝剂之后，效果较差。高锰酸钾投于混凝剂之前5~15min效果最好。

高锰酸钾氧化二价锰还受到水中有机物的影响，当水中有机物含量高时会对锰有保护作用，使高锰酸钾投量增大，这时尚需与其他氧化剂（如氯等）或混凝剂组合，才能获得好的除锰效果。

试验发现，在向水中连续投加高锰酸钾，能在滤料表面生成有自催化作用的锰质活性滤膜，从而在停止投药条件下，可以利用锰质活性滤膜接触氧化除锰。

在保持滤柱出水锰浓度小于0.1mg/L情况下，逐渐减少高锰酸钾的投加量，可以节省高锰酸钾用量。试验的具体操作为：高锰酸钾投加量从理论需药量（在本试验中为2.2mg/L）开始，每5d降低0.1~0.2mg/L，如图19-4所示。每连续投药7~8d，停止投药一次，检测滤柱出水锰浓度变化，以了解滤层的成熟程度，当出水锰超过0.1mg/L时，恢复投加高锰酸钾。由图19-4可见，在停药5次后，滤层成熟，出水锰浓度持续低于0.1mg/L。试验从开始投药剂到第5次停药，共计经历51d，其中投药时间累计为39d，高锰酸钾投药总计比连续恒量投药要少，约为连续投药量的67.39%。

投加高锰酸钾要求精确投加，若投量不足会使出水不达标，如果超量投药，出水会显高锰酸钾的红色。逐渐减量投加高锰酸钾，不仅能节省药剂，并且其投量低于理论需药量，所以在整个投药过程中间不会出现过量投药的现象，成为一个解决投量不足或过量投药影响出水水质的新方法。

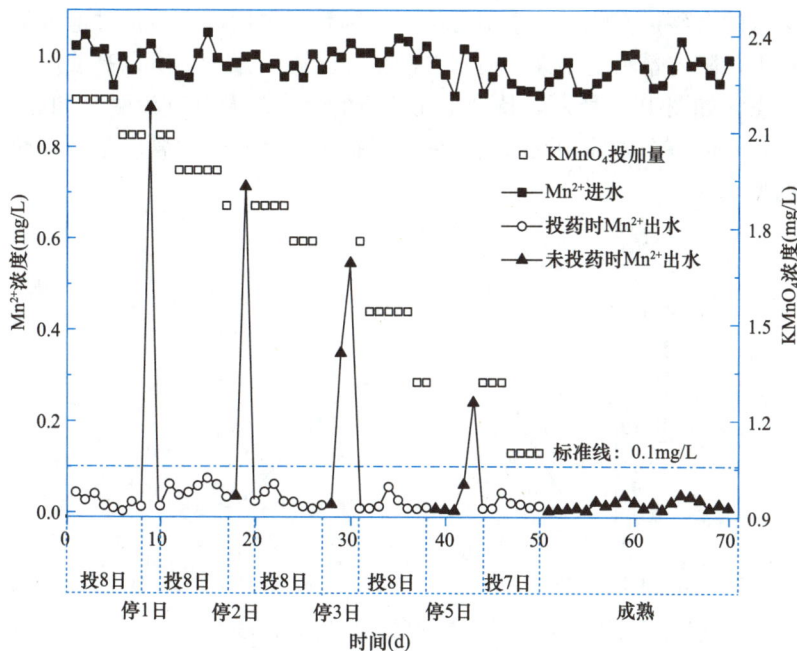

图 19-4　KMnO$_4$ 投量 5 天降 1 次滤柱出水 Mn^{2+} 浓度变化情况

19.2　高浊度水处理工艺系统

第 19.2～19.6 节
内容视频讲解

19.2.1　高浊度水及其水质特点

我国高浊度水，主要是指流经黄土高原的黄河干、支流的河水。我国黄土高原沟壑地区，植被差，汛期暴雨集中，降雨强度大，水土流失极为严重，成为黄河干、支流泥砂的主要来源。以黄河龙门水文站为例，水中含砂量在一年中是变化的，见表 19-1，其多年最高月平均含砂量为 284kg/m^3，历年最大含砂量达 933kg/m^3。所以黄河水的含砂量堪称世界之最。

黄河龙门水文站多年月平均水的含砂量（kg/m^3）　　　　表 19-1

月份	含砂量	月份	含砂量
1	2.41	7	74.5
2	3.32	8	76.8
3	1.48	9	284
4	8.07	10	15.2
5	10.2	11	8.30
6	20.6	12	3.82

由于黄河含砂量太高，已难以用浑浊度进行准确测量，所以工程上都以单位体积水中含泥砂质量来进行测量，习惯上采用"kg/m^3"单位。

高浊度河水的含砂量变化，和暴雨有关。一场暴雨之后，大量泥砂泄入河中，河水含砂量会迅速增大，随着暴雨的结束，河水含砂量又会逐渐减少，所以高浊度河水的含砂量具有砂峰的特点，如图 19-5 所示，特别是在黄河的上中游及其支流更是如此。在黄河中、下游，由于干、支流多个砂峰相互重叠，使砂峰持续时间延长，含砂量波动减小，从而具有持续不断的特点。

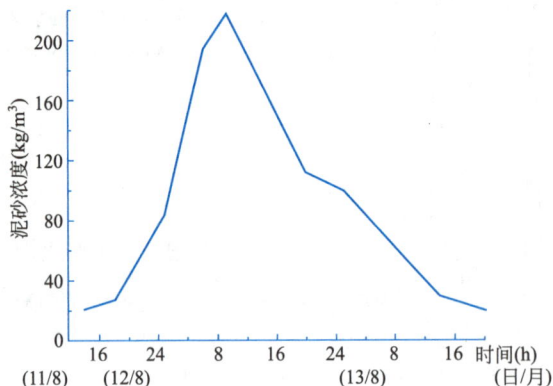

图 19-5　黄河高浊度水泥砂浓度的变化

黄河高浑浊水中来源于黄土高原的泥砂，各砂峰颗粒组成并不相同，但总的特点是粒径小于 0.05mm 的细泥砂所占比例很大，一般占 50% 以上，所以当含砂量大于 $10kg/m^3$ 时一般都具有拥挤沉降的特点，沉淀十分缓慢。黄河高浊度水由于含砂量极高，给水处理带来很大困难。中华人民共和国成立以来，以黄河高浊度水为水源，已建起大量水厂，也为处理高浊度水积累了丰富的经验。

前已述及，高浊度水沉淀时属拥挤沉降形式，浑液面沉降缓慢，且泥砂浓度越高沉速越小。为加速沉降，可向高浊度水中投加混凝剂或絮凝剂。高浊度水不论是沉淀或是絮凝沉淀，沉淀分离出的清水可供使用，沉淀下来的淤泥需排出沉淀池外。辐流式沉淀池的排泥浓度在自然沉淀时为 $150\sim300kg/m^3$，在絮凝沉淀时为 $150\sim350kg/m^3$。

由黄河上中游流下来的泥砂，在黄河下游河床中淤积，使河床每年抬高约 0.1m。数百年来，黄河下游河床不断淤积抬高，使花园口以下黄河河床已高于两岸地面，而形成"悬河"。为了不再加重黄河下游的淤积，黄河水利委员会规定，由黄河取水的水厂不得将沉下的泥砂再排回黄河。所以，黄河水厂必须对沉淀下来的泥砂进行处置。

在黄河下游，特别是龙门以下的河段，属于游荡性河流，河水主流经常摆动，特别是洪水过后，主流会有大幅度摆动，常招致取水口脱流，取不上水。为了保证取水，在取水口脱流期，应贮有足够的水以供所需。

19.2.2　高浊度水的处理工艺系统

高浊度水处理的特点是在常规处理工艺前增加预处理工艺。对高浊度水进行预处理，就是先用沉淀的方法将水中绝大部分泥砂除去，使沉淀处理后的水的浑浊度（泥砂含量）降低到几百 NTU 以下，再用常规工艺对之做进一步处理，从而获得符合国家生活饮用水卫生标准水质的水。高浊度水的处理工艺如图 19-6 所示。

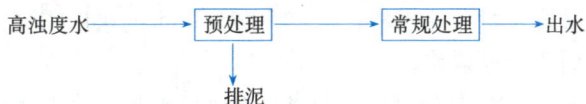

图 19-6　高浊度水的处理工艺

图 19-7 为一高浊度水处理工艺示例。高浊度水先经辐流式沉淀池沉淀。辐流式沉淀池既可用于高浊度水的自然沉淀，也可用于絮凝沉淀。由于辐流式沉淀池皆为钢筋混凝土结构，造价较高，故较多的用于效率较高的絮凝沉淀。当采用絮凝沉淀时，在高浊度水流入沉淀池以前向进水管中投加高分子絮凝剂（如阴离子型聚丙烯酰胺 HPAM），水与药剂在进水管道中混合，流经设于池中心的布水管，进入沉淀池进行沉淀。沉淀后的水浑浊度可降至几百 NTU 甚至几十 NTU，这时再用常规工艺处理，即向水中投加混凝剂（如聚合铝 PAC），经混合、絮凝、沉淀、过滤、投氯消毒，即可获得合格的处理水。

当有较大的土地可以利用来作沉淀池时，也可采用自然沉淀的方法来对高浊度水进行预处理。由于高浊度水的沉淀比较慢，所以自然沉淀池的容积比较大，为了降低造价，自然沉淀池常修建成长方形的由土堤围成的池子。水在自然沉淀池中常沉淀数十小时，沉淀池出水的浑浊度一般可降至几十 NTU，自然沉淀池的排泥多采用挖泥船的方法。

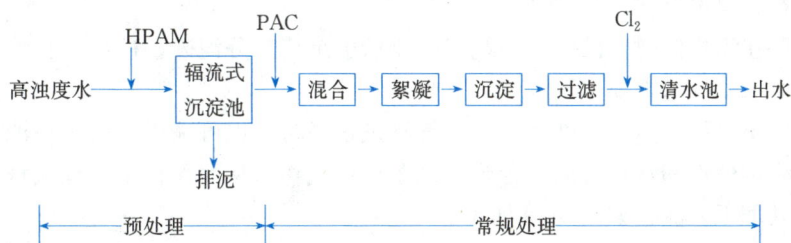

图 19-7　高浊度水处理工艺示例

前已述及，高浊度水沉淀池的排泥浓度一般只有几百 kg/m³，如果进池高浊度水的含砂量比排泥浓度还高，那么进池原水将全部被排出而不会产生任何效益，反而浪费了许多抽水和排泥的电能。按照沉淀池进水和排泥的泥砂平衡关系（忽略出流清水中的泥砂含量），可写出排泥流量与进水流量之比，见式（19-11）

$$\frac{Q_u}{Q_0} = \frac{C_0}{C_u} \tag{19-11}$$

式中　Q_0——进水流量；

$\quad\quad Q_u$——排泥流量；

$\quad\quad C_0$——进水泥砂浓度；

$\quad\quad C_u$——排泥泥砂浓度。

由此式可见，进水泥砂浓度越高，排泥流量所占比例就越大。显然，排泥流量所占比例过大是不经济的。实际工程中一般认为，进水泥砂浓度超过 100kg/m³（有的选取更低的限值）便不经济了。为了能经济地运行，许多水厂在高浊度河水含砂量超过上述限值时，便暂停取水，直到砂峰过后进水泥砂浓度降至限值以下时再恢复取水，这叫作"躲避砂峰"。在躲避砂峰期间，水厂仍需不间断地向用户供水，这就需要贮存数日的水。

此外，在黄河中、下游，如果取水口处有断流的现象发生，也需要贮存数日至数十日的水。在黄河下游，曾出现过断流现象，许多由黄河取水的水厂需要贮存数月甚至 1 年的水，以保证黄河断流时不间断供水。

一般都将贮水与自然沉淀结合起来，即将自然沉淀池扩大为贮水池。水在贮水池中经长时间的沉淀，可使沉淀效果进一步提高，使后续的常规处理更好地进行。这种工艺如图 19-8 所示。

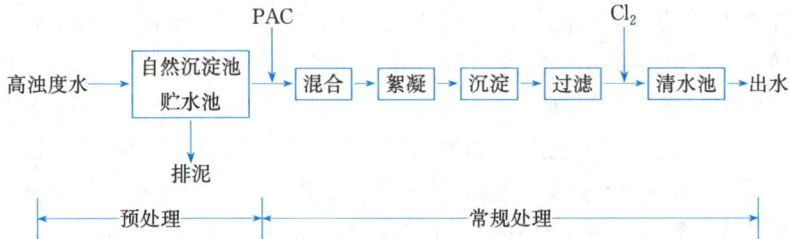

图 19-8　用贮水池作预处理的高浊度水处理工艺

在辐流式沉淀池和平流式沉淀池中，也可安设斜板或斜管，以提高沉淀效果。在高浊度水沉淀池中，由于浑水密度流的影响显著，所以上向流斜板斜管沉淀装置比较适用。

为了减少水中的泥砂，还可在取水构筑物头部安设斜板沉砂装置，它可去除水中部分粗砂，防止在管渠中沉淀。

有的水厂在河边修建斗槽取水构筑物。斗槽可沉淀部分泥砂，还可防止冰凌堵塞取水口，对保障取水安全起重要作用。

对于中、小水厂，当高浊度水的含砂量不是很高时，也可采用适用于高浊度水处理的澄清池，它将预处理和常规沉淀集合于一个净水构筑物，从而简化了处理流程，降低了建设费用，其处理工艺流程如图 19-9 所示。

图 19-9　采用澄清池的高浊度水处理工艺

高浊度水处理厂排出的泥量很大，必须妥善给予处置。水厂排出的泥砂，可作多方面的用途：如在黄河岸边淤坝。高浊度水的预处理沉淀池，一般都建于黄河岸边取水口旁，由水厂排出的泥水可直接抽送至黄河堤坝进行沉淀淤积，以加高加宽堤坝；又如在岸边空地沉淀淤积、干化，供制砖厂使用；还可在水厂附近淤田造田，黄河高浊度水含有大量细粒泥砂，泥砂上吸附了有机物和营养元素，故用于淤田可以提高农田肥力，使排泥水在河边砂石地带淤积，可造田用于农业。当然，水厂排泥水在每一项目上的应用，都有其相应的技术要求，并存在相应的工程技术问题，所以每一项目都需进行专门的论证和设计。

19.3　水的除氟和除砷

19.3.1　水的除氟

氟是广泛存在于地球环境中的一种元素。氟在地壳中的含量约为 0.03%，以氟化物形式存在于多种矿物中，如氟石、冰晶石、氟磷灰石等，其中氟化钠易溶于水，而铝、钙、镁的氟化物都难溶于水。天然水中都含有少量的氟，而在地下水中浓度较高。

氟是人体必需的元素之一。当饮水中氟浓度低于 0.5mg/L，会引起儿童龋齿症。当饮水中氟浓度高于 1.5mg/L 时，会引起氟斑牙。当饮水中氟浓度为 3～6mg/L 时，会发生骨氟中毒（骨骼结构出现不利改变）。当饮水中氟浓度超过 10mg/L 时，会发展为致残性氟骨症。所以，我国生活饮用水卫生标准规定，水中氟浓度应保持在 0.5～1.0mg/L（以 F 计）范围内。我国许多地区的地下水含氟量过高，生活在高含氟地下水地区的人约有 8000 万。

当城市生活饮用水中氟浓度低于 0.5mg/L 时，可以向水中加氟。向城市生活饮用水中加氟，在国外发达国家比较普遍，但在我国尚鲜有实例。

当水中氟浓度高于 1.0mg/L 时，需要进行除氟处理。常用的除氟方法有吸附法、药剂法、电渗析法等，其中以吸附法使用最多。

(1)吸附法

常用的吸附剂有活性氧化铝、磷酸三钙或骨炭等，其中活性氧化铝应用最广。

活性氧化铝是由氧化铝的水化物经 400～600℃ 灼烧而成，制成颗粒状滤料，具有比较大的比表面积，可以通过离子交换进行除氟。活性氧化铝对水中阴离子的吸附亲和力顺序为：

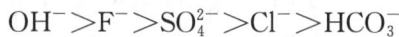

$$OH^- > F^- > SO_4^{2-} > Cl^- > HCO_3^-$$

先用硫酸铝对氧化铝进行活化，使之转变为硫酸盐型：

$$2ROH + SO_4^{2-} \Longrightarrow R_2SO_4 + 2OH^-$$

活化后的氧化铝可表示为 R_2SO_4，以 SO_4^{2-} 与 F^- 进行离子交换进行除氟：

$$R_2SO_4 + 2F^- \Longrightarrow 2RF + SO_4^{2-}$$

$$R_2SO_4 + 2HCO_3^- \Longrightarrow 2RHCO_3 + SO_4^{2-}$$

从上式可以看出，活性氧化铝是一种弱碱性离子交换剂，以 SO_4^{2-} 交换水中的 F^- 和 HCO_3^-，交换后水中的 F^- 和 HCO_3^- 减少了，而 SO_4^{2-} 增多了，所以除氟后水的 pH 也会随之降低。活性氧化铝吸附饱和后，可用硫酸铝再生：

$$2RF + SO_4^{2-} \Longrightarrow R_2SO_4 + 2F^-$$

此外，活性氧化铝还可以用硫酸再生。

活性氧化铝的除氟容量为 1.2～2.2mgF/g 活性氧化铝。原水的 pH 和碱度对活性氧化铝的除氟能力影响很大，降低水的 pH 和碱度，可以减少水中 OH^- 和 HCO_3^- 的浓度，从而可使除氟能力显著提高。

活性氧化铝装填入吸附滤池中，一般采用下向流作业方式。吸附滤料粒径 0.5～2.5mm，滤层厚度 700～1000mm，滤料不均匀系数 $K \leqslant 2$，承托层为卵石，层厚 400～700mm。滤料表观密度为 800kg/m³。滤速与水的含氟量以及滤层厚度有关，一般为 1.5～2.5m/h。

活性氧化铝再生时，先用原水对滤层进行反冲洗，反冲洗强度为 11～12L/(s·m²)，冲洗 5min，再用 2% 的硫酸铝溶液以 0.6m/h 滤速自上而下通过滤层对滤料进行循环再生，再生时间约需 18～45h。如果采用浸泡再生，约需 48h。再生 1mg 氟约需 15mg 硫酸铝。再生后，需用除氟水对滤层再进行反冲洗，冲洗时间为 8～10min，以除净滤层中残留的硫酸铝再生液。

磷酸三钙吸附法除氟，常采用羟基磷灰石作为吸附滤料。羟基磷灰石的分子式为

$3Ca_3(PO_4)_2 \cdot Ca(OH)_2$，或可写为 $Ca_{10}(PO_4)_6 \cdot (OH)_2$。羟基磷灰石用分子中的羟基与水中氟离子进行离子交换，从而将氟由水中除去：

$$Ca_{10}(PO_4)_6 \cdot (OH)_2 + 2F^- \rightleftharpoons Ca_{10}(PO_4)_6 \cdot F_2 + 2OH^-$$

这个反应是可逆的。当滤料吸附饱和后，用 1‰NaOH 溶液对滤料进行再生，这时水中 OH^- 浓度大大增高，反应便由右向左反方向进行，使滤料上吸附的 F^- 解吸下来，从而使吸附剂得到再生。羟基磷灰石的除氟能力一般为 $2\sim 4mg/g$。吸附滤料经 NaOH 再生后，滤层中残留的少量 NaOH 必须彻底清除，否则过滤时水中 OH^- 浓度的增大，将严重影响除氟效果，为此可用酸或酸性盐溶液对滤料进行浸泡，最后再用水进行清洗。

骨炭吸附法除氟，工作原理与磷酸三钙基本相同。由家畜骨骼制出的骨炭，含有磷酸三钙，可用以除氟，是一种比较廉价的除氟吸附剂。制作良好的骨炭，除氟能力约为 $1.3mg/g$。

（2）药剂法

药剂法除氟，是向水中投加铝盐混凝剂，如硫酸铝、聚合铝等，铝盐水解生成的氢氧化铝能吸附水中的氟，所以将氢氧化铝沉淀过滤除去，便可获得除氟水。但是，硫酸铝的用量，约为含氟量的 $100\sim 200$ 倍，处理后水中硫酸根含量会显著增大，残余铝也会比较高，所以该除氟方法一般只在小型设备或现场临时使用。

（3）电渗析法

电渗析法除氟，是使含氟水通过电渗析装置，负电性的氟离子在电场作用下向正电极运动，穿过离子交换膜，由清水室进入浓水室，清水室出水中的氟便被去除。电渗析法除氟，需要将浓水室的出水排放掉，水量耗损很大。如果浓水室出水能被利用（生活杂用或某些生产用水），则用水效率会大大提高。如果于除氟的同时还要求去除水中的盐分，采用电渗析除氟除盐，将会是一个合理的技术方案。

19.3.2 水的除砷

砷以 -3、0、$+3$、$+5$ 价的氧化态广泛存在于自然界中。砷在地壳中分布广泛，主要是以硫化物矿或金属砷酸盐、砷化物的形式存在。水中的砷来自于矿物、矿石的分解，以及工业废水和大气沉积。在地表水中，砷主要是 $+5$ 价；在还原条件下的地下水、深层湖泊沉积物中，砷主要是 $+3$ 价。

没有证据表明砷是人体的必需元素。饮用含砷量高的天然水一般会导致人体慢性中毒，如皮肤损伤"黑脚病"（血管末梢异常）、皮肤癌等。我国生活饮用水卫生标准规定水中砷含量应不超过 $10\mu g/L$（以 As 计）。我国地下水含砷量高的地区人口有千万之众。

可以用铁盐混凝法除砷。向水中投加铁盐混凝剂，如三氯化铁，铁盐在水中水解生成氢氧化铁絮凝体，能吸附水中的砷，将水中生成的氢氧化铁沉淀、过滤除去，便可获得除砷水。这种方法一般可将水中含砷量降至 $50\mu g/L$ 以下。用氧化剂将三价砷氧化成五价砷，能显著提高混凝法除砷效果。某地将含砷水曝气后，加氯 $12\sim 30mg/L$，加 $FeCl_3$ $12\sim 50mg/L$，经混凝沉淀及慢速过滤，可将水中含砷量由 $0.6\sim 2.0mg/L$ 降至接近零。用 $KMnO_4$ 将三价砷氧化为五价砷，再用铁盐混凝吸附，也可获良好除砷效果。此外，有人研究制作专用的除砷吸附剂，可用过滤吸附的方法除砷。

19.4　软化、除盐及锅炉水处理工艺系统

19.4.1　概述

锅炉进水包括两种，一是冷凝水，也称回水；二是经过不同程度净化的新鲜水，也称补给水，用于补给水量损失（如渗漏、卸空、排泥水等）或蒸发损失。锅炉进水在使用过程中不会有其他离子的汇集，也不会有气体、矿物质及有机物的溶解，但水中的盐类会因为蒸发作用而逐渐被浓缩。因而锅炉进水中盐分的存在会导致结垢、腐蚀等严重问题，需要着重去除锅炉进水的离子含量。

地表水和地下水是锅炉用水的重要水源，其中含有多种离子。Ca^{2+}、Mg^{2+} 含量的总和一般叫作水的总硬度，锅炉用水如果硬度高，会在锅炉受热面上生成水垢，是锅炉结垢的主要诱因，影响锅炉运行的安全性和经济性，降低水中 Ca^{2+}、Mg^{2+} 含量的处理过程叫作水的软化。水中 HCO_3^- 的含量称为重碳酸根碱度，较高的碱度是导致锅炉金属构件发生苛性脆化腐蚀的主要原因，故锅炉用水还需要降低碱度。水中全部阳离子和阴离子含量的总和叫作含盐量，降低锅炉用水中含盐量的过程被称为除盐。除盐的目的在于减少水中溶解盐类的总量，Ca^{2+}、Mg^{2+} 一般会在除盐过程中得到去除，但除盐的工艺过程较软化过程经济费用高。一般对低压锅炉用水仅要求软化，对于中、高压锅炉要求进行软化及除盐。下面简要介绍软化与除盐的基本工艺。

19.4.2　软化的基本工艺系统

1. 药剂软化工艺系统

水的药剂软化就是投加某些药剂（如石灰、纯碱等），使原水中的 Ca^{2+}、Mg^{2+} 生成可沉淀物质 $CaCO_3$ 和 $Mg(OH)_2$，使绝大部分 Ca^{2+}、Mg^{2+} 去除，达到软化的目的。由于 $CaCO_3$ 和 $Mg(OH)_2$ 在水中仍然有很小的溶解度，所以经药剂软化法处理后的水还会含有少量的 Ca^{2+}、Mg^{2+}，这部分硬度称为残余硬度，它仍然会产生结垢问题。

目前，常用的药剂软化法有：石灰软化法、石灰—苏打法、磷酸盐法及掩蔽剂法。

（1）石灰软化法（Lime Softening Process）

当原水的非碳酸盐硬度含量比较小时，可以采用石灰软化法。石灰是 CaO 的工业产品，它溶于水中生成消石灰，反应如下：

$$CaO + H_2O \longrightarrow Ca(OH)_2$$

水中的 CO_2 和 HCO_3^- 与 OH^- 生成 CO_3^{2-}，反应如下：

$$CO_2 + Ca(OH)_2 \longrightarrow CaCO_3 \downarrow + H_2O$$

$$Ca(HCO_3)_2 + Ca(OH)_2 \longrightarrow 2CaCO_3 \downarrow + 2H_2O$$

$$Mg(HCO_3)_2 + Ca(OH)_2 \longrightarrow CaCO_3 \downarrow + MgCO_3 + 2H_2O$$

$Mg(OH)_2$ 在水中比 $MgCO_3$ 的溶解度更小，$MgCO_3$ 会进一步与 $Ca(OH)_2$ 反应生成 $Mg(OH)_2$：

$$MgCO_3 + Ca(OH)_2 \longrightarrow CaCO_3 \downarrow + Mg(OH)_2 \downarrow$$

当水中的碱度大于硬度（即出现过剩碱度）时，假想水中存在化合物为 $NaHCO_3$，它与

Ca(OH)$_2$ 存在下面反应：

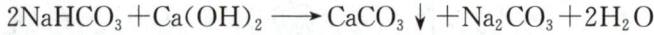

$$2NaHCO_3 + Ca(OH)_2 \longrightarrow CaCO_3 \downarrow + Na_2CO_3 + 2H_2O$$

可见 NaHCO$_3$ 转化为 Na$_2$CO$_3$，过剩碱度并没有得到去除。

图 19-10 为石灰软化法的工艺流程图。

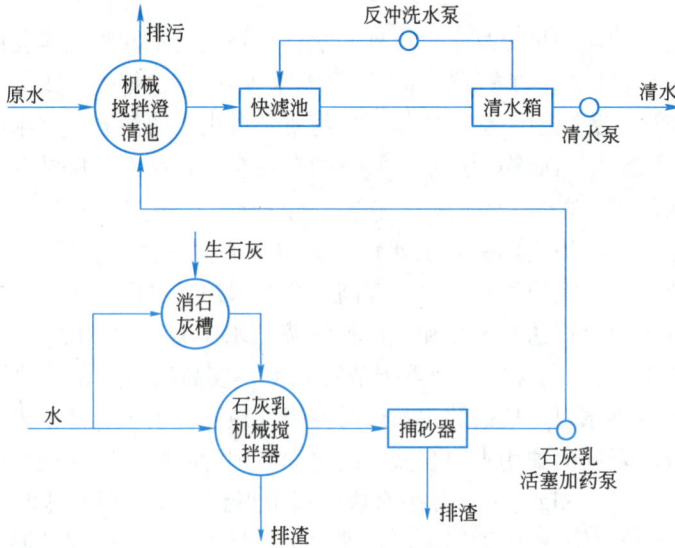

图 19-10　石灰软化法的工艺流程图

（2）石灰—苏打法（Lime-Soda Softening Process）

根据石灰软化的主要反应可知，石灰软化只能降低水中碳酸盐硬度，而不能降低水中非碳酸盐硬度，所以石灰软化法只适用于碳酸盐硬度较高、非碳酸盐硬度较低的水质。对于非碳酸盐硬度较高的水，应采用石灰—苏打法，即同时投加石灰和苏打（Na$_2$CO$_3$），软化反应如下：

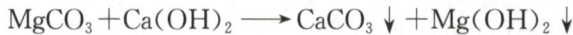

$$CaSO_4 + Na_2CO_3 \longrightarrow CaCO_3 \downarrow + Na_2SO_4$$
$$CaCl_2 + Na_2CO_3 \longrightarrow CaCO_3 \downarrow + 2NaCl$$
$$MgSO_4 + Na_2CO_3 \longrightarrow MgCO_3 + Na_2SO_4$$
$$MgCl_2 + Na_2CO_3 \longrightarrow MgCO_3 + 2NaCl$$
$$MgCO_3 + Ca(OH)_2 \longrightarrow CaCO_3 \downarrow + Mg(OH)_2 \downarrow$$

经石灰—苏打软化后的水，剩余硬度可降低到 0.3～0.4mmol/L。该法适于非碳酸盐硬度高的水质。

（3）磷酸盐法（Phosphate Softening Process）

理论上，在石灰—苏打软化后，水中残余硬度能降低到 CaCO$_3$ 和 Mg(OH)$_2$ 溶解度，但是由于 CaCO$_3$ 和 Mg(OH)$_2$ 的溶解度相对较大，所以在石灰—苏打软化后，水中的残余硬度仍然较大，为了进一步降低硬度，通常采用磷酸盐软化法。

常温下（15℃）Ca$_3$(PO$_4$)$_2$ 的溶度积为 1.0×10^{-25}，溶解度很小，所以如果水中硬度生成磷酸盐，则剩余硬度将很低。磷酸盐法反应式为：

$$3CaCO_3 + 2Na_3PO_4 \longrightarrow Ca_3(PO_4)_2 \downarrow + 3Na_2CO_3$$

这时残余硬度为 0.02～0.04mmol/L。

2. 离子交换软化工艺系统(Ion Exchange Softening Process)

利用离子交换剂将水中的 Ca^{2+}、Mg^{2+} 转换成 Na^+，也可以达到软化目的。这个方法能够比较彻底地去除水中 Ca^{2+} 和 Mg^{2+} 等，效果优于药剂软化法。

离子交换软化系统主要根据原水水质和处理要求来选择，目前常用的有 Na 离子交换软化系统和 H—Na 联用离子交换脱碱软化系统。

如果原水碱度不高，软化的目的只是降低水中的 Ca^{2+}、Mg^{2+} 的含量，则可采用 Na 离子交换软化系统。含有 Ca^{2+}、Mg^{2+} 的原水经 Na 离子交换软化系统后，水中 Ca^{2+}、Mg^{2+} 被置换为 Na^+，成为软化水。单级 Na 离子交换软化系统出水可作为低压锅炉补给水。对于中、高压锅炉，需要在单级 Na 离子交换软化系统后再设置一台 Na 离子交换器，即组成双级钠离子交换软化系统，以保证水质。

单级(双级)Na 离子交换软化系统基本不能去除水中的碱度，如水中的碱度比较高，可采用 H—Na 联用离子交换除碱软化系统，该系统可以同时去除水中的硬度和碱度，原水分为两部分，分别流经 H、Na 离子交换器，利用 H 离子交换器出水中的 H_2SO_4、HCl 中和 Na 离子交换器出水中的 HCO_3^- 反应会产生 CO_2，经后续的除二氧化碳器去除。

在 H—Na 串联离子交换除碱软化系统亦可如下构建：原水分为两部分，一部分流经 H 离子交换器，另一部分与 H 离子交换器流出液混合，利用 H 离子交换器出水中的 H_2SO_4、HCl 来中和原水中的 HCO_3^-，产生的 CO_2，经后续的除碳器除去，然后再经 Na 离子交换器除去水中剩余硬度。

19.4.3　除盐工艺系统

除盐就是减少水中溶解盐类(包括各种阳离子和阴离子)的总量。除盐的方法也很多，如电渗析法除盐、反渗透法除盐、离子交换法除盐、电除盐(EDI)等。

1. 离子交换法除盐工艺系统(Ion Exchange Desalting Process)

对于高温、高压锅炉以及某些电子工业用水，对水的纯度要求很高，一般要用除盐水甚至高纯水。

(1) 复床除盐(Combined Bed Desatination)

复床即 H 型阳离子交换器与 OH 型阴离子交换器串联使用的系统。进水首先通过阳床，去除 Ca^{2+}、Mg^{2+}、Na^+ 等阳离子，出水为酸性水，随后通过除二氧化碳器去除 CO_2，最后通过阴床去除水中的 SO_4^{2-}、Cl^-、HCO_3^-、$H_2SiO_3^-$ 等阴离子。为了减轻阴床的负荷，除二氧化碳器设置在阴床之前。复床除盐系统中，一般阴床设置在阳床之后，一方面是因为如果阴床设置在阳床前，阴树脂层中有析出 $CaCO_3$ 和 $Mg(OH)_2$ 等沉淀物的可能；另一方面，阴树脂在酸性条件下，更有利于进行离子交换，同时，强酸型阳树脂抗污染能力也比阴树脂要强一些。

(2) 混合床除盐(Mixed Bed Desatination)

复床式除盐系统处理水通常达不到非常纯的程度，其主要原因是位于系统之前的氢离子交换器的出水是强酸性，离子交换逆反应倾向比较显著，使出水中含有一定量的钠离子，而采用混床除盐可以得到高纯水。

混床是把 H 型阳树脂和 OH 型阴树脂置于同一台交换器中，所以它相当于许多个 H

型交换器和OH型交换器交错分布的多级复床除盐系统，在混床中氢离子交换下来的H^+与OH离子交换下来的OH^-会及时地生成H_2O，基本上消除了逆反应的影响，这是其出水水质好的原因。

为充分发挥各种交换器的特点，可以将阳离子交换器、阴离子交换器和混床式离子交换器等组成各种交换系统，表19-2列出了一些常规系统和它们的实用情况。

常规离子交换除盐工艺系统　　　　　表19-2

序号	系统组成	出水水质		适用的原水水质	备注
		电导率 ($\mu S/cm$)	SiO_2 (mg/L)		
1	H-D-OH	<10	<0.10	碱度、含盐量、硅酸含量不高	系统简单
2	H-OH'-D-OH	<10	<0.10	SO_4^{2-}、Cl^-含量高，碱度和硅酸含量不高	系统性好
3	H'-H-D-OH	<10	<0.10	碱度高、过剩碱度低、含盐量和硅酸盐含量低	经济性好
4	H'-H-D-OH'-OH	<10	<0.10	碱度、SO_4^{2-}、Cl^-含量高，硅酸含量不高	经济性好，设备多
5	H/OH	1~5	<0.10	碱度、含盐量、硅酸含量低	系统简单
6	H-D-OH-H/OH	<0.2	<0.02	碱度、含盐量低，硅酸含量高	出水稳定
7	H-OH'-D-H/OH	<1.0	<0.02	碱度、硅酸含量不高，SO_4^{2-}、Cl^-含量高	经济性好
8	H'-D-H/OH	1~5	<0.10	碱度高、含盐量和含硅量低	经济性好
9	H'-H-OH'-D—OH-H/OH	<0.2	<0.02	碱度、含盐量、含硅量均高	设备多

注：1. 表中，H和OH—分别表示强酸阳离子交换器和强碱阴离子交换器；
　　　H'和OH'—分别表示弱酸阳离子交换器和弱碱阴离子交换器；
　　　D—除碳器；
　　　H/OH—混床交换器；
　　2. 各种设备均指顺流式。

2. 电渗析法除盐（Electrodialysis Desalination）

电渗析由阴、阳离子交换膜，电极和夹紧装置三部分组成；离子交换膜对电解质离子具有选择透过性：阳离子交换膜（简称阳膜，CM）只能透过阳离子，阴离子交换膜（简称阴膜，AM）只能透过阴离子。在外加电场作用下，水中离子作定向迁移以达到淡化的目的。

3. 反渗透法除盐（Reverse Osmosis Desalination）

反渗透是在高于溶液渗透压的作用下，依据溶质不能透过半透膜的性质而将溶质和水分离的工艺。反渗透膜的膜孔径非常小，因此能够有效地去除水中的溶解盐类、胶体、微生物、有机物等。高压型反渗透系统除盐率一般为98%~99%，这样的除盐率一般可以满足电子工业、超高压锅炉补给水。

反渗透法除盐系统一般由预处理部分、反渗透部分、终端部分组成。

预处理部分包括：原水增压泵、砂石过滤器、活性炭过滤器、系统管路、系统压力表等。

反渗透部分包括：保护过滤器、多级高压泵、RO膜壳、反渗透膜、低压保护开关、进水调节阀、出水调节阀、低压表、高压表、进水电磁阀、排放电磁阀、纯水流量计、废水流量计、电导仪、电气控制系统、高压管路部分、系统管路部分等。

终端部分包括：纯水传输泵、终端纯水箱、紫外光灭菌器、终端过滤器等。

图 19-11 是典型的反渗透法除盐工艺系统。

原水→多介质过滤器→活性炭过滤器→软化器→精过滤器→高压泵→RO 膜机组→纯水箱→纯水

图 19-11　反渗透法除盐工艺系统

现在的纯水制备，通常是将反渗透、离子交换及超滤进行组合，图 19-12 即是组合除盐工艺系统。

原水→前处理→反渗透→脱盐水箱→离子交换复床→紫外线灯→超滤→纯水

图 19-12　组合除盐工艺系统

该处理工艺的前处理(预处理)是指混凝、沉淀、过滤以及调整 pH。反渗透主要用于去除水中的离子、微粒、微生物的大部分，然后再由离子交换复床以及混合床完全去除水中的残留离子。所以在该系统中，利用反渗透预脱盐，可以大大减轻离子交换的负荷。又由于考虑来自树脂本身的溶解物、碎粒以及细菌的繁殖，在终端设有紫外线灯与超滤装置。这样，整个系统的可靠性更高，完全可以满足电子工业对超纯水的水质要求。

4. 电除盐(Electrodeionization，EDI)

电除盐技术是 20 世纪 80 年代以来逐渐兴起的净水新技术，进入 2000 年以来已经在北美及欧洲占据了超纯水设备相当部分的市场，电除盐系统代替传统的离子交换混合树脂床，生产去离子水。与离子交换不同，电除盐不会因为补充树脂或者化学再生而停机。因此，电除盐产水水质稳定。同时，也最大限度地降低了设备投资和运行费用。

电除盐技术是将两种已经很成熟的水净化技术——电渗析和离子交换技术相结合。即将离子交换树脂填充在阴、阳离子交换膜之间形成电除盐单元，又在这个单元两边设置阴、阳电极，在直流电作用下，将离子从其给水(通常是反渗透纯水)中进一步清除，通过这样的技术更新，溶解盐可以在低能耗的条件下被去除，生产出高质量的除盐水。

离子交换膜和离子交换树脂的工作原理相近，可以选择透过特定离子。阴离子交换膜只允许阴离子透过，不允许阳离子透过；而阳离子交换膜只允许阳离子透过，不允许阴离子透过。

生产中，通常把电除盐与反渗透及其他的净化装置结合在一起，去除水中离子。电除盐组件可持续地生产超纯水，电阻率高达 18.2MΩ/cm，既可以持续地运行，也可以间歇性地运行。

19.5　游泳池水处理工艺系统*

游泳池是城市的重要公用设施。游泳池有比赛池、跳水池、公共池、儿童池等。游泳者在池中与池水直接接触，池水还会进入人的口中，所以池水不得成为传播疾病的媒体，池水的卫生安全性至关重要。住房和城乡建设部于 2016 年 6 月发布的《游泳池水质标准》CJ/T 244—2016，见表 19-3 及表 19-4。

游泳池池水水质常规检测项目及限值　　　　　　　　　　　　　　表 19-3

序号	项目	限值
1	浑浊度(散射浊度计单位)(NTU)	≤0.5
2	pH	7.2～7.8
3	尿素(mg/L)	≤3.5
4	菌落总数(CFU/mL)	≤100
5	总大肠菌群(MPN/100mL 或 CFU/100mL)	不应检出
6	水温(℃)	20～30
7	游离性余氯(mg/L)	0.3～1.0
8	化合性余氯(mg/L)	<0.4
9	氰脲酸 $C_3H_3N_3O_3$ (使用含氰脲酸的氯化合物消毒时)(mg/L))	<30(室内池) <100(室外池和紫外线消毒)
10	臭氧(采用臭氧消毒时)(mg/m³)	<0.2(水面上 20cm 空气中) <0.05mg/L(池水中)
11	过氧化氢(mg/L)	60～100
12	氧化还原电位(mV)	≥700(采用氯和臭氧消毒时) 200～300(采用过氧化氢消毒时)

注：第 7～12 项为根据所使用的消毒剂确定的检测项目及限值。

游泳池池水水质非常规检验项目及限值　　　　　　　　　　　　　表 19-4

序号	项目	限值
1	三氯甲烷(mg/L)	≤100
2	贾第鞭毛虫(个/10L)	不应检出
3	隐孢子虫(个/10L)	不应检出
4	三氯化氮 (加氯消毒时测定)(mg/m³)	<0.5(水面上 30cm 空气中)
5	异养菌(CFU/mL)	≤200
6	嗜肺军团菌(CFU/200mL)	不应检出
7	总碱度(以 $CaCO_3$ 计)(mg/L)	60～180
8	钙硬度(以 $CaCO_3$ 计)(mg/L)	<450
9	溶解性总固体(mg/L)	与原水相比，增量不大于 1000

　　为使游泳池水质在使用过程中保持良好，需对池水不断进行循环过滤净化处理，即用泵将部分池水抽出，投加混凝剂，并进行过滤，滤后水经加热、消毒后，再送回游泳池重复使用。从游泳池抽出的水量，按游泳池的用途及周围环境确定，例如，对公共游泳池，由于使用人数较多，应使池水每 4～6h 循环一次。对比赛池、跳水池等，由于使用人数较少，可每 6～8h 循环一次。

　　图 19-13 为循环过滤净化池水的流程图。处理后的净水由游泳池底经多个布水口送入池中(涌泉式布水)，池水由池上部四周溢水槽回流至平衡水池。此外，池底部最低处也设出水口，以便沉泥能及时随水流出，并回流至平衡水池。游泳池因池水表面蒸发、排污、滤池反冲洗、泳者身体带走等方式造成水量损耗，其值可达池容积的 5%～15%，需要及时补充。

　　在平衡水池上部设补充水管(自来水管)，管端设浮球阀，当系统水量减少时，平衡水池水位相应降低，浮球阀便会向池中自动补水。

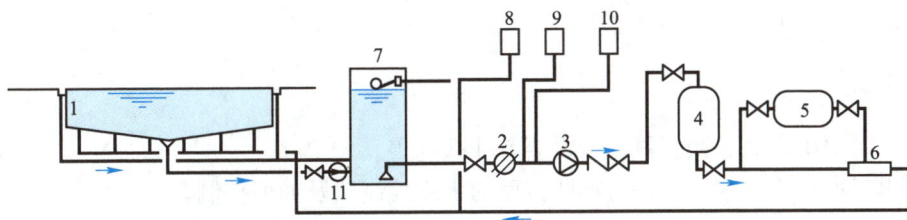

图 19-13　循环过滤净化泳池水处理工艺系统(涌泉式布水和混合式回水)

1—游泳池；2—毛发过滤器(毛发聚集器)；3—循环水泵；4—过滤池；5—加热器；6—混合器；

7—平衡水池；8—消毒剂投加器；9—混凝剂投加器；10—中和剂(除藻剂)投加器；11—水表

循环水泵由平衡水池抽水，水泵吸水管上设毛发过滤器，截留水中的毛发，以免水泵被毛发堵塞。毛发过滤器类似一个管部件，其中设有穿孔滤筒或滤网，滤筒上孔眼直径不超过 5mm，滤网网眼为 10～15 目。毛发过滤器堵塞后，需拆开清洗。

将混凝剂和中和剂(除藻剂)投加到水泵吸水管中，利用水泵叶轮搅拌混合。混凝剂为铝盐或铁盐，例如聚合铝、硫酸铝、聚合铁、三氯化铁等，投量 5～10mg/L。中和剂为碳酸钠或氢氧化钠，投量 3～5mg/L，用以调节水的 pH，不致因投加混凝剂而使 pH 过低。当水中生长藻类时，可间歇向水中投加硫酸铜杀藻，投量不大于 1mg/L。由于池水的浑浊度较低，所以投加混凝剂后，直接送入滤池过滤。滤池常用压力式快滤池，滤速 10～30m/h。滤后水需经加热器加热，以补充游泳池水散失的热量。

最后，处理水送入游泳池以前，还需对水进行消毒。对水的消毒有氯化消毒、臭氧消毒、二氧化氯消毒、碘化消毒、紫外线消毒等。氯化消毒常用液氯、次氯酸钠、次氯酸钙、三氯异氰尿酸等。对设于市区的游泳池，液氯有一定危险性，所以宜选用更安全的次氯酸钠等消毒剂。氯剂投加量一般为 1～3mg/L，以使池水余氯保持在水质标准要求的范围内。采用氯化消毒，池水的 pH 应保持在 7.2～7.8，因为 pH 大于 7.8，大量投氯就会对人产生刺激作用。氯消毒剂也可投加到循环水泵前的吸水管中，这样可以控制滤池中微生物孳生，有利于提高过滤效果。

臭氧消毒效果好，且对眼、鼻无刺激作用，一般臭氧投加量为 0.2～1.0mg/L，但需使水与臭氧接触 2～5min，为此宜设置接触反应池。臭氧无持续消毒能力，故于臭氧消毒后尚需辅以氯消毒。

碘化消毒对杀灭病菌、抑制藻类及浮游生物繁殖十分有效，且不受 pH 影响。碘化消毒对人无刺激作用。碘化消毒投加量为 0.15～0.5mg/L，并有一定的持续消毒能力。

紫外线消毒效果也很好。照射光谱在 200～300μm 范围杀菌作用最好。紫外线对水质无任何不良影响，但无持续消毒能力，故也需辅以氯消毒。

为了保持游泳池池水的卫生，防止传染病的传播，泳者进入游泳池前，需要通过浸脚消毒池、浸腰消毒池及进行强制淋浴。浸脚消毒池和浸腰消毒池常采用氯化消毒，池内消毒液的氯浓度为 5～10mg/L。

当游泳池附近有充沛的天然水源时，也可采用直流系统，这时可从天然水源直接取水，经过混凝(沉淀)、过滤、消毒、加热，使处理水水质符合标准要求，然后连续不断送入游泳池内，游泳池内的水同时被排出池外，流回天然水体。直流系统的水量应使池水达到要求的更新交换次数，例如每日池

特种水处理
案例－李圭白
院士在地下水
除铁锰等方面
的实践案例

水更新交换 6～8 次。

思考题

1. 思考水中含铁、锰、氟、砷时会有什么危害。
2. 思考循环冷却水主要进行哪些方面的水质控制以及如何控制。

习题

东北地区某市以地下水为水源，水中含有重碳酸盐 150mg/L，铁 2.8mg/L，锰 0.5mg/L，pH 为 7.8，应该用怎样的水处理工艺去除水中铁和锰，画出处理工艺流程图并说明理由。

第 20 章 城市污水处理系统

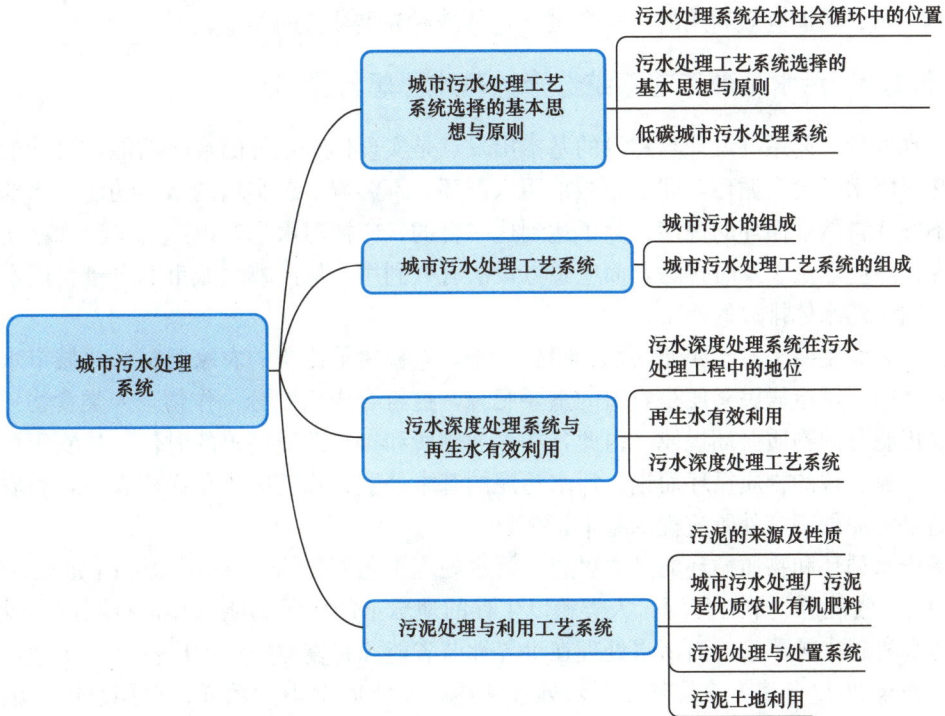

```
                                          污水处理系统在水社会循环中的位置
                          城市污水处理工艺      污水处理工艺系统选择的
                          系统选择的基本思      基本思想与原则
                          想与原则
                                          低碳城市污水处理系统


                                          城市污水的组成
                          城市污水处理工艺系统
                                          城市污水处理工艺系统的组成

城市污水处理
系统                                        污水深度处理系统在污水
                                          处理工程中的地位
                          污水深度处理系统与      再生水有效利用
                          再生水有效利用
                                          污水深度处理工艺系统


                                          污泥的来源及性质
                                          城市污水处理厂污泥
                          污泥处理与利用工艺系统    是优质农业有机肥料
                                          污泥处理与处置系统

                                          污泥土地利用
```

20.1 城市污水处理工艺系统选择的基本思想与原则

20.1.1 污水处理系统在水社会循环中的位置

建立循环型城市是 21 世纪各国城市建设的基本方针。地球上的资源、能源都是有限的，只有物质与资源循环型的社会，才能取得持续的发展。而城市水系统健康循环，即城市节制用水、污水再生回用、污水热能有效利用与污水污泥回归农田实现植物营养的循环都是建设循环型城市的重要方面。

按照传统的概念，城市排水系统的功能是及时排除雨水和污水防止内涝，保护城市生活环境和防止排放水域水质污染。鉴于我国水环境的严重污染，从人类社会持续发展的根本需求出发，排水系统的传统功能应上升到维系健康水循环、恢复自然水环境、保障水资源可持续利用的高度。它的基本任务是：(1)保障城市水资源流的健康循环；(2)维系城市物质流植物营养素(氮、磷、钾等)的自然循环；(3)增强城市能源和生物质能源的有效利用。它与传统功能的区别在于特别重视源头分离与有效利用；污水再生、再循环；污泥肥源与能源的回收与利用。建立循环型城市水系统，让自然界有限的水资源不断地、循环地为人类社会的生活、工农业生产和水生态环境服务。

在水的社会循环中，如将城市拟人化，给水系统好比人体的动脉，排水系统是静脉，而污水再生水厂是人体的心脏。动脉、静脉和心脏来保障人体健康的血液循环。污水处理与再生是保障水质、维持健康水循环、恢复良好的水环境和水资源可持续利用的关键，是人与自然协调的桥梁。污水再生在水的社会循环与自然循环中都占据重要位置，污水深度处理与污水、污泥有效利用的每一个进步，都是对人类社会的贡献。

20.1.2 污水处理工艺系统选择的基本思想与原则

污水处理工艺系统设计与建设的基本出发点是实现排水系统的社会功能，设计的基本思想是保障水的健康循环，即上游城市用水循环，不影响下游水域的水体功能；水的社会循环不破坏自然水循环的规律。为了达到这一目的，应视污水为城市第二水源和稳定的淡水资源，不应立足于及时排除，而应想方设法有效利用，从而减少城市取自于自然水体的水量和向自然水体排放的污染负荷。

污水污泥主要来自于粪便污水、厨房废水，它截留了传统的农家肥料。在城市水冲厕所普及之前，城市居民粪便是农田的重要肥源，这符合农田肥分—作物—人类食物—排泄物—农田肥分的物质循环规律。由此，在水冲厕所和排水系统完善的时代，从农田可持续利用以及氮、磷的物质循环而论，污水污泥的基本处置方式还应该是回归农田，做农业肥料。这是污泥处理与处置流程的基本思想。

基于水循环和物质循环的基本思想，污水处理工艺流程的选择应考虑如下原则：

（1）节省能源、节省资源：人类赖以生存的地球上的资源和能源都是有限的，世界上的能源危机越来越严重，而污水处理在世界性节省能源和资源的活动中占据一定地位。据统计，截至2022年底，全国城市污水处理率达到98%，其电力消耗占全国总电力消耗百分比还在继续增加。开发和选择节省能源的污水处理工艺系统是社会低碳经济重要的一环，也是降低城市污水处理系统运行成本的重要方面。污水处理工艺系统是一个整体系统工程，应尽量减少系统消耗的能量，增大产生与回收的能量。如果系统消耗能量称为EU，产生回收的能量称为EG，则系统的实际耗能量EC（等于EU－EG）最小，是节省能源、节省资源的原则。对于工艺系统中单独构筑物则不追求消耗能源与产生能源之差为最小。如果一个构筑物能源消耗的削减而引起另一构筑物能源消耗增加，就没有实际意义。

（2）节省占地：在城市规划中土地资源是很紧张的，大城市寸土寸金的情况并不少见，留给污水处理厂的用地往往极为有限。在方案选择中、在工程设计投标中，单位水量的占地面积往往是主要选择指标。污水与污泥处理工艺系统应尽量提高单位容积及单位面积负荷，尽可能布局紧凑，尽量少占用土地面积。

（3）结合当地地方条件充分考虑处理水的有效利用——包括农业灌溉、工业冷却、城市杂用水、绿化、景观、城市小河湖泊的补充用水等。充分考虑到污水热能利用、污泥制作有机肥料和其他资源化处置。

（4）符合公众和应用对象对水质的要求或标准：根据排放水体、污水回用对象的要求确立污水处理程度，并且要充分考虑将来污水处理程度的提高。

（5）工艺成熟且有运行经验的技术优先：在满足出水水质的条件下，选择工艺成熟、有运行经验的先进技术。

（6）因地制宜选择污水处理工艺与流程布置：特别应注意，任何工艺技术、流程都有一定的适用条件，所以要认真研究当地气象、地面与地下水资源、地质、给水排水现状与发展规划，根据现状与预测污水产生量来选择污水处理工艺与流程布置。

20.1.3　低碳城市污水处理系统*

近百年来地球气候有变暖的趋势，冰川和永久性冻土减少，海面上升，成为地球最主要的环境问题。气象专家指出：如果全球平均气温上升 1℃，脆弱的生态系统就会受到影响；上升 2～3℃就会产生全球规模的破坏；如果上升 3℃以上，地球的气候变化规律就要被打破，将会发生一些可怕的变化。所以地球气温上升 2℃是全球变暖的危险极限，是人类控制温室气体(greenhouse gases)排放量的最低目标。

产业革命前大气层中 CO_2 的浓度为 280mg/L，现今经历了 300 年的工业化、城市化历程，大气中 CO_2 的浓度超过了 370mg/L，而且正以每年 1.5mg/L 的速度上升。为保持地球气温上升幅度在 2℃以内，大气中的 CO_2 浓度需要控制在 475mg/L 之下。按现行的生活、生产方式继续下去，在未来不到一百年的时间里，就要超过此值。为此全球温室气体的排放总量要大力削减。

CO_2 是主要的温室气体，是地球气候变暖的关键驱动因子。但温室气体不仅只是 CO_2，还有许多种如 N_2O、CH_4、氟利昂、臭氧、水蒸气等。而且它们的吸热能力更强，效应也就更大。假如 CO_2 吸热率为 1，N_2O 和 CH_4 则为 310 和 21。在污水处理以及污泥、垃圾及固体废弃物的处理、处置过程中 CO_2、N_2O 和 CH_4 往往都是大量产生的气体。因此，开发低温室气体的污水、污泥处理工艺，是低碳经济的组成部分。我们倡导的污染物的源头分离与有效利用，污水再生再循环，污泥中能源与肥源的回收与利用，建立循环型城市水系统正是创立低温室气体城市污水处理系统的具体实践。

削减 CO_2 的排放量的根本措施是减少化石能源（煤、石油等）的使用量，除了在生活生产上节省能源之外，还必须从根本上以生物质能源、太阳能、风能等代替化石能源，进行能源革命。生物质是植物光合作用的结晶，农村不但是人们食物的生产基地，也是生物质能源的宝库，城镇是生物质能源集中消费地。农村家畜粪尿、秸秆、蔬菜根叶、种子外壳等农产品废弃物都是生物质能源的原料。城市产生的污水、污泥、有机垃圾、食品工业废料等也都含有丰富的生物质能源。如果将农村和城市废弃的大量生物质作为宝贵资源和能源来回收和利用，将产生巨大的生物质能源，这也是我们城市污水处理系统在控制全球气候变暖义务中的使命。

20.2　城市污水处理工艺系统

20.2.1　城市污水的组成

城市污水是排入城市污水系统的污水的总称，包括居民生活污水、工业废水和降水。生活污水是居民在日常生活中使用过的并为生活废料所污染的水，其中含有较多有机污染物，如蛋白质、脂肪和糖类，还含有洗涤剂以及病原微生物和寄生虫卵等。

生活污水是城市污水的主要组成部分，在一般条件下，城市污水都具有相同的生活污水的特征。表20-1即为典型生活污水水质。

典型生活污水水质　　　　　　　　　　　　　　　表20-1

序号	指　标	浓度（mg/L）			序号	指　标	浓度（mg/L）		
		高	中常	低			高	中常	低
1	总固体（TS）	1200	720	350	16	可生物降解 COD	750	300	200
2	溶解性总固体	850	500	250	17	溶解性可生物降解 COD	375	150	100
3	非挥发性固体	525	300	145	18	悬浮性可生物降解 COD	375	150	100
4	挥发性固体	325	200	105	19	总氮（TN）	85	40	20
5	悬浮物（SS）	350	220	100	20	有机氮	35	15	8
6	非挥发性悬浮物	75	55	20	21	氨氮	50	25	12
7	挥发性悬浮物	275	165	80	22	亚硝酸盐	0	0	0
8	可沉降物	20	10	5	23	硝酸盐	0	0	0
9	生化需氧量（BOD$_5$）	400	200	100	24	总磷（P）	15	8	4
10	溶解性生化需氧量	200	100	50	25	有机磷	5	3	1
11	悬浮性生化需氧量	200	100	50	26	无机磷	10	5	3
12	总有机碳（TOC）	290	160	80	27	氯化物（Cl$^-$）	200	100	60
13	化学需氧量（COD）	1000	400	250	28	碱度（CaCO$_3$）	200	100	50
14	溶解性化学需氧量	400	150	100	29	油脂	150	100	50
15	悬浮性化学需氧量	600	250	150					

工业废水是工厂企业在生产过程中产生的废水，由于使用原料和生产工艺的不同，工业废水的成分十分复杂，水质差异很大。工业废水可分为生产废水和生产装置冷却废水两类。生产废水是指在生产过程中形成，并被生产原料、半成品或成品等废料所污染的水，也可称为生产污水，冷却废水在生产过程中并未直接参与生产工艺，未被生产原料、半成品或成品所污染，只是受热污染，温度有不同程度的提高。冷却废水尤其是高温冷却废水，应当做热源加以利用。冷却后再循环利用。在城市污水中，工业废水量有时达到60%以上。含有重金属或其他有毒有害物质的工业废水在排入城市管网之前必须进行局部除害处理。达到工业废水排入城市下水道标准。

包含生活污水和工业废水的城市污水必须经认真处理或深度净化后才能排入水体、灌溉农田及作为城市再生水用户的水源。

降水包括雨水和冰雪融化水。初期降雨和冰雪融化水污染较重，应考虑处理后排放。

20.2.2　城市污水处理工艺系统的组成

1. 污水处理基本方法

污水处理基本方法，就是采用各种技术与手段（或称处理单元），将污水中所含的污染物质分离去除、回收利用，或将其转化为无害物质，使水得到净化。

现代污水处理技术，按原理可分为物理处理法、化学处理法和生物处理法三类。

物理处理法：利用物理作用分离污水中呈悬浮固体状态的污染物质。方法有：筛滤法、沉淀法、上浮法、气浮法、过滤法和反渗透法等。

化学处理法：利用化学反应的作用，分离回收污水中处于各种形态的污染物质（包括悬浮的、溶解的、胶体的等）。主要方法有中和、混凝、电解、氧化还原、汽提、萃取、吸附、离子交换和电渗析等。化学处理法多用于处理生产废水。

生物处理法：利用微生物的代谢作用，使污水中呈溶解、胶体状态的有机和无机污染物转化为稳定无害的物质，使污水得以净化。主要处理工艺包括活性污泥法、生物膜法、自然生物处理法、厌氧生物处理法等。

城市污水与生产废水中的污染物是多种多样的，往往需要采用几种方法的组合，才能去除不同性质的污染物，达到净化的目的与排放标准。

2. 城市污水处理工艺系统组成

现代污水处理技术，按处理程度划分，可分为一级、二级和深度处理。

（1）城市污水一级处理系统

1）功能

城市污水一级处理作用是去除污水中的固体污染物质，从大块垃圾到粒径为数毫米的悬浮物。从而去除污水中影响二级生物处理正常运转的杂物的过程，主要包括去除污水中的漂浮物及悬浮状态的污染物、调整 pH 和其他减轻污水的腐化程度及后处理工艺负荷的过程。一级处理是二级生物处理的预处理过程，只有一级处理出水水质符合要求，才能保证二级生物处理运行平稳，进而确保二级出水水质达标。针对不同污水中存在的不同污染物，应实施与之相对应的一级处理工艺。

2）组成与典型处理流程

系统主要由格栅、沉砂池和沉淀池组成，有时也采用筛网、微滤机和预曝气池（图 20-1）。污水进入沉砂池前，应经格栅处理，用于截留污水中大块杂物，为后续构筑物的正常工作创造条件。格栅的杂物清除可分为机械清除和人工清除两种，相对应的格栅间隙也不同。污水中的无机杂质颗粒（砂粒）应在沉砂池中去除。为得到较干净的沉砂，近年来曝气沉砂池采用较多。沉淀池是城市污水一级处理的主要构筑物，去除污水中可沉降悬浮性固体颗粒和少量漂浮物。大型城市污水处理厂一般采用辐流式沉淀池或平流式沉淀池，沉淀池的功能见表 20-2。为提高一级处理净化效果，使用铝盐、铁盐等絮凝剂来提高净化效率。一级处理产生的污泥和沉渣，必须妥善处置。

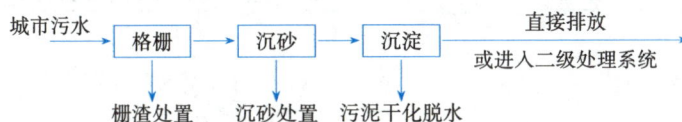

图 20-1　污水一级处理典型流程

沉淀池去除能力　　　　　　　　　　　　　　　　表 20-2

指标	去除效果	运行条件
BOD_5	去除率为 10%～30%，根据悬浮物的去除率而定	停留时间 1.5～2.5h 表面负荷 1～2m^3/(m^2·h)
SS	去除率为 35%～60%，与污水的 SS 浓度有关： SS>300mg/L，去除率≥50% SS<300mg/L，去除率<50%	

3）应用

沿海或靠近较大水体的城市，经充分论证，可暂时采用污水一级处理方案，污水经处理后直接排海或排入地表水体；城市污水进行二级处理前，先进行一级处理，可减轻二级处理负荷，保证二级处理系统正常工作；城市污水进入稳定塘处理系统前，需进行一级处理，避免稳定塘产生淤积，延长使用年限；城市污水进入土地处理系统前，也应进行一级处理，避免污水中杂质堵塞土壤颗粒间空隙，并提高土地处理的处理程度。

（2）城市污水的二级处理系统

1）功能

二级处理系统是城市污水处理厂的核心，它的主要作用是去除污水中呈胶体和溶解状态的有机污染物（以 BOD 或 COD 表示）。通过二级处理，污水的 BOD_5、SS 去除率达 85%～95%，一般可达到现行《城镇污水处理厂污染物排放标准》GB 18918—2002 一级标准和灌溉农田的要求。

各种类型的生物处理技术，如活性污泥法、生物膜法以及自然生物处理技术，均需通过调整运行策略，控制运行参数来实现污水处理系统的稳定运行，达到良好的污水处理效果。

污泥是污水处理过程中的产物。城市污水处理产生的污泥含有大量有机物，富有肥分，可以作为农肥使用，但又含有大量细菌、寄生虫卵以及从生产污水中带来的重金属离子等，需要做稳定与无害化处理。污泥处理的主要方法有减量处理（如浓缩法、脱水等）和稳定处理（如厌氧消化法、好氧消化法等）。污泥处置的主流应是经堆肥、干燥、造粒、制作有机肥料和有机复合肥回归于农田，另外也不乏干燥焚烧、填地投海、制造建筑材料的工程实例。

对于某种污水，采用哪几种处理方法组成系统，要根据污水的水质、水量，回收其中有用物质的可能性、经济性及受纳水体的具体条件，并结合调查研究与经济技术比较后决定，必要时还需进行试验。

2）组成与典型处理流程

传统二级处理典型流程如图 20-2 所示。

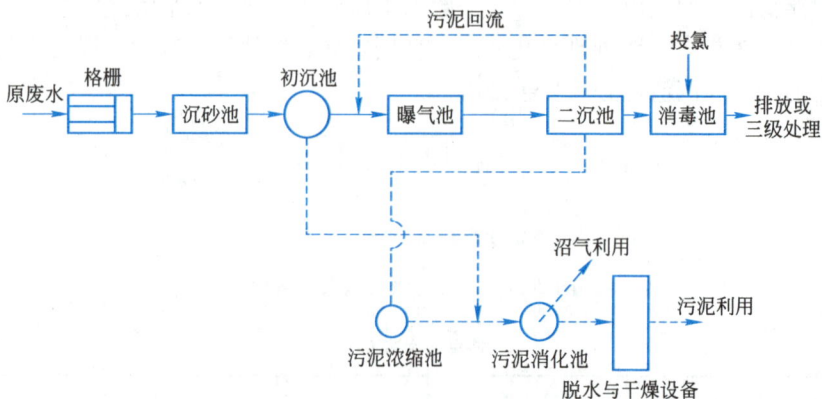

图 20-2 活性污泥法典型工艺流程图

通常污水处理厂中二级处理构筑物组成为厌氧池、缺氧池、曝气池以及二沉池（如图 20-2 所示）。其中曝气池是污水生物处理的关键设备，根据需要通过改变进水和回流污泥方式，就可以灵活地使曝气池按标准活性污泥法、生物吸附再生法和多点进水法等运行。曝气池多采用鼓风曝气供氧，中、微孔曝气装置对氧的利用率较高，为常用的曝气器。

在二级处理工艺中活性污泥法具有以下优势：

① 处理效果好：活性污泥法能够有效地去除有害物质，例如有机物和氮磷等，使水质得到明显改善。

② 操作简单：相对于其他处理方式，活性污泥法操作简单，且管理成本较低，人力、能耗等资源消耗少。

③ 应用广泛：活性污泥法适用于不同规模的污水处理，从小型家庭污水处理到大型城市化工业园区的污水处理均可。

3）应用

二级处理系统在处理城市生活污水应用十分广泛，因此开发出诸多工艺用于污水处理厂的二级处理，例如：氧化沟工艺（污水二级处理，适应全范围）、A^2/O 工艺（污水二级处理，重在脱氮除磷）、活性污泥法工艺（污水二级处理，用在大型污水处理厂）、SBR 工艺（污水二级处理，中小型城市污水处理厂）、A/O 工艺（污水二级处理，适用于脱氮处理）以及 MBBR 工艺（污水二级处理，常用于污水处理厂提标改造）。

（3）城市污水的深度处理系统

当城市污水二级处理水很难达到规定的排放标准时，深度处理是达标排放和污水再生再循环所必需的环节。

20.3　污水深度处理系统与再生水有效利用

20.3.1　污水深度处理系统在污水处理工程中的地位

深度处理可理解为，凡在处理过程中或在二级处理后增加净化单元，能进一步去除难降解有机物和去除营养盐氮、磷的处理系统都称为深度处理。例如：采用生物学脱氮除磷法，在去除 BOD 的同时能去除无机营养盐氮、磷的二级处理也称深度处理。常说的三级处理与深度处理不尽相同，三级处理专指在二级处理后延长流程的深度处理，如二级之后增加混凝沉淀、砂滤、臭氧氧化、活性炭吸附、离子交换，以及膜分离单元等。

城市排水系统的功能是恢复水环境，维系健康水循环。世界各国经验指出，普及了二级处理的流域，向水体中排放的氮、磷总量仍足以使封闭水域富营养化。由于难降解有机物的积累，水体 COD_{Cr} 指标还难以达到环境标准。经济发达国家在一些封闭性海湾及作为主要水源的湖泊，其污水排放标准相当严格。日本东京湾排水水质 TN＝10mg/L，TP＝0.5mg/L，COD_{Cr}＝12mg/L。日本琵琶湖流域各污水处理厂的目标水质为 BOD_5＝5mg/L，SS＝6mg/L，TN＝10mg/L，TP＝0.5mg/L。这样的水质非采用深度处理不可，仅仅普及二级处理是难以达到的。据专家预测，当 2030 年全国污水处理率达到 85％之时，全国 COD 排放负荷总量仍与 1997 年排放总量相当。深度处理可进一步去除氮、磷及 COD 污染负荷的 70％。近年又有人提出超深度处理的概念。可见水环境的恢复，健康水循环的维系，要寄希望于深度处理。深度处理是完成城市排水系统功能的必由之路，在污水处理工程中占据重要位置。

20.3.2　再生水有效利用

污水深度处理目的一是达到水域环境标准，恢复水环境，二是生产再生水供不同用水对象使用。而再生水有效利用在水循环、水资源的调配中占有重要位置，是城市可依赖的水资源。同时还是保护和恢复水环境，维持健康水循环的重要途径，也是使深度处理在工程经济上可实用化的途径。污水的深度处理进程离开有效利用是难以进行的。

1. 再生水利用主要对象与水质要求

再生水主要用途有：

（1）工业冷却水；

（2）补充公园及庭院水池、城市水渠、小河等景观用水；

（3）城市中水道：冲厕、洗车、道路与绿地浇洒用水，消防用水，施工用水以及融雪用水等；

（4）农业用水等。

2. 污水深度处理主要去除物质与相应净化技术

深度处理主要去除污水中的悬浮物（SS）、难降解 COD、氮、磷营养物、色度和臭气物质以及细菌等。它们相应的净化技术见表 20-3。

深度处理去除物质与净化技术

表 20-3

去除物质	净化技术
NH_4^+，NO_2^-，NO_3^-，TN	前置缺氧段缺氧—好氧活性污泥法（单级或多级 A/O 法） 同步硝化反硝化 厌氧氨氧化法
PO_4^{3-}，TP	厌氧—好氧活性污泥法（A_n/O 法） 混凝沉淀法，晶析脱磷法
NH_4^+，NO_3^-，NO_2^-，TN，PO_4^{3-}，TP	厌氧—缺氧—好氧活性污泥法（A^2/O 法） 投加凝聚剂缺氧—好氧活性污泥法（混凝—A/O 法）
悬浮物（SS）	砂滤，凝聚沉淀，超滤，微滤
难降解 COD	臭氧氧化，活性炭吸附 生物膜过滤技术 反渗透膜技术

20.3.3　污水深度处理工艺系统

改善二级工艺获得更好水质的深度处理在前面已经介绍，这里只介绍采用三级处理工艺达到深度处理的系统。其主要目的是去除 SS，进一步去除悬浮与溶解性 BOD、COD，去除难降解有机物及相关的色度、臭气、细菌、病毒等，以适应各种再生水用户的要求。

1. 混凝、澄清过滤系统

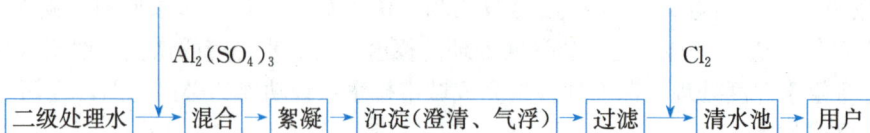

$Al_2(SO_4)_3$　　　　　　　　　　Cl_2

二级处理水 → 混合 → 絮凝 → 沉淀（澄清、气浮）→ 过滤 → 清水池 → 用户

2. 直接过滤系统

二级处理水 → 砂滤 →（Cl₂）→ 清水池 → 用户

3. 微絮凝过滤系统

二级处理水 →（Al₂(SO₄)₃）→ 混合 → 过滤 →（Cl₂）→ 清水池 → 用户

以上三种系统主要去除二级处理水中的悬浮物质，主要是活性污泥絮凝体。进一步去除 COD 效率可达 60% 以上。此外，还可以去除部分色度、臭和味。

4. 生物膜过滤系统

二级处理水 →（Al₂(SO₄)₃）→ 混合 → 絮凝 → 沉淀 → 生物膜滤池（空气）→（Cl₂）→ 清水池 → 用户

5. 气浮过滤系统

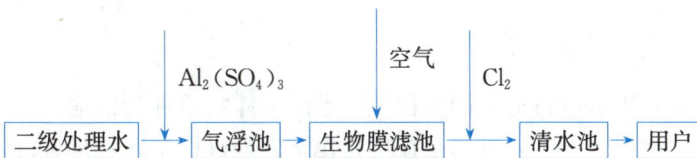

二级处理水 →（Al₂(SO₄)₃）→ 气浮池 → 生物膜滤池（空气）→（Cl₂）→ 清水池 → 用户

以上 2 个流程都是创造好氧的过滤条件，在滤料表面生长生物膜，赋予滤池生物氧化溶解性有机物的作用，使普通滤池变成具有生物氧化与物理截留双重作用的生物膜过滤滤池。不但能去除溶解性有机物和固体微粒，也能进一步使氨氮硝化。提高再生水水质，拓宽再生水用途。生物膜过滤系统与普通澄清过滤系统相比 COD、BOD_5 水质去除率提高 20%～30%，细菌指标去除率提高 85%～90% 以上。

6. 臭氧化系统

因为污水中的还原物质消耗臭氧，一般在臭氧氧化装置前应先经混凝沉淀和砂滤。其流程为：

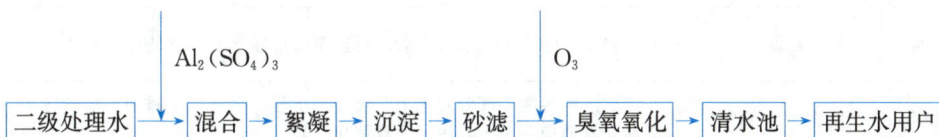

二级处理水 →（Al₂(SO₄)₃）→ 混合 → 絮凝 → 沉淀 → 砂滤 →（O₃）→ 臭氧氧化 → 清水池 → 再生水用户

本流程可较好地去除二级水的色度、臭和味，前者去除率可达 70%，臭和味去除率可达 30% 左右。

7. 臭氧、活性炭联用系统

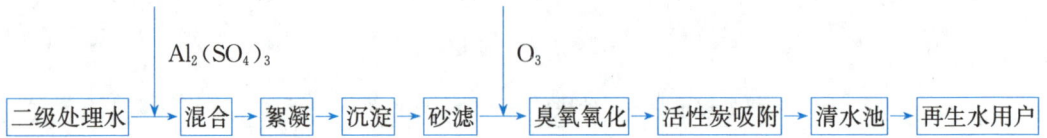

$$Al_2(SO_4)_3 \qquad\qquad O_3$$

二级处理水 → 混合 → 絮凝 → 沉淀 → 砂滤 → 臭氧氧化 → 活性炭吸附 → 清水池 → 再生水用户

本流程对二级出水的色度、臭和味以及微量污染物都有很好的去除效果，全面提高了再生水水质。

8. 反渗透工艺系统

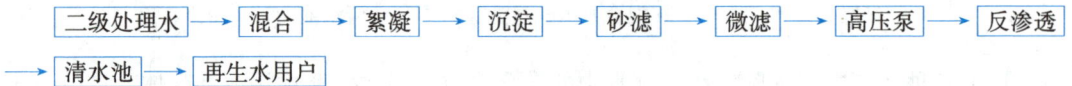

二级处理水 → 混合 → 絮凝 → 沉淀 → 砂滤 → 微滤 → 高压泵 → 反渗透 → 清水池 → 再生水用户

以再生水作为娱乐用水时，其深度处理工艺多采用反渗透技术。出于卫生上的考虑，当再生水补充地下水和地表水源时，要去除水中的一些微量成分（有机物、浊度、色、臭气、发泡物质、细菌）应用反渗透最为合适。该流程可完全去除浊度，色度去除率几乎100%，透过水澄清透明，无色无味，大肠菌检不出，完全符合娱乐用水和补充城市水源用水要求。

20.4　污泥处理与利用工艺系统

20.4.1　污泥的来源及性质

城市污水和工业废水进行处理的过程中产生的固体物质称为污泥。污泥中的固体物质有的是从原污水中截留下来的，有的是在生物化学处理过程中转化形成的；有的则是由于投加化学药剂而产生的。因此，不同的污水处理工艺会产生不同种类的污泥。常规城市污水处理厂（站）产生的污泥主要有：栅渣、沉砂池沉渣、初沉池污泥、活性污泥、二沉池污泥和浮渣等，具体来源见表20-4。

常规城市污水处理厂中污泥的来源　　　　　　　　表20-4

来源	污泥(或固体)类型	处 理 方 法
格栅	格栅渣	经压榨后外运，也有的粉碎后回到污水处理系统中去
沉砂池	无机固体颗粒	洗净外运
初次沉淀池	初沉池污泥和浮渣	初沉池污泥至后续泥处理系统，浮渣一般应避免进入污泥厌氧消化设施
曝气池	活性污泥	经二沉池沉淀泥水分离后，排出至浓缩脱水及后续处理设施
二次沉淀池	生物污泥和浮渣	二沉池污泥一部分回流至二级处理单元，另一部分排出至后续污泥处理系统，浮渣应避免进入污泥厌氧消化设施

栅渣来自格栅或滤网，是呈垃圾状的，量少易于处理和处置。沉砂池沉渣主要是相对密度较大、较稳定的无机颗粒，也易于处置。

浮渣主要来自沉淀池和气浮处理构筑物，多是油脂、食物残渣等。

初沉池污泥以有机物为主，易腐化发臭，还可能含有寄生虫卵和病原体，是污泥处理与处置的主要对象。

经过化学处理后产生的污泥，其中除原污水中含有的悬浮物质外，还含有化学药剂所产生的沉淀物，这类污泥易于脱水和压实。

二沉池污泥基本上是生物残体，极易发臭，含水率高，又难脱水，也是处理与处置的主要对象。

表征污泥性质的主要指标有：含水率与含固率、污泥相对密度、挥发性固体、有毒有害物质含量以及脱水性能等。

污水水质和污水处理工艺不同，那么产生的污泥种类就不同，每种污泥的性质也不同。表 20-5 和表 20-6 分别列出了污水处理过程中各构筑物产生的污泥特性和典型的生物污泥和消化污泥的化学成分。

污水处理过程中各构筑物产生污泥特性　　　　　　　　　　表 20-5

污泥或固体	特　性
栅渣	包括足以在格栅上去除的各种有机或无机物料，有机物料的数量在不同的污水处理厂和不同的季节有所不同。栅渣量为 $(3.5\sim80)\times10^{-3}\,\mathrm{m^3/10^3\,m^3}$ 污水，平均约为 $20.0\times10^{-3}\,\mathrm{m^3/10^3\,m^3}$ 污水；栅渣含水率一般为 80%，密度约为 $960\mathrm{kg/m^3}$
沉砂池沉渣	无机固体颗粒的相对密度较大，沉降速度较快，在这些固体颗粒中也可能含有有机物，特别是油脂，其数量的多少取决于沉砂池的设计和运行情况。无机固体颗粒的数量约为 $30\times10^{-3}\,\mathrm{m^3/10^3\,m^3}$ 污水，含水率一般为 60%，密度约为 $1500\mathrm{kg/m^3}$
浮渣	浮渣主要来自初次沉淀池和二次沉淀池。浮渣中的成分较复杂，一般可能含有油脂、植物和矿物油、动植物脂肪、菜叶、毛发、纸和棉织品、橡胶避孕用品、烟头等。浮渣的数量为 $8\mathrm{g/m^3}$ 污水，相对密度一般为 0.95 左右
初沉池污泥	由初次沉淀池排出的污泥通常为灰糊状物，多数情况下有难闻的气味，如果沉淀池运行良好，则初沉池污泥很容易消化，初沉池污泥的含水率一般为 92%～98%，典型值为 95%。污泥固体相对密度 1.4，污泥相对密度 1.02
化学沉淀污泥	由化学沉淀池排出的污泥一般颜色较深，如果污水中含有大量铁，也可能呈红色，化学沉淀污泥的臭味比普通的初沉池污泥要轻
活性污泥	活性污泥为褐色的絮状物。如果颜色深表明污泥可能近于腐化，如果颜色较淡，表明污泥可能曝气不足。在设施运行良好的条件下，活性污泥没有特别的气味，活性污泥很容易消化，活性污泥的含水率一般为 99%～99.5%，污泥固体相对密度为 1.25，污泥相对密度 1.005
生物滤池污泥	生物滤池的污泥带有褐色。新鲜的污泥没有令人讨厌的气味，生物滤池的污泥能够迅速消化，生物滤池污泥的含水率为 97%～99%，典型值为 98.5%。污泥固体相对密度为 1.45，污泥相对密度为 1.025
好氧消化污泥	好氧消化污泥为褐色至深褐色，外观为絮状。好氧消化污泥常常有陈腐的气味，消化好的污泥易于脱水。污泥含水率：当为剩余活性污泥时，为 97.5%～99.25%，典型值为 98.75%；当为初次污泥时，为 93%～97.5%，典型值为 96.5%；当为初沉池污泥和剩余活性污泥的混合污泥时，为 96%～98.5%，典型值为 97.5%
厌氧消化污泥	厌氧消化污泥为深褐色至黑色，并含有大量的气体。当消化良好时，其气味较轻。污泥含水率：当为初沉池污泥时，为 90%～95%，典型值为 93%；当为初沉池污泥和剩余活性污泥的混合污泥时，为 93%～97.5%，典型值为 96.5%

典型的生污泥和消化污泥的化学成分　　　　　表 20-6

项　目	初沉池污泥	剩余活性污泥	厌氧消化污泥
pH	5.0～6.5	6.5～7.5	6.5～7.5
干固体总量(%)	3～8	0.5～1.0	5.0～10.0
挥发性固体总量(%)	60～90	60～80	30～60
固体颗粒相对密度	1.3～1.5	1.2～1.4	1.3～1.6
污泥相对密度	1.02～1.03	1.0～1.005	1.03～1.04
BOD_5/TVS	0.5～1.1	—	—
COD/TVS	1.2～1.6	2.0～3.0	—
硬度(mg/L, 以 $CaCO_3$ 计)	500～1500	200～500	2500～3500
纤维素(干重%)	8～15	5～10	8～15
半纤维素(干重%)	2～4	—	—
木质素(干重%)	3～7	—	—
油脂和脂肪(干重%)	6～35	5～12	5～20
蛋白质(干重%)	20～30	32～41	15～20
氮(干重%)	1.5～4.0	2.5～7.0	1.6～6.0
磷(干重%)	0.8～2.8	2.0～7.0	1.4～4.0
钾(干重%)	0.1～1.0	0.2～0.5	0.1～3.0
热值(kJ/kg)	15000～24000	12000～16000	6000～14000

20.4.2　城市污水处理厂污泥是优质农业有机肥料

污泥是污水处理过程中产生的含水固体残留物，污泥干重中绝大多数(约70%～80%)为微生物细胞体，蛋白质高达20%，富含有机质，堪称生物固体。我国污水处理厂各处理单元产生的污泥中植物营养素含量见表20-7。

我国城市污水处理厂污泥中主要营养元素含量（%）　　　　　表 20-7

污泥类型	TN	TP	K	有机物	灰分
初沉污泥	2.0～3.4	1.0～3.0	0.1～0.3	30～50	50～75
生物膜污泥	2.8～3.1	1.0～2.0	0.11～0.8	—	—
活性污泥	3.5～7.2	3.3～5.0	0.2～0.4	60～70	30～40

城市污水处理厂污泥中有丰富的有机质和矿质营养，其中有机质大约为300～600g/kg，氮10～40g/kg，磷6～15g/kg，钾11～12g/kg。

污泥中这些对农作物有益的化学组分分为两部分：一是提供植物和土壤微生物生长所必需的营养元素和生理微量元素；二是有机质。

植物的生长需要17种元素，其中碳、氢、氧来自于水和空气，氮来自肥料和空气。其余13种矿物元素（磷、钾、硫、钙、镁、氯、铁、硼、锰、锌、铜、钼、钴）则只来自于土壤和肥料。植物体中各种营养元素的含量差别很大，其中碳、氢、氧、氮、磷、钾、硫、钙、镁9种为宏量元素，占植物体干重的99.5%，而氯、铁、硼、锰、锌、铜、钼、钴为植物体的微量元素。污泥中不但含有丰富的氮、磷、钾等大量宏量元素，同时也含有植物必需的各种微量生理元素，是农业天然的有机肥料。

有机质通过土壤中的生物降解、氧化还原反应、物理吸附和化学络合等生物化学、物理化学的作用，使污泥中大部分有机质矿化和腐殖化，矿化了的有机质为植物提供营养元素和微量生理元素，并为土壤微生物提供能量；腐殖质则大力改善土壤物理、化学环境条件的状况，改善土壤的团粒结构，使土壤的保水、保肥和通透性得以提高，是一种良好的土壤改良剂。

有机质对土壤肥力的贡献颇为重要。可总结为以下几点：

（1）有机物可持有 2～3 倍于其质量的水分，可给予植物更多可利用水分，也可提高表土对降雨和灌溉水分的利用率；

（2）有机物改善土壤的团粒结构。随着土壤团粒结构的改善、数量的增加，土壤中的供氧条件也得到了改善，这有利于植物根部的生长，减少氮损失（反硝化作用）和植物根系疾病的发生；

（3）土壤团粒结构很难分解成小颗粒，从而减少土壤流失和风蚀的可能性；

（4）有机物减少土壤的密度和重度。重度的减少表示土壤中具有更多的空隙贮存水分和空气，减少土壤的温度波动；

（5）有机物可改善土壤的抗压能力，便于机械化操作；

（6）对于黏土和砂土地而言，加入有机物更可带来诸多好处，有机物能明显改善砂土地团聚特性和持水能力，减少黏土的容积密度，利于植物根部的生长；

（7）污泥中的有机物增加了土壤的阳离子交换容量（CEC），从而提高了土壤的保肥能力。土壤的阳离子交换容量越大，越可保持住大量的阳离子营养物质，减少营养物的渗漏；

（8）有机物为土壤微生物提供碳源，由于碳源为土壤生物活性的控制因素，因而加入有机物可提高微生物活性，从而有利于植物生长。生物活性的提高也有利于土壤中有害污染物的降解，食用有机物的土壤动物（如蚯蚓）的代谢产物也可增加土壤中的营养物质。

目前，美国的污水处理厂每年产生约 560 万 t 干污泥，其中大约 60％用于农业利用；英国和法国每年也有 60％的污泥是进行土地利用。总体来看，欧洲各国鼓励污泥进行土地利用，具体比例取决于各国的具体情况。

综上，在制订科学实用的标准并进行风险评估的基础上，污泥的土地利用有较好的前景。生活污水污泥土地合理利用，可实现污泥资源循环利用，符合未来低碳发展方向。

20.4.3　污泥处理与处置系统

1. 污泥处理

污泥处理包括：浓缩、稳定调节(或调理)、干化、脱水，在必要时还要求消毒。

污泥处理的方法常取决于污泥的含水率和最终处置的方式。例如，含水率大于98％的污泥，一般要考虑浓缩，使含水率降至96％左右，以减少污泥体积，并有利于后续处理。浓缩的方法有重力浓缩、气浮法浓缩和离心法浓缩。污泥调理的目的是改变污泥性质，使其更易进行后续处理如脱水等，方法有化学法和加热法。稳定的目的是分解污泥中的有机物质，除减少污泥量外，也为了卫生上的要求，消除污泥中的细菌、病原体等。污泥稳定的主要方法有厌氧消化、好氧消化和湿式氧化等。

污泥进行稳定化处理，在一定程度上也起到了调理作用。为了便于污泥最终处置时的运输，则要进行污泥脱水使含水率降至80％以下。又如在某些国家，规定进行污泥填埋时的含水率降至 60％以下，这就决定了要对污泥脱水。

脱水的作用是进一步去除污泥颗粒间的游离水和部分毛细水，将污泥含水率降至80％以下，使污泥形成固态的状态。脱水的方法较多，有压滤、真空过滤及离心等机械脱水法，也有干化床自然脱水法等。

干化污泥的含水率可低于10%，呈颗粒状，是污泥焚烧处置必经的途径。

2. 污泥处置

污泥最终处置方式主要有填埋、焚烧、土地利用等。污泥填埋可以单独填埋或与城市固体垃圾一起填埋，填埋前要先经过稳定处理。选择填埋场时，要研究该处的地质及水文条件，防止污染地下水。填埋时，要对填埋场的沥出液和地面径流加以收集并作适当处理，要定期对地下水、土壤和污泥中的有害物质进行监测，做到卫生填埋。但填埋不能实现污泥的资源化利用，而且占用大量土地面积，存在严重的二次污染风险，并不是所提倡的处置方式。

焚烧可使污泥体积大幅度减小，而且达到灭菌的目的。焚烧后的污泥灰送往填埋场，焚烧烟气也需要进行妥善处理，尽可能减少污染物的释放。焚烧设备的投资和运行费用较高，污泥有机质含量与焚烧设备的能耗和费用密切相关。因此，在实际应用中需要充分考虑泥质，设计焚烧设备和运行参数。

污泥处置的最佳方法是综合利用，其主要途径包括农田绿地利用和建筑材料利用。污泥中富含植物养分以及促进土壤改良的有机物质，因此，农田绿地利用是一种不错的处置方法。污泥当作肥料，既能修复土壤，又能降低污泥的占地面积，节约土地资源，节省资金成本。污泥的土地利用应满足重金属等有关标准和要求。

污泥中有机质含量高，利用从污泥中回收的原料可以制备水泥、纤维板等建筑材料。另外，将污泥用作建筑材料利用还可以使其中的重金属等有毒有害物质固化，减少对环境的危害。

3. 污泥处理与处置系统的主要技术路线

污泥处理一般在污水处理厂内进行，污泥经过浓缩后进行厌氧消化、好氧消化、好氧堆肥和厌氧发酵等稳定化处理后，进行卫生填埋或土地利用。也有污水处理厂污泥直接进行脱水，经干化后进行焚烧，灰渣进行填埋或建材利用。

根据不同地区的具体情况，考虑经济性等因素，也可将多个污水处理厂污泥集中处置。目前，污泥处理与处置的主流技术路线是经过厌氧消化、好氧消化、好氧堆肥、厌氧堆肥后，进行污泥土地利用。

污泥处理与处置的基本流程如图20-3所示。

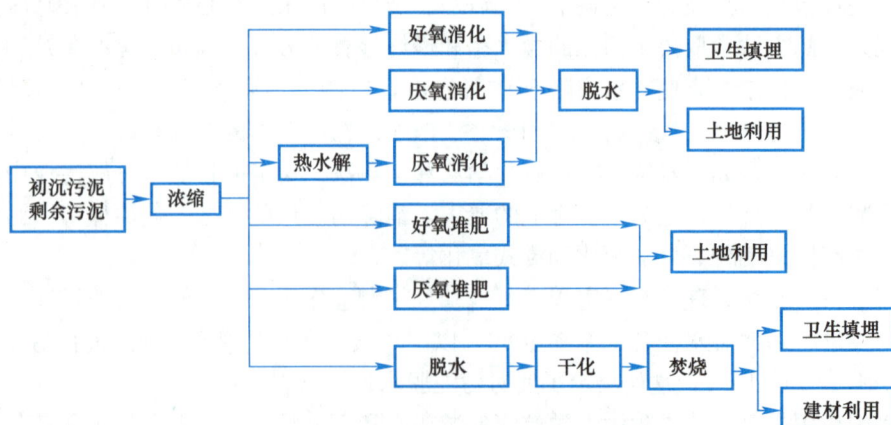

图20-3　污泥处理与处置基本流程

（1）污泥厌氧消化基本工艺流程

该工艺是在无分子氧条件下，通过厌氧微生物（主要是细菌）的作用，将固体废物中的各种有机物分解转化成甲烷（沼气）、二氧化碳等物质的过程，工艺成本低且将大部分污泥进行稳定化和无害化处理。

污泥厌氧消化基本工艺流程包括：污泥预浓缩、污泥混合、厌氧消化、沼气收集、净化、贮存与利用，消化后的污泥进行浓缩、脱水后外运、产生上清液进一步处理，如图 20-4 所示。

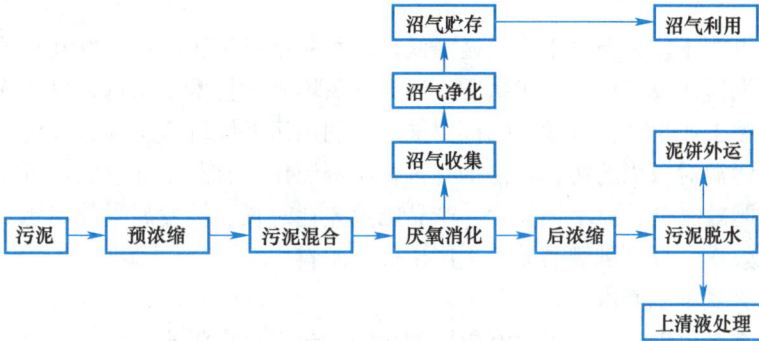

图 20-4　污泥厌氧消化处理基本工艺流程

该工艺优点在于厌氧消化过程可杀死部分病原菌和寄生虫卵，使污泥得到稳定化，不易腐臭；消化过程产生沼气，可实现污泥生物质能的有效回收；厌氧消化可降解污泥中 35％～50％的挥发性固体，减少污泥干固体量，有利于降低后续污泥处理处置费用；有助于提高污泥脱水性能。不足之处在于工艺停留时间长（20～30d），造成厌氧消化池体积庞大，操作管理复杂；厌氧消化之后污泥的含水率仍较高，必须进行后续处理。

（2）污泥好氧堆肥基本工艺流程

污泥好氧堆肥是指在氧气充足的条件下，利用污泥中天然存在的细菌、放线菌、真菌等微生物将污泥中的有机质降解转化为稳定的腐殖质的过程。在污泥好氧堆肥过程中，溶解性的有机质可直接透过微生物的细胞壁和细胞膜为微生物所吸收利用；不溶性的固体和胶体有机物先附着在微生物体外，由微生物所分解的胞外水解酶分解成溶解性物质，再深入到细胞内部参与氧化、还原、合成等过程。

工艺流程包括：污泥与返混物料混合后进行好氧堆肥，臭气需要单独处理达标后排放，腐熟物料贮存并土地利用，如图 20-5 所示。

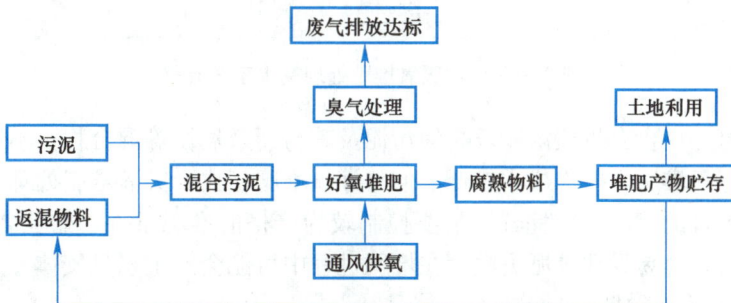

图 20-5　污泥好氧堆肥处理基本工艺流程

污泥好氧堆肥一般分为升温阶段、高温阶段、降温腐熟阶段。通气供氧对堆肥的作用主要表现在堆肥三个时期：堆肥初期，通气能提供足够氧气以供微生物的繁殖需要，从而分解有机物达到升温目的；堆肥中期，通气能维持微生物的活动以保持温度；堆肥后期，通气能通过带走水分，使得堆体减容，加快腐熟过程。

经过污泥好氧堆肥，可将剩余污泥转化为有机肥料用于改善土壤的理化性质、增加土壤的肥力，这不仅使污泥得到了有效的处理与处置，避免了污泥对环境的污染，还具有显著的社会效益。污泥好氧堆肥因其易于控制管理且运行成本较低，成为污泥处理行业的主流技术之一。

该工艺优点在于，污泥含水率明显降低，体积减小；污泥中的挥发性物质减少，臭味逐渐减弱，污泥转化成了稳定的腐殖质；污泥好氧堆肥的技术要求低，投资成本少，因此易于实现大规模工业生产，且适于大范围推广；利用污泥好氧堆肥的方式将污泥转化成为肥料，避免了污泥对环境的污染，使得有害物质资源化，有利于促进农业可持续发展。但目前仍存在堆肥效率低、氮素损失大、产品肥效差耗时长、散发恶臭等问题。因此需要进一步提高堆肥效率，提升堆肥品质，生产出优质肥料。

（3）污泥厌氧堆肥基本工艺流程

污泥厌氧堆肥可以处理各类含有机质的污泥，包括城市污水处理厂产生的污泥、工业废水处理厂产生的污泥等。它适用于处理各种含水率和有机物浓度的污泥。厌氧堆肥过程中，厌氧菌群能够有效降解有机废弃物，将其转化为可稳定利用的有机质和沼气。相比好氧堆肥，厌氧堆肥更适合处理高浓度有机废弃物。厌氧堆肥过程中会产生大量的沼气，可以作为可再生能源。厌氧堆肥可以有效地将污泥转化为有机肥料，从而实现资源的循环利用。

厌氧堆肥基本流程包括：混合污泥进行厌氧堆肥，定期翻堆，产生的臭气需要单独处理达标后排放，熟化的污泥可以作为有机肥料，供土地利用，如图 20-6 所示。

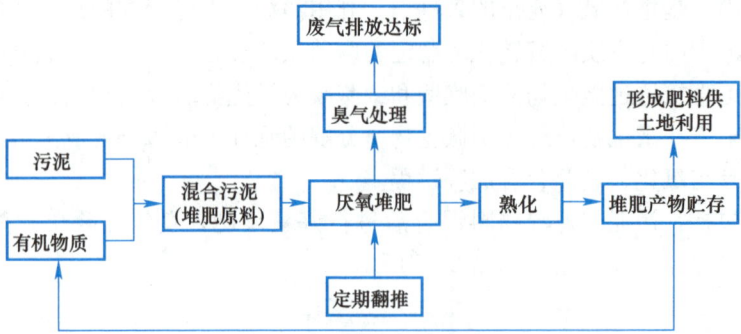

图 20-6　污泥厌氧堆肥处理基本工艺流程

厌氧堆肥可处理含有机质浓度较高的污泥及其与厨余垃圾等混合物；不需要提供大量的氧气，相比好氧堆肥，操作成本较低。但与好氧堆肥相比，厌氧堆肥处理时间较长，需要几周甚至几个月的时间才能完成；需要控制较为严格的堆肥条件，如堆肥温度、湿度、基质比例等，否则容易导致堆肥失败；在堆肥过程中可能会产生恶臭气体，并有可能释放出温室气体，对环境造成不利影响。

20.4.4　污泥土地利用*

自 18 世纪人类社会生产力发达以来，尤其是 19 世纪水冲厕所普及后，人类社会的核心城市另辟了植物营养素的开路循环，如图 20-7 所示。由于人口剧增，人类社会大力地发展农业、畜牧业，把农作物、家畜、野生动、植物都作为食物，消耗巨大，而其排泄物又通过排水管道、垃圾处理系统排放于河流、填埋于地下或者进行焚烧，污染自然水系和大气环境，却不能通过分解者回到农田作肥料，铸成了植物营养素的流失和水环境污染。农田土壤营养的贫乏导致不得不大量使用无机肥料（化肥）。由于化肥便捷、肥效快、作物高产，农民对化肥产生了依赖。然而化肥污染环境，随农田径流入水系的化肥数量占施肥量的 70%，是闭锁型水体富营养化的重要因素。依靠化肥的农业是不可持续的，虽然氮肥可以从空气中取得原料，但是磷肥的原料只能依靠磷矿石。世界上磷矿石的资源也是有限的，矿物学家估计照如此速度消耗磷矿石，最多还能开采 50 年。另外施用化肥也使农田土壤渐渐板结贫瘠，导致农业的潜在危机。因此，我们应从生态学的视点认真研究污泥中的营养元素和农业肥料的自然循环。

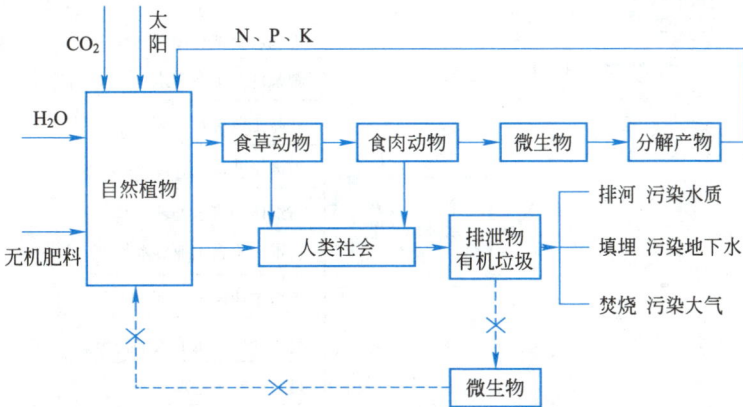

图 20-7　现代社会的植物营养素开路循环

根据以上分析，如果将人类排泄物、畜禽排泄物等有机污染物通过微生物分解作为农业肥料，一方面可以减轻水体污染，另一方面能够保证营养元素（N、P、K）的物质循环，减少其流失于水体、保障了农业可持续性发展。

思考题

1. 如何减少污水处理系统碳排放？有哪些可行的途径？
2. 试设计低碳城市污水处理工艺系统。
3. 分析城市污水处理系统污泥稳定化处理与资源化利用的途径。

第21章 工业废水处理的工艺系统

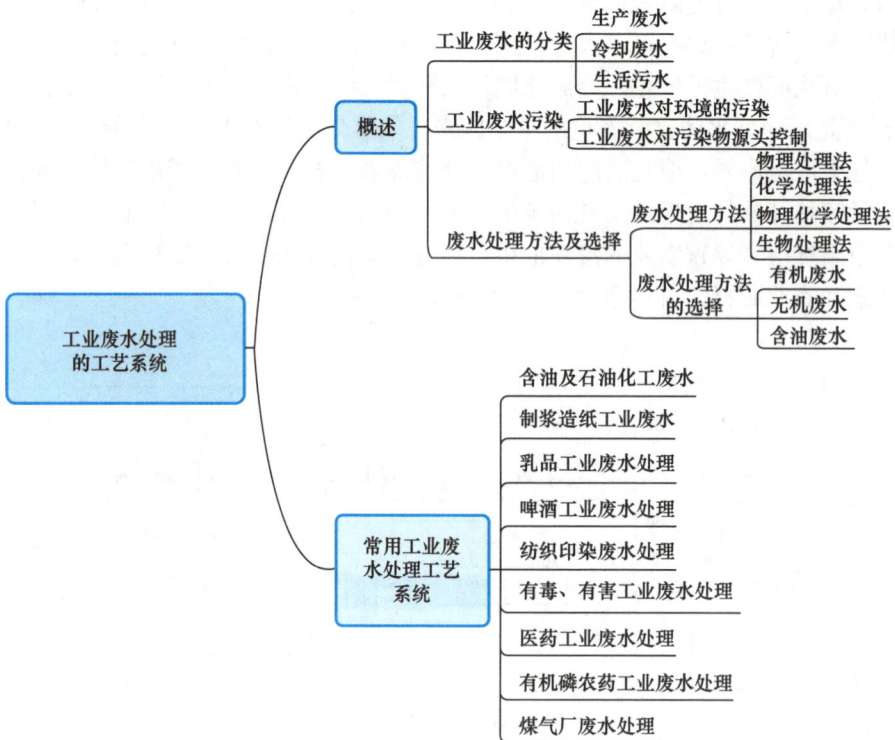

```
                                          ┌─ 生产废水
                          ┌─ 工业废水的分类 ┤─ 冷却废水
                          │                └─ 生活污水
                ┌─ 概述 ──┤
                │         └─ 工业废水污染 ┌─ 工业废水对环境的污染
                │                        └─ 工业废水对污染物源头控制
                │                                        ┌─ 物理处理法
                │                          ┌─ 废水处理方法 ┤─ 化学处理法
                │                          │              │─ 物理化学处理法
                │         ┌─ 废水处理方法及选择 ┤            └─ 生物处理法
工业废水处理 ────┤         └─                  │           ┌─ 有机废水
的工艺系统       │                            └─ 废水处理方法 ┤─ 无机废水
                │                              的选择       └─ 含油废水
                │                    ┌─ 含油及石油化工废水
                │                    │─ 制浆造纸工业废水
                │                    │─ 乳品工业废水处理
                │                    │─ 啤酒工业废水处理
                └─ 常用工业废 ────────┤─ 纺织印染废水处理
                   水处理工艺          │─ 有毒、有害工业废水处理
                   系统               │─ 医药工业废水处理
                                     │─ 有机磷农药工业废水处理
                                     └─ 煤气厂废水处理
```

21.1 概　　述

21.1.1 工业废水的分类

工业企业各行业生产过程中排出的废水，统称工业废水，其中包括生产废水、冷却废水和生活污水3种。

为了区分工业废水的种类，了解其性质，认识其危害，研究其处理措施，通常进行废水的分类，一般有3种分类方法。

（1）按行业的产品加工对象分类：冶金废水、造纸废水、炼焦煤气废水、金属酸洗废水、纺织印染废水、制革废水、农药废水、化学肥料废水等。

（2）按工业废水中所含主要污染物的性质分类：含无机污染物为主的称为无机废水，含有机污染物为主的称为有机废水。例如，电镀和矿物加工过程的废水是无机废水，食品和石油加工过程的废水是有机废水。这种分类方法比较简单，对考虑处理方法有利。如对易生物降解的有机废水一般采用生物处理法，对无机废水一般采用物理、化学和物理化学方法处理。不过，在工业生产过程中，一般废水既含无机物，也含有机物。

（3）按废水中所含污染物的主要成分分类：酸性废水、碱性废水、含酚废水、含镉废水、含锌废水、含汞废水、含氟废水、含有机磷废水、含放射性废水等。这种分类方法的优点是突出了废水的主要污染成分，可有针对性地考虑处理方法或进行回收利用。

除上述分类方法外，还可根据工业废水处理的难易程度和废水的危害性，将废水中的主要污染物分为 3 类：

（1）易处理危害小的废水，如生产过程中出现的热排水或冷却水，对其稍加处理，即可排放或回用；

（2）易生物降解无明显毒性的废水，可采用生物处理法；

（3）难生物降解又有毒性的废水，如含重金属废水、含多氯联苯和有机氯农药废水等。

上述废水的分类方法只能作为了解污染源时的参考。实际上，一种工业可以排出几种不同性质的废水，而一种废水又可以含有多种不同的污染物。例如染料工业，既排出酸性废水，又排出碱性废水。由于织物和染料的不同，纺织印染废水的污染物和浓度往往有很大差别。

21.1.2　工业废水对环境的污染

水污染是我国面临的主要环境问题之一。随着我国工业的发展，工业废水的排放量日益增加，达不到排放标准的工业废水排入水体后，会污染地表水和地下水。

几乎所有的物质，排入水体后都有产生污染的可能性。各种物质的污染程度虽有差别，但超过某一浓度后都会产生危害。

（1）含无毒物质的有机废水和无机废水的污染。有些污染物质虽无毒性，但由于量大或浓度高而对水体产生污染。例如排入水体的有机物，超过允许量时，水体会出现厌氧腐败现象；大量的无机物流入时，会使水体内盐类浓度增高，造成渗透压改变，对生物（动植物和微生物）造成不良的影响。

（2）含有毒物质的有机废水和无机废水的污染。例如氰、酚等急性有毒物质，重金属等慢性有毒物质及致癌物质造成的污染。致毒方式有接触中毒（主要是神经中毒）、食物中毒、糜烂性毒害等。

（3）含有大量不溶性悬浮物废水的污染。例如，纸浆、纤维工业等的纤维素；选煤、选矿等排放的微细粉尘；陶瓷、采石工业排出的灰砂等。这些物质沉积水底，有的形成"毒泥"，发生毒害事件的例子很多。如果是有机物，则会发生腐败，使水体呈厌氧状态。这些物质在水中还会阻塞鱼类的鳃，导致呼吸困难，并破坏产卵场所。

（4）含油废水产生的污染。油漂浮在水面既有损感观，又会散发令人厌恶的气味。燃点低的油类还有引起火灾的危险。动植物油脂具有腐败性，消耗水体中的溶解氧。

（5）含高浊度和高色度废水产生的污染。这种污染会引起光通量不足，影响生物的生长繁殖。

（6）酸性和碱性废水产生的污染。水体的酸碱污染除对生物有危害作用外，还会损坏设备和器材。

（7）含有多种污染物质废水产生的污染。各种物质之间会产生化学反应，或在自然光和氧的作用下产生化学反应并生成有害物质。例如，硫化钠和硫酸产生硫化氢，亚铁氰盐经光分解产生氰等。

（8）含有氮、磷等工业废水产生的污染。对湖泊等封闭性水域，由于含氮、磷物质的废水流入，会使藻类及其他水生生物异常繁殖，使水体产生富营养化。

所有的工业废水的排放，必须严格遵守国家、部、行业所规定的标准——《污水综合排放标准》GB 8978—1996，《污水排入城镇下水道水质标准》GB/T 31962—2015 等。

21.1.3　工业废水污染物源头控制——建立循环经济的生态工业体系

减少工业废水对水环境危害经济有效的方法是建立生态工业体系，对工业废物进行源头控制。

工业循环经济的生态工业体系是指仿照自然界生态过程物质循环的方式来规划工业生产系统的一种工业发展模式。在工业循环经济系统中各生产过程通过物质流、能量流和信息流互相关联，一个生产过程的废物可以作为另一过程的原料加以利用。系统内各生产过程从原料、中间产物、废物到产品的物质循环，达到资源、能源、投资的最优利用。以通过不同企业、工艺流程和行业间的横向耦合及资源共享，为废物找到下游的"分解者"，建立工业循环系统的"食物链"和"食物网"。

将传统活动的"资源消费—产品—废物排放"的开放（或单程）物质流动模式转变为"资源消费—产品—再生资源"闭环型物质流动模式。达到变污染负效益为资源正效益的目的。从企业内部、产业集中园区和国民经济体系三个层次实施循环经济战略：

（1）以企业内部的物质循环为基础，提高资源能源的利用效率、减少废物排放为主要目的，构建典型企业内部循环经济体系。

20 世纪 80 年代末居世界大公司 500 强第 32 位的杜邦公司，开始循环经济理念的实践。公司的研究人员把循环经济三原则发展成为与化工生产相结合的"3R 制造法"，改变了只管资源投入，而不管废弃物排出的生产理念。通过改变、替代某些有害化学原料，生产工艺中减少化学原料使用量，回收本公司产品的新工艺等方法，到 1994 年，该公司已经使生产造成的废弃物减少 25%，空气污染物排放量减少 70%。从而形成了在企业内循环利用资源，减少污染物排放的企业循环经济系统。

（2）以产业集中园区内的物质循环为载体，构筑企业之间、产业之间、产业园区之间的循环。

通过产业的合理组织，在产业的纵向、横向上建立企业间能源流、物质流的集成和资源的循环利用，形成循环型产业集群或是循环经济园区，建立以二次资源的再利用和再循环的循环经济产业体系。

1）东北制药总厂产业园

以制药为核心建立了 VC-古龙酸-饲料加工厂加工饲料生态链；VC-废酸-化肥厂生产化肥生态链。生态链相互之间构成了横向耦合的关系，并在一定程度上形成了网状结构。物流中没有废物概念，只有资源概念，各环节实现了充分的资源共享。使得一家企业的废热、废水、废物成为另一家企业生产第一种产品的原料或动力，其剩余物将是第二种产品的原料，若仍有剩余物，又是第三种产品的原料……若有最后不可避免的剩余物，则将其处理成对生命和环境无害的形式再进行排放。

2）丹麦卡伦堡生态工业园区

目前，国际上最成功的生态工业园区是丹麦的卡伦堡生态工业园区。截至 2000 年，卡伦堡生态工业园已有 6 家大型企业和 10 余家小型企业，它们通过"废物"联系在一起，形成了一个举世瞩目的工业共生系统。此外，卡伦堡市区有 2 万居民需要供热、蒸汽和水。这些企业与政府间建立了颇为创新的生态共生关系，他们通过市场交易共享水、气、废气、废物等，并实现经济利益的共享，如图 21-1 所示。

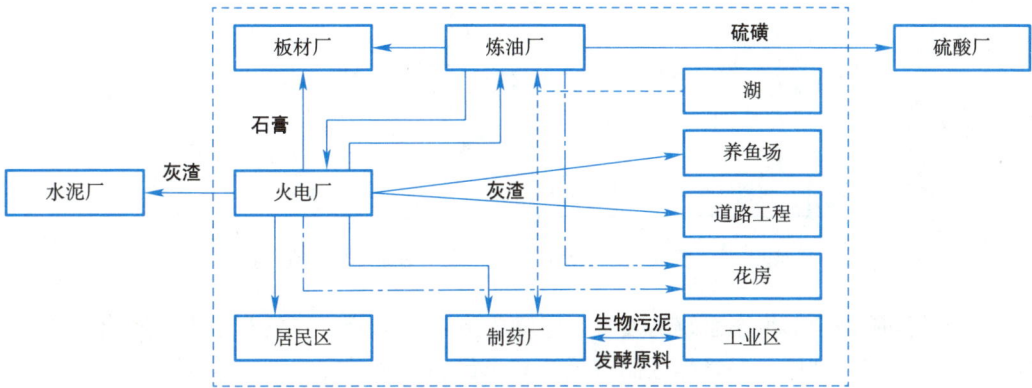

图 21-1　丹麦卡伦堡生态工业园区

在能源和水流方面，阿斯内斯火力发电厂工作的热效率约为 40%。为回收能量，1981 年开始用其新型供热系统为卡伦堡市区和诺沃诺迪斯克制药厂和斯塔托伊尔炼油厂供应蒸汽，这一举措替代了约 3500 个燃油炉，大大减少了空气污染源。阿斯内斯电厂使用附近海湾内的盐水，以满足其冷却需要，这样做减少了对蒂索湖(Tisso)淡水的需要，其副产品为热的盐水，其中一部分可供给渔场的 57 个池塘。

在物流方面，制药厂的工艺废料和鱼塘水处理装置中的淤泥用作附近农场的化肥。

水泥厂使用电厂的脱硫飞灰；阿斯内斯电厂将其烟道气中的 SO_2 与磷酸钙反应制得硫酸钙(石膏)，再卖给济普洛克石膏墙板厂，能达到其需求量的 2/3；精炼厂的脱硫装置生产纯液态硫，再用卡车运到硫酸制造商 Kemira 处；诺沃诺迪斯克的胰岛素生产中的剩余酶被送到农场做猪饲料。

1999A/S Bioteknisk Jordrens 使用民用下水道淤泥作为生物修复营养剂分解受污染土壤中的污染物，这是城市废水的另一条物流的有效再利用。

这个循环网络为相关公司节约成本，减少对该地区空气、水和陆地的污染。应该说，卡伦堡园区实际已基本形成了一种工业共生体系，这一体系体现其环境优势和经济优势；减少资源消耗，减少造成温室效应的气体排放和污染，使废料得到重新利用。卡伦堡共生体系为 21 世纪新的工业园区发展模式奠定了基础。

(3) 以整个社会的物质循环为着眼点，构筑包括生产、生活领域的整个社会的大循环。统筹城乡发展、统筹生产生活，通过建立城镇、城乡之间、人类社会与自然环境之间循环经济圈，在整个社会内部建立生产与消费的物质能量大循环，包括了生产、消费和回收利用，构筑符合循环经济的社会体系，建设资源节约型、环境友好的社会，实现经济效益、社会效益和生态效益的最大化。

贵港国家生态工业(制糖)示范园区是以贵糖(集团)股份有限公司为龙头，建立以甘蔗制糖为核心的甘蔗产业生态园(图 21-2)。

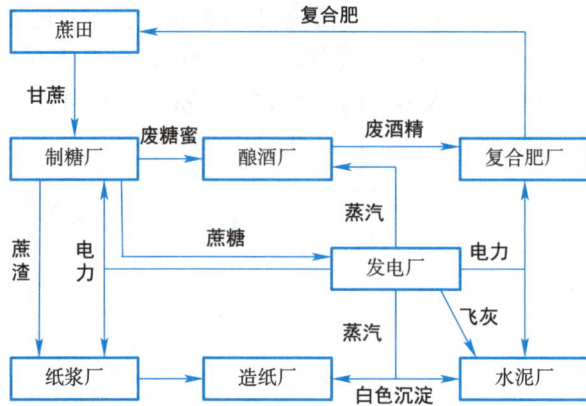

图 21-2　贵港国家生态工业（制糖）示范园区产业链

生态甘蔗园是全部生态系统的发端，它输入废料、水分、空气和阳光，输出高产、高糖、安全、稳定的甘蔗，保障园区制造系统有充足的原料供应。

制糖系统是整个生态工业园的支持主体。通过技术改造，实行废物的综合利用。在生产出普通精炼糖的同时，生产出高附加值的有机糖、低聚果糖等产品。2005 年完成制糖新工艺、新技术综合改造工程，使现有碳酸法制糖工艺的滤泥排放量减少 1/2，并大幅减少滤泥中的有机物，增加碳酸钙含量，滤泥排除后可直接用于烧制水泥熟料，彻底消除滤泥对江河的污染。

酒精系统通过能源酒精工程和酵母精工程，有效利用甘蔗制糖副产品——废糖蜜，生产能源酒精和高附加值的酵母精产品。糖蜜发酵过程中，产生的大量 CO_2 气体可以用于生产轻质碳酸钙，实现资源利用，避免温室气体大量排放。

造纸系统通过造纸工艺改造和扩建工程，充分利用甘蔗制糖的副产品——蔗渣，生产出高质量的生活用纸及文化用纸和高附加值的 CMC（羧甲酸纤维素钠）等产品。

热电联产系统通过使用甘蔗制糖的副产品——蔗髓，替代部分燃料煤，热电联产，供应生产所必需的电力和蒸汽，保障园区生产系统的动力供应。实现固体废物资源化利用，并且蔗髓燃烧过程不存在 SO_2 污染。经济效益和环境效益均好。

环境综合处理系统为园区制造系统提供环境服务，包括废气脱硫除尘、废水处理回收烧碱及纸纤维，并提供再生水以节约水资源。水资源在园区内应做到清污分流，循环使用或重复多层次使用，从而提高水利用率，减少从河流里抽取的一次水量和排出园区的水量。利用酒精废液生产甘蔗专用复合肥工程的实施，实现酒精废液的全部资源利用，解决酒精废液问题，又为种植甘蔗提供必要的肥料。

贵港国家生态工业（制糖）示范园通过副产物、废弃物和能量的相互交换机衔接，形成"甘蔗—制糖—酒精—造纸—碱回收—水泥—碳酸钙—复合肥"这样一个多行业综合性的链网结构，使得行业之间优势互补，达到资源的最佳配置、物质的循环流动和废弃物的有效利用，将环境污染减少到最低水平，大大加强了园区整体抵御市场风险的能力。

（4）发挥政府在建设企业循环经济和节能减排的指导调控和激励作用

因为市场配置资源的原则决定了市场主体必须追求经济效益最优。而政府作为社会公共利益的代表，能够突破单个市场主体追求经济利益的局限，从社会整体和长远的角度，制定出相应的宏观发展战略和衡量标准；政府可以充分、灵活地运用经济、法律和行政手段，对社会市场主体各种带有外部性的经济活动进行有效协调和调控，为企业循环经济和节能减排事业创造出一个良好的环境。充分发挥政府在建设企业循环经济和节能减排的指导调控激励作用。

21.1.4　废水处理方法及选择

废水处理过程是将废水中所含有的各种污染物与水分离或加以分解，使其净化的过程。

废水处理法大体可分为：物理处理法、化学处理法、物理化学处理法和生物处理法。

选择废水处理方法前，必须了解废水中污染物的形态。一般污染物在废水中处于悬浮、胶体或溶解状态。通常根据粒径的大小来划分。悬浮物粒径为 $1\sim100\mu m$，胶体粒径为 $1nm\sim1\mu m$，溶解物粒径小于 $1nm$。一般来说，易处理的污染物是悬浮物，而胶体和溶解物则较难处理。悬浮物可通过沉淀、过滤等与水分离，而胶体和溶解物则必须利用特殊的物质使之凝聚或通过化学反应使其粒径增大到悬浮物的程度，或利用微生物或特殊的膜等将其分解或分离。

废水处理方法的确定，可参考已有的相同工厂的工艺流程。如无资料可参考时，可通过实验确定，简述如下：

（1）有机废水

1）含悬浮物时，用滤纸过滤，若滤液中的 BOD、COD 均在要求值以下，这种废水可采取物理处理方法，在去除悬浮物的同时，也能将 BOD、COD 一并去除。

2）若滤液中的 BOD、COD 高于要求值，则需考虑采用生物处理方法。

好氧生物处理法去除废水中的 BOD 和 COD，由于工艺成熟，效率高且稳定，所以获得十分广泛的应用，但由于需供氧，故耗电较高。为了节能并回收沼气，常采用厌氧法去除 BOD 和 COD，特别是处理高浓度 BOD 和 COD 废水比较适用（$BOD_5 > 1000mg/L$）。现在已将厌氧法用于低 BOD、COD 废水的处理，亦获得成功。但是，从去除效率看，BOD 去除率不一定高，COD 去除率反而高些。这是由于难降解的 COD，经厌氧处理后转化为容易生物降解的 COD，使高分子有机物转化为低分子有机物。对于某些工业废水也存在此种现象。如仅用好氧生物处理法处理焦化厂含酚废水，出水 COD 往往保持在 $400\sim500mg/L$，很难继续降低。如果采用厌氧作为第一级，再串以第二级好氧法，就可使出水 COD 下降到 $100\sim150mg/L$。因此，厌氧法常常用于含难降解 COD 工业废水的处理。

3）若经生物处理后 COD 不能降低到排放标准时，就要考虑采用深度处理。

（2）无机废水

1）含悬浮物时，需进行沉淀实验，若在常规的静置时间内达到排放标准时，这种废水可采用自然沉淀法处理。

2）若在规定的静置时间内达不到要求值时，则需进行混凝沉淀实验。

3）当悬浮物去除后，废水中仍含有有害物质时，可考虑采用调节 pH、化学沉淀、氧化还原等化学方法。

4）对上述方法仍不能去除的溶解性物质，可考虑采用吸附、离子交换等深度处理方法。

（3）含油废水

首先做静置上浮实验分离浮油，再进行分离乳化油的实验。

21.2　常用工业废水处理工艺系统

21.2.1　含油及石油化工废水

1. 含油废水的来源及污染特征

含油废水主要来源于石油、石油化工、钢铁、焦化、煤气发生站、机械加工等工业企业。

含油废水的含油量及其特征，随工业种类不同而异，同一种工业也因生产工艺流程、设备和操作条件等不同而相差较大。

废水中所含的油类，除重质焦油的相对密度可达 1.1 以上外，其余的相对密度都小于 1。油类在水中存在的形式可分为浮油、分散油、乳化油和溶解油四类。

（1）浮油　这种油珠粒径较大，一般大于 $100\mu m$，易浮于水面，形成油膜或油层。

（2）分散油　油珠粒径一般为 $10\sim100\mu m$，以微小油珠悬浮于水中，不稳定，静置一定时间后往往形成浮油。

（3）乳化油　油珠粒径小于 $10\mu m$，一般为 $0.1\sim2\mu m$。往往因为水中含有表面活性剂使油珠形成稳定的乳化液。

（4）溶解油　油珠粒径比乳化油还小，有的可小到几纳米，是溶于水的油微粒。

2. 石油化工废水的特点

（1）废水量大

除了在生产过程中所产生的废水外，还有冷却水及其他用水。国外年产 35 万 t 乙烯及其衍生物的工厂每天排出的废水量为 $1.6\times10^{4}m^{3}$。

（2）废水组分复杂

石油化工产品繁多，反应过程和单元操作复杂，废水性质复杂多变。

（3）有机物特别是烃类及其衍生物含量高

有机物含量高表现为废水中的 COD 和 BOD 高。

（4）含有多种重金属

这主要由于生产中使用多种金属催化剂所致。例如辽阳石油化纤总厂在生产过程中使用的催化剂达 45 种，其中金属及其金属化合物达 36 种之多。

表 21-1 为一些典型石油化工生产污水特征。

3. 含油及石油化工废水处理工艺系统

石油化工废水基本上是有机废水，同厂废水可集中处理。个别装置的含油或催化剂废水，应予以就地回收或分离，然后与其他废水一起处理（处理流程如图 21-3 所示）。

21.2.2　制浆造纸工业废水

造纸工业是耗水大户，我国造纸工业由于技术、装备落后，吨产品耗水量达 $400m^{3}$ 以上，比国际先进水平高 $2\sim8$ 倍，亟待改进。制浆造纸厂水污染主要来自于化学制浆过程。

表 21-1

典型石油化工生产污水特征

序号	项目	尼龙生产	合成橡胶	丁二烯	烯烃生产（油分离器后）	烯烃生产	合成橡胶聚合	氯化氢制造	炼油厂烷基化生产去污剂	炼油厂丁二烯和丁基橡胶	混合有机物	2,4,5-三氯苯酚	2,4-二氯苯酚	酚、甲酚	混合化合物，包括还氧乙烷、乙二醇、乙二胺和乙二醚
1	pH	7.4~12	6.4~6.7	8.4~8.5	9.8~10	4.5~8.5	7.8	12.6	9.2	7.5	—	—	—	4.6~7.2	9.4~9.8
2	碱度（mg/L）	22500~4070000	37~40	370	1490	—	—	—	365	164	—	—	—	192	4060
3	氯化物（mg/L）	475~3340	2670~2800	1277~1350	—	—	550	116000~123000	1980	825	800	96300	144000	230	430~800
4	COD（mg/L）	74000~87800	173~192	290~359	500~1500	500~2000	3072	3340	855	610	1972	21700	27500	990~1940	7970~8540
5	BOD$_5$（mg/L）	—	—	—	—	10~300	—	—	345	225	1950	16800	16700	550~850	1950
6	油（mg/L）	152~367	—	—	10~50	10~50	—	—	73	17	547	—	—	微量	547
7	酚（mg/L）	5~78	19~22	38	10	—	—	—	160	微量	10~50	—	—	280~550	—
8	PO$_4^{3-}$（mg/L）	—	—	910	180	—	—	—	—	—	655	—	—	3	—
9	SO$_4^{2-}$（mg/L）	1425~1470	—	—	—	—	—	—	280	—	—	—	—	—	655
10	硫化物（mg/L）	—	—	—	—	0~1	—	—	150	—	—	—	—	—	—
11	悬浮物（mg/L）	—	97~110	—	—	—	—	—	121	110	—	700	348	12~88	27~60
12	TOC（mg/L）	19600~37200	—	131~165	150~700	—	—	—	—	160	60	—	—	320~580	—
13	总氮量（mg/L）	4630~10500	74~89	63	60	—	—	—	89	48	1253	40	45	微量	1160~1253
14	总可溶性固体（mg/L）	—	—	—	—	5~100	—	—	—	—	—	—	—	—	—
15	总固体（mg/L）	41700~123500	7420~12000	3730	2140	—	—	—	3770	2810	2079	172467	167221	1870~2315	2191~3029

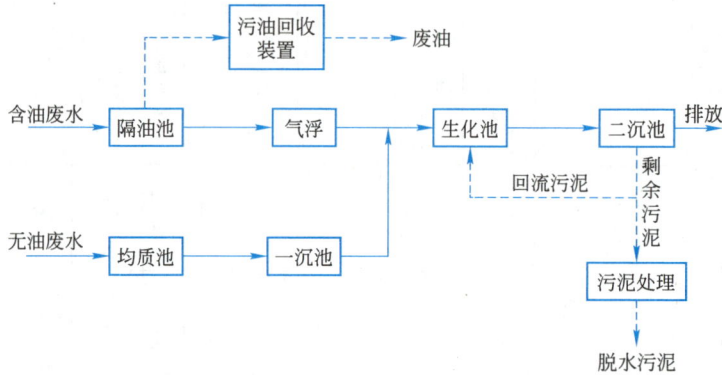

图 21-3　含油及石油化工废水处理工艺流程

由于制浆厂废液中的有机污染物难以用生物降解，而且其高色度也不易处理，处理费用十分昂贵。因此，应尽量在生产过程中采取防治措施，使污染最大限度地减少或消灭在工艺过程之中，即推广采用清洁生产技术，对各过程的废水实施各项治理和综合利用措施。

美国造纸工业主要的厂内防治措施是：提高黑液提取率及回收利用率；封闭筛浆系统；汽提及回用污冷凝液；建立纸机纤维回收和白水气浮回收系统及减少跑、冒、滴、漏等。瑞典造纸工业的厂内防治措施也大致相同。这些措施都是我国应该学习的，也是能够做到的。对于我国大多数小型草浆造纸厂，虽然回收利用制浆液的经济效益较差，但应认识到这是防治污染的重要手段，必须认真对待。

我国化学浆占总浆产量的 80%，其中烧碱及硫酸盐制浆占 70% 以上。采用碱回收工程，可以回收烧碱及硫酸盐法制浆废液中的碱和热能。发达国家中碱回收车间已成了碱法制浆厂不可缺少的一部分，已做到碱基本自给（每吨浆只需补充几十千克芒硝），能源自给而有余并可消除有机污染 90% 以上。同样，酸法制浆厂也可通过酸回收或制浆废液的综合利用来降低污染。

对所排放的不能达到现行《污水综合排放标准》GB 8978 的混合污水，还要做进一步的处理，使之达到排放标准。

制浆造纸工业废水中的污染物来自所用的纤维原料，不论木材或草类原料，利用生产化学浆的主要组分纤维素含量一般都不超过 50%，其他组分有木质素、半纤维素、无机物、可抽提物、多糖类等都混入了废液之中。制浆造纸过程排放的主要污染物有：

（1）悬浮物：造纸工业中所称的悬浮物包括可沉降悬浮物和不沉降悬浮物两种，主要是纤维和纤维细料（即破碎的纤维碎片和杂细胞）。

（2）易生物降解有机物：在制浆和漂白过程中溶出的原料组分，一般是易于生物降解的，其中包括低分子量的半纤维素、甲醇、醋酸、蚁酸、糖类等。

（3）难生物降解有机物：制浆造纸厂排水中的难生物降解有机物主要来源于纤维原料中所含的木质素和大分子碳水化合物。制浆厂难生物降解的物质通常是带色的。表 21-2 是某些制浆厂废水总需氧量（TOD）与 COD 和 BOD_5 的关系。

（4）毒性物质：制浆排放的污染物中有许多有毒物质，主要有：黑液中含有的松香酸和不饱和脂肪酸；污冷凝液含有的对鱼类特别有毒的成分硫化氢、甲基硫、甲硫醚；漂白碱抽提废水中的多种氯代有机化合物，其中剧毒的二噁英已引起广泛的注意。

某些制浆厂废水总需氧量（TOD）与 COD 和 BOD₅ 的关系　表 21-2

浆种	TOD (mg/L)	COD_Cr (mg/L)	COD_Cr / TOD	BOD₅ (mg/L)	BOD₅ / TOD
未漂硫酸盐浆（已沉淀）	875	800	0.92	400	0.46
未漂硫酸盐浆（已生化）	400	300	0.83	67	0.17
漂白硫酸盐浆（已沉淀）	690	680	0.98	260	0.38
漂白硫酸盐浆（已生化）	410	290	0.71	36	0.09
牛皮箱板（已沉淀）	1400	1300	0.93	480	0.34
牛皮箱板（已化学处理）	560	610	1.09	310	0.55
牛皮箱板（已化学处理及生化）	180	120	0.67	14	0.08
未漂纸板（白水）	630	580	0.92	230	0.37
纸板（已生化）	180	140	0.78	32	0.18

（5）酸碱物质：制浆废水中酸碱物质可明显改变受纳水体的 pH，碱法制浆废水 pH 为 9～10；漂白废水的 pH 变化很大，可低于 2，可高于 12；而某些酸法制浆厂的废水 pH 则低至 1.2～2.0。

（6）色度：制浆废水中所含残余木质素是高度带色物质。

1. 制浆过程废水水质、水量及其处置

制浆方法不同，所产生的污染及污染水平亦不同。制浆率越低，排出废弃物越多，因而污染负荷越高。表 21-3 汇总了不同制浆方法所产生的污染物及相应的治理措施。

主要制浆方法排放的污染物及可能采取的污染治理措施　表 21-3

制浆方法		产生的主要污染物	主要治理措施
1. 碱法	石灰法	大量悬浮物、中量 BOD、COD、色度、毒性物质、粉尘	废液难回收，可以考虑厌氧处理或物化处理，但都不成熟。悬浮物处理困难
	烧碱法	悬浮物、大量 BOD、COD、色度、毒性物质、粉尘	废液可以回收，悬浮物可物化处理，毒性物质需生化处理，色度需深度处理
	硫酸盐法	悬浮物、大量 BOD、COD、色度、毒性物质、臭气、粉尘	废液可以回收，悬浮物可物化处理，毒性物质需生化处理或改变工艺，色度需深度处理，臭气燃烧
	水解硫酸盐法或碱法	悬浮物、大量 BOD、COD、色度、毒性物质、酸液、臭气、粉尘	废液可以回收，悬浮物可物化处理，毒性物质需生化处理或改变工艺，色度需深度处理，臭气燃烧，酸液中和或综合利用
2. 亚硫酸盐法	酸性亚硫酸盐法	悬浮物、大量 BOD、COD、色度、毒性物质、粉尘、SO₂	钙盐基不能回收，只能综合利用，可溶性盐基可回收、毒性物质需生化处理或改变工艺，悬浮物物化处理，色度需要深度处理
	亚硫酸氢盐法	悬浮物、大量 BOD、COD、色度、毒性物质、粉尘、SO₂	可溶性盐基可回收，毒性物质需生化处理或改变工艺，悬浮物物化处理，色度需深度处理
	碱性亚硫酸盐法	悬浮物、大量 BOD、COD、色度、毒性物质、粉尘、SO₂	可溶性盐基可回收，毒性物质需生化处理或改变工艺，悬浮物物化处理，色度需深度处理
3. 化学机械法	半化学法（NS-SC）	悬浮物、中性 BOD、COD、色度、毒性物质	废液可与硫酸盐法交叉回收，单独生产难于回收
	化学机械法（CMP）	悬浮物、少量 BOD、COD、色度、毒性物质	废液不能回收，高要求时毒性物质需生化处理

续表

制浆方法		产生的主要污染物	主要治理措施
4. 机械法	磨石磨木法（GW）	悬浮物、少量 BOD、COD、色度、毒性物质	悬浮物物化处理，高要求时生化处理
	木片磨木法普通木片磨浆	悬浮物、少量 BOD、COD、色度、毒性物质	悬浮物物化处理，高要求时生化处理
	预热木片磨木浆（TMP）	悬浮物、较多 BOD、COD、色度、毒性物质	悬浮物物化处理，高要求时生化处理

2. 碱法制浆工艺的废水特征及回收与综合利用

硫酸盐法和碱法都属于碱法制浆。碱法制浆就是用碱性药剂处理植物纤维原料，将原料中的木质素溶出，尽可能地保留纤维素与不同程度地保留半纤维素。烧碱法蒸煮所用的化学药剂主要成分是 $NaOH$。硫酸盐法主要为 $NaOH + Na_2S$。

碱法制浆废液因其色黑，故称黑液，BOD_5 负荷 250～350kg/t 浆，占全厂 BOD_5 负荷的 90%。一般情况，每生产 1t 化学浆大约需要 2t 纤维原料和半吨无机化学品，将有 1.5t 左右的原材料要进入制浆废液，这部分有用资源必须进行回收。

目前最常用的黑液回收法是碱回收和木质素回收。采用木质素回收，每吨浆大约可回收 250～350kg 碱木质素；碱回收工艺回收的是黑液中的碱和热能，可在造纸厂内部全部消化，环境效益、经济效益显著。如佳木斯造纸厂碱回收率 93%，仅此一项年利税达 1.3 亿元，黑液 BOD_5 负荷降低 95%。因此，碱回收是首选方案。

常规碱回收方法为燃烧法。黑液在燃烧前，须经多段蒸发。黑液中一些易挥发性的物质随着蒸汽逸出，冷凝后排出。排出的 BOD_5 负荷中约有 30% 组分是有毒性的，如酚及取代酚，硫化氢及还原性有机硫化物，这些污染物的臭和味很大，也是制浆厂臭气的来源。另外，蒸煮器放锅时也会排出大量蒸汽，冷凝液中也含有类似的易挥发性污染物。因此这两股废水往往合并处理，称为蒸煮污冷凝液。

浆料经提取黑液之后，还需进一步洗涤、筛选。根据黑液提取率的不同，洗涤—筛选废水的污染负荷变化较大，主要污染物及组成类似于黑液。这种废水是制浆车间除黑液之外的主要污染源之一。

最常用的纸浆漂白药剂是氯气、次氯酸盐和二氧化氯。浆料中残留的木质素经漂白形成木质素降解产物的氯化物。这些氯化物浓度虽不高但毒性大，并包括至今被认为是毒性最大的有机化合物——二噁英系列。为减少或消除此类剧毒物质，目前研究开发的焦点是少氯、无氯漂白。漂白废水污染物性质、污染负荷与纸浆白度要求、采用的漂白工艺有很大关系。

黑液回收后，制浆车间除了上述 3 种主要废水之外，还有经常的跑、冒、滴、漏和事故性排放。

3. 亚硫酸盐法制浆工艺的废水特征及回收与综合利用

亚硫酸盐法主要指酸性亚硫酸盐法和亚硫酸氢盐法，盐基有钙、镁、钠、铵等。由于制浆药液 pH 低，多为酸性，所以又称为酸法制浆，它和碱法制浆同为主要的化学制浆方法。近几十年来，酸法制浆比例日趋降低。我国酸法制浆仅占总产量的 6% 左右。除其他因素以外，酸法制浆污染问题不易解决是重要原因之一。

酸法制浆废液色红，故称红液。钙盐基红液 BOD_5 为 $300\sim350kg/t$ 浆。镁和钠盐基红液和碱性制浆黑液一样，也可通过回收的方式回收盐基、SO_2 等化学品和热能；铵则被分解；钙盐基红液只能通过利用废液中溶解的有机物制造不同的化学产品(如酒精、酵母胶粘剂、香兰素等)加以综合利用，来达到降低污染排放的目的。

与碱法制浆厂相同，在酸法蒸煮废液回收之后，洗涤筛选废水、污冷凝液、漂白废水等构成制浆厂的主要污染来源。

4. 造纸过程废水水质、水量及其处置

(1) 造纸过程废水特征

我国造纸机耗水量一般超过 $200m^3/t$，固形物流失率超过 5%。纸机排水中含有溶解性物质约为 $5\sim10kg/t$ 纸，BOD_5 一般在 $5\sim27kg/t$ 纸。这些污染物主要来自于原料、辅助化学品、助剂 3 个方面，俗称白水。

(2) 造纸白水循环系统

造纸白水的循环回用系统就是使用各种方法处理纸机白水，降低悬浮物含量，代替清水再用于抄纸过程，从而减少用水量和污染物排放量。

(3) 白水回收装置

回收装置主要作用是去除白水中的悬浮物，纸厂常用回收装置有五种：斜筛、沉淀或澄清槽、鼓式过滤机、气浮池、多盘式回收机。

鼓式过滤机是一种老式的小容量过滤设备，它是在网面上分布一层少量长纤维做滤层而将水中的悬浮物过滤分离的。

新式的圆盘过滤机已逐渐代替鼓式过滤机，特点是：设备能力较强，管理简单，操作费用低。

当悬浮物易于沉淀时，宜选用沉淀法，多采用斜管或斜板式。用斜管沉淀池处理白水，在不加絮凝剂条件下 SS、BOD_5、COD 去除率都能达 60% 以上。主要设计参数：表面负荷 $6\sim8m^3/(m^2 \cdot h)$，分离时间 $30min$ 以上，动力消耗 $0.3kWh/t$ 水，泥渣含固量约 1% 左右。

20 世纪 80 年代以后，气浮法广泛用于白水回收，由于气浮池表面负荷高于沉淀池，泥水分离时间仅需 $15min$，因而减少了占地面积和构筑物造价，获得的泥渣含固率高，可达 $4\%\sim10\%$，除渣方便，劳动强度低。

5. 制浆造纸综合废水处理流程

造纸工业除根据需要对上述各种废水进行分项治理外，有时还需进行尾端综合废水处理(厂外治理)。厂外治理是将各个工段、车间经过原料回收、综合利用和封闭循环使用后排放出来的各种性质不同的废水和生活污水一起汇集起来，经过物化、生化等处理方法，去除水中有害物质，达到国家或地方政府规定的废水排放标准后，排入天然水体。它是制浆造纸工厂的重要组成部分之一，是工厂改建、扩建和新建时，必须加以论证和投资的重要部分。

综合废水由于来自各个车间，主要污染物是经回收后剩余的纤维素、半纤维素和其他有机成分如糖、有机质等溶于水中所产生的腐败性有机物，它是形成 BOD 的主要因素，木质素化合物和各种无机盐类等还原物质是形成 COD 的主要物质，细小纤维等形成悬浮性物质，颜色和木质素化合物等产生色度，有机硫化物等产生臭气。

综合废水处理的流程如图 21-4 所示。

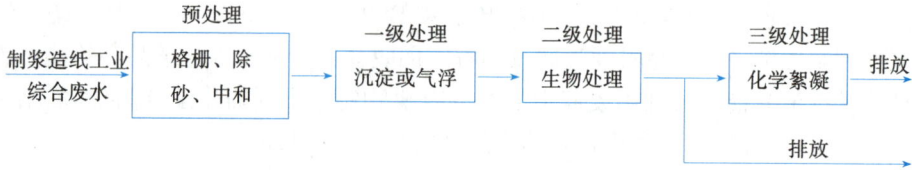

图 21-4　制浆造纸综合废水处理工艺流程

21.2.3　乳品工业废水处理

乳制品是人们的主要食品之一，乳制品以鲜奶为主要原料加工而成，有消毒鲜奶、炼乳、奶粉、奶油、干酪、酸奶和冰淇淋等多个品种。

在乳制品加工过程中要排放大量的废水，废水中含有多种易生物降解的有机物，含氮量也很高。乳品废水中的有机物主要来源于原料及产品的流失，它既是污染物又是有用物质，因此，应提高乳品生产工艺和管理水平，减少产品的流失，同时对废水进行有效的处理。

1. 乳品废水的来源及水质水量特征

乳品废水根据其来源通常可分为三大类，即洗涤废水、冷却水和产品加工废水。

冷却水由于与生产原料及产品不接触或接触很少，因此基本上未受污染，其 COD 值一般小于等于 50mg/L。这部分废水的水量较大，一般约为鲜奶加工量的 5～20 倍，通常不用处理就可直接排入受纳水体或经过降温处理后循环使用。

洗涤废水和产品加工废水中含有较多的污染物质，主要有酪蛋白及其他乳蛋白、乳脂肪、乳糖和无机盐类等，洗涤废水中还含有一定数量的洗涤剂和杀菌剂，这些污染物质在水中呈溶解状态或胶体悬浮状态。洗涤及产品加工废水的水量，一般为乳品加工量的 1～3 倍，COD 值常在每升数千至数万毫克。这部分废水的水量和水质因产品品种、加工方法、设备情况及管理水平的不同而有很大差别。

乳品废水受生产工艺过程的限制，常常是间歇性排放，水质水量随着时间而有较大的变化。

表 21-4 列出了我国某乳品加工厂排放的高浓度有机废水（主要是洗涤废水）的几项水质指标。在表 21-5 中列举的是乳制品生产中单位产量废水的排放量（不包括冷却水）和生产单位产品所排放的污染物量。随着乳品加工工艺技术的进步、设备性能的改进和管理水平的提高，生产单位乳制品所排放的废水量和污染物量都呈逐渐下降的趋势。

某厂乳品生产中排放废水污染物浓度　　表 21-4

pH	COD (mg/L)	BOD$_5$ (mg/L)	NH$_3$—N (mg/L)	TP (mg/L)	SS (mg/L)
6.5～7.5	2000～11000	1000～7500	30～200	15～60	140～680

乳品生产中废水与污染物的排放量　　表 21-5

产　品	废水量 (m^3/t 产品)	COD (kg/t 产品)	BOD$_5$ (kg/t 产品)	SS (kg/t 产品)
炼　乳	0.8～5.0	0.4～27.0	0.2～13.0	0.17～1.48
奶　粉	3.5～9.5	5.5～28.0	2.4～12.4	1.4～6.8

产　品	废水量 （m³/t 产品）	COD （kg/t 产品）	BOD₅ （kg/t 产品）	SS （kg/t 产品）
奶　油	9.0～15.0	15.0～26.0	6.3～12.8	3.1～4.4
干　酪	11.5～16.0	14.0～160.0	5.5～71.0	22.1～40.4
酸　奶	0.8～2.3	0.75～18.5	0.4～8.0	0.2～9.6
冰淇淋	0.5～7.0	1.45～42.0	0.7～20.0	0.23～2.76

2. 乳品废水处理技术及系统

乳品废水污染物含量有高有低，其水量差异也很大，因此，将不同种废水进行分流，并针对各自的水量水质特点，采用不同的废水处理技术，既可以合理地利用水资源，又可以降低废水处理工程造价和运行成本。

冷却水水量较大，一般应经冷却处理后循环使用。

对高浓度乳品废水，往往要经过由数个处理单元组成的工艺系统进行处理，才能达到排放要求。

乳品废水中常含有较多的可沉物、漂浮物及油脂等，因而在采用生物处理技术之前，要根据废水的水质情况进行预处理。常用的乳品废水预处理设备和构筑物有：格栅、沉砂池、沉淀池和隔油池等。

处理乳品废水的主要技术是生物处理法——活性污泥法、生物膜法。其他可行的处理法，从经济上看均不如生物处理法。

选定乳品废水处理工艺流程的主要依据有废水水量、水质和所要达到的处理程度。处理程度的确定取决于国家或地方有关部门对受纳水体提出的水质要求与排放标准，一般乳品废水经过二级处理后可以满足这种要求。下面列举了两种常用的乳品废水处理工艺流程（图 21-5）。

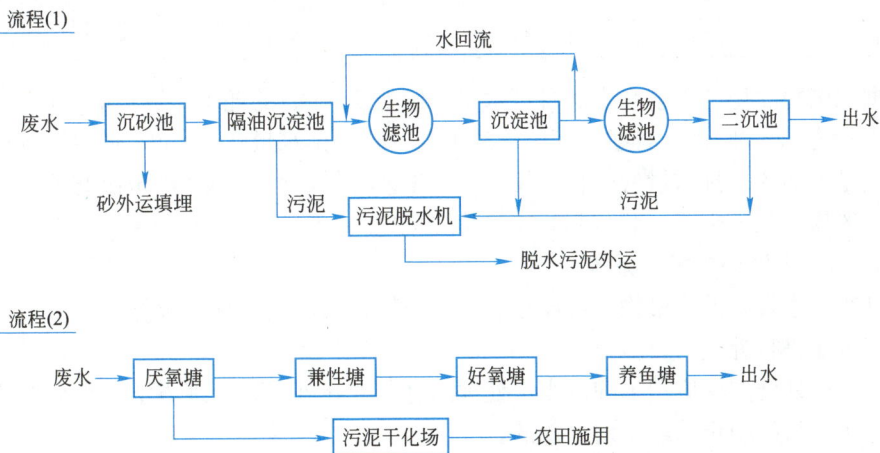

图 21-5　乳品废水常用的处理工艺流程

流程（1）：采用二级高负荷生物滤池为主体处理设备。废水经沉砂池和隔油沉淀池去除砂、油及悬浮物；二级生物滤池之间设中间沉淀池分离脱落的生物膜；最后，设二次沉淀池改善出水水质。为了避免两段生物滤池负荷不均的现象，可采取交替进水的措施来解决。因生物滤池产泥量相对较低，在处理工艺中未设污泥厌氧消化池，而是将剩余污泥直接脱水，然后外运。

流程（2）：稳定塘处理系统。废水依次进入厌氧塘、兼性塘和好氧塘，其污染物在进入养鱼塘之前得到去除，并有一部分转化为鱼的饵料。该处理系统中的厌氧塘兼有沉淀功能，其污泥经较长时间的消化后，定期清除用于农田。

21.2.4　啤酒工业废水处理

1. 啤酒生产废水的特征与水质水量

啤酒生产通常以大麦和大米为原料，辅之以啤酒花和鲜酵母，经较长时间的发酵酿造而成。

啤酒工业废水主要含糖类、醇类等有机物，有机物浓度较高，虽然无毒，但易于腐败，排入水体要消耗大量的溶解氧，对水体环境造成严重危害。

不同车间排出的废水水质有很大差异。麦芽车间排出的废水主要是大麦洗涤水和浸渍液，在麦粒浸泡过程中，大麦中的可溶性物质如多糖、蔗糖、葡萄糖、果胶、矿物质盐和外皮的蛋白朊和纤维素等将溶解于水中，这些可溶性物质约占麦粒质量的 0.5%～1.5%。其中 2/3 为有机物，其余为无机物。大麦浸渍废水的颜色较深，呈黄褐色。糖化、发酵和灌装车间排出的废水主要含有各种糖类、多种氨基酸、醇、多种维生素、各种微量元素、酵母菌、啤酒花、纤维素以及麦糟等。

啤酒厂麦芽、糖化、发酵和灌装车间排出的混合废水水质列举于表 21-6 中。各厂由于用水量不同，其水质会有较大差异。

啤酒废水水质指标　　　　　　　　　　　　表 21-6

pH	水温 (℃)	COD (mg/L)	BOD$_5$ (mg/L)	碱度 (以 CaCO$_3$ 计) (mg/L)	SS (mg/L)	TN (mg/L)	TP (mg/L)
5～6	16～30	1000～2500	700～1500	400～450	300～600	25～85	5～7

依据我国啤酒厂的工艺水平和管理水平，酿造 1t 啤酒的耗水量一般为 15～25m³，外排的废水量为 12～20m³，有些工厂因管理不善，吨酒排水量达 40m³。啤酒厂各车间排水量的变化是不同的。排水量的变化不仅与生产工艺有关，而且与生产班次有关。麦芽、糖化车间一般均为三班生产，灌装车间一般是二班生产。

2. 啤酒废水处理技术及系统

啤酒废水中含有的污染物质主要是有机污染物，其可生化性比较好，一般均宜于采用生物处理方法进行处理。

目前国内外已广泛应用于啤酒废水处理的有各种好氧生物处理方法，在自然条件适宜的地方，也有采用稳定塘或土地处理的。

由于啤酒废水的有机物含量较高，除采用氧化沟或延时曝气外，一般要采用二级好氧生物处理才能达到排放标准。啤酒废水经过二级好氧生物处理后，一般 COD≤100mg/L，BOD$_5$≤20mg/L。

近年来，采用厌氧法处理啤酒废水越来越受到人们的重视，各种高效厌氧生物反应器都有应用，其中 UASB 反应器应用最多。

处理啤酒废水时，厌氧生物法常作为第一级处理，其 COD 去除率可达 85％左右，出水 COD 一般可降低至 300～500mg/L(包括 SS 的 COD)，尚不能达到排放标准，所以必须再加一级好氧生物处理以满足排放要求。

有条件时，厌氧生物处理的出水可排入城市排水系统与城市污水合并处理，不必单独设好氧生物处理设备。

采用厌氧处理法作为第一级处理，由于已削减了 85％左右的有机污染物，可大大减轻后续好氧处理的有机物负荷量。

采用厌氧—好氧工艺处理啤酒废水具有许多优点：(1)大部分 COD、BOD 在厌氧反应器内去除，从而大大节省由于供氧而引起的电耗；(2)新型厌氧反应器，如 UASB 和 AF 反应器，由于其污泥浓度很高，活性也很强，可在常温下处理，其 COD 容积负荷仍可达 6～8kgCOD/(m³·d)，比好氧反应器的容积负荷高得多。因此，处理相同水量水质的啤酒废水，厌氧反应器所需的容积比好氧反应器小得多，从而可节省占地面积和降低基建投资；(3)厌氧反应器内的污泥龄很长，厌氧污泥的表观产率较低，厌氧反应器排出的污泥不仅数量少，且稳定性较好，从而可降低污泥处理费用；(4)废水中的大部分有机物转化为沼气，可回收数量可观的生物能。由此可知，采用厌氧—好氧处理工艺比采用二级好氧法更为经济。

啤酒废水处理技术方案的选择应综合考虑基建投资、运行管理费用、出水水质要求、操作管理难易、占地面积的大小等多种因素，是一个多目标的决策过程，可确定出多种可供选择的处理技术方案。通过多方案的技术经济比较，确定一个较优的处理技术方案。图 21-6 为常见的啤酒废水处理流程。

图 21-6　啤酒废水处理流程

21.2.5　纺织印染废水处理

纺织工业使用的原料主要有天然纤维及化学纤维两大类。天然纤维主要包括棉、毛、麻、丝 4 类；化学纤维则包括合成纤维(涤纶、腈纶、锦纶、维纶、丙纶等)及人造纤维(黏胶等)两类。由天然纤维生产的织物称天然纤维织物(纯棉、纯毛、纯麻等)，由化学纤维生产的织物称为化学纤维织物，由天然纤维和化学纤维按不同比例混合生产的织物称混纺织物。

纺织工业生产过程产生多种废水。其中一些较清洁的废水(如空调废水)，经过适当处理可直接再回用，而含有一定颜色和相当量有机污染物的印染废水则需进行处理。

印染废水是指织物在染色或印花过程中产生的染色残液、漂洗水以及前处理(如：洗毛、丝麻脱胶、退浆等)、后整理产生的废水的混合废水。但对毛、丝、麻前处理过程中产生的高浓度有机废水，常需先经单独处理到一定程度后再与染色废水混合处理。

为了保证纤维与各种染料的更好结合，还需要各种助剂参与作用。由于使用的染料、助剂不同，各厂排放的生产废水中污染物性质和数量也不相同。纺织印染废水可分为以下

4类：(1)毛纺工业染色废水；(2)棉纺工业染色废水；(3)丝绸工业染色废水；(4)麻纺工业染色废水。

上述是按天然纤维为主进行分类，每类里都包括天然纤维织物和混纺织物在印染过程中产生的废水。

棉纺织品(包括其混纺产品)生产过程中排放的染色废水量最大，约占纺织工业废水总量的85%。该废水中除含有残余染料、助剂外，还含有一定量的浆料。浆料中多以较难降解的聚乙烯醇(又称PVA)为主。

近年来在纯棉产品中也开始采用可生化性较好的变性淀粉浆料。由于污染物含量较高，因此棉纺印染废水属于较难治理的废水。

毛纺织品(包括其混纺产品)生产中所用的染料上染率较高，且不含任何浆料，故其染色废水中有机污染物含量相对较低。毛纺织染色废水排放量约占纺织工业废水排放总量的10%。

丝绸产品的染色废水性质近似于毛纺染色废水。麻纺织品染色废水性质近似于棉纺织染色废水。丝、麻纺织品的生产有一定地域性，其产量较低，故废水排放量亦较少。

纺织工业生产中产生的印染废水属于含有一定量有害物质和颜色的有机废水，废水量较大，其中所含的残余染料和助剂，构成废水中有机污染物的主体。另外，由于纺织产品经常改变，致使废水水质也经常发生变化。正由于印染废水的上述特点，其治理方法也是多种多样的。国内外的实践表明，生物处理是印染废水处理中的主要单元。

由于印染厂所用纤维材料、染料、浆料的不同，其产生的印染废水水质差异很大。表21-7列出了一些有代表性的纺织印染厂的全厂混合废水的水质。

某些纺织印染厂的全厂混合废水水质　　　　　　　表21-7

企业类型	pH	色度(度)	COD(mg/L)	COD_{Mn}(mg/L)	BOD_5(mg/L)	硫化物(mg/L)	总固体(mg/L)	悬浮物(mg/L)	酚(mg/L)	氰(mg/L)	总铬(mg/L)
印染全能厂	9~10	300~400	600~800	150~200	150~200	0.7~1.0	900~1200	100~120	0.05	0.04	0.2~0.3
染色卡其厂	10~11	400~450	600	170~220	150	20~30	1800~2000	150~200	0.02	0.01	0.005
印染人棉厂	6.5~8	500	1200	200	300	2~3	2500	500	0.04	0.15	0.1
灯芯绒厂	9~10	500~600	500~600	200~300	200~300	4~6	1800~2000	150	0.02	0.5	0.5
织袜厂	8~9	150~200	500~600	120~150	200~150	4~6	1200	60~80	0.3	0.02	0.1
印绸厂	6~7	150~200	700	150	250	2~3	1200	250	0.4	0.05	0.02
腈纶染色厂	4.5~5	100~150	800~1000	—	150~200	—	—	—	—	—	—
针织厂	5.5~9	300~550	600~1000	—	55~120	2~3	1000	850	—	—	—

常用的印染废水处理工艺流程有下面几种。

1. 生物接触氧化—混凝沉淀工艺

其流程如图 21-7 所示。

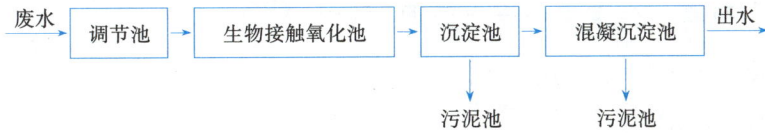

图 21-7　生物—化学二段流程

这是一个生物—化学二段处理工艺。生物接触氧化是一种兼有活性污泥法和生物膜法特点的生物处理法，生物活性好，F/M 值大，处理负荷高，处理时间短，不需污泥回流并可间歇进行，但对难降解有机物去除率低和脱色效果欠佳，有时填料可能堵塞。混凝沉淀投加碱式氯化铝（PAC）和 NaClO 进行脱色，碱式氯化铝是一种高分子无机混凝剂，能使大部分染料和助剂得以絮凝，对硫化物、还原染料、分散染料能获得更好的效果。而次氯酸钠能氧化破坏染料分子中的不饱和键，从而提高脱色效果。

在该两段印染废水处理工艺中，碱式氯化铝的投加量一般需要 0.1％～0.3％，甚至高达 0.5％时才能取得较好的絮凝效果。该工艺产生的污泥量大，污泥含水量高又难于脱水，故在污泥脱水时需投加一定量的消石灰和三氯化铁。

2. 炉渣—化学凝聚工艺

实践证明，炉渣—化学凝聚工艺处理含不同染料和助剂的各种类型印染废水，其处理效果都良好。该工艺适用于小型印染厂废水处理。

混凝剂可采用 PAC 或 $FeSO_4$ 加上聚丙烯酰胺。

该工程流程如图 21-8 所示。

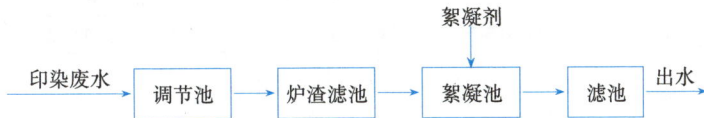

图 21-8　炉渣过滤—化学絮凝流程

如果将此工艺接在印染废水处理流程的生化出水后面，便组成生化—物化工艺流程，该工艺出水可回用。

3. 厌氧—好氧—生物炭处理工艺

该工艺在北京、四川等多家印染厂采用，都取得了较好的处理效果，其工艺流程如图 21-9 所示。

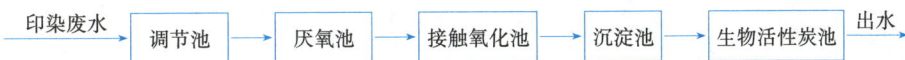

图 21-9　厌氧—好氧—生物活性炭流程

该工艺的厌氧处理已不是传统的厌氧消化，它只发生水解和酸化作用，一般水力停留时间（HRT）为 8～10h，主要是改善印染废水的可生化性，为好氧生物接触氧化处理创造条件。

当进水 COD 为 670～825mg/L，BOD_5 为 120～192mg/L，色度 55～85 时，其 COD

去除率为 80%～90%，BOD$_5$ 去除率 94%～96%，色度去除率 70%～80%。同时该工艺基本上不需排除剩余污泥，管理方便，能耗低。

21.2.6 有毒、有害工业废水处理

1. 含氰废水处理

（1）含氰废水的产生

氰化电镀是常用的镀种之一。根据各种氰化电镀镀液的配方，氰化电镀过程中产生的含氰废水中除含有剧毒的游离氰化物外，还有铜氰、镉氰、银氰、锌氰等络合离子存在，所以破氰后，重金属离子也将进入废水中。因此，在处理含氰废水时，也应包括重金属离子的处理。

含氰废水处理，国内已有较成熟的经验。含氰废水的处理方法很多，如碱性氯化法、电解氧化法、活性炭吸附法、离子交换法、臭氧法和硫酸亚铁法等。目前国内外多采用碱性氯化法。

（2）碱性氯化法破氰工艺

碱性氯化法破氰是在碱性条件下，用 NaClO、漂白粉、液氯等氧化剂将氰化物破坏的方法。此法的基本原理是利用 ClO$^-$ 的氧化作用。反应式为：

$$CN^- + ClO^- + H_2O \longrightarrow CNCl + 2OH^-$$

$$CNCl + 2OH^- \longrightarrow CNO^- + Cl^- + H_2O$$

在酸性条件下，剧毒 CNCl 不易转化为微毒的 CNO$^-$，所以，废水的 pH 宜大于 11。

1）连续式工艺流程如图 21-10 所示。

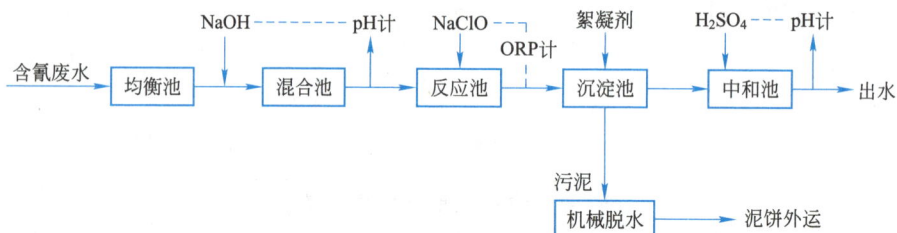

图 21-10 碱性氯化法工艺处理含氰废水

含氰废水在均衡池中调节浓度后，泵入管道混合器，并在管道混合器前投加碱液，其投加量由 pH 计自动控制，使废水的 pH 为 10～12，同时在反应池投加 NaClO，投加量由 ORP 计自动控制。废水于沉淀池中，在絮凝剂的作用下，加速了重金属氢氧化物的沉降。沉淀池出水 pH 很高，在中和池加 H$_2$SO$_4$ 调节 pH 至 6～9，外排或回用。本工艺适合较大规模的废水处理。

2）间歇式工艺流程如图 21-11 所示。

从氰化镀槽取出的镀件先在回收槽中回收部分带出液，以节约原料，然后在化学漂洗槽中净化。漂洗槽内 pH 为 10～12，有效氯 800～1000mg/L，漂洗液在贮液槽中调整 pH，补充氧化剂后回到漂洗槽循环使用，反应生成的金属氢氧化物在贮槽沉淀下来，便于处理与回收。使用若干周期后，漂洗液排入中和槽处理，重新更换漂洗液。

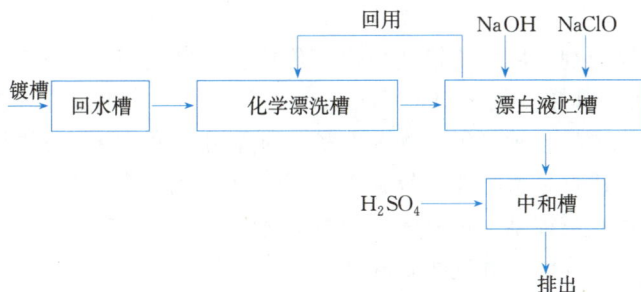

图 21-11　间歇式工艺流程处理含氰废水

优缺点：间歇式操作，对管理水平要求较高，易于实现自动化；间歇式工艺设备简单，占地面积小，投资省，容易上马；缺点是镀件直接与氧化剂接触，操作不当会影响镀件质量。

2. 含铬废水处理

(1) 含铬废水的产生

含铬电镀废水来源于镀铬、钝化、铝阳极氧化等镀件的清洗水。一般含铬清洗水，其含六价铬浓度为 20～150mg/L；钝化后清洗水含六价铬浓度甚至高达 200～300mg/L。此外，还含有三价铬、铁、镍、锌等重金属离子以及硫酸、硝酸、氧化物等。正常清洗水的 pH 为 4～6。

含铬废水的处理方法有化学法、离子交换法、电解法、活性炭吸附法、蒸发浓缩法、表面活性剂法等。

(2) 含铬废水处理流程

化学法处理含铬废水是国内外应用较为广泛的方法之一，常用的有化学还原法、铁氧体法、铁粉(屑)处理法等。

1) 化学还原法

化学还原法是利用硫酸亚铁、亚硫酸盐、二氧化硫等还原剂，将废水中六价铬还原成三价铬离子，加碱调整 pH，使三价铬形成氢氧化铬沉淀除去。反应式如下：

$$2H_2Cr_2O_4 + 3Na_2SO_3 + 3H_2SO_4 = Cr_2(SO_4)_3 + 3Na_2SO_4 + 5H_2O$$

$$Cr_2(SO_4)_3 + 6NaOH = 2Cr(OH)_3 \downarrow + 3Na_2SO_4$$

反应池停留时间 10～30min，实际还原剂用量为理论值的 1.3～1.5 倍，pH 为 2～3。沉淀池加碱调 pH 至 7～9。

这种方法设备投资和运行费用低，主要用于间歇处理。其处理流程如图 21-12 所示。

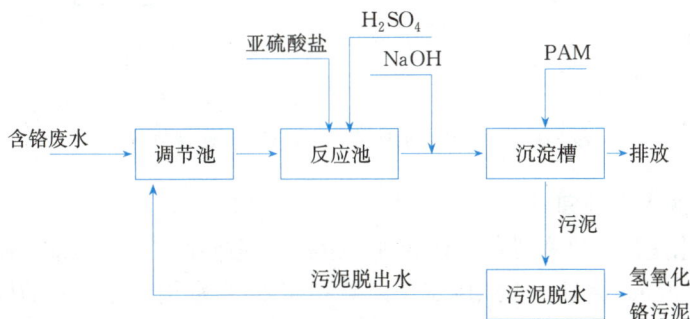

图 21-12　含铬废水间歇处理流程(化学还原法)

2) 铁氧体法

以硫酸亚铁为还原剂，使六价铬还原成三价铬，加碱使三价铬和其他重金属离子（以 M^{n+} 表示）发生共沉淀现象，生成 $M \cdot M(OH)_n \cdot Fe(OH)_3$，再经通入空气、加温、陈化等操作过程，使废水中的各种氢氧化物发生复杂的固相化学反应，形成复杂的铁氧体。

铁氧体法的主要优点是硫酸亚铁货源广、价格低、污泥可综合利用，避免产生二次污染；缺点是技术条件较难控制。铁氧体法能用于镀硬铬、光亮铬、黑铬、钝化等各种含铬废水。其处理流程分为间歇式和连续式两种。

间歇式处理流程于处理流量在 $10m^3/d$ 以下时采用，其流程如图 21-13 所示。

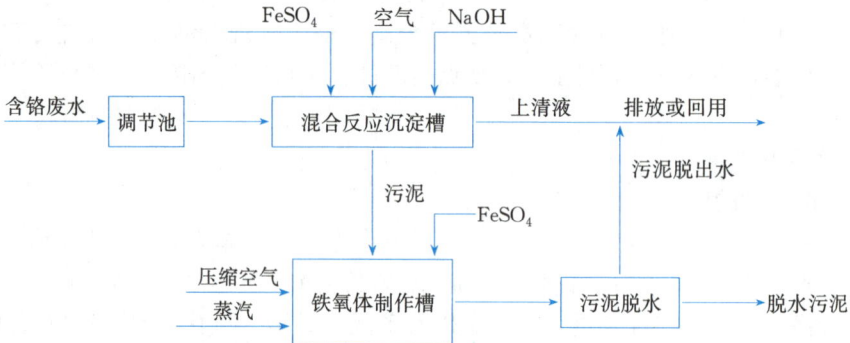

图 21-13　含铬废水间歇式处理流程（铁氧体法）

连续式处理流程当废水量在 $10m^3/d$ 以上，或处理的废水浓度波动范围不大时采用，其流程如图 21-14 所示。

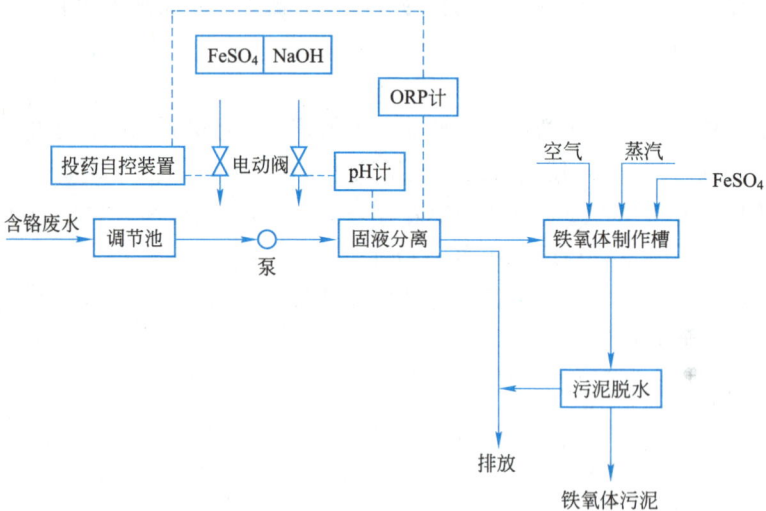

图 21-14　含铬废水连续式处理流程（铁氧体法）

3. 工业废水的中和处理

许多工业废水呈酸性，在排放水体或进行生物处理或化学处理之前，必须进行中和使废水 pH 为 6.5～8.5。但对于工业废水中酸碱物质浓度高达 3%～5% 的废水，应首先考虑其回收，回收采用的主要方法有真空浓缩结晶法、薄膜蒸发法、加铁屑生产硫酸亚铁法

(对含硫酸工业废水)等。一般低浓度的酸碱废水无回收价值，必须进行中和处理。对酸性废水来说中和处理方法一般有酸碱废水相互中和、投药中和与过滤中和 3 种，表 21-8 为酸性废水处理方法比较。而对于碱性废水，一般有酸碱废水相互中和、加酸中和与烟道气中和 3 种方法，表 21-9 为碱性废水处理方法比较。

酸性废水处理方法比较　　　　　　　　　　　　　　　　表 21-8

中和方法	适用条件	主要优点	主要缺点	附注
利用碱性废水相互中和	1. 用于各种酸性废水 2. 酸碱性废水中酸的当量最好与碱的当量基本平衡	1. 节省中和药剂 2. 当酸碱基本平衡且废水缓冲作用大时，设备简单，管理容易	1. 废水流量、浓度波动大时，需先均化 2. 酸性当量不平衡时需另加中和剂作补充处理	需注意二次污染、如碱性废水中含硫化物时，产生 H_2S 等有害气体
投药中和	1. 各种酸性废水 2. 酸性废水中重金属与杂质较多时	1. 适应性强，兼可去除杂质及重金属离子 2. 出水 pH 可保证达到预定值	1. 设备管理复杂 2. 投石灰或电石渣时，污泥量大 3. 经常费用高	1. 除重金属时，pH 应为 8~9 2. 若投 $NaOH$、Na_2CO_3 需是副产品才经济
普通过滤中和	适用于含盐酸或硝酸的废水，而且水质较清洁，不含大量悬浮物、油脂及重金属等	1. 设备简单 2. 平时维护不大 3. 产渣量少	1. 废水含大量悬浮物及油脂时需预处理 2. 对于硫酸废水浓度有限度 3. 出水 pH 低，重金属离子难以沉淀	需要注意流速不当会导致结垢或跑料，反冲不足将引发硬垢
恒流速升流式膨胀过滤中和	同普通过滤中和法，但也可用于处理浓度不大于 2g/L(2000mg/L) 的硫酸废水	优点同普通过滤中和法，由于滤速大，设备较小。用于硫酸废水易堵塞	同普通过滤中和法，且对滤料粒径要求较高	需注意流速范围以防流失，定期反冲防板结
变流速升流式膨胀过滤中和	同普通过滤中和法，硫酸浓度可达 3.5g/L	由于滤速由下向上逐渐减小，滤料不易堵塞，小滤料不会被水带出	1. 对硫酸废水仍有限制 2. 设备加工较难	根据硫酸浓度动态调节流速，浓度变化时实时调整流速
滚筒式中和过滤	同普通过滤中和法，硫酸浓度还可提高	对滤料无严格要求，粒径可较大	1. 装置较复杂，需防腐 2. 耗动力 3. 噪声大	精准控制转速，实时监测 pH，密封防酸雾泄漏，定期清理筛板沉渣

碱性废水处理方法比较　　　　　　　　　　　　　　　　表 21-9

中和方法	适用条件	主要优点	主要缺点	附注
利用酸性废水相互中和	1. 适应各种碱性废水 2. 酸碱废水的酸当量与碱当量最好基本相等	1. 节省中和药剂 2. 当酸碱基本平衡，且废水缓冲作用大时设备简单，管理容易	1. 废水流量、浓度波动大时，需先均化 2. 酸碱当量不平衡时需另加药作补充处理	需注意二次污染，产生有害气体
加酸中和	工业酸或废酸	酸为副产品时较经济	用工业酸时成本高	控制加酸速度，防止 CO_2 爆发，避免含硫废水产生 H_2S

中和方法	适用条件	主要优点	主要缺点	附注
烟道气中和	1. 要求有大量能连续供给、能满足处理水量的烟气 2. 当碱性废水中断而烟气不间断时，应有备用除尘水源	1. 废水起烟气除尘作用，烟气除尘作用中和剂使废水 pH 降至6～7 2. 节省除尘用水及中和剂	废水经烟气中和后，水温、色度、耗氧量、硫化物均有上升	出水其他指标上升有待进一步处理。使之达到排放标准。水量小时可用压缩 CO_2 处理，操作简单，出水水质不致变坏，但费用高

用石灰石中和硫酸废水时，废水中硫酸的浓度最高不得超过 2g/L（2000mg/L），否则就会在中和剂表面生成硫酸钙硬壳层，阻隔中和反应的继续进行。如果采用石灰乳中和硫酸废水，则该问题就能避免。由于反应不能达到完全彻底，因而石灰的投加剂应比理论值高，一般湿法投加为 1.05～1.10 倍，干法投加为 1.4～1.5 倍。

当酸碱废水流量大于 10～12m³/h 时，一般采用连续处理，否则采用间歇处理。中和剂用量由反应式计算得出。

（1）酸碱废水互相中和

根据等量原则，酸碱废水互相中和，应满足下列公式：

$$Q_j C_j \geqslant Q_s C_s a k \tag{21-1}$$

式中　Q_j，Q_s——分别为碱性和酸性废水流量，L/h；

　　　C_j，C_s——分别为碱性和酸性废水的浓度，g/L；

　　　a——中和 1g 酸所需的碱量，g；

　　　k——考虑中和过程不完全的系数，一般采用 1.5～2.0，特别是含重金属离子的废水，最好根据现场试验确定。

（2）投药中和法

投药中和应用最普遍的中和剂为石灰乳，它能对酸起中和作用，还对废水中其他金属盐有沉淀作用，并对废水中杂质有凝聚作用。

石灰乳中和工艺由反应池、沉淀池、泥渣处理三部分组成，中和反应池混合反应时间一般小于 5min，沉淀池时间一般为 1～2h，泥渣需过滤脱水。熟石灰投药量 G_a（kg/h）为：

$$G_a = Q_s (C_s a_s + \Sigma C_i E_a / E_i) k / 1000 \alpha \tag{21-2}$$

式中　Q_s——酸性废水流量，m³/h；

　　　C_s——酸性废水浓度，mg/L；

　　　C_i——废水中金属离子的浓度，mg/L；

　　　E_a——中和剂当量，例如 CaO 为 28；

　　　E_i——金属离子当量；

　　　k——反应不均匀系数，一般为 1.2～1.3；

　　　α——药剂纯度，%，熟石灰含 65%～75% $Ca(OH)_2$；

　　　a_s——中和 1g 酸所需中和药剂的克数，g。

（3）过滤中和

过滤中和法常用石灰石或白云石为滤料，采用石灰石滤料时，硫酸浓度不大于 2g/L；采用白云石滤料时，硫酸浓度不大于 4g/L。当废水中含有大量悬浮物、油脂、重金属盐和其他毒物时，则不宜采用过滤中和法。

过滤中和所需滤料量 M 的计算：

$$M = a_s Q_s C_s \quad (\text{kg/d}) \tag{21-3}$$

式中　a_s——中和 1kg 硫酸所消耗的石灰石滤料量，kg；

　　　Q_s——酸性废水流量，m^3/d；

　　　C_s——酸性废水中酸的浓度，kg/m^3。

中和滤池有以下四种类型：

1）普通中和滤池

滤料为固定床，分下流式和升流式两种。采用的滤料粒径不宜过大，一般为 30～50mm，滤床厚度一般为 1～1.5m，过滤速度一般不大于 5m/h，接触时间不少于 10min。该种滤池一旦进水硫酸浓度大于 2～3g/L 时，就极易在滤料表面结垢，且滤料间无法相互碰撞摩擦将垢冲刷掉，从而阻碍中和反应继续进行，所以中和效果差，故当前很少应用。

2）恒流速升流式膨胀池

该滤池由底部大阻力穿孔管进水装置、卵石垫层、滤料层、清水层和出水槽等组成。水流由下向上流动，整个筒体过水断面不变，故上升流速为恒定。由于在中和反应过程中产生的 CO_2 气体的作用，使滤料互相碰撞摩擦，所以滤料表面不断更新，滤料利用率高，中和效果好。大阻力穿孔管配水系统布水管上孔径为 9～12mm，孔距和孔数应经计算确定。卵石承托层厚为 0.2m，粒径为 20～40mm，滤层厚度 1～2m，粒径一般为 0.5～3mm，滤层膨胀率采用 50%，顶部清水层高度为 0.5m。滤柱滤速为 60～70m/h，滤柱总高度 3m 左右，直径不大于 2m。应设有一个以上的备用柱供倒床换料。该种滤池的缺点是小滤料可能被水挟带流出滤池。

3）变流速升流式膨胀滤池

该滤池是把恒流速升流式膨胀滤池的直筒形设计成倒圆锥状，使其下部滤速为 130～150m/h，上部为 40～60m/h，水流上升速度逐渐减小，这样防止小滤料被出水带走，滤料反应更加完全。该滤池目前得到了广泛的应用，并有定型产品可供选用。

4）滚筒式中和过滤

将酸性废水流经装有石灰石滤料的卧式旋转滚筒进行中和反应，滤料粒径小于 150mm，由于滤料在滚筒中的激烈摩擦碰撞，故滤料表面更新更快，可处理较高浓度的酸性废水（硫酸浓度可达 3～3.5g/L），但该设备噪声大，设备费与动力费较高，故很少采用。

过滤中和法操作简单，沉渣少，仅为废水量的 0.1%，出水 pH 稳定，不影响环境卫生。但它只能处理低浓度的硫酸废水，需定期倒床，其劳动强度较大。

过滤中和的出水由于含有大量由中和反应产生的 CO_2，故其出水 pH 一般为 5 左右，因此需设 CO_2 吹脱塔，其形式一般有填料塔、筛板塔等，但最简单的为板条式脱气塔。经中和脱气后的废水应进入沉淀池以分离其沉渣。

21.2.7　医药工业废水处理

1. 医药工业废水的产生与组成

医药产品按其特点可分为抗生素、有机药物、无机药物和中草药 4 大类。目前我国生产的常用药物达 2000 种左右。由于药物，尤其是有机合成药物的品种繁多，往往需采用多种原料经不同的有机合成路线加以制备，故其生产工艺及废水的组成十分复杂。主要有以下几种：

（1）抗生素废水的组成与水质

1）发酵废水

本类废水如果不含有最终成品，BOD_5 一般为 4000～13000mg/L。当发酵过程不正常时，废酵液与菌丝体往往一起排入废水中，使废水的 BOD_5 值高达（$2 \times 10^4 \sim 3 \times 10^4$）mg/L。以青霉素生产废水为例，其发酵废水在中和并分离戊基醋酸盐后的组成见表 21-10。

2）酸、碱废水和有机溶剂废水

3）设备与地板等的洗涤废水

洗涤水的成分与发酵废水相似，BOD_5 为 500～1500mg/L。

预处理后的青霉素发酵废水水质　　　　　　　　　　表 21-10

参数	含量(mg/L)	参数	含量(mg/L)
BOD_5	4190	总碳水化合物	213
总固体	26800	NH_3^-—N	91
挥发性固体	10800	亚硝态氮	28
还原性碳水化合物（按葡萄糖计）	416	硝态氮	1.9

抗生素生产废水水量较大，随产品品种变化且幅度较大，一般为 20～50m³/t 产品。

（2）有机合成药物废水

本类药物品种多，生产过程多样，生产废水的水质、水量变化范围很大。废水中主要为有机污染物，还有悬浮物、氨氮、油类与各种重金属。上海某生产磺胺类药物和维生素等原料药的药厂，每年生产原料药 2000t，每天排放废水约 6000m³。废水水质为：COD1000～1500 mg/L，$BOD_5$300～500mg/L。主要污染物为低级脂肪酸、醇、酯、苯胺及挥发酚等有机污染物。

（3）中成药废水

中成药废水中主要含有各种天然有机污染物，其主要成分为糖类、甙类、蒽醌、木质素、生物碱、鞣质、蛋白质、色素及它们的水解产物。上海某中药厂的废水水质见表 21-11。

某中药厂的废水水质　　　　　　　　　　　　表 21-11

参数	COD (mg/L)	BOD_5 (mg/L)	SS (mg/L)	氨氮 (mg/L)	总磷 (mg/L)	pH	色度(倍)
平均	1700	800	100	2	1	5～7	1000

中成药废水的水质波动很大，其 COD 最高可达 6000mg/L，BOD_5 最高可达 2500mg/L。制药废水中含有大量有机污染物，可生化性较好，在生产实践中常采用生物法。

2. 处理流程

制药废水处理流程如图 21-15 所示。

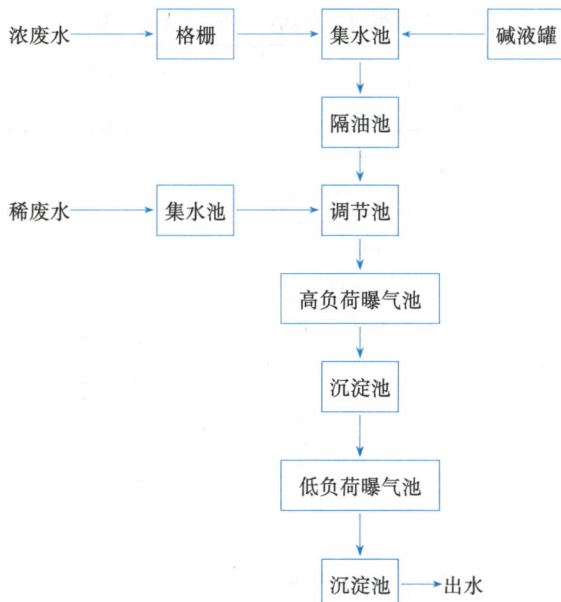

图 21-15　制药废水处理工艺流程

不同废水分别收集后经预处理进入调节池，进行水量和水质均和。然后进入高负荷曝气池，主要通过活性污泥的吸附作用完成污水中有机污染物及悬浮物的去除，之后经沉淀池进行泥水分离。沉淀后水再进入低负荷曝气池，主要通过生物氧化作用进一步分解污水中有机污染物，最后经过沉淀池完成泥水分离。

21.2.8　有机磷农药工业废水处理

1. 有机磷农药废水的产生

有机磷农药是由有毒化学原料合成的一种化学农药，合成过程中要排放出大量废水，污染物浓度高，污染重，到目前为止，处理率不高，给环境造成极大的危害。有机磷农药有 34 个品种，最主要的有敌百虫、敌敌畏、乐果、氧化乐果、马拉硫磷、对硫磷、甲基对硫磷、甲胺磷 8 个品种。

2. 有机磷农药废水的水质与水量

据估算，目前每合成一吨农药，约消耗 3～4t 化工原料，而多余的化工原料大部分作为未反应物和副产品排出。全国农药工业每年排放废水上亿吨，其特征是：污染物多，废水量大，毒性重，有恶臭，排入水体中对环境和人类造成严重危害。

以 100% 农药计，每吨产品排出的废水约 1.3～27.8m³，其 COD 为 5000～45000mg/L，总有机磷为 244～55000mg/L（以 P 计）。

几种主要有机磷农药废水的水量、水质列于表 21-12。

3. 有机磷农药废水处理技术

国内外基本上采用生物法处理有机磷农药废水。美国、西欧、日本等国家的农药废水 80% 采用生物法处理。我国从 20 世纪 60 年代初也开始对有机磷农药工业废水处理进行研究，并确认生物法是一条可行的技术途径。

几种主要有机磷农药废水的水量、水质　　　　　　　　　　表 21-12

产品及废水名称	排放量（m³/t 产品）	废水水质分析(mg/L)		
		COD	TOP	其他污染物
敌百虫合成废水	27.8	23000～25000		NaCl 50000
乐果合成废水	2.1	204926.40	8266.59	硫化物 97.14
硫酸酯废水	1.3	17565.12	2463.83	NH_4Cl 16.67
马拉硫酸酯化及合成洗涤水	3～4	5000～95000	15000～50000	甲醇、乙醇等 3000～20000
对硫酸合成洗涤水	3.8～24	8000～21000	244～1400	硫化物 2500 NaCl 5000～15000
甲基对硫酸、甲基氯化物及缩合废水	9～12	25000～80000	5000～6000	对硝基酚钠 2000～12000 NaCl 11%～12%
甲氨磷、甲基氯化物氨解废水	17.3	75000	4600	NH_3^-—N 68000
氯化乐果合成废水	5～6	350000～450000	45000～55000	甲醇 90000 甲胺 50000

由于有机磷农药废水成分复杂，污染物浓度高，毒性大，直接用生物法处理较困难，一般在进行生物处理前需辅之以适当的预处理措施。

（1）有机磷农药废水预处理技术

1）吸附法

① 活性炭吸附：活性炭吸附是处理有机磷农药废水的有效方法之一。经活性炭处理后的废水，其污染物的浓度能降至可被生物氧化的水平。

② 树脂吸附：采用树脂吸附法处理有机磷农药废水，具有效果好，处理量较大，性能较稳定，可回收废水中的有机物等优点。

2）湿式氧化法

湿式氧化法是将农药废水在加温加压条件下，不断通入空气（或氧气），并使氧溶解于水，使有毒的有机污染物氧化分解为无毒物。当维持反应温度在 230～240℃，压力 6.5～7.5MPa，反应 1h，COD 去除 50% 左右，有机磷去除 90% 以上，有机硫去除 80% 以上。目前，湿式氧化法正向湿式催化氧化的方向发展。

3）水解法

水解法又可分为碱性水解和酸性水解两种。

① 碱性水解法：有机磷农药在碱性条件下一般都不稳定，容易水解，常用的碱是液碱（NaOH）或石灰乳。当采用石灰乳时，将废水 pH 维持在 11 左右，在常温常压下搅拌 6h，水解后 COD 去除 50% 左右，有机磷去除 27% 左右。若将反应温度提高到 60～80℃，反应 30～45min，效果显著提高，COD 可去除 80% 左右，有机磷去除 80% 以上，但会产生很大的臭和味。

② 酸水解法：酸水解法处理有机磷农药废水，可以将废水中的硫代磷酸酯水解成二烷基磷酸，再进一步水解成正磷酸与硫化氢。硫化氢从水中逸出，正磷酸与酸中和，生成磷酸钙。

（2）有机磷农药废水生物处理技术

在有机磷农药废水处理中应用最多的是活性污泥法，其反应机理与其他工业废水生物处理一样。

有机磷农药废水的处理流程为：

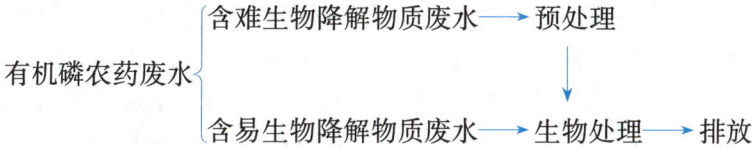

有机磷农药废水 { 含难生物降解物质废水 → 预处理 ↓ ; 含易生物降解物质废水 → 生物处理 → 排放 }

预处理后的废水经调节送入生物处理构筑物，其中活性污泥应经过驯化，适应有机磷毒性环境，生物处理出水直接排放或采用其他方法进行深度处理后排放。

生物处理构筑物进水 COD 浓度一般为 1000mg/L 左右，有机磷浓度 40～120mg/L，处理后出水 COD 约 100～250mg/L，去除率 70%～80%，有机磷低于 30mg/L，BOD_5 平均去除率为 90%，酚去除率 99%。

由于农药废水，尤其是有机磷农药废水 COD 浓度常常高达数万至数十万毫克每升，虽辅以一定的预处理技术，然而进入生物处理构筑物前仍需大量稀释水，故表现出处理装置较庞大、负荷较低、投资和运行费用较高等缺点。因此，研究并应用处理效率高、能耗低、处理费用低廉的生物处理技术已越来越受到重视。

（3）有机磷农药废水的回收利用

有机磷农药合成过程中，每生产 1t 农药原药大约产生 1～4m^3 废水，废水中不仅含农药原药 1%～3%，还含有其他有用的原料，应尽量设法加以回收利用。

目前，处理系统主要以去除污染物为目的，很少考虑对废水中有机物和相关盐类的回收。针对此现状，建议强化资源回收技术的开发及应用。制药废水处理工艺应首先以实现资源回收为目标，对废水中可回收利用的资源，如原料药、磷、蛋白、氨氮等首先进行回收，再着重考察对残留污染物的降解，最终实现资源回收利用和废水达标排放。

21.2.9 煤气厂废水处理

1. 煤气废水的产生

在煤气生产工艺上，发生炉（或焦炉）聚气管喷淋冷却循环水量是通过煤气冷却的热量平衡计算确定的。由于在喷淋冷却循环水中，不断溶入煤气中的酚和氨，故称为循环氨水。各种不同形式的干馏煤气炉所需的循环氨水量也不相同，一般每吨干煤需 6～8m^3 循环氨水。在集气管内，是利用喷淋氨水的蒸发而消耗荒煤气的热量使其降温，其蒸发量一般为循环氨水量的 2%～3%，煤气温度由 750～850℃降至 85～100℃。然后经气液分离器进入初冷塔，煤气温度降为 25～35℃后再去进一步净化。气液分离器与初冷塔的冷凝液和初冷废水，经氨水澄清池分离出重油，澄清水供聚气管喷淋冷却循环使用。

但是原煤中含有水分，夏季为 8%～10%，冬季为 10%～12%，在煤气化过程中一同蒸发为水蒸气。

由于荒煤气挟带入的水蒸气而使循环氨水量增多，因而形成了所谓的剩余氨水。而剩余氨水量即为荒煤气挟带入的水蒸气量与初冷后煤气挟带走的水蒸气量之差。剩余氨水是煤气厂的主要污染源。

2. 煤气废水的水质特征与水量

(1) 煤气废水的水质特征

出炉煤气在冷却与洗涤净化过程形成的废水中，不但存在着大量的悬浮固体和水溶性无机化合物如氨、H_2S、CO_2、SO_2、氰化物，而且含有大量的酚类化合物、苯及其衍生物、吡啶等有机物。根据中国科学院环化所对加压气化炉煤气废水的检测结果：其中脂肪烃类为24种、多环芳烃类24种、芳香烃类14种、酚类42种、其他含氧有机化合物36种、含硫有机化合物15种、含氮有机化合物20种，共计164种。可见这种废水中的有机物种类多，污染程度高，COD一般都在6g/L以上，最高的达到25g/L左右。不但氰化物与酚类化合物具有毒性，而且在焦油中含有致癌物质，在干馏制气废水中检测出含量较高的3,4-苯并芘，所以煤气废水是一种污染严重、危害性大的高浓度有毒、有机废水。

煤气厂生产废水水质不但随原料的品种与产地不同而变化，而且由于气化工艺的不同，生产废水的水质差异也很大。

(2) 剩余氨水量

不同品种原料煤的含水量不同，泥煤、褐煤的含水量为10%～50%，烟煤的水分在8%以下。同一煤种，由于产地不同，含水量也不相同，即使是同一产地的煤，矿井不同，含水率也有差异。表21-13列举的是平顶山煤矿6个不同矿井的原煤含水量，可见，它们之间存在着较大的差别。

平顶山6个矿井原煤的含水率 表21-13

矿井	一矿	四矿	六矿	七矿	八矿	九矿
含水率(%)	3.75	5.19	7.50	6.0	5.5	8.0

由于原煤含水量的不同，汽化后产生的冷凝水量也不同，原煤含水量大的，冷凝水量也自然增多。一般每吨无烟煤产水为0.65～0.75m³，每吨褐色煤产水0.85～0.95m³，每吨烟煤产水0.8～0.9m³。表21-14列举的是不同产地、不同种类煤加压气化炉的产水量实测结果。

不同种类煤加压气化炉的产水量 表21-14

煤种	产水量(L/t煤)	煤种	产水量(L/t煤)
辽宁北褐煤	915～930.4	蒲河煤	1022～1177.4
甘肃密街烟煤	1310～1418	霍林河褐煤	890.2～906
吉林舒兰褐煤	875	广西南宁褐煤	850～950

3. 煤气厂内废水处理技术与回收流程

煤气生产废水含高浓度的酚和氨，应先加以回收，然后再经过生物处理后排放。由于剩余氨水中焦油与悬浮固体的含量较高，在酚、氨回收前应进行预处理，其处理工艺流程如图21-16所示。

(1) 预处理的目的是去除废水中的焦油与悬浮固体，为下一步的脱酚与生物处理创造条件。通常采用隔油池＋焦炭滤池、隔油池＋混凝沉淀、气浮等技术。采用隔油池可去除废水中的重质油(焦油渣)与轻油，水力停留时间为2～4h，水平流速1～1.2mm/s。乳化油和呈胶体状态油可用气浮法去除，溶气压力 0.3～0.5MPa。

图 21-16　煤气废水处理流程

（2）高浓度含酚废水处理流程

剩余氨水经焦炭过滤器进一步去除油与悬浮物后，进入加热器，温度控制在 50～60℃，从脉冲筛萃取塔的上部分布器进入萃取塔经萃取脱酚后，从塔的下部流出，再进入氨水与重苯分离槽，分离被水挟出的萃取剂，随后流入氨水池，由此送往氨回收工段。

重苯作为萃取剂，经加热器加热至 45～55℃（比氨水温度应低 5℃），从萃取塔的下部分布器进入萃取塔内。由于氨水与重苯的相对密度小，在萃取塔内进行连续逆流萃取，在筛板的往复搅动下，重苯得以充分分散，从而使废水中的酚在分配传质作用下转入重苯中，废水得以净化。吸收了酚的重苯从塔顶流出，然后依次经三座串联的碱洗塔（内装浓度为 20％NaOH）萃取剂再生，重苯中的酚被碱吸收生成酚钠盐，经脱酚后的重苯连续流回重苯循环槽重复使用。碱洗塔也是脉冲筛塔。

（3）蒸氨

蒸氨在蒸氨塔内进行，脱酚后剩余氨水由塔上部进入塔内，与由下部进入的蒸汽对流蒸氨。浓氨水进一步纯化回收，蒸氨后的废水是低浓度的含酚含氨废水。

4. 煤气厂综合废水处理流程（厂外处理）

剩余氨水经脱酚与蒸氨后，含酚浓度可降到 200mg/L 以下，COD 可降到 1000mg/L 左右。煤气终冷水的含酚浓度为 200～300mg/L，COD 为 1000mg/L 左右。这些废水通常与厂区生活污水混合稀释后进行生物处理后排放。

煤气厂废水处理普遍采用活性污泥法，而且以推流式系统为主。用高负荷活性污泥法［COD 容积负荷率 1.8～3.36kg/(m³·d)］工艺简单，操作方便，基建及运行费用低，但处理效果较差，当进水 COD 在 1000mg/L 左右时，出水 COD 在 400mg/L 以上。近年来采用低负荷活性污泥法，如延时曝气等，可大大提高处理效果，对挥发酚的去除效率可达到 99.8％～99.9％，出水含酚浓度小于 0.5mg/L。COD 可去除 70％～80％。延时曝气 COD 的容积负荷率为 0.8～1.4kg/(m³·d)，COD 的污泥负荷率为 0.4～0.7kg/(kg MLSS·d)。

煤气厂含酚废水水质较复杂，在曝气池中是根据污染物降解难易程度，按先后顺序依次被微生物降解的。废水中的挥发性酚首先被降解，最后才是硫化物、硫氰化物、氰化物、硫代硫酸盐。考虑微生物的世代关系，可将曝气池分成两段；前段为高负荷活性污泥吸附池，后段为延时曝气池。出水的 COD 可降到 200mg/L 以下。

完全混合式活性污泥法在煤气厂废水处理中也常被采用。完全混合活性污泥法一般选择在活性污泥生长的减衰增殖期，或内源呼吸期。后者则为延时曝气系统。

一些中小型煤气厂没有脱酚与蒸氨设备，高浓度含酚废水与厂区生活污水混合稀释，需要采用缺氧、好氧两段生物处理系统，可取得良好的效果。

绝大多数酚类化合物在土壤中的降解速率很高，土壤对酚的容量是很大的，因此采用土地处理系统也是适宜的。

某煤气厂综合废水处理流程如图 21-17 所示。

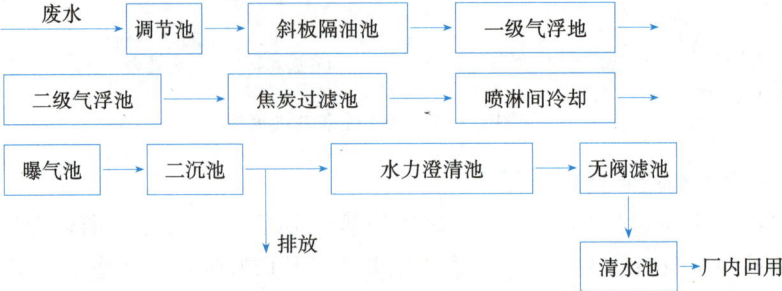

```
废水 ──→ [调节池] ──→ [斜板隔油池] ──→ [一级气浮地] ──→

        [二级气浮池] ──→ [焦炭过滤池] ──→ [喷淋间冷却] ──→

[曝气池] ──→ [二沉池] ──→ [水力澄清池] ──→ [无阀滤池]
                  │                              │
                  ↓                              ↓
                 排放                         [清水池] ──→ 厂内回用
```

图 21-17　煤气厂综合废水处理流程图

主要参考文献

［1］ 许保玖. 给水处理理论［M］. 北京：中国建筑工业出版社，2000.

［2］ 张自杰. 废水处理理论与设计［M］. 北京：中国建筑工业出版社，2003.

［3］ 曲久辉. 饮用水安全保障技术原理［M］. 北京：科学出版社，2007.

［4］ George Tchobanoglous. 废水工程：处理与回用［M］. 秦裕珩，译. 第 4 版. 北京：化学工业出版社，2004.

［5］ 严煦世. 给水工程：上册［M］. 第 5 版. 北京：中国建筑工业出版社，2022.

［6］ 严煦世. 给水工程：下册［M］. 第 5 版. 北京：中国建筑工业出版社，2022.

［7］ John C. Crittenden. Water treatment：principles and design［M］. Third Edition. Hoboken：John Wiley and Sons Inc，2012.

高等学校给排水科学与工程学科专业指导委员会规划推荐教材

征订号	书 名	作 者	定价（元）	备 注
40573	高等学校给排水科学与工程本科专业指南	教育部高等学校给排水科学与工程专业教学指导分委员会	25.00	
39521	有机化学（第五版）（送课件）	蔡素德等	59.00	住建部"十四五"规划教材
41921	物理化学（第四版）（送课件）	孙少瑞、何洪	39.00	住建部"十四五"规划教材
42213	供水水文地质（第六版）（送课件）	李广贺等	56.00	住建部"十四五"规划教材
42807	水资源利用与保护（第五版）（送课件）	李广贺等	63.00	住建部"十四五"规划教材
42947	水处理实验设计与技术（第六版）（送课件）	冯萃敏等	58.00	住建部"十四五"规划教材
43524	给水排水管网系统（第五版》（送课件）	刘遂庆等	58.00	住建部"十四五"规划教材
44425	水处理生物学（第七版）（送课件）	顾夏生、陆韻等	78.00	住建部"十四五"规划教材
44583	给排水工程仪表与控制（第四版）（送课件）	崔福义、彭永臻	70.00	住建部"十四五"规划教材
44594	水力学（第四版）（送课件）	吴玮、张维佳、黄天寅	45.00	住建部"十四五"规划教材
43803	水质工程学（第四版）（上册）（送课件）	马军、任南琪、彭永臻、梁恒	70.00	住建部"十四五"规划教材
43804	水质工程学（第四版）（下册）（送课件）	马军、任南琪、彭永臻、梁恒	56.00	住建部"十四五"规划教材
45214	城市垃圾处理（第二版）（送课件）	何品晶等	55.00	住建部"十四五"规划教材
31821	水工程法规（第二版）（送课件）	张智等	46.00	土建学科"十三五"规划教材
31223	给排水科学与工程概论（第三版）（送课件）	李圭白等	26.00	土建学科"十三五"规划教材
36037	水文学（第六版）（送课件）	黄廷林	40.00	土建学科"十三五"规划教材
37017	城镇防洪与雨水利用（第三版）（送课件）	张智等	60.00	土建学科"十三五"规划教材
37679	土建工程基础（第四版）（送课件）	唐兴荣等	69.00	土建学科"十三五"规划教材
37789	泵与泵站（第七版）（送课件）	许仕荣等	49.00	土建学科"十三五"规划教材
37766	建筑给水排水工程（第八版）（送课件）	王增长、岳秀萍	72.00	土建学科"十三五"规划教材
38567	水工艺设备基础（第四版）（送课件）	黄廷林等	58.00	土建学科"十三五"规划教材
32208	水工程施工（第二版）（送课件）	张勤等	59.00	土建学科"十二五"规划教材
39200	水分析化学（第四版）（送课件）	黄君礼	68.00	土建学科"十二五"规划教材
33014	水工程经济（第二版）（送课件）	张勤等	56.00	土建学科"十二五"规划教材
16933	水健康循环导论（送课件）	李冬、张杰	20.00	
37420	城市河湖水生态与水环境（送课件）	王超、陈卫	40.00	国家级"十一五"规划教材
37419	城市水系统运营与管理（第二版）（送课件）	陈卫、张金松	65.00	土建学科"十五"规划教材
33609	给水排水工程建设监理（第二版）（送课件）	王季震等	38.00	土建学科"十五"规划教材
20098	水工艺与工程的计算与模拟	李志华等	28.00	
32934	建筑概论（第四版）（送课件）	杨永祥等	20.00	
24964	给排水安装工程概预算（送课件）	张国珍等	37.00	
24128	给排水科学与工程专业本科生优秀毕业设计（论文）汇编（含光盘）	本书编委会	54.00	
31241	给排水科学与工程专业优秀教改论文汇编	本书编委会	18.00	

以上为已出版的指导委员会规划推荐教材。欲了解更多信息，请登录中国建筑工业出版社网站：www.cabp.com.cn 查询。在使用本套教材的过程中，若有任何意见或建议，可发 Email 至：wangmeilinghi@126.com。